선형미분방정식과 그 응용

심재동 · 하준홍 지음

KM 경문사

머리말

이 책을 접하는 독자들은 물체의 운동에 관한 뉴턴의 운동법칙, 열의 이동에 관한 열역학 법칙, 전기회로에 흐르는 전류에 대한 키르히호프의 법칙을 포함한 여러 가지의 물리적인 현상에 대한 법칙 등을 한 번쯤을 들은 적이 있을 것입니다. 또한 미분적분학을 통하여 이러한 법칙들과 미분은 서로 밀접하게 연관되어 있다는 것도 경험한 적이 있을 것입니다. 예를 들어, 뉴턴의 제2운동법칙에 의해 어떤 물체에 작용하는 힘은 그 물체의 가속도에 비례한다는 것을 알고 있습니다. 가속도란 변위의 함수에 대한 2계 도함수이므로 법칙과 미분은 서로 분리할 수 없는 필연적 관계를 형성합니다. 이러한 관계를 통하여 미분방정식이 탄생하기 때문에 자연과학 또는 공학을 전공하고자 하는 독자들은 미분방정식의 개념과 원리는 물론 풀이방법을 학습하여야 합니다.

이 책에서 다룰 미분방정식에 대한 내용은 수학을 전공으로 하지 않는 독자들, 특히 공학을 학습하고자 하는 독자들에게 초점을 맞추고 있습니다. 즉, 공학 학습에 필요한 기본적인 미분방정식의 지식을 제공한다는 목표를 세우고, 이 목표에 준하여 물리적인 현상에 관한 법칙과 미분방정식과의 관계를 통하여 미분방정식의 개념을 이해하도록 하였으며, 또한 주어진 미분방정식에 적당한 풀이방법들을 소개하였습니다. 또한 해석적으로 해를 구하기 어려운 형태의 방정식에 대하여는 오일러 방법 외에도 몇 가지 방법을 소개하여 수치적인 방법으로 문제를 해결할 수 있다는 것을 제시하였습니다. 공학을 전공하는 독자들은 미분방정식의 이론적 개념 및 증명에는 큰 관심을 갖지 않을 수 있다는 현실적인 면을 고려하여 주요 증명은 부록에 수록해 두었습니다. 그러나 풀이방법에 관련된 정리와 증명들은 자세하게 수록하여 두었기 때문에 실용적이면서 동시에 이론적으로 미분방정식을 학습하려는 독자들에게 도움이 될 것이라 기대합니다.

미분방정식을 학습할 때 접하는 어려운 점은 풀이과정이 길고 복잡하여 그로 인한 오류가 종종 발생하며 동시에 계산시간도 많이 소모된다는 것입니다. 계산에서 발생하는 많은 오류는 학습을 저해하는 요인이 될 수 있다고 생각하여 복잡하고 난해한 문제에 대하여는 컴퓨터대수시스템의 사용을 권장하고 있습니다. 이의 사용을 돕기 위하여 컴퓨터대수시스템의 하나인 Maple의 사용법을 부록으로 수록하였습니다.

향후 지속적인 보완 작업을 통하여 독자들에게 더욱 더 유익한 내용을 제공할 것을 약속드립니다. 먼저 하나님께 감사드리며 또한 늘 오류를 지적해준 학생들과 이 책의 출판에 애써주신 경문사의 편집자들에게 감사를 드립니다.

차 례

제 3 장 • 선형연립미분방정식

제 4 장 • 라플라스변환

제 5 장 • 멱급수 해법

제 6 장 • 푸리에급수

제 7 장 • 편미분방정식

부 록 • 433

미분방정식이란 무엇인가?

미지수를 포함하고 있는 식을 방정식이라 하듯, 도함수 또는 편도함수를 포함하고 있는 식을 미분방정식이라 한다. 다음 표는 방정식과 미분방정식에 대한 예이다.

방정식(equation)	방정식 명칭	해(solution)
$2x+3=0$	일차방정식	$x=-3/2$
$2x^2+3x+2=0$	이차방정식	$x=\dfrac{-3\pm\sqrt{7}i}{4}$
$\sin x=0$	삼각방정식	$\pi+2n\pi,\ n=$ 정수
$2^x=4$	지수방정식	$x=2$
$\log_2 x=5$	로그방정식	$x=2^5=32$
$\ln(\sin(x-1))=0$	(합성)방정식	$x=1+\dfrac{\pi}{2}+2n\pi$
$\dfrac{dy}{dx}=2y+e^{2x}\sin x$	상미분방정식	$y=y(x)=e^{2x}\sin x+ce^{2x}$
$\dfrac{\partial^2 u(t,\ x)}{\partial t^2}=2\dfrac{\partial^2 u(t,\ x)}{\partial x^2}$	편미분방정식	$u=u(t,\ x)=\sin(t-\sqrt{2}\,x)$ $u=u(t,x)=e^{t+\sqrt{2}\,x}$

미분방정식은 왜 배우는가?

우리들이 살고 있는 세계에는 탄생과 성장, 운동과 변화라는 현상이 끊임없이 일어나고 있다. 이러한 현상에는 질서가 숨겨져 있는데, 선인들은 이러한 질서를 찾으려는 노력을 끊임없이 해왔다. 질서를 찾으려는 목적은 지적 호기심 또는 삶에 응용할 수 있는 방법을 구하기 위함이다. 질서는 의사소통을 할 수 있는 언어로 표현할 수 도 있고 약속된 독특한 언어를 이용하여 표현할 수도 있다. 전자를 철학(Philosophy), 후자를 수학(Mathematics)이라 한다. 이런 연유로 수학은 자연현상 또는 공학현상에서 도출되는 문제해결을 위한 기초적 도구가 된다.

현상에서 관심을 갖는 대상(이후 모델이라 함)의 양(Quantities)을 관찰 또는 사고할 수 있는 과정을 통하여 함수 또는 몇몇 함수들과의 상호관계식으로 표현할 수 있는데 이러한 일련의 표현과정을 수학적 모델링(Mathematical Modeling)이라 한다. 모델의 어떤 양을 변화율을 포함하도록 모델링하면 미분방정식이 생성된다. 현상은 모델의 집합체이므로, 현상과 미분방정식 사이에 밀접한 관계가 있음을 주장할 수 있다. 따라서 미분방정식을 연구함으로써 현상에 내재되어 있는 질서를 찾을 수 있으며 또한 활용할 수 있는 하나의 수단을 가지게 된다.

미분방정식은 어떻게 만들어지는가?

특정 모델에서 어떤 양의 변화율을 포함하도록 모델링하면 미분방정식을 얻을 수 있다. 수학적 모델링은 그 양을 함수로 표현했을 때 그 함수와 그 도함수들(1계, 2계, ⋯) 사이의 상호 연관관계를 맺어주는 수학적인 작업이라 할 수 있다. 관계란 실험의 결과, 오랜 경험, 합리적인 추론의 의해 도출된 법칙들을 말한다. 예를 들어, 역학에서 뉴턴의 운동법칙, 후크의 법칙 등은 물체의 운동을 기술하는데 매우 중요한 역할을 하며, 전기회로에서 옴의 법칙, 페르디의 법칙, 키르히호프의 법칙 등은 전류 및 전하의 흐름을 기술하는데 결정적인 역할을 한다. 이 외에도 사람들에 의해 발견되어진 수많은 법칙들이 존재하며 지금도 이러한 법칙을 찾으려는 작업이 끊임없이 진행되고 있다.

미분방정식을 통하여 분석할 수 있는 대표적인 모델들

(1) 개체군의 성장 모델

시각 t에서 어떤 영역(또는 구획)에 있는 개체군의 수 $P=P(t)$는

$$\frac{dP}{dt}=\text{개체군의 유입률}-\text{개체군의 유출률}$$

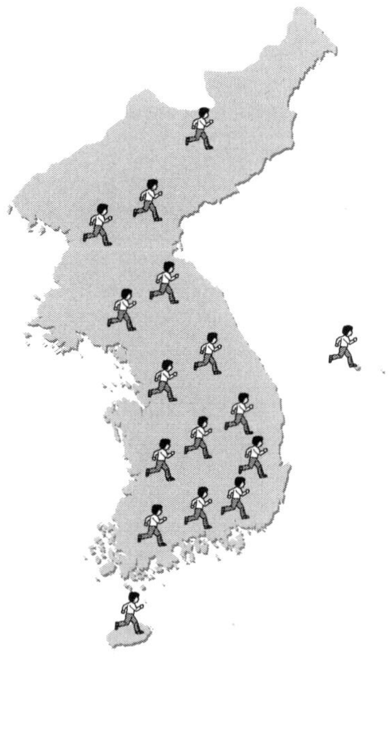

에 의해 기술된다. 더불어 실험결과 또는 합리적인 추론을 근거로 시각 t에서

"개체군의 유입률과 유출률은 개체군의 수에 비례한다"

라고 할 수 있다. 이것을 개체군이 박테리아인 경우에 적용하면, 박테리아는 충분한 먹이만 공급된다면 죽지 않으므로 유출률은 0으로 간주할 수 있다. 따라서 다음과 같은 미분방정식을 얻는다.

$$\frac{dP}{dt}=kP$$

단, k는 유입률에 대한 비례상수로 양수이다. 만약 개체군이 사람인 경우, 유출률을 고려해야 한다. 따라서

$$\frac{dP}{dt} = k_1 P - k_2 P = kP$$

단, k는 유입률과 유출률에 관련된 비례상수로 양수 또는 음수가 될 수 있다. 그러나 이 방정식은 인구의 성장 모델에 적절하지 않다[1장, 개체군의 성장 모델 참조]. 왜냐하면 인간 사이의 경쟁으로 인한 유출 요인 등이 발생할 수 있기 때문이다. 경쟁에 의한 유출 요소를 고려한 다음과 같은 개선된 모델을 얻을 수 있다.

$$\frac{dP}{dt} = aP - bP^2$$

단, a와 b는 비례상수로 양수이다. 이 방정식을 개체군에 대한 로지스틱 방정식이라 한다[1장, 로지스틱 방정식 참조].

이처럼 법칙의 적용에 따라 미분방정식도 달라질 수 있다는 것을 알자.

(2) 온도예측 모델

어느 시점에서 매질 속에 놓여 있는 물체의 온도 변화는

> *"물체의 온도변화율은 물체의 온도와 그 물체를 둘러싸고 있는 매질의 온도차에 비례한다"*

라고 하는 뉴턴의 냉각법칙을 이용하여 물체의 온도를 예측할 수 있는 하나의 수단을 얻는다.

시각 t에서 물체의 온도를 $T = T(t)$, 주변의 매질의 온도를 M이라 하면

$$\frac{dT}{dt} = k(M - T)$$

을 얻는다. 단, k는 비례상수로, k가 양수이면 온도는 내려가고 음수이면 온도는 올라간다. 냉·난방기를 가동하는 경우, 건물 내분의 온도 변화는

$$\frac{dT}{dt} = k(M - T) + f(t)$$

와 같이 기술되는 미분방정식을 사용하여 예측할 수 있다. 여기서 $f(t)$는 냉·난방기의 가동으로 인한 에너지의 원(source)이다[1장, 온도예측 모델 참조].

(3) 용수철-댐퍼-질량 모델

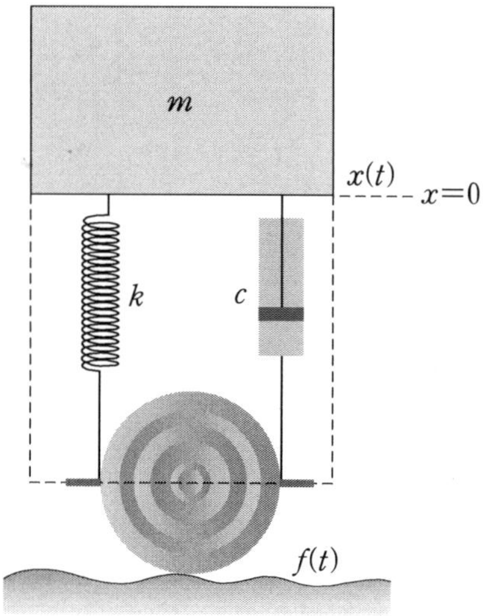

중력의 영향을 받는 입자의 운동에 대한 수학적 모델링을 구할 때, 주로 뉴턴의 제2법칙을 사용한다. 뉴턴의 제2법칙은 다음과 같다.

"질량 m에 작용하는 힘의 합 F는 가속도 a에 비례한다".

자동차의 경우, 외부에서 힘을 받았을 때 진동을 하게 하는 용수철과 그 진동을 억제시킬 수 있는 완충장치를 기본적으로 장착한다. 이를 등가적으로 표현하면 오른쪽 그림과 같다. $x = x(t)$를 평형위치로부터 위아래 변위(equilibrium position)를 나타내는 시간함수라 하면 뉴턴의 제2법칙으로부터 다음 식을 얻는다.

$$m\frac{d^2x}{dt^2} = F$$

질량 m에 작용하는 힘은 용수철의 복원성질에 의한 힘과 피스톤의 감쇠성질에 의한 힘뿐이라고 가정하자. 그러면,

"복원력은 변위에 비례한다"

는 후크의 법칙과

"감쇠력은 속도에 비례한다"

는 실험결과로부터 다음과 같은 방정식을 얻는다.

$$m\frac{d^2x}{dt^2} = -kx - c\frac{dx}{dt} \quad \text{또는} \quad m\frac{d^2x}{dt^2} + c\frac{dx}{dt} + kx = 0$$

여기서 k는 복원력과 관련된 비례상수로 스프링계수라고 하고, c는 감쇠력과 관련된 비례상수로 감쇠계수라고 한다. 음의 부호는 두 힘이 운동과 반대방향으로 작용하고 있음을 나타낸다. 질량 m에 외력 $f(t)$가 작용하는 경우 방정식은 다음과 같이 수정된다[2장, 용수철-댐퍼-질량 모델 참조].

$$m\frac{d^2x}{dt^2}+c\frac{dx}{dt}+kx=f(t)$$

(4) RLC전자회로 모델

저항, 코일, 콘덴서가 직렬로 연결되어 있는 단일 폐루프에 흐르는 전하 및 전류를 시간의 함수로 나타내어 보자.

"폐루프에 공급되는 전압 $E(t)$ 는
회로에서 소비되는 전압의 총합과 같다"

라는 키르히호프 법칙을 이용할 수 있다.

회로에 흐르는 전류를 $i=i(t)$라 하고 캐피시턴스의 전하를 $q=q(t)$라 하자.

저항에서 발생하는 소비전압 V_R은 옴의 법칙에 의해

$$V_R=Ri=R\frac{dq}{dt}$$

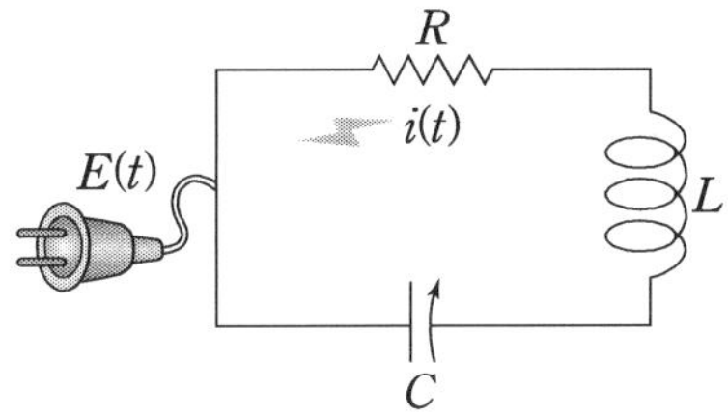

리액턴스에 발생하는 소비전압 V_L은

$$V_L=L\frac{di}{dt}=L\frac{d^2q}{dt^2}$$

콘덴서에 발생하는 소비전압 V_C는

$$V_C=\frac{1}{C}q$$

키르히호프 법칙에 의해 회로에 흐르는 전류 i 및 전하 q는

$$i=\frac{dq}{dt},\ L\frac{d^2q}{dt^2}+R\frac{dq}{dt}+\frac{1}{C}q=E(t)$$

에 의해 결정된다[2장, RLC 전자회로 모델 참조].

(5) 회전운동 모델

스프링-질량-댐퍼 모델에서 살펴본 운동은 회전이 없이 직선을 따라 움직이는 병진운동이었다. 이제 그림과 같은 등가표현을 갖는 회전운동을 생각하여보자. 회전운동의 본질적인 원리는 병진운동(평행이동하는 운동)과 마찬가지이지만, 각 요소의 특성은 다르다.

즉, 스프링은 비틀림 스프링으로, 댐퍼는 비틀림 댐퍼로 질량은 관성으로 바뀐다. 그림과 같이, 회전체의 중심을 지나는 축을 긋고, 시각 t에서 회전체가 회전할 때 변하는 각을 $\theta(t)$라 하면 회전체에 대한 다음과 같은 운동방정식을 얻는다.

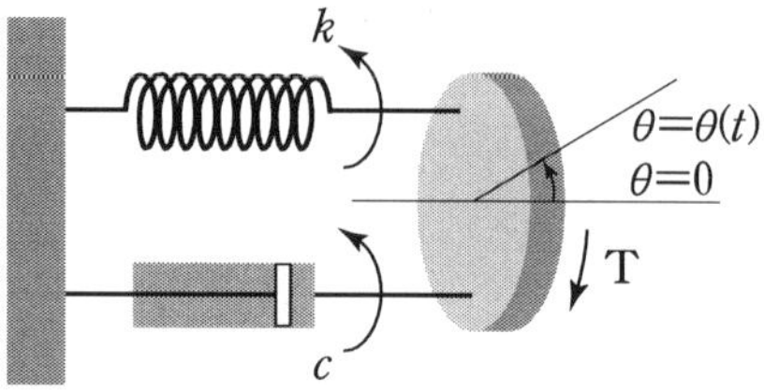

$$I\frac{d^2\theta}{dt^2}=T$$

여기서 I는 관성모멘트이고 T는 회전체에 작용하는 토크이다. 스프링에 작용하는 토크 $k\theta$, 댐퍼에 작용하는 토크 $c\frac{d\theta}{dt}$를 고려하면

$$I\frac{d^2\theta}{dt^2}=-c\frac{d\theta}{dt}-k\theta \text{ 또는 } I\frac{d^2\theta}{dt^2}+c\frac{d\theta}{dt}+k\theta=0$$

을 얻는다. 외부에서 회전체에 작용하는 토크 $\tau(t)$를 고려하면 위의 방정식은 다음과 같이 수정된다.

$$I\frac{d^2\theta}{dt^2}+c\frac{d\theta}{dt}+k\theta=\tau(t)$$

(6) 단진자 모델

한 끝은 천장에 매달려 있고, 한 끝에는 질량 m이 매달려 있는 길이 l의 단진자 운동 모델을 생각하자. 진자의 흔들림은 한 평면에서 일어난다고 가정하고, 수직축과 끈 사이의 각을 시각 t에 대한 함수로 표현하여 보자. 시각 t에서 수직축과 끈 사이의 각을 $\theta=\theta(t)$, 질량 m이 그리는 호의 길이를 $s=s(t)$라 하자. 뉴턴의 제2법칙으로부터

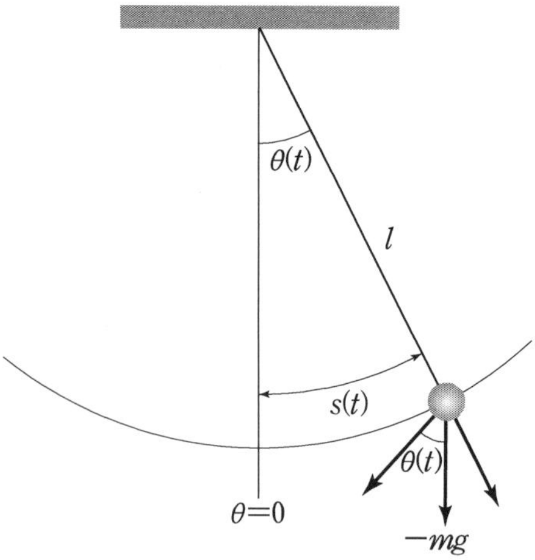

$$m\frac{d^2s}{dt^2}=F$$

공기저항에 의한 감쇠력을 무시하면 m에 작용하는 힘은 $-mg\sin\theta$뿐이다. g는 중력가속도이다. $s=l\theta$와 $-mg\sin\theta$를 위의 식에

대입하여 정리하면 진자의 회전각에 대한 운동방정식은

$$\frac{d^2\theta}{dt^2}+\frac{g}{l}\sin\theta=0$$

에 의해 기술된다[2장 비선형 단진자 모델 참조]. 천장에 매달려 있는 점에 토크 $\tau(t)$가 작용하는 경우 각에 대한 운동방정식은

$$ml\frac{d^2\theta}{dt^2}+mg\sin\theta=\tau(t)$$

이고, 공기저항력 $-c\frac{d\theta}{dt}$를 고려한 경우는 각에 대한 운동방정식이

$$ml\frac{d^2\theta}{dt^2}+c\frac{d\theta}{dt}+mg\sin\theta=\tau(t)$$

와 같다. 특히 질량 m에 또 하나의 진자를 연결하면 두 개의 회전각에 대한 운동방정식이 필요하게 된다. 이 경우 회전각에 대한 연립미분방정식을 유도할 수 있다. 진자에 대한 연립미분방정식은 로봇의 팔에 대한 운동 등을 기술하며 그 운동을 조절하는데 매우 유용하다.

(7) 열전도방정식

길이가 L인 빔(똑바른 금속 막대기)을 x축에서 왼쪽 끝은 $x=0$에 놓고, 오른쪽 끝은 $x=L$에 둔 상황을 생각하자. 이 빔의 열이 x축을 따라서만 이동한다고 가정할 때 빔의 한 점 x에서 온도는 시각 t가 지남에 따라 변한다. 이때 시각 t, 위치 x에서 빔의 온도를 $u(t,\ x)$라 하면, 열량보존의 법칙에 의해 $u(t,\ x)$에 대한 운동방정식을 유도할 수 있다. 이 운동방정식은 편미분방정식으로 표현되며 다음 방정식은 그 가운데 하나이다.

$$\frac{\partial u}{\partial t}=\kappa\frac{\partial^2 u}{\partial x^2}+f(t,\ x)$$

여기서 κ는 빔에 대한 열의 전도계수이고, $f(t,\ x)$는 외부에서 빔에 가해지는 열원이다[7장, 열전도방정식 참조].

(8) 파동방정식

현악기의 현 또는 고무줄 같이 탄성력을 갖는 현의 작은 횡단 진동에 대한 모델을 생각하여 보자. 길이 L인 현을 x축에 나란히 놓고, 왼쪽 끝을 $x=0$, 오른쪽 끝을 $x=L$이라 두자. 현이 운동을 시작한 후 시각 t에서 위치 0과 L 사이의 위치 x에서 x축과의 변위를 $u=u(x,t)$라 놓으면, 뉴턴의 제2법칙을 적용하여 u에 대한 운동방정식을 유도할 수 있다. 이 운동방정식은 편미분방정식으로 표현되며 가장 간단한 형태는 다음과 같다.

$$\frac{\partial^2 u}{\partial t^2} = k\frac{\partial^2 u}{\partial x^2}$$

여기서 κ는 현을 통한 힘이 전달되는 확산계수이다[7장, 파동방정식 참조].

미분방정식은 어떻게 풀이하는가?

서두에 몇 가지 방정식과 그 방정식에 대한 해를 살펴보았다. 방정식의 해는 방정식의 풀이방법을 알면 쉽게 구할 수 있다. 미분방정식의 풀이도 이와 마찬가지이다. 먼저 미분방정식을 몇 가지 형식으로 분류하고 각 형식에 적용되는 해법을 이용하여 해를 구한다. 미분방정식 입문서의 대부분은 미분방정식의 모양에 따른 분류와 그에 대응하는 해법에 학습의 초점을 맞추고 있다. 예를 들어, 매질 속의 물체의 온도 $T=T(t)$의 변화가

$$\frac{dT}{dt} = k(M-T),\ T(0) = T_0$$

와 같은 미분방정식에 의해 기술된다고 하자. 이 방정식은 변수분리형으로 분류되며, 변수분리형 미분방정식의 해법에 따라 해는

$$T(t) = M + (T_0 - M)e^{-kt}$$

이다[1장, 변수분리형 미분방정식 참조].

미분방정식을 어떻게 응용하는가?

다음과 같은 상황을 고려해보자.

"무더운 여름, 돈을 인출하기 위해 차의 시동을 끈 후 ATM 앞으로 갔다. 시동을

끄기 전 차안의 온도는 20℃ 였다. 5분 후 돈을 인출하여 돌아 왔을 때 차안의 온도는 얼마일까? 이 때 주변의 상황으로, 바깥온도는 30℃ 이고 차안 온도 변화에 영향을 주는 비례상수의 값은 $k = 0.3$ 이다".

이 문제는 뉴턴의 냉각법칙을 이용하여 답을 구할 수 있다. t 분일 때 차안의 온도 $T(t)$ 는

$$T(t) = M + (T_0 - M)e^{-kt}$$

이 때 $M = 30$℃, $T_0 = 20$℃ 이고, $k = 0.3$이므로

$$T(t) = 30 + (20-30)e^{-0.3t} = 30 - 10e^{-0.3t}$$

$t = 5$일 때

$$T(5) = 30 - 10e^{-0.3\times 5} \approx 28$$

따라서 5분 후 차안의 온도는 약 28°C이다. 온도의 변화를 그래프로 그려보자. 시간이 지나감에 따라 외부의 온도와 같아짐을 알 수 있다(그림 a).

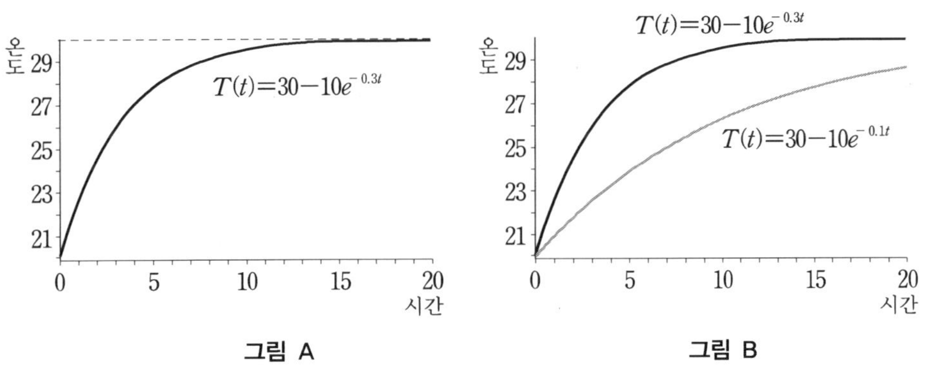

그림 A 그림 B

온도의 변화는 비례상수 k 의 값에 의존한다. 그림 b는 k의 값에 따른 온도의 변화를 나타낸 것으로, k 의 값이 클 때, 온도는 매우 빠르게 상승하고, 반대로 k 의 값이 작을 때 온도는 매우 느리게 상승한다. k 의 값은 열의 이동을 차단하는 차량의 벽의 두께 및 재료의 성질에 의존하는 고유상수이다. 이러한 정보는 차량 설계자에게 매우 중요하다.

수학적 모델링 과정도

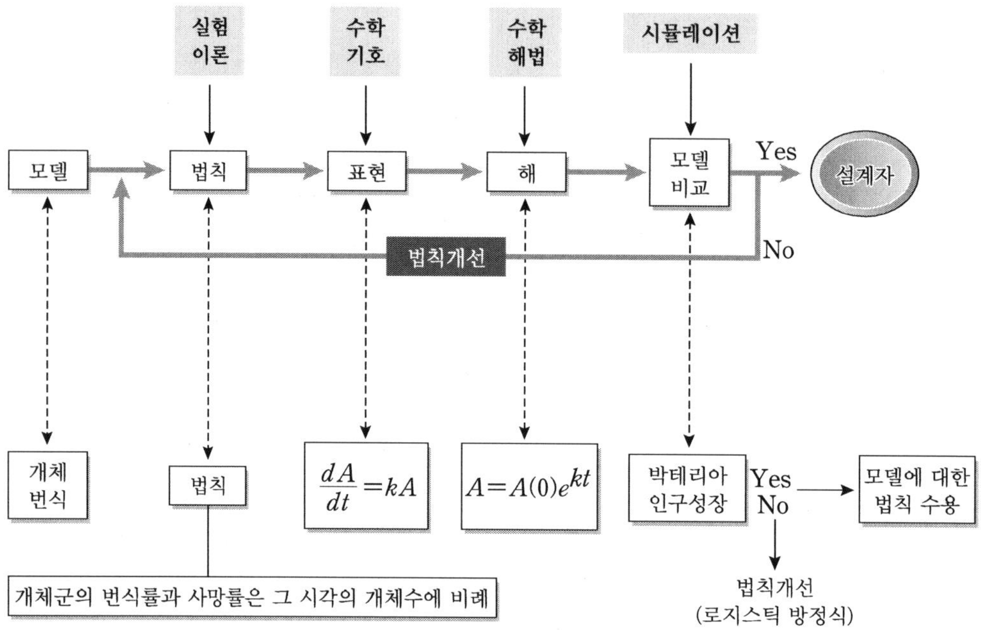
실험
이론
수학
기호
수학
해법
시뮬레이션
모델
법칙
표현
해
모델
비교
Yes
설계자
법칙개선
No
개체
번식
법칙
$\frac{dA}{dt}=kA$
$A=A(0)e^{kt}$
박테리아
인구성장
Yes
No
모델에 대한
법칙 수용
개체군의 번식률과 사망률은 그 시각의 개체수에 비례
법칙개선
(로지스틱 방정식)

이 책은 공학을 학습하는데 필요한 미분방정식의 기초적인 내용을 7개의 주제로 나누어 구성하였다. 물론 이 책에 수록된 미분방정식의 내용만으로 공학기초의 모든 역할을 담당할 수는 없다. 이 책에서 다루지 않은 내용은 참고문헌 또는 미분방정식과 관련된 서적을 활용하기 바란다.

제1장 1계 미분방정식에서는 미분방정식에 대한 일반적인 개념, 미분방정식의 형태적 분류 및 그에 대한 해법을 집중적으로 다룬다. 그리고 학습한 미분방정식의 이론적인 지식을 주변에서 쉽게 관찰할 수 있는 물리적 현상에 응용하는 방법을 설명한다.

제2장 미분방정식에서는 2계 선형미분방정식의 해를 구성하는 방법과 병진운동 및 회전운동, 전기회로 등에 응용하는 방법을 설명한다.

제3장 연립미분방정식에서는 2개 이상의 운동이 결합된 연립미분방정식에 대한 내용을 다룬다.

제4장 라플라스변환에서는 불연속적 외력 또는 충격적인 힘을 고려한 미분방정식에 적분변환을 적용하여 해를 구하는 방법을 다룬다.

제5장 멱급수에서는 변수계수를 갖는 미분방정식 또는 비선형미분방정식의 해를 급수를 통하여 구하는 방법을 설명한다. 더 나아가, 미분방정식의 해를 이용하여 함수를 르장드르급수, 베셀급수로 전개하는 방법도 다룬다.

제6장 푸리에급수에서는 조각적 연속인 함수를 사인파형 함수들의 합으로 표현할 수 있음을 설명한다. 이를 통하여 주파수와 스펙트럼이라는 개념을 다룬다.

제7장 편미분방정식에서는 수학적 모델링으로 1차원 열방정식 및 파동방정식의 유도과정과 초기・경계값문제의 형성과정을 다룬다. 또한 푸리에급수를 이용하여 초기・경계값문제의 해를 구하는 방법을 설명한다.

다음은 이 책에 수록된 모델과 미분방정식을 대응시킨 표이다.

모델	미분방정식
개체군의 성장 물체의 온도 변화 혼합물 발사체 및 자유낙하 RL, RC전자회로	변수분리형 미분방정식 1계 선형미분방정식
용수철-댐퍼-질량 회전체 RLC전자회로 진자 빔의 휨 노화스프링을 고려한 용수철 가변저항을 고려한 RLC전자회로	상수계수를 갖는 2계 선형미분방정식 상수계수를 갖는 4계 선형미분방정식 변수계수를 갖는 2계 선형미분방정식
연결 용수철-댐퍼-질량 RLC네트워크 결합진자	선형연립미분방정식
불연속외력을 갖는 모델 충격외력을 갖는 모델	상수계수를 갖는 2계 선형미분방정식 라플라스변환
열의 이동 파동의 진동과 진행 빔 또는 막의 처짐	열방정식 파동방정식 라플라스방정식 포아송방정식

제 1 장

1계 미분방정식

1.1 미분방정식의 개념

서론을 통하여 현상에서 관심의 대상이 되는 양을 변화율과 관련시켜 수학적으로 모델링하면 그 양에 대한 미분방정식이 도출된다는 것을 경험하였다. 이로부터 양에 관한 여러 가지 유용한 정보를 미분방정식이 갖는 성질을 통하여 설명할 수 있게 된다. 미분방정식의 성질을 알아내는 가장 기초적인 작업은 '미분방정식의 해를 구한 다음 그 해의 그래프를 이용하여 시각적으로 분석하는 것'이다. 따라서 이 장에서는 미분방정식을 형태별로 분류하고 해를 구하는 방법에 중점을 둔다. 그러나 모든 방정식의 해를 다 구할 수 없듯이, 모든 미분방정식의 해도 다 구할 수 없다. 그러므로 의미 있는 근사해를 구하기 위한 일련의 과정, 즉 수치계산에 대해서도 간략하게 다룬다.

먼저 미분방정식의 표현법과 해의 개념을 명확하게 정의하자. 서론에서 보았듯이 미분방정식을 구성하는 수학적인 요소는 미지의 함수와 그 함수에 대한 도함수, 비례상수, 외부에서 작용하는 함수이다. 실제로, 자연적인 출생률 및 사망률을 고려한 개체군의 성장 모델에서 시각 t에서 개체군의 수 $P=P(t)$는

$$\frac{dP}{dt}=kP$$

에 의해 기술되고, 사고 등에 의한 사망률을 고려한 개체군의 수 $P=P(t)$는

$$\frac{dP}{dt}=aP-bP^2$$

에 의해 기술된다. 여기서 P는 미지의 함수이고, k, a, b는 비례상수이다. 두 미분방정식은 미지의 함수와 그 함수의 일계도함수 및 비례상수와의 관계로 구성되어 있음을 알 수 있다. 스프링-질량-댐퍼 모델에서 시각 t에서 질량의 변위 $x=x(t)$는

$$m\frac{d^2x}{dt^2}+c\frac{dx}{dt}+kx=f(t)$$

에 의해 기술된다. 여기서 x는 미지의 함수이고, m, c, k는 질량, 감쇠계수, 용수철상수를 나타내는 비례상수이며, $f(t)$는 외부에서 질량에 작용하는 힘이다. 이 식은 변위, 변위에 대한 1계 및 2계 도함수(속도 및 가속도라고 함), 외력 및 비례상수로 이루어져 있음을 알 수

있다.

RLC전기회로에서 선로에 흐르는 전하 $q=q(t)$는

$$L\frac{d^2q}{dt^2}+R\frac{dq}{dt}+\frac{1}{C}q=E(t)$$

에 의해 기술된다. q에 대한 식과 x에 대한 두 식을 비교해보면 계수, 외력, 미지의 함수에 대한 기호만 다를 뿐 방정식의 형태는 똑같다는 것을 알 수 있다. 따라서 모델링의 영역과 관계없이 미분방정식을 통일적으로 학습하여도 아무런 문제가 없다. 서론의 모델에서 관심의 대상으로 정한 미지의 함수를 영역에 따라 $P(t)$, $T(t)$, $x(t)$, $q(t)$, $i(t)$, $\theta(t)$와 같은 고유한 기호를 사용하여 표현하였지만, 기호만 통일하면 한 가지 방법으로 기술할 수 있다. 즉, t는 x로, P, T, x, q, i, θ는 $y=y(x)$로 통일하면 열방정식과 파동방정식을 제외한 모든 방정식은

$$\frac{dy}{dx}=f(x,\ y) \tag{1}$$

또는

$$\frac{d^2y}{dx^2}=f\left(x,\ y,\ \frac{dy}{dx}\right) \tag{2}$$

로 표현할 수 있다. 예를 들어, 로지스틱방정식인 경우

$$f(x,\ y)=ay-by^2$$

RLC전기회로인 경우

$$f\left(x,\ y,\ \frac{dy}{dx}\right)=\frac{E(x)}{L}-\frac{1}{LC}y-\frac{R}{L}\frac{dy}{dx}$$

식 (1)과 (2)를 더 일반적으로 표현하면

$$f\left(x,\ y,\ \frac{dy}{dx}\right)=0 \tag{3}$$

또는

$$f\left(x,\ y,\ \frac{dy}{dx},\ \frac{d^2y}{dx^2}\right)=0 \tag{4}$$

식 (1) 또는 (3)을 1계 미분방정식(1st order differential equation)이라 하고, 식 (2) 또는 (4)를 2계 미분방정식(2nd order differential equation)이라 한다. 변수 x를 독립변수(independent variable), x에 의존하는 y를 종속변수(dependent variable)라 한다. 식 (1)과 (2)는 표준형, 식 (3)과 (4)는 일반형이라 한다. 일반형 가운데 표준형으로 고칠 수 있는 것과 고칠 수 없는 것이 있다. 예를 들어

$$\frac{dy}{dx} + \sin\frac{dy}{dx} = xy$$

는 $dy/dx = f(x, y)$로 고칠 수 없다.

미분방정식의 해의 개념을 정의한다.

정의 1.1 어떤 구간 (a, b)에 속하는 모든 x에 대하여, 식 (3) 또는 (4)를 만족하는 방정식 $\phi(x, y) = 0$을 구간 (a, b)에서 미분방정식 (3) 또는 (4)의 해(solutions)라 한다. 특히, 방정식 $\phi(x, y) = 0$을 y에 관하여 풀 수 있을 때, 해는 $y = \psi(x)$와 같이 고칠 수 있다.

예제 1.1 $y = x^2$은 구간 $(-\infty, \infty)$에서 $x\dfrac{dy}{dx} = 2y$의 해가 됨을 보여라.

• **풀이** • 모든 $x \in (-\infty, \infty)$에 대하여 $y' = 2x$이다. 이를 미분방정식에 대입하면

$$x\frac{dy}{dx} = x(2x) = 2x^2 = 2y$$

따라서 $y = x^2$은 $(-\infty, \infty)$에서 $x\dfrac{dy}{dx} = 2y$의 해가 된다.

예제 1.2 $x^2 + y^2 = 4$는 구간 $(-2, 2)$에서 $\dfrac{dy}{dx} = -\dfrac{x}{y}$의 해가 됨을 보여라.

• **풀이** • 음함수미분법(review 참조)을 사용하여 $x^2 + y^2 = 4$를 x에 대하여 미분하면

$$2x + 2y\frac{dy}{dx} = 0$$

$(-2, 2)$에 속하는 모든 x에 대하여 y는 실수이고, 또한 $y \neq 0$이다. $2x$를 오른

쪽으로 보내고 $2y$를 나누면

$$\frac{dy}{dx} = -\frac{x}{y}$$

따라서 $x^2 + y^2 = 4$는 구간 $(-2,\ 2)$에서 $\frac{dy}{dx} = -\frac{x}{y}$의 해가 된다. ⊂

일반적으로, n계 미분방정식은 다음과 같이 표현한다.

$$\frac{d^n y}{dx^n} = f\left(x,\ y,\ \frac{dy}{dx}, \cdots, \frac{d^{n-1}y}{dx^{n-1}}\right) \text{ 또는 } f\left(x,\ y,\ \frac{dy}{dx}, \frac{d^2y}{dx^2}, \cdots, \frac{d^n y}{dx^n}\right) = 0 \tag{5}$$

미분방정식 (5)에 대한 해는 정의 1.1과 같이 정의할 수 있다.

미분방정식의 해를 구하는 과정을 해법이라 하는데, 이 장에서는 식 (1) 및 (2)와 같은 형태의 방정식에 한정하여 그 해법을 다룬다.

미분방정식의 해법은 주로 $f(x,\ y)$의 형태에 의존한다. 먼저 미분방정식 가운데 다음과 같은 가장 간단한 미분방정식의 해법을 살펴보자.

$$\frac{dy}{dx} = f(x) \tag{6}$$

식 (6)은 y에 대한 도함수(또는 기울기함수) dy/dx가 독립변수 x에 대한 함수만으로 정의되어 있다. 따라서 이것은 단순한 적분으로 미분방정식의 모든 해를 구할 수 있다.

미분적분학에 의해 식 (6)의 모든 해 y는 $f(x)$에 대한 부정적분이다. 즉

$$y = \int f(x)\,dx \tag{7}$$

예제 1.3 미분방정식 $\frac{dy}{dx} = 2x$의 모든 해를 구하여라.

• **풀이** • 식 (7)로부터 모든 해는

$$y = \int 2x\,dx = x^2 + C$$

단, C는 적분상수로 임의의 상수이다. 따라서 $y = x^2 + C$는 구간 $(-\infty, \infty)$에서 $\frac{dy}{dx} = 2x$의 해이다. ⊂

$f(x, y)$가 종속변수를 포함하는 경우 미분방정식의 해는 단순한 부정적분으로 구할 수 없다. 예를 들어, 방정식 $x^2+y^2=C\,(C>0)$는 $(-\sqrt{C},\ \sqrt{C})$에서 $\frac{dy}{dx}=-\frac{x}{y}$의 해이다. 그러나

$$f(x,\ y)=-\frac{y}{x}$$

가 종속변수 y를 포함하고 있으므로 단순한 부정적분으로 해를 구할 수 없다. 다음 절에서 배우게 될 미분방정식에 대한 일반해 구하는 법을 미리 경험해 보자. 미분방정식

$$\frac{dy}{dx}=-\frac{x}{y}$$

는 다음과 같이 고쳐 쓸 수 있다.

$$y\,dy=-x\,dx$$

양변을 적분하면

$$\int y\,dy=-\int x\,dx$$

$$\frac{y^2}{2}=-\frac{x^2}{2}+C_1$$

양변에 2를 곱하고 $C=2C_1$라 놓으면

$$x^2+y^2=C$$

를 얻고, 이 방정식은 $\frac{dy}{dx}=-x/y$의 해가 된다(예제 1.2 참조).

방정식 $y=x^2+C$ 및 $x^2+y^2=C$는 예제 1.2, 예제 1.3에서 주어진 미분방정식의 해들이다. 이 해들은 임의의 상수 C를 포함하는 특징을 가지고 있다. 미분방정식의 해 가운데 임의의 상수를 포함하는 방정식을 일반해라고 정의한다.

정의 1.2 식 (1) 또는 (3)의 해 가운데 한 개의 임의의 상수를 포함하는 해를 일반해(general solution)라고 한다.

유사하게 식 (5)를 만족하고, n개의 임의의 상수를 포함하고 있는 해를 n계 미분방정식에 대한 일반해라고 한다.

예제 1.4 $y=x^2+C$는 $\frac{dy}{dx}=2x$의 일반해이고, $x^2+y^2=C$는 $\frac{dy}{dx}=-\frac{x}{y}$의 일반해이다.

일반해는 방정식으로 표현되는 경우가 대부분이다. 1계 미분방정식의 일반해는 이변수방정식 $\phi(x,\ y)=0$으로 표현되고, 경우에 따라서 $y=\psi(x)$와 같은 일변수함수로 표현되기도 한다. 전자를 음함수해(implicit function solution)라고 하고, 후자를 양함수해(explicit solution)라 한다. 예제 1.1의 해는 $y=\psi(x)$의 형태이고, 예제 1.2의 해는 $\phi(x,\ y)=0$의 형태이다.

때때로, 일반해가 미분방정식의 모든 해를 나타낼 수 없는 경우가 있다. 예를 들면

$$\frac{dy}{dx}=-2xy^2$$

의 일반해는

$$y=\frac{1}{x^2+C}$$

이다. $y=0$도 주어진 미분방정식의 해임을 쉽게 알 수 있다. 그러나 $y=0$은 일반해로부터 얻을 수 없다. 즉, $y=0$가 되는 상수 C의 값이 존재하지 않는다. 이러한 해를 특이해(singular solution)라 한다. 미분방정식의 모든 해에 대한 정보를 알고자 하는 경우, 일반해와 특이해를 모두 구해야 한다. 일반해와 특이해를 합쳐 해집합(set of solutions)이라 부른다.

일반해는 임의의 상수를 포함하고 있으므로, 일반해는 임의의 상수를 매개변수로 간주한 매개변수방정식으로 정의할 수 있다. 식 $\frac{dy}{dx}=-\frac{x}{y}$의 일반해는

$$x^2+y^2=C$$

인데, C의 값에 따라 방정식이 하나씩 생성된다. 만약 $C-r^2>0$이면 반지름이 r인 방정식을 생성한다. 그림 1.1은 $r=1,\ 2^2,\ 3^2,\ 4^4$에 대응하는 원의 그래프이다.

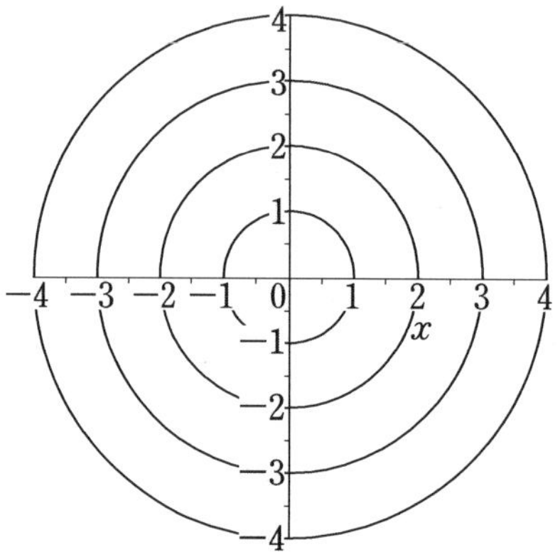

그림 1.1 C를 매개변수로 간주한 일반해의 그래프

매개변수방정식은 주어진 미분방정식의 해에 대한 일반적인 행동을 묘사한다. 일반해에서 상수 C의 값을 결정할 수 있는 조건이 주어지면 해의 행동은 한 가지로 한정된다. 예를 들어, 식 $\frac{dy}{dx} = -\frac{x}{y}$의 일반해 가운데 $y(0) = 3$을 만족하는 해는

$$x^2 + y^2 = 3^2$$

뿐이다. 이것이 사실임을 어떻게 설명할 수 있을까? 지금부터 이 물음에 대한 답을 설명한다.

일반해에 나타나는 상수의 값을 결정하는 조건을 초기조건이라 하고, 초기조건이 주어진 미분방정식을 풀이하는 문제를 초기값문제라고 한다.

정의 1.3 어떤 $x_0 \in (a,\ b)$에 대하여

$$\frac{dy}{dx} = f(x,\ y),\ \ x \in (a,\ b) \tag{8}$$

$$y(x_0) = y_0 \tag{9}$$

의 해를 구하는 문제를 1계 미분방정식에 대한 초기값문제(Initial Value Problem : IVP)라 한다. 식 (9)를 초기조건(initial condition)이라 한다.

초기값문제를 생각하는 것은 매우 자연스럽다. 예를 들어, 질량이 m인 물체의 자유낙하운동방정식은

$$m\frac{dv}{dt} = F = mg \text{ 또는 } \frac{dv}{dt} = g$$

단, g는 중력가속도이다. 식 (7)로부터 일반해는

$$v(t) = gt + C \tag{10}$$

그러나 물체의 자유낙하속도 $v(t)$는 초기의 속도 $v(0) = v_0$에 따라 변한다. 실제로, $v_0 = 0$인 경우 식 (10)에 $t = 0$을 대입하면

$$v(0) = g \times 0 + C = v_0 = 0$$

이를 풀면 $C = 0$이므로 $v(t) = gt$이다. 유사하게 $v_0 = 1$이면 $v(t) = gt + 1$이다. 따라서 초기속도에 따라 물체의 낙하속도가 다름을 알 수 있다.

초기값문제의 해의 존재성과 유일성(Existence and Uniqueness of solutions)에 대하여 살펴보자. 다음 정리의 증명은 부록 A를 참고하라.

> **정리 1.1** **해의 존재성과 유일성**
>
> $\Re$을 점 (x_0, y_0)를 포함하는 열린 직사각형 내부영역이라 하자. 만약 $f(x, y)$가 $\Re$에서 연속이면, 초기값문제 (8) ~ (9)는 해를 갖는다.
>
> 더 나아가 만약 $f(x, y)$가 $\Re$에서 연속이고, 편도함수 $\frac{\partial f}{\partial y}(x, y)$가 $\Re$에서 연속이면, 초기값문제 (8) ~ (9)는 오직 하나의 해를 갖는다. 여기서 해의 존재구간은 x_0의 근방으로 한정될 수 있다.

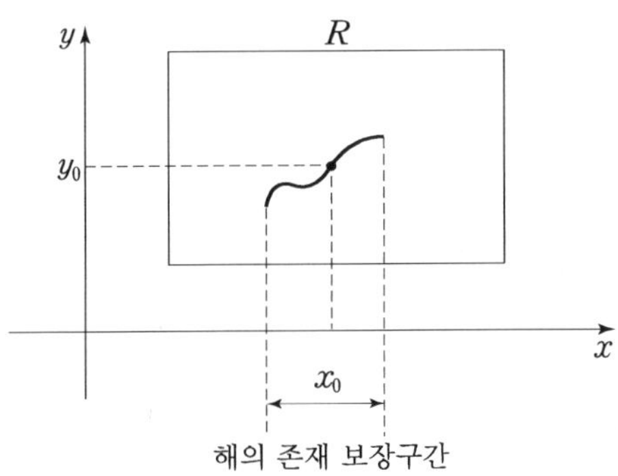

그림 1.2 해의 존재구간

예제 1.5 다음 초기값문제의 해의 존재성과 유일성을 조사하여라. 또한 해의 존재구간에 대해서도 조사하여라.

$$\begin{cases} \dfrac{dy}{dx} = -3x^2y^2 \\ y(0) = -\dfrac{1}{8} \end{cases}$$

• 풀 이 • $f(x, y) = -3x^2y^2$과 $f_y = -6x^2y$는 평면 R^2에서 연속이다. 해의 존재성과 유일성 정리에 의해 점 $(0, -1/8)$을 지나는 해는 오직 한 개만 존재한다. 실제로, 점 $(0, -1/8)$을 지나는 초기값문제의 유일한 해는 $y = 1/(x^3 - 8)$이다. 그러나 해의 존재구간은 $(-\infty, \infty)$가 아니다. $y = 1/(x^3 - 8)$의 그래프는 불연속 점 2를 기준으로 나누어진다. 그림 1.3에서 $(0, -1/8)$을 지나는 곡선은 해이고, $(0, -1/8)$을 지나지 않는 곡선은 해가 아니다(미분가능한 함수는 항상 연속이기 때문이다). 또한 해의 존재구간은 2를 넘을 수 없으므로 위의 초기값문제에 대한 해의 최대존재구간은 $(-\infty, 2)$이다.

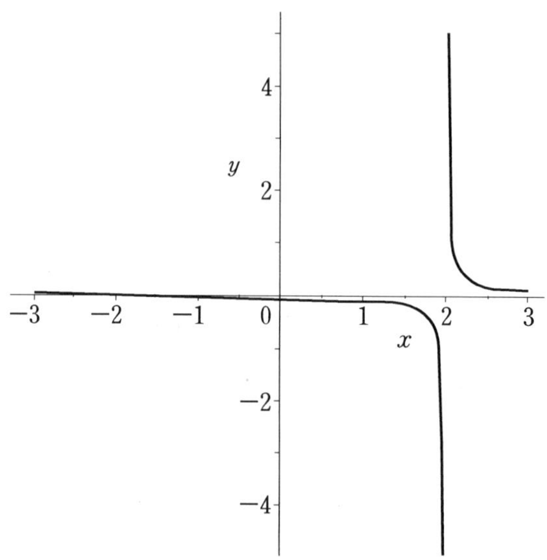

그림 1.3 초기값문제의 해곡선

예제 1.5으로부터 'x_0의 근방에서만 해의 존재성을 보장한다'는 의미를 이해할 수 있다. 그리고 $\lim_{x \to 2} y = \lim_{x \to 2} \dfrac{1}{x^3 - 8} = -\infty$이므로 $x = 2$에서 해는 $-\infty$으로 발산한다. 특정한 점에서 해의 값이 발산하는 x의 값을 폭발점(explosion point)이라 한다. 그리고 해는 $x = 2$에서 폭발한다고 한다.

예제 1.6 다음 초기값문제의 해의 존재성과 유일성을 조사하여라.

$$\begin{cases} \dfrac{dy}{dx} = x\,y^{\frac{2}{3}} \\ y(0) = 0 \end{cases}$$

• **풀 이** • $f(x,\ y) = x\,y^{2/3}$은 $(0,\ 0)$을 포함하는 전 평면 $\mathbb{R}^2$에서 연속이므로 해는 존재한다. 그러나 $f_y = \dfrac{2x}{3\sqrt[3]{y}}$는 $(0,\ 0)$을 포함하는 어떠한 직사각형 영역에서도 연속이 아니므로 해의 유일성을 보장하는 정리 1.1을 적용할 수 없다. 따라서 해가 몇 개 있는지에 대한 결론은 내릴 수 없다. 실제로, 적어도 두 개의 해 $y = 0$와 $y = \dfrac{x^6}{216}$을 발견할 수 있다. ◖

n계 미분방정식에 대한 초기값문제는 다음 미분방정식들의 해를 구하는 문제이다.

$$\frac{d^n y}{dx^n} = f\left(x,\ y,\ \frac{dy}{dx},\ \cdots,\ \frac{d^{n-1}y}{dx^{n-1}}\right),\ x \in (a,\ b)$$

$$y(x_0) = y_0,\ \frac{dy}{dx}(x_0) = y_1,\ \cdots\ ,\ \frac{d^{n-1}y}{dx^{n-1}}(x_0) = y_{n-1},\ x_0 \in (a,\ b)$$

예제 1.7 다음 초기값문제의 해를 구하여라.

$$\begin{cases} \dfrac{dy}{dx} = -\dfrac{x}{y} \\ y(0) = 3 \end{cases}$$

• **풀이** • $f(x,\ y) = -x/y$ 및 $f_y = x/y^2$은 $(0,\ 3)$을 포함하고 x축을 포함하지 않는 모든 직사각형 $\Re$에서 연속이다. 따라서 초기값문제는 $\Re$의 내부에서 유일한 해를 갖는다. 방정식 $x^2 + y^2 = C$는 $dy/dx = -x/y$의 일반해임을 알고 있다. $(0,\ 3)$을 $x^2 + y^2 = C$에 대입하면

$$0^2 + 3^2 = C$$

이므로, $C = 9$이다. $y(0) = 3$을 지나는 초기값문제의 해는

$$x^2 + y^2 = 9,\ -3 < x < 3,\ y > 0$$

이다. 그림 1.4에서 $(0,\ 3)$을 지나는 원의 윗부분이 초기값문제의 해이다.

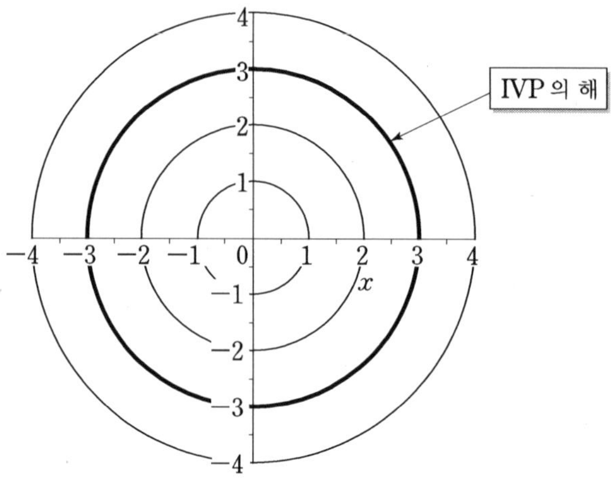

그림 1.4 $y(0)=3$을 지나는 IVP의 해

초기값문제의 해는 먼저 미분방정식의 일반해를 구한 후, 초기조건을 이용하여 일반해에 포함되어 있는 상수의 값을 결정하여 구한다. 따라서 미분방정식에서 가장 먼저 해야 하는 일은 일반해를 구하는 것이다. 일반적인 방정식에 해법이 있듯이 미분방정식도 그 형태에 따른 해법이 있다. 다음 절부터 일반해를 구하는 방법을 집중적으로 다룬다.

불행히도, 일반해를 구할 수 있는 미분방정식의 비율은 매우 낮다. 실제로 진자모델에서 나타난 미분방정식의 일반해는 지금까지도 발견하지 못하고 있다. 일반해를 구할 수 없는 경우는 미분방정식에 대한 정보를 해를 통하여 얻을 수 없다. 따라서 대안으로 수치적인 방법을 통하여 해의 동태를 파악한다.

방향장

먼저 방향장의 개념을 설명한다. 미분방정식

$$\frac{dy}{dx} = f(x, y) \tag{11}$$

에서 dy/dx는 해곡선의 기울기이므로 $f(x,y)$를 이용하여 해곡선에 접하는 짧은 선분을 그을 수 있다. 이러한 선분들을 포함한 그래프를 식 (11)에 대한 방향장(direction field)이라 하는데, 이 방향장을 통하여 해의 동태를 가늠할 수 있다.

예를 들어, 미분방정식

$$\frac{dy}{dx} = -\frac{x}{y}$$

에서 기울기는 $f(x,y) = -x/y$ 이므로 좌표평면의 규칙적인 점에서 기울기가 $-x/y$ 인 선분을 그리면 그림 1.5와 같은 방향장을 얻는다.

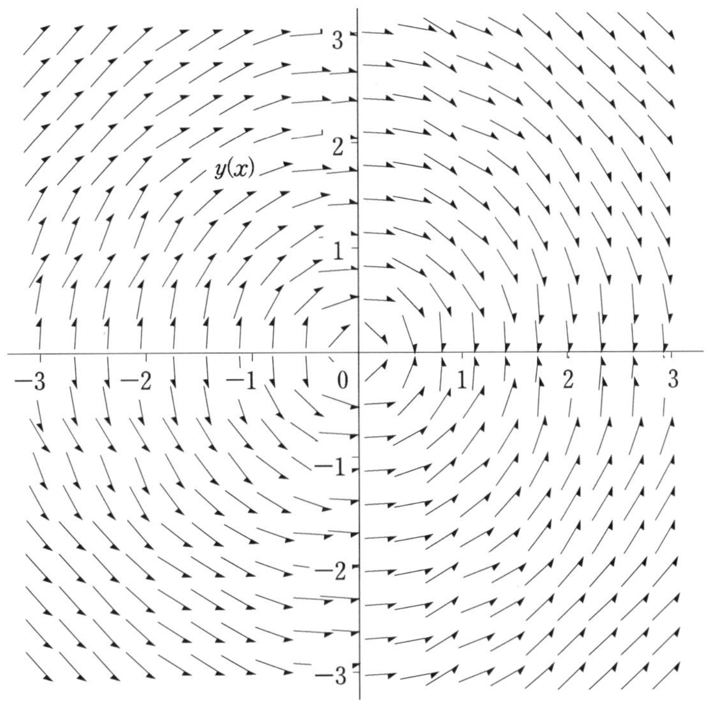

그림 1.5 방향장

방향장을 주의 깊게 관찰하면 미분방정식의 해의 모양을 그릴 수 있다. 그림 1.5와 같은 방향장을 갖는 미분방정식의 해곡선의 모양은 원이라고 추측할 수 있다. 실제로, 이 미분방정식의 일반해는 $x^2 + y^2 = C$ 이다.

예제 1.7 다음 미분방정식의 방향장을 이용하여 $\lim_{t \to \infty} x(t)$를 추정하라.

$$\frac{dx}{dt} = 6 - \frac{3x}{500}$$

• 풀 이 • 미분방정식

$$\frac{dx}{dt} = 6 - \frac{3x}{500}$$

의 기울기 함수 $f(t, x) = 6 - 3x/500$를 이용하여 방향장을 그리면 그림 1.6과 같다.

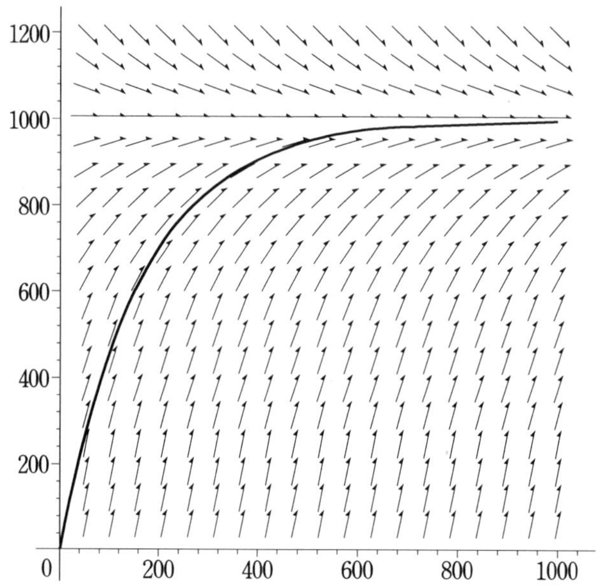

그림 1.6 방향장

이 방향장으로부터 $t \to \infty$ 일 때 $x(t) \to 1000$ 임을 알 수 있다. ⊂

예제 1.8 시각 t 에서 어떤 지역의 인구수 $p(t)$는 다음과 같은 미분방정식에 의해 결정된다고 가정하자.

$$\frac{dp}{dt} = ap - bp^2$$

비례상수의 값이 $a = 0.2,\ b = 0.1$ 일 때 방향장을 이용하여 극한인구($t \to \infty$ 일 때, $p(t)$의 값)를 추정하여라.

● 풀 이 ● 방향장은 수학패키지를 사용하면 쉽게 그릴 수 있다. 다음은 Maple을 이용하여 방향장을 그리는 방법이다.

```
> with(DEtools):
> DEplot(diff(p(t),t)=0.2*p(t)-0.1*p(t)^2,p(t),
  t=0..100, p=-1..3, color=1/2*(-t-(t^2+4*p)));
```

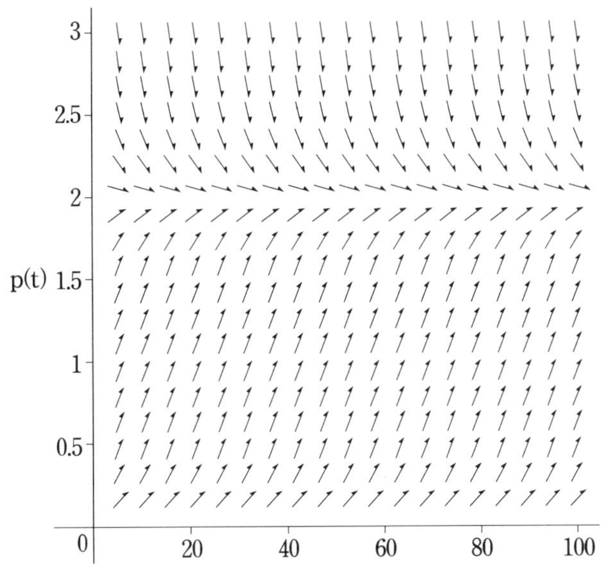

그림 1.7 방향장

방향장으로부터 극한인구는 2[단위]임을 알 수 있다. ◯

수치계산

이 절의 마지막으로 초기값문제의 해를 근사적으로 구하는 방법을 설명한다. 이러한 방법을 수치계산(Numerical computation)이라 한다. 수치계산법은 수없이 많이 개발되어 왔고 지금도 근사도가 좋은 방법을 개발 중에 있다. 수치계산의 가장 큰 관심은 오차가 적은 근사해(approximate solutions)를 효과적으로 구할 수 있는 알고리즘을 개발하는 것이다.

이 책에서는 근사해를 구하는 최초의 방법에 해당하는 오일러방법과 이를 개선한 수정 오일러방법에 국한하여 설명한다. 이러한 방법들을 개선한 수치계산법은 많이 있지만, 이 책의 지면을 할애해서 다루기는 그 양이 너무 방대하다. 실용적인 문제에 대한 근사해를 구하는데 가장 많이 사용되고 있는 것은 4차 룽게-쿠타법(4th order Runge-Kutta method)이다. 4차 룽게-쿠타법은 알고리즘이 단순하면서도 동시에 수렴속도가 매우 빠르기 때문에 수치계산 애호가들에게 매우 인기가 있다. 4차 룽게-쿠타법에 대해서는 부록 B를 참조하라.

다음 초기값문제

$$\frac{dy}{dx} = f(x,y),\ \ y(x_0) = y_0 \tag{12}$$

는 구간 x_0를 포함하는 구간 I에서 유일한 해 $y = y(x)$를 갖는다고 하자. 지금부터 $y(x)$에 대한 의미 있는 근사해(meaningful approximate solutions)를 구하여 보자. 방정식 (12)의 양변을 구간 $[x_n, x_{n+1}] \subseteq I$ 에서 적분하면 다음과 같은 적분방정식을 얻는다.

$$y(x_{n+1}) = y(x_n) + \int_{x_n}^{x_{n+1}} f(s, y(s))\,ds \tag{13}$$

해 $y(x)$가 미분가능한 함수이면 식 (12)와 식 (13)은 동치이다. 미분가능성이 결여되면, 식 (12)로부터 식 (13)을 이끌어 낼 수 있지만, 그 역은 엄격한 의미에서 참이 아님을 언급해 둔다. 그러나 이 책에서는 두 식이 동치라고 생각해도 큰 무리는 없다.

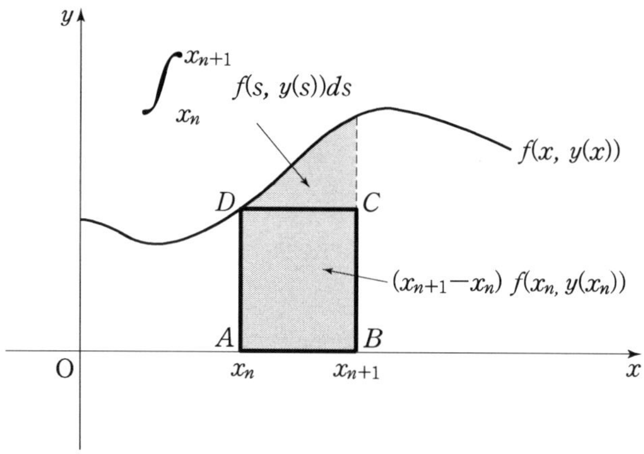

그림 1.8 정적분을 직사각형으로 근사

근사해를 구하기 위해, 식 (13)의 적분을 근사한다. 먼저 피적분함수가 양이라고 한다면 정적분은 피적분함수에 의해 둘러싸인 영역의 넓이가 되므로, 넓이는 몇 가지 방법을 통하여 근사할 수 있다. 그 가운데 가장 간단한 방법은 그림 1.8과 같이 직사각형 ABCD의 넓이로 근사하는 것이다. 이러한 근사는 $x_{n+1} - x_n$이 충분히 작은 경우에 의미가 있다. 직사각형의 넓이로 근사하면 식 (13)으로부터 다음과 같은 근사식을 얻는다.

$$y(x_{n+1}) \approx y(x_n) + (x_{n+1} - x_n) f(x_n,\ y(x_n)) \tag{14}$$

식 (14)를 이용하여 $(x_0,\ y_0)$를 지나는 $y(x)$의 근사해를 하나 구할 수 있다. 식 (14)를 잘 관찰하면, n 단계의 값 $y(x_n)$으로부터 그 다음 단계의 값 $y(x_{n+1})$이 얻을 수 있다. $y(x_n)$에 대한 근사치를 y_n이라 하고, 이 근사치를 식 (14)에 대입하면

$$y_{n+1} = y_n + (x_{n+1} - x_n) f(x_n,\ y_n),\ \ n = 0, 1, 2, 3, \cdots \tag{15}$$

과 같은 식을 얻는다. $h = x_{n+1} - x_n$ 이라 놓고, 이를 격자간격(step size)이라 한다. 지금까지

의 내용을 정리하면 다음과 같은 알고리즘을 얻을 수 있다.

$$n = 0, 1, 2, \cdots \text{에 대하여}$$
$$y_{n+1} = y_n + hf(x_n, y_n)$$
$$x_{n+1} = x_n + h$$

이러한 알고리즘을 이용하여 근사해를 구하는 방법을 오일러방법(Euler's method)이라 한다.

예제 1.10 오일러방법을 사용하여 다음 초기값문제

$$\frac{dy}{dx} = -\frac{x}{y}, \ y(0) = 1$$

의 근사해를 $x = 0.2, 0.4, 0.6, 0.8, 1$에서 구하여라. 단, 격자구간 $h = 0.2$이다.

• 풀 이 • $x_0 = 0$, $y_0 = 1$, $h = 0.2$이므로, $n = 0, 1, 2, 3, 4$에 대하여

$$y_{n+1} = y_n - 0.2\frac{x_n}{y_n}$$
$$x_{n+1} = x_n + 0.2$$

$n = 0$일 때

$$y_1 = y_0 - 0.2\frac{x_0}{y_0} = 1 - 0.2 \times \frac{0}{1} = 1$$
$$x_1 = x_0 + 0.2 = 0 + 0.2 = 0.2$$

$n = 1$일 때

$$y_2 = y_1 - 0.2\frac{x_1}{y_1} = 1 - 0.2 \times \frac{0.2}{1} = 1 - 0.04 = 0.96$$
$$x_2 = x_1 + 0.2 = 0.2 + 0.2 = 0.4$$

$n = 2$일 때

$$y_3 = y_2 - 0.2\frac{x_2}{y_2} = 0.96 - 0.2 \times \frac{0.4}{0.96} \approx 0.88$$
$$x_3 = x_2 + 0.2 = 0.4 + 0.2 = 0.6$$

$n = 3$일 때

$$y_4 = y_3 - 0.2\frac{x_3}{y_3} = 0.88 - 0.2 \times \frac{0.6}{0.88} \approx 0.74$$
$$x_4 = x_3 + 0.2 = 0.6 + 0.2 = 0.8$$

$n = 4$일 때

$$y_5 = y_4 - 0.2\frac{x_4}{y_4} = 0.74 - 0.2 \times \frac{0.8}{0.74} \approx 0.52$$

$$x_5 = x_4 + 0.2 = 0.8 + 0.2 = 1$$

이상을 요약하면 표 1.1과 같다.

x_n	0.2	0.4	0.6	0.8	1.0
y_n	1.0	0.96	0.88	0.74	0.52

표 1.1 근사해

그림 1.9는 초기값문제의 해 $y = \sqrt{1-x^2}$ 와 표 1.1에서 주어진 근사해를 한 좌표평면에 그린 것이다.

(a)는 $h = 0.2$인 경우, (b)는 $h = 0.1$인 경우에 대한 근사해이다.

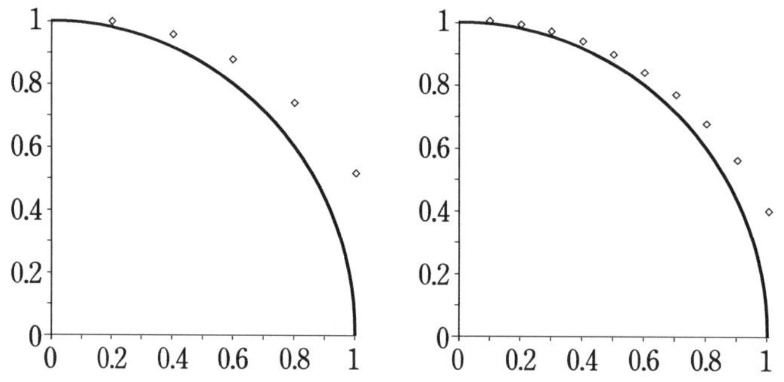

(a) $h = 0.2$인 경우의 근사해 (b) $h = 0.1$인 경우의 근사해

그림 1.9 근사해(동그라미 부분)

그림 1.9로부터 오일러방법에 의해 구한 근사해는 h에 의존하며 h가 작을수록 근사도가 좋은 근사해를 얻을 수 있다는 것을 알 수 있다(실제, h가 작으면 해에 가까운 근사해를 얻을 수도 있다).

수치계산에서 매우 중요한 요소는 해와 근사해와의 차(오차라고 함)를 평가하는 것이다. 예를 들어, 절대값오차

$$\text{오차} = \sum_{n=1}^{N} |y(x_n) - y_n|$$

는 격자간격 h와 어떠한 정도의 관계를 가지고 있는지를 밝히는 것이다. 오일러방법에 의해 y_n을 결정할 경우 테일러급수를 이용하여

$$\text{오차} = \sum_{n=1}^{N} |y(x_n) - y_n| = Ch \tag{16}$$

가 성립함을 쉽게 증명할 수 있다. 단, C는 비례상수이다. 식 (16)에서 오차를 $O(h)$로 표기하고 이를 수렴속도라 한다. 다음 예제 1.11을 통하여 오일러방법의 수렴속도는 매우 느림(연산수가 매우 많다는 것을 의미함)을 알 수 있다.

예제 1.11 초기값문제

$$\frac{dy}{dx} = y,\ y(0) = 1$$

에서 $y(1)$의 근사값을 오일러방법으로 구하여라. 단, 격자구간은 $h = 1/N$이다.

• 풀이 • $x_0 = 0$, $y_0 = 1$이고 $h = 1/N$이므로

$$y_{n+1} = y_n + h\,y_n = (1+h)\,y_n$$

$\{y_n\}$은 공비가 $1+h$이고 첫째항이 $y_0 = 1$인 등비수열이므로

$$y_n = y_0(1+h)^n = \left(1 + \frac{1}{N}\right)^n$$

$y(1)$의 근사값은 $n = N$일 때 y_n의 값이다. 즉

$$y_N = \left(1 + \frac{1}{N}\right)^N$$

이 $y(1)$의 근삿값이다.

특히, 미적분학에서 다음 등식이 성립함을 배웠다.

$$\lim_{N \to \infty}\left(1 + \frac{1}{N}\right)^N = e$$

표 1.2는 e에 대한 근사값과 오차를 나타낸 것이다.

N	10^2	10^3	10^4	10^5	10^6
h	10^{-2}	10^{-3}	10^{-4}	10^{-5}	10^{-6}
$E(N) = E(1/h)$	0.01346799	0.001357896	0.000135901	0.000013591	0.000001359

표 1.2 오일러방법에 의한 $e = 2.71828\cdots$의 근사값

단,

$$E(n) = e - \left(1 + \frac{1}{n}\right)^n \quad \text{또는} \quad E(1/h) = e - (1+h)^{\frac{1}{h}}$$

이 결과로부터 소수점아래 4자리까지 정확하게 구하기 위해서는 구간 $[0, 1]$을 10^5 등분해야 하므로 10만 번의 반복계산이 필요하다. 즉, 연산의 수가 매우 많다(수렴속도는 매우 늦다)는 것을 알 수 있다.

오일러방법은 식 (13)의 정적분을 높이가 $f(x_n, y(x_n))$인 직사각형의 넓이로 근사한 것이다. 이제 '오일러방법을 개선하기 위해' 정적분을 높이가 $f(x_n, y(x_n))$, $f(x_{n+1}, y(x_{n+1}))$인 두 직사각형의 넓이의 평균값으로 계산하자. 즉

$$\int_{x_n}^{x_{n+1}} f(t, y(t))\, dt \approx \frac{h}{2}[f(x_n, y(x_n)) + f(x_{n+1}, y(x_{n+1}))]$$

이 근사식을 식 (13)에 적용하면

$$y_{n+1} = y_n + \frac{h}{2}[f(x_n, y_n) + f(x_{n+1}, y_{n+1})], \quad n = 0, 1, 2, \cdots \tag{17}$$

와 같은 수치 알고리즘을 얻을 수 있고, 이를 사다리꼴방법(trapezoid method)이라고 한다. 오일러방법과는 달리, 방정식 (17)에서 y_{n+1}을 구하기 위해서는 음함수방정식을 풀어야 한다. y_{n+1}을 구하는 것이 불편하지만 오차가 $O(h^2)$이므로, 오일러방법보다 수렴속도는 빠르다.

이제 음함수방정식을 풀지 않고 y_{n+1}을 구할 수 있는 새로운 알고리즘을 도출하여 보자. 이에 대한 한 가지 아이디어는 오일러방법을 사용하여 얻어진 값 y_{n+1}을 식 (17)의 우변 y_{n+1}에 대한 예측값으로 사용하는 것이다. 즉 (17)의 우변에 있는 y_{n+1}을

$$y_{n+1} = y_n + hf(x_n, y_n)$$

이라 둔다. 이 예측값을 식 (17)에 대입하면

$$y_{n+1} = y_n + \frac{h}{2}[f(x_n, y_n) + f(x_{n+1}, y_n + hf(x_n, y_n))], \quad n = 0, 1, 2, \cdots \tag{18}$$

을 얻는다. 이 방법을 수정 오일러방법(improved Euler's method)이라고 한다. 수정 오일러방법의 오차는 $O(h^2)$이다.

예제 1.12 수정 오일러방법을 사용하여 초기값문제

$$y' = y, \ y(0) = 1$$

의 해 $y(1)$에 대한 근사값을 구하라. 단, $h=10^{-1}$, 10^{-3} 및 10^{-4}을 차례로 사용하여라.

● 풀이 ● 시작점은 $(x_0,\ y_0)=(0,\ 1)$이다. $f(x,\ y)=y$를 식 (18)에 대입하여 정리하면

$$\begin{aligned} y_{n+1} &= y_n + \frac{h}{2}[y_n + y_n + h\,y_n] \\ &= y_n + \frac{h}{2}(2+h)y_n \\ &= \left(1+h+\frac{h^2}{2}\right)y_n \end{aligned}$$

또한 $y_0=1$이므로

$$y_n = \left(1+h+\frac{h^2}{2}\right)^n,\quad n=0,1,2,\cdots$$

n 등분으로 $x=1$에서 근사값을 얻으려면 $1=x+nh=nh$, 즉 $n=1/h$을 만족해야 한다. 따라서 수정 오일러방법을 사용한 $e=y(1)$의 근사값의 공식은

$$\left(1+h+\frac{h^2}{2}\right)^{1/h}$$

이다. 표 1.3은 $h=1, 10^{-1}, 10^{-3}, 10^{-4}$에 대한 근사값과 그에 대응하는 오차

$$E(h)=e-\left(1+h+\frac{h^2}{2}\right)^{1/h}$$

을 나타낸 것이다.

h	10^{-1}	10^{-2}	10^{-3}	10^{-4}
e의 근사값	2.71408	2.71824	2.71828	2.71828
$E(h)$	0.00420	0.00004	0.00000	0.00000
$E(h)/h^2$	0.4201	0.4496	0.5430	0.00000

표 1.3 수정 오일러방법에 의한 $e=2.71828\cdots$의 근사값

표 1.2와 표 1.3을 비교하면 수정 오일러방법이 오일러방법보다 더 빨리 수렴한다는 것을 관찰할 수 있다. 또한 표 1.3의 네 번째 줄로부터 오차는 대략 h^2에 비례한다는 것도 예측할 수 있다. 표의 마지막 두 행에는 약간의 주의가 필요하다. $h=10^{-3}$과 $h=10^{-4}$일 때 실제 오차가 너무 작아 계산기는 이러한 오차를 0으로 만들어 버린다. ◖

방정식 $y=\phi(x)$를 양함수라 한다. 방정식이 양함수로 표현되는 경우에는 함수의 그래프 또는 도함수의 계산은 매우 간단하다. 그러나 방정식 $\phi(x,\ y)=0$이 $y=\phi(x)$의 형태로 표현할 수 없는 경우 방정식의 그래프와 도함수 dy/dx의 계산은 단순하지 않다. 이러한 방정식을 음함수라 한다. 예를 들어, 데카르트 엽선의 방정식

$$x^3+y^3-6xy=0$$

에서 dy/dx를 구하기 위해서는 방정식을 y에 대하여 풀어야 한다. 이 방정식의 경우는 근의 공식을 이용하여 y를 구할 수 있지만, 매우 복잡하다.

$$\sin(x+y)+y-x=1$$

과 같은 방정식은 y에 대하여 풀 수 없기 때문에 도함수의 정의를 이용하여 dy/dx를 구하는 것은 매우 번거롭고 까다롭다. 음함수에서 dy/dx를 간단하게 구하는 방법이 있는데 이를 음함수 미분법이라 한다.

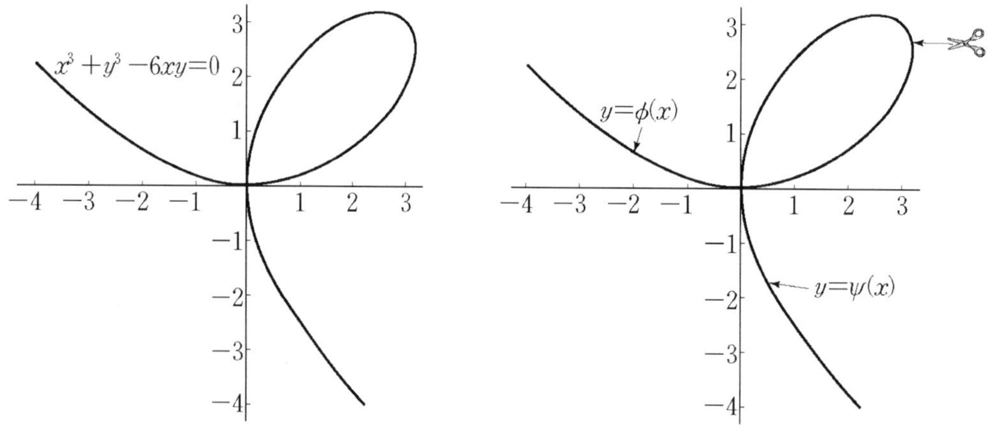

그림의 왼쪽은 데카르트 엽선의 방정식의 그래프이다. 함수의 그래프가 아님을 쉽게 알 수 있다. 그러나 부분적으로는 함수의 그래프로 생각할 수 있다. 그림의 오른쪽과 같이 함수의 그래프가 되도록 구간을 나누면 부분적으로 함수의 그래프로 정의할 수 있다. 이러한 사고를 바탕으로 방정식의 도함수를 구할 수 있다. 예를 들어, 데카르트 엽선의 방정식에서 y를 묵시적으로 x의 함수 $\phi(x)$로 간주한다. 즉,

$$x^3+[\phi(x)]^3-6x[\phi(x)]=0$$

으로 쓰고, x 에 대하여 미분하면

$$3x^2+3[\phi(x)]^2\phi'(x)-6\phi(x)-6x\phi'(x)=0$$

$\phi'(x)$를 구하면

$$\phi'(x)=\frac{3x^2-6\phi(x)}{6x-3[\phi(x)]^2}$$

마지막으로 $\phi(x)$를 y 로 바꾸면

$$\frac{dy}{dx}=\frac{3x^2-6y}{6x-3y^2}$$

를 얻는다. 이러한 방법으로 도함수를 구하는 방법을 음함수미분법이라 한다.

1.2 변수분리형 미분방정식

이변수함수 $f(x,\ y)$를 변수 x의 함수와 변수 y의 함수의 곱으로 완전히 분리할 수 있는 경우가 종종 있다. 즉, $f(x,\ y) = p(x)q(y)$. 이 경우 $dy/dx = f(x,\ y)$는

$$\frac{dy}{dx} = p(x)\, q(y) \tag{1}$$

와 같은 형태를 갖는다. 식 (1)과 같은 형의 미분방정식을 변수분리형 미분방정식(Separable differential equation)이라 한다.

식 (1)의 해를 구하기 위해 라이프니츠* 미분의 정의를 사용한다. $y = y(x)$에 대한 y의 미분은

$$dy = y'(x)dx$$

이므로, 식 (1)을 위의 결과에 대입하면

$$dy = p(x)q(y)dx$$

를 얻는다. 양변을 $q(y)$로 나누면

$$\frac{1}{q(y)}dy = p(x)dx \tag{2}$$

식 (2)의 양변을 적분하면

$$\int \frac{1}{q(y)}dy = \int p(x)dx \tag{3}$$

$q(y) \neq 0$일 때, 식 (3)은 식 (1)의 해가 된다. 실제로, 식 (3)의 양변을 x에 대하여 미분하면

$$\frac{d}{dx}\int \frac{1}{q(y)}dy = \frac{d}{dx}\int p(x)dx$$

---

* 라이프니츠(Gottfried Wilhelm Leibniz, 1646~1716): 1661년 독일 라이프치히 대학에서 법률을 공부, 1666년 스위스의 알트도르프 대학으로 옮겨 법률학 학위를 받음. 뉴턴과 함께 미분·적분학 발전에 결정적인 역할을 함. 미적분법에 관한 그의 연구는 미분법·적분법에 기초를 부여했으며, 무한소에 사용하는 기호 dx, 적분기호 $\int$는 라이프니츠가 고안한 것이다.

연쇄법칙(chain rule)에 의해

$$\frac{dy}{dx}\frac{d}{dy}\int\frac{1}{q(y)}dy=\frac{d}{dx}\int p(x)dx$$

$$\frac{dy}{dx}\frac{1}{q(y)}=p(x)$$

$$\frac{dy}{dx}=p(x)\,q(y)$$

따라서 식 (3)을 만족하는 해 y는 식 (1)의 해가 된다.

주의 | $q(y)=0$을 만족하는 y가 미분방정식의 해가 될 수 있는데 일반해에 포함되지 않는 경우가 있다(예제 2.2 참조).

예제 2.1 $\frac{dy}{dx}=y$의 일반해를 구하여라.

● 풀이 ● $p(x)=1$과 $q(y)=y$인 변수분리형 미분방정식이다. 양변에 dx를 곱하면

$$dy=y\,dx$$

양변에 $1/y$를 곱하면

$$\frac{1}{y}dy=dx$$

양변을 적분하면

$$\int\frac{1}{y}dy=\int dx$$

$$\ln|y|=x+C_1\ (C_1\text{는 적분상수})$$

마지막으로 y에 대하여 풀면

$$\exp(\ln|y|)=\exp(x+C_1)$$

$$|y|=e^{C_1}e^x$$

$$y=Ce^x\quad(C=\pm\exp(C_1))$$

따라서 일반해는

$$y=Ce^x\ (C\text{는 임의의 상수})$$

그림 2.1은 몇 개의 C의 값에 대응하는 해의 그래프이다.

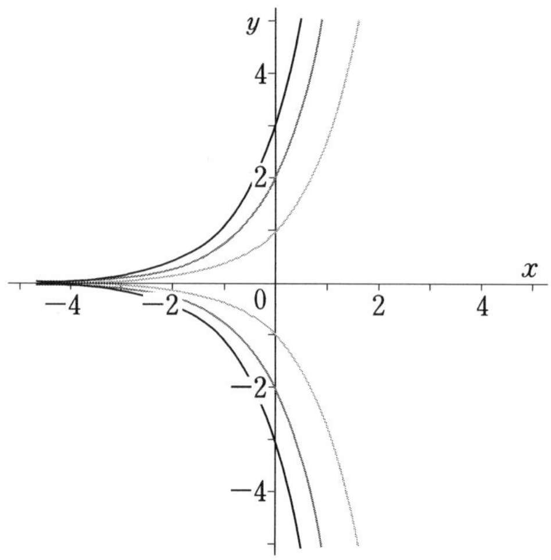

그림 2.1 $C=1,\ 2,\ 3,\ -1,\ -2,\ -3$에 대응하는 일반해의 그래프

참고 | 함수 y의 미분이 y와 같거나 상수배를 한 것과 같을 때 일반해는 지수함수로 표현된다. 이를 자연현상 또는 공학적 현상과 결부하여 생각하면, 지수적 증가 또는 감소라는 개념을 얻는다.

예제 2.2 미분방정식 $\dfrac{dy}{dx}=-2xy^2$의 일반해를 구하여라.

• 풀이 • $p(x)=-2x$와 $q(y)=y^2$인 변수분리형 미분방정식이므로, 변수분리하면

$$\frac{1}{y^2}\,dy=-2x\,dx$$

양변을 적분하여 정리하면

$$\int\frac{1}{y^2}dy=-\int 2x\,dx$$

$$-\frac{1}{y}=-x^2+C_1$$

$$y=\frac{1}{x^2+C}\quad (C=-C_1)$$

따라서 일반해는 $y=\dfrac{1}{x^2+C}$이다. 단, C는 임의의 상수이다. 그림 2.2는 일반해에 대한 해곡선을 나타낸 것이다.

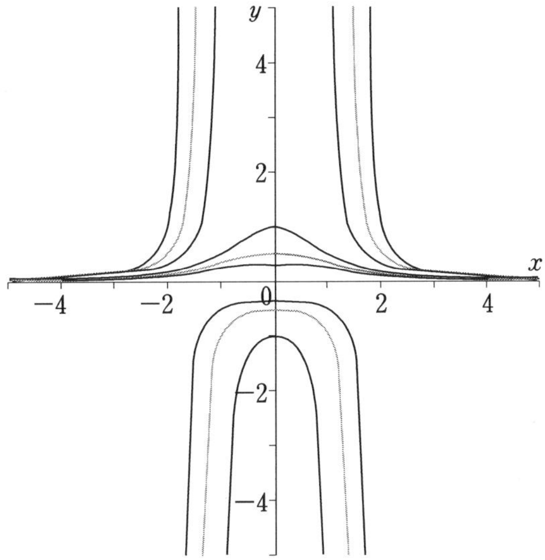

그림 2.2 $C=\pm 1, \pm 2, \pm 3$에 대응하는 일반해의 그래프

예제 2.3 다음 초기값문제의 해를 구하여라.

$$\frac{dy}{dx}=-2xy^2, \; y(0)=-\frac{1}{3}$$

• 풀이 • 예제 2.2로부터 주어진 미분방정식의 일반해는

$$y=\frac{1}{x^2+C}$$

초기조건 $y(0)=-1/3$를 일반해에 대입하면

$$\frac{1}{0^2+C}=-\frac{1}{3}$$

$$C=-3$$

따라서 초기값문제의 해는

$$y=\frac{1}{x^2-3}, \; -\sqrt{3}<x<\sqrt{3}$$

그림 2.3은 초기값문제의 해에 대한 해곡선의 그래프이다.

1, 2사분면을 지나는 그래프는 초기값문제의 해가 아니다. 미분방정식의 해의 정의로부터 해는 항상 연속이다. 따라서 초기조건에 의해 정의되는 점 $(0, -1/3)$을 지나면서 동시에 연결되어 있는 부분이 초기값문제의 해가 된다.

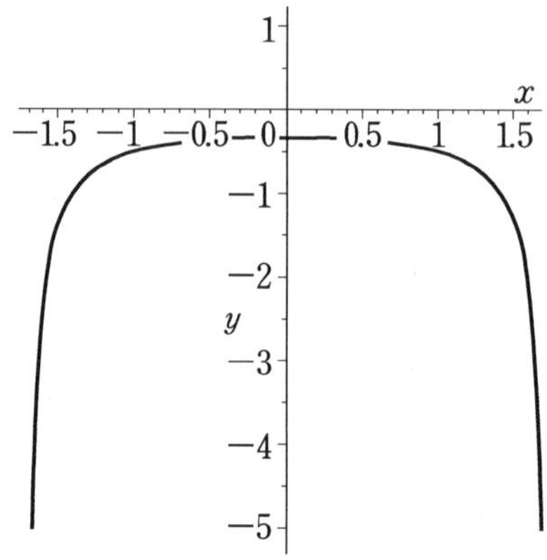

그림 2.3 해곡선 $y=1/(x^2-3)$의 그래프

주의 | $y=0$도 $dy/dx=-2xy^2$의 해이지만, 일반해에 포함되지 않는다. 이 경우 초기조건 $y(0)=0$이 주어졌을 때 일반해로부터 초기값문제의 해를 구할 수 없다. 확인해 보라.

예제 2.4 1계 미분방정식 $\dfrac{dy}{dx}=x(y^2-1)$의 해집합을 구하여라.

• 풀이 • $p(x)=x$와 $q(y)=y^2-1$인 변수분리형 미분방정식이므로 $y^2-1\neq 0$인 경우 다음과 같이 고쳐 쓸 수 있다.

$$\frac{1}{y^2-1}\,dy=x\,dx$$

다음과 같이 양변을 순차적으로 적분한다.

$$\int\frac{1}{y^2-1}dy=\int x\,dx$$

$$\frac{1}{2}\int\left(\frac{1}{y-1}-\frac{1}{y+1}\right)dy=\int x\,dx \qquad \text{(부분분수)}$$

$$\ln|y-1|-\ln|y+1|=x^2+C_1 \qquad \text{(치환적분)}$$

$$\ln\left|\frac{y-1}{y+1}\right|=x^2+C_1 \qquad \text{(로그성질)}$$

$$\frac{y-1}{y+1}=Ce^{x^2} \qquad \text{(로그의 정의)}$$

$$y=\frac{1+Ce^{x^2}}{1-Ce^{x^2}} \qquad \text{(유리방정식의 해)}$$

따라서 일반해는 $y=\dfrac{1+Ce^{x^2}}{1-Ce^{x^2}}$ 이다. 단, C는 임의의 상수이다.

$y^2-1=0$을 만족하는 $y=\pm 1$도 해이다. 일반해에서 $C=0$일 때, $y=1$이므로 $y=1$은 일반해에 포함된다. 반면, $y=-1$은 일반해에 포함되지 않는다. 따라서 해집합은

$$\left\{y=\frac{1+Ce^{x^2}}{1-Ce^{x^2}},\ y=-1\right\}$$

이다.

(치환에 의해) 변수분리형 미분방정식으로 고칠 수 있는 미분방정식들

다음과 같은 미분방정식은 치환을 통하여 일반해를 간단하게 구할 수 있다.

$$\frac{dy}{dx}=f\left(\frac{y}{x}\right) \tag{4}$$

즉, 다음과 같은 순서로 일반해를 구한다.

(i) $v=y/x$ 또는 $y=vx$라 둔다.

(ii) $y'=v+xv'$을 식 (4)에 대입한다.

(iii) 다음과 같은 변수분리형 미분방정식을 얻는다.

$$v+x\frac{dv}{dx}=f(v) \tag{5}$$

예제 2.5 다음 미분방정식의 일반해를 구하여라.

$$\frac{dy}{dx}=\frac{xy+y^2+x^2}{x^2}$$

• 풀이 • $\dfrac{xy+y^2+x^2}{x^2}=\dfrac{y}{x}+\left(\dfrac{y}{x}\right)^2+1$에서 $f(x)=x+x^2+1$로 정의하면, 주어진 미분방정식은

$$\frac{dy}{dx}=f\left(\frac{y}{x}\right)$$

와 같은 형태이다.

$v=y/x$ 또는 $y=xv$로 놓고, $y'=v+xv'$을 방정식에 대입하면

$$v + x\frac{dv}{dx} = v + v^2 + 1$$

변수분리형 미분방정식의 해법으로 풀면

$$x\frac{dv}{dx} = v^2 + 1$$

$$\frac{dv}{v^2+1} = \frac{dx}{x}$$

$$\int \frac{dv}{v^2+1}dv = \int \frac{dx}{x}$$

$$\tan^{-1}v = \ln|x| + C$$

$$y = x\tan(\ln|x| + C)$$

따라서 일반해는 $y = x\tan(\ln|x| + C)$이다. 단, C는 임의의 상수이다. 그림 2.4는 $C=0$일 때 해의 그래프이다.

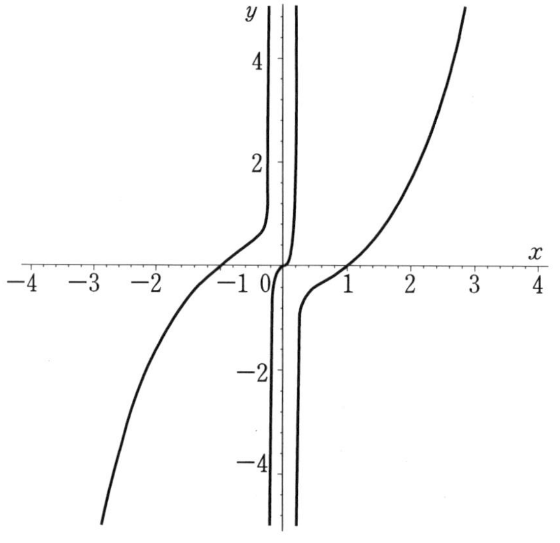

그림 2.4 $C=0$일 때, 일반해의 그래프

예제 2.5에서 초기조건이 $y(1)=0$이 주어졌다고 하자. $(1,\ 0)$을 일반해

$$y = x\ \tan(\ln|x| + C)$$

에 대입하면

$$0 = \tan C$$

$$C = 0$$

초기값문제의 해가 될 수 있는 것은 (1, 0)을 지나는 곡선이다. 그리고 해의 존재구간은 $(e^{-\pi/2},\ e^{\pi/2})$이다.

그림 2.5에서 $x = e^{\pi/2}$에 접근하면 해는 무한대로 발산한다.

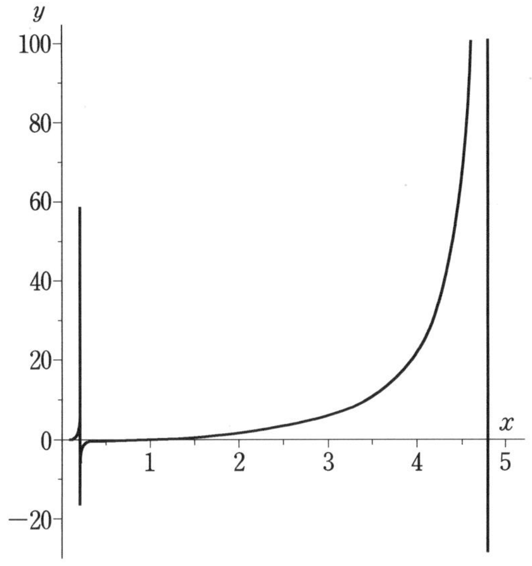

그림 2.5 해의 폭발(explosion of solution)

다음 미분방정식

$$\frac{dy}{dx} = f(ax + by) \tag{6}$$

은 다음과 같은 순서로 일반해를 간단하게 구할 수 있다.

(i) $v = ax + by$로 치환한다.

(ii) $v' = a + by'$를 식 (6)에 대입한다.

(iii) 다음과 같은 변수분리형 미분방정식을 얻는다.

$$\frac{1}{b}\left(\frac{dv}{dx} - a\right) = f(v) \tag{7}$$

예제 2.6 다음 미분방정식의 일반해를 구하여라.

$$\frac{dy}{dx} = y - x - 1 + \frac{1}{x - y + 2}$$

• 풀이 • $f(x) = -x - 1 + \dfrac{1}{x+2}$이라 놓으면, $\dfrac{dy}{dx} = f(x-y)$이다.

따라서 $v = x - y$로 치환하고 $v' = 1 - y'$을 방정식에 대입하면

$$1 - \frac{dv}{dx} = -v - 1 + \frac{1}{v+2}$$

$$\frac{dv}{dx} = v + 2 - \frac{1}{v+2} = \frac{v^2 + 4v + 3}{v+2}$$

변수분리형 미분방정식의 해법으로 풀면

$$\frac{v+2}{v^2+4v+3}dv = dx$$

$$\int \frac{v+2}{v^2+4v+3}dv = \int dx$$

$$\frac{1}{2}\ln|(v+2)^2 - 1| = x + C_1$$

$$(v+2)^2 = C\,e^{2x} + 1 \quad \left(C = \pm\, e^{2C_1}\right)$$

$$(x - y + 2)^2 = Ce^{2x} + 1$$

따라서 일반해는 $(x-y+2)^2 = Ce^{2x} + 1$이다. 단, C는 임의의 상수이다. 일반해는 다음처럼 정의한 두 개의 함수로 풀어낼 수 있다.

$$y = x + 2 + \sqrt{Ce^{2x} + 1}\,,\ \ y = x + 2 - \sqrt{Ce^{2x} + 1}$$

그림 2.6은 $C = 1$일 때 일반해를 위의 두 함수를 이용하여 나타낸 것이다.

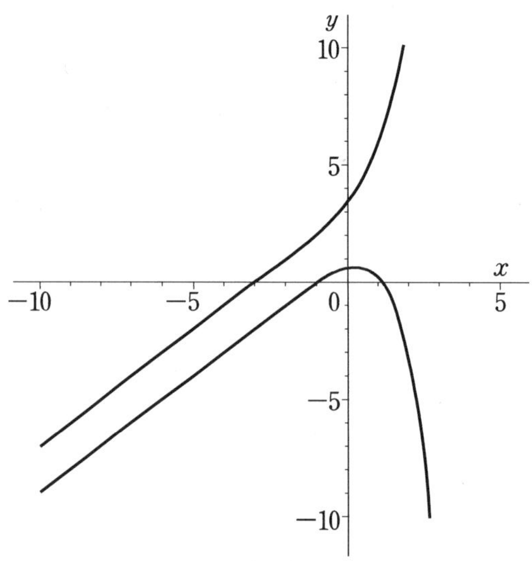

그림 2.6 $C = 1$에 대응하는 일반해의 그래프

1.3 모델링 : 변수분리형 미분방정식

개체군의 성장 모델, 물체의 온도변화 모델, 물체의 운동 모델에서 관심을 갖는 대상을 수학적으로 모델링하면 변수분리형 미분방정식으로 기술되는 경우가 있다. 이 절에서는 변수분리형 미분방정식으로 기술되는 몇몇 모델을 살펴본다.

개체군의 성장 모델(population models)

어떤 개체군의 성장을 효과적으로 예측하여 보자. 어떤 영역에 속하는 개체군의 변화율은

"개체군의 유입율과 유출률의 차"

에 의해 결정되어야 한다. 단세포분열에 의해 번식하는 박테리아의 개체군은 먹이만 충분히 공급되면 유출률(사망률)은 0으로 간주할 수 있다. 그리고 유입률(성장률)은

"개체군의 유입률(생성률)은 개체의 수에 비례"

하는 것으로 관찰되고 있다. 시각 t에서 개체수를 $P = P(t)$라 놓고, 위의 법칙을 적용하면 다음과 같은 미분방정식을 얻는다.

$$\frac{dP}{dt} = k_1 P$$

여기서 k_1은 비례상수로 양의 값을 가진다.

개체가 인간인 경우 사망률이 0이라는 가정은 불합리하므로 수정되어야 한다. 사망의 원인을 자연적인 것에만 국한하면 사망률은 인구수에 비례하는 것으로 기대할 수 있다. 이를 고려하면

$$\frac{dP}{dt} = k_1 P - k_2 P = (k_1 - k_2) P = kP$$

여기서 $k = k_1 - k_2$로 양수 또는 음수의 값을 가질 수 있는 상수이고, k_2는 사망률에 대한 비례상수이다. 두 경우 다음과 같은 형태로 통일할 수 있다.

$$\frac{dP}{dt} = kP \tag{1}$$

식 (1)을 맬서스 방정식이라 한다. 식 (1)에 초기인구 $P(0)=P_0$를 첨가하여 해를 구하자. 식 (1)은 변수분리형 미분방정식이므로 초기값문제 (1)의 해는

$$P(t)=P_0 e^{kt} \tag{2}$$

식 (2)을 개체수의 성장에 대한 지수법칙, 또는 맬서스* 법칙이라고 한다.

연도	총인구	남자	여자	맬서스	로지스틱
1925	19,020,030	9,726,150	9,293,880		
1930	20,438,108	10,398,889	10,039,219		
1935	22,208,102	11,271,005	10,937,097		
1940	23,547,465	11,839,295	11,708,170		
1945	25,120,174	12,521,173	12,599,001		
1950	20,166,756	10,188,238	9,978,518		
1955	21,502,386	10,752,973	10,749,413	21,502,386	21,502,386
1960	24,989,241	12,543,968	12,445,273	23,552,461	24,819,053
1965	29,159,640	14,684,147	14,475,493	25,797,995	28,191,231
1970	31,435,252	15,779,615	15,655,637	28,257,622	31,511,523
1975	34,678,972	17,445,246	17,233,726	30,951,754	34,678,972
1980	37,406,815	18,749,306	18,657,509	33,902,749	37,610,769
1985	40,419,652	20,227,564	20,192,088	37,135,098	40,249,593
1990	43,390,374	21,770,919	21,619,455	40,675,624	42,565,592
1995	44,553,710	22,357,352	22,196,358	44,553,710	44,553,710
2000	45,985,289	23,068,181	22,917,108	48,801,540	46,228,157
2005	48,294,000	24,333,000	23,961,000	53,454,366	47,615,939
2007				54,436,866	47,862,011
2010				58,550,800	48,750,893

표 3.1 한국의 총 인구수

* 맬서스(Thomas Robert Malthus, 1766~1834): 영국 경제학자. 케임브리지 대학을 졸업한 후 1805년 하트퍼드에 신설된 동(東)인도대학에서 영국 사상 최초의 경제학 교수가 되어 평생 그곳 교수직을 지냄. 인간의 생존에 불가결한 식량은 산술급수적으로밖에 증가하지 않는데, 인간의 본능인 성욕은 기하급수적인 인구증가를 가져오는 경향이 있기 때문에 자연 그대로 내버려 놓으면 과잉인구에 의한 식량부족은 피할 수 없는 것이라 주장.

예제 3.1 1955년 한국의 총 인구수는 21,502,386명이고 1995년에는 44,553,710명이다. 맬서스 법칙을 사용하여 한국의 총 인구수를 시간 t의 함수로 나타내어라.

• 풀이 • 1955년을 $t=0$으로 설정하면 공식 (2)로부터

① $$P(t)=(21{,}502{,}386)e^{kt}$$

k의 값을 결정하기 위해 $t=1995-1955=40$년에 해당하는 인구수를 식 ①에 대입하면

② $$P(40)=(21{,}502{,}386)e^{40k}=44{,}553{,}710$$

식 ②를 k에 대하여 풀면

$$k=\frac{\ln(44{,}553{,}710)-\ln(21{,}502{,}386)}{40}\approx 0.0182132883$$

k의 값을 식 ①에 대입하면

③ $$P(t)=(21{,}502{,}386)e^{(0.0182132883)t},\ t\ge 0$$

통계청 자료에 의한 한국 인구수와 ③에 의해 예측된 인구수는 표 3.1에 나타나 있다.

인구성장의 경우 사망률을 자연적인 것에만 국한했기 때문에 멜서스법칙이 유효하지 않음을 알 수 있다(표 3.1). 즉, 영양실조, 불충분한 의료시설, 전염병, 범죄 등으로 인한 사망을 고려하지 않았다. 이러한 요인은 인간들 간의 상호작용에 의존하는 경향이 있는데, 인구크기 P에 대한 상호작용은 $P(P-1)/2$로 간주할 수 있다. 따라서 상호작용에 의한 사망률은 $k_2P(P-1)/2$이다. 이를 고려하면

$$\frac{dP}{dt}=k_1P-k_2P-k_3\frac{P(P-1)}{2}$$

$a=k_1-k_2+k_3/2,\ b=k_3/2$라 놓으면 다음과 같은 미분방정식을 얻는다.

$$\frac{dP}{dt}=aP-bP^2$$

이 방정식을 로지스틱 방정식(logistic equation)이라 한다. 변수분리형 미분방정식이므로 변수분리해법을 적용하여 일반해를 구할 수 있다. 실제로

$$\frac{dP}{P(a-bP)}=dt \qquad \text{(변수분리)}$$

$$\int \frac{dP}{P(a-bP)} = \int dt \qquad \text{(부정적분)}$$

$$\int \left(\frac{1}{a}\frac{1}{P} + \frac{b}{a}\frac{1}{a-bP}\right) dP = \int dt \qquad \text{(피적분함수를 부분분수로 표현)}$$

$$\ln|P| - \ln|a-bP| = at + C_1 \qquad \text{(적분)}$$

$$\ln\left|\frac{P}{a-bP}\right| = at + C_1 \qquad \text{(로그성질)}$$

$$\frac{P}{a-bP} = Ce^{at} \quad \left(C = \pm e^{C_1}\right) \qquad \text{(로그의 정의)}$$

따라서 일반해는

$$P(t) = \frac{a}{b + Ce^{-at}} \tag{3}$$

초기조건 $P(0) = P_0$를 식 (3)에 대입하여 C를 구하면

$$P_0 = \frac{a}{b+C} \quad \text{또는} \quad C = \frac{a - bP_0}{P_0}$$

C를 식 (3)에 대입하면

$$P(t) = \frac{aP_0}{bP_0 + (a - bP_0)e^{-at}} \tag{4}$$

식 (4)를 로지스틱 곡선(logistic curve)이라 한다.

예제 3.2 1955, 1975, 1995년의 한국의 총 인구수는 각각 21,502,386명, 34,678,972명, 44,553,710명이다. 로지스틱곡선을 사용하여 한국의 총 인구수를 시간 t의 함수로 나타내어라.

• 풀이 • 1955년을 $t_0 = 0$으로 설정하면, $t_1 = 20$, $t_2 = 40$이다. 또한

$$P_0 = P(t_0) = 21{,}502{,}386$$
$$P_1 = P(20) = 34{,}678{,}972$$
$$P_2 = P(40) = 44{,}553{,}710$$

조건 P_1, P_2를 식 (4)에 대입하면 a, b에 대한 연립방정식을 얻고, 이를 풀어 a, b를 구할 수 있다. 연립방정식을 이용하여 a, b를 구하는 것은 쉽지 않다. 다행히, $t_2 = 2t_1 (t_1 > 0)$을 만족하는 경우 다음과 같은 결과를 얻을 수 있다.

$$a = \frac{1}{t_1} \ln \frac{P_2(P_1 - P_0)}{P_0(P_2 - P_1)}, \quad b = \frac{a}{P_1}\left(\frac{P_1^2 - P_0 P_2}{P_1 P_2 - 2P_0 P_2 + P_0 P_1}\right)$$

t_1, P_0, P_1, P_2를 a, b에 대입하면

$$a \approx 0.0508496605, \quad b \approx 0.957170217 \times 10^{-9}$$

따라서

$$P(t) \approx \frac{1093389.028}{0.02058144347 + 0.03026821703 \times e^{-0.05084966050t}}$$

로지스틱곡선에 의한 추정치는 표 3.1의 오른쪽 끝부분에 기록되어 있다. ⊂

특히 식 (4)에서 $t \to \infty$ 일 때 $e^{-at} \to 0$이므로

$$P(t) \to \frac{a}{b}$$

가 성립한다. 이것은 인구가 무한히 증가할 수 없다는 것을 의미하며, 궁극적으로 로지스틱 방정식을 따르는 인구는 시간이 많이 경과하면 a/b와 같게 된다. 비 a/b의 값을 최종인구(limiting population)라 하며, 한국의 총 인구수가 로지스틱 방정식에 의해 결정된다고 가정하면 한국의 최종인구는

$$\frac{a}{b} = 53,124,992\text{명}$$

즉, 환경의 변화가 발생하지 않는 한 시간이 아무리 지나도 53,124,992명을 넘을 수 없다.

온도변화에 대한 모델

매질에 둘러싸인 어떤 물체의 온도변화율에 대한 다음과 같은 뉴턴의 냉각법칙(Newton's Cooling Law)이 제시되어 있다.

> *"물체의 온도변화율은 물체의 온도와 그 물체를 둘러싸고 있는 매질의 온도 차에 비례한다."*

시각 t에서 물체의 온도를 $T = T(t)$ 그리고 주위 매질의 온도를 M이라 놓고, 이를 뉴턴의 냉각법칙에 적용하면 다음과 같은 초기값문제를 얻는다.

$$\frac{dT}{dt} = k(M - T), \quad T(t_0) = T_0 \tag{5}$$

단, k는 비례상수이고, T_0는 시각 t_0에서 온도이다. 변수분리형이므로 식 (5)의 일반해를 구할 수 있다.

$$\frac{dT}{M-T} = k\,dt$$

$$\int \frac{dT}{M-T} = \int k\,dt$$

$$-\ln|T-M| = kt + C_1$$

$$T-M = \pm e^{-C_1} e^{-kt}$$

마지막 식에서 $C = \pm e^{C_1}$이라 놓으면, 일반해는 다음과 같다.

$$T = M + Ce^{-kt} \quad \left(C = \pm \exp(-C_1)\right) \tag{6}$$

초기조건 $T(t_0) = T_0$를 식 (6)에 대입하면

$$T_0 = M + Ce^{-kt_0}$$

$$C = e^{kt_0}(T_0 - M)$$

따라서 초기값문제 (5)의 해는

$$T(t) = M + (T_0 - M)e^{-k(t-t_0)} \tag{7}$$

지수함수의 성질에 의해 k가 양수이면 온도는 내려가고 음수이면 온도는 올라간다. 특히, $t_0 = 0$인 경우(실험의 시작시간이 0인 경우)

$$T(t) = M + (T_0 - M)e^{-kt} \tag{8}$$

[별해] 식 (7)의 해를 식 (6)을 이용하여 구할 수 있다. 식 (7)에서 $\widetilde{T} = M - T$이라 놓으면, 식 (7)은

$$\frac{d\widetilde{T}}{dt} = -k\widetilde{T}, \quad \widetilde{T}_0 = M - T_0$$

따라서 위의 초기값문제의 해는

$$\widetilde{T} = \widetilde{T}_0 e^{-k(t-t_0)} \quad \text{또는} \quad T = M + (T_0 - M)e^{-k(t-t_0)}$$

예제 3.3 처음 온도가 95℃인 커피를 방의 온도가 21℃인 방에 놓아두었다. 5분이 지난

후 커피의 온도는 80℃ 였다. 뉴턴의 냉각법칙을 사용하여 커피의 온도가 50℃가 되는데 걸리는 시간을 추정하라.

● **풀이** ● $t_0 = 0$이므로 $T(0) = T_0 = 95$이다. 이 조건과 $M = 21$을 식 (8)에 대입하면

① $$T(t) = 21 + 74e^{-kt}$$

관측자료 $T(5) = 80$을 식 ①에 대입하면

$$21 + 74e^{-5k} = 80$$

또는

② $$e^{-5k} = \frac{59}{74}$$

식 ②를 식 ①에 대입하면

$$T(t) = 21 + 74(e^{-5k})^{t/5} = 21 + 74\left(\frac{59}{74}\right)^{t/5}$$

마지막으로

$$T(t) = 21 + 74\left(\frac{59}{74}\right)^{t/5} = 50$$

을 풀면

$$\left(\frac{59}{74}\right)^{t/5} = \frac{29}{74}$$

로그를 이용하여 t에 대하여 풀면

$$t = 5\frac{\ln 74 - \ln 29}{\ln 74 - \ln 59} \approx 20.67670916$$

t를 분단위까지 구하면, 커피의 50℃가 되는데 걸리는 시간 약 21분 후이다.

물체의 운동 모델

속도 $\vec{v}$ 이고 질량 m 인 물체에 대한 운동량(moment)을 $\vec{p} = m\vec{v}$ 로 정의하면, 뉴턴의 제2법칙에 의해

"운동량의 변화율은 그 물체에 작용하는 외부의 모든 힘의 합과 같다"

에 의해 다음과 같은 등식을 얻는다.

$$\frac{d\vec{p}}{dt} = \frac{d}{dt}(m\vec{v}) = \vec{F} = \sum_j \vec{F_j}$$

만약 $\frac{dm}{dt} = 0$(질량은 시간에 따라 변하지 않음)이고 $\frac{d\vec{v}}{dt} = \vec{a}$라 정의하면

$$m\vec{a} = \vec{F} \tag{9}$$

를 얻는다.

식 (9)를 이용하여, 즉 투사체와 낙하체의 운동방정식을 유도하여보자.

먼저 그림 3.1과 같은 투사체의 운동(projectile motion)에 대한 운동방정식을 유도하여 보자.

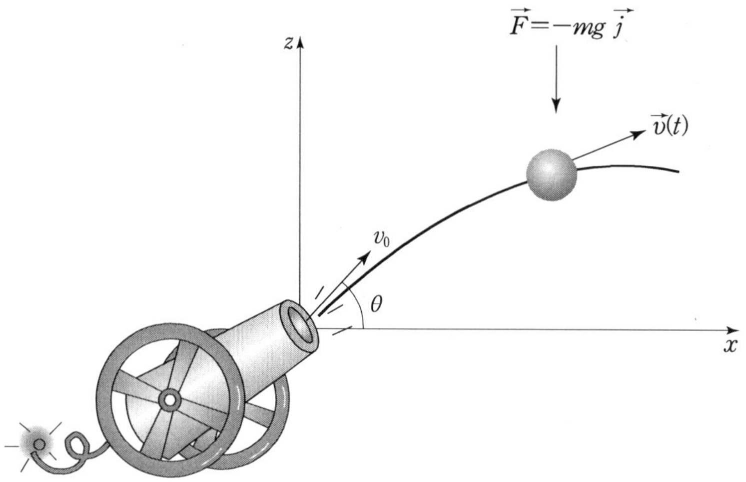

그림 3.1 투사체

투사체의 궤도는 한 평면(xz-평면)에 놓인다고 가정하고, 투사체에 작용하는 힘은 중력에 의한 힘

$$\vec{F}_1 = -mg\,\vec{j} \quad (\vec{j}\text{는 } z\text{축 방향의 단위벡터})$$

와 공기저항에 의한 힘

$$\vec{F_2} = -k\vec{v} \quad (k\text{는 비례상수})$$

뿐이라고 하자. 그러면 식 (9)로부터

$$m\frac{d\vec{v}}{dt} = \vec{F}_1 - \vec{F}_2 = -mg\vec{j} - k\vec{v} \tag{10}$$

를 얻는다. 또한 투사체를 $t=0$에서 각 θ의 방향으로 v_0 속력으로 발사한다고 하면, 초기조건은

$$\vec{v_0} = \langle v_0\cos\theta,\ v_0\sin\theta \rangle$$

이다. $\vec{v} = \langle v_1,\ v_2 \rangle$라 놓고, 벡터미분방정식 (10)을 성분별로 표현하면 다음과 같은 초기값 문제를 얻는다.

$$m\frac{dv_1}{dt} = -kv_1, \qquad v_1(0) = v_0\cos\theta$$

$$m\frac{dv_2}{dt} = -mg - kv_2,\ v_2(0) = v_0\sin\theta$$

변수분리형 미분방정식이므로, 성분별 속도는

$$v_1(t) = v_0\cos\theta\, e^{-\frac{k}{m}t}$$

$$v_2(t) = -\frac{mg}{k} + \left(v_0\sin\theta + \frac{mg}{k}\right)e^{-\frac{k}{m}t}$$

발사체를 원점에서 발사한다고 가정하면, 초기조건은 $\langle x(0),\ z(0) \rangle = \langle 0,\ 0 \rangle$이다.

$$\frac{dx}{dt} = v_0\cos\theta\, e^{-\frac{k}{m}t}$$

$$\frac{dz}{dt} = -\frac{mg}{k} + \left(v_0\sin\theta + \frac{mg}{k}\right)e^{-\frac{k}{m}t}$$

을 적분하여 초기조건 $\langle x(0),\ z(0) \rangle = \langle 0,\ 0 \rangle$을 대입하면

$$x(t) = \frac{m}{k}v_0\cos\theta\left(1 - e^{-\frac{k}{m}t}\right) \tag{12}$$

$$z(t) = -\frac{mg}{k}t + \frac{m}{k}\left(v_0\sin\theta + \frac{mg}{k}\right)\left(1 - e^{-\frac{k}{m}t}\right) \tag{13}$$

과 같은 투사체의 궤도방정식을 얻는다.

예제 3.4 식 (12)~(13)에서 $m = 1\text{kg}$, $k = 1\text{kg/sec}$, $v_0 = 10\text{m/sec}$, $\theta = 45°$, $g = 9.8\text{m/sec}^2$ 일 때, 물체가 날아간 거리를 구하여라.

• **풀이** • 주어진 변수의 값을 식 (12)~(13)에 대입하면

$$x(t) = 5\sqrt{2}(1 - e^{-t})$$
$$z(t) = -\frac{49}{5}t + \left(5\sqrt{2} + \frac{49}{5}\right)(1 - e^{-t})$$

$z(t) = 0$을 만족하는 시간 t에서 포탄은 지면에 도달한다. $z(t) = 0$를 근사적으로 풀면 즉, $e^{-t} \approx 0$ 놓으면 $t \approx 1.21\,\mathrm{sec}$이다. 따라서 포탄이 날아간 거리는 약 $x(1.21) \approx 4.96\,\mathrm{m}$이다. 그림 3.2는 포탄이 날아가는 궤도를 그린 것이다.

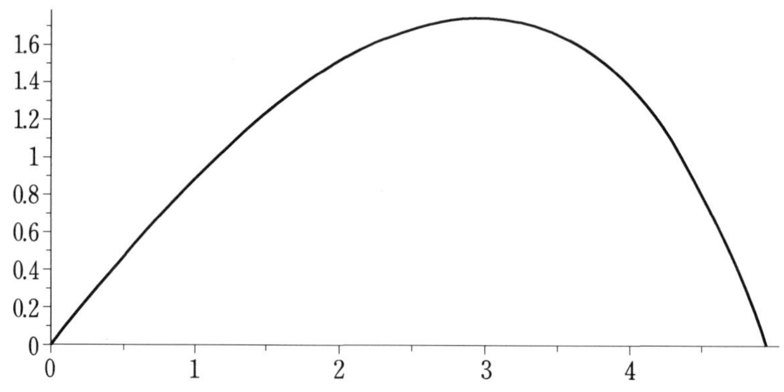

그림 3.3 포탄이 날아가는 궤도

이제 식 (9)를 질량이 m인 물체가 지면에 수직방향으로 떨어지는 낙하체에 적용하여 보자. 낙하체는 xz-평면에서 z축에 평행으로 떨어진다고 가정하자. 시각 t에서 낙하체의 위치를 $z = z(t)$라 놓고, 속도를 $v = v(t)$라 하자. 그리고 $z(0) = 0$, $v(0) = v_0$라 하자(그림 3.3 참조).

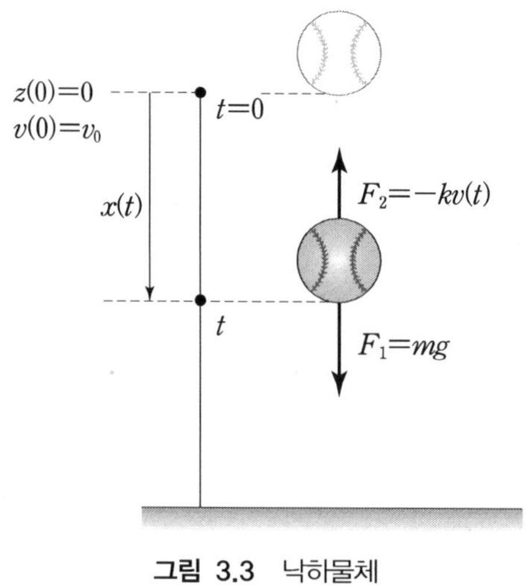

그림 3.3 낙하물체

낙하체에 작용하는 힘은 중력과 공기저항뿐이며, 공기저항에 의한 힘은 낙하체의 속도에 비례한다고 하자. 중력가속도를 g라고 할 때, 중력에 의한 힘은

$$F_1 = mg$$

이고, 공기저항에 의한 힘은

$$F_2 = -kv$$

이다. 단, k는 양의 비례상수이고 음의 부호는 공기저항이 물체의 운동에 반대로 작용함을 뜻한다. 따라서 물체에 작용하는 전체의 힘은

$$F = F_1 + F_2 = mg - kv$$

식 (9)로부터

$$m\frac{dv}{dt} = mg - kv$$

물체의 초기속도를 v_0라 하면 낙하물체의 속도는 초기값문제

$$m\frac{dv}{dt} = mg - kv, \quad v(0) = v_0 \tag{14}$$

에 의해 기술된다. 식 (14)는 변수분리형 미분방정식이므로, 초기값문제의 해는

$$v(t) = \frac{mg}{k} + \left(v_0 - \frac{mg}{k}\right)e^{-kt/m} \tag{15}$$

이다. $v = dz/dt$이므로 식 (15)의 양변을 적분하면

$$z(t) = \int v(t)\, dt = \frac{mg}{k}t - \frac{m}{k}\left(v_0 - \frac{mg}{k}\right)e^{-kt/m} + C$$

이다. 초기조건 $x(0) = 0$을 대입하여 적분상수 C를 구하면

$$C = \frac{m}{k}\left(v_0 - \frac{mg}{k}\right)$$

이를 $z(t)$에 대입하면 다음과 같은 낙하물체의 위치함수를 얻는다.

$$z(t) = \frac{mg}{k}t + \frac{m}{k}\left(v_0 - \frac{mg}{k}\right)(1 - e^{-kt/m}) \tag{16}$$

시간 $t \to \infty$ 일 때 속도 $v(t)$는 수평점근선 $v = mg/k$에 수렴하고, 위치 $z(t)$는 직선

$$z(t) = \frac{mg}{k}t - \frac{m^2 g}{k^2} + \frac{m}{k}v_0$$

에 수렴함을 관찰하라. $v(t)$에 대한 수평점근선의 값 mg/k를 물체의 극한속도(limiting velocity)라 한다(그림 3.4).

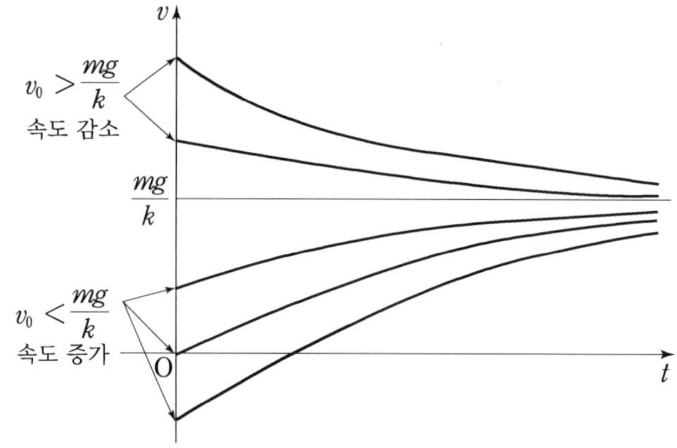

그림 3.4 임계속도

예제 3.5 중력의 영향을 받는 3 kg의 물체를 지상 500 m에 위치해 있는 받침대에서 떨어뜨렸다. 중력가속도는 상수로 가정하고, 즉 $g = 9.81\,\mathrm{m/sec^2}$, 공기저항에 의한 힘은 물체의 속도에 비례한다고 가정하자. 이 비례상수가 $k = 3\mathrm{kg/sec}$일 때, 물체가 지상에 떨어지는 시간을 구하여라.

• 풀이 • $k = 3, m = 3, g = 9.81$을 식 (16)에 대입하면

$$z(t) = (9.81)t - (9.81)(1 - e^{-t})$$

지면과 받침대 사이의 거리가 500 m이므로, $z(t) = 500$이 되는 시간 t를 구하면 된다. 즉

$$500 = (9.81)t - (9.81)(1 - e^{-t})$$
$$t + e^{-t} = \frac{509.81}{9.81} = 51.97$$

을 만족하는 t를 구하면 된다. $f(t) = t + e^{-t}$는 $t \geq 0$에서 증가함수이므로 위의 방정식은 유일한 해를 갖는다. 그러나 불행히도 t에 대한 정확한 해는 구할 수가 없다. 따라서 최선의 방법은 근사해를 구하는 것이고, 실제로 뉴턴의 방법을 이용하

여 구하면 $t \approx 51.97\mathrm{sec}$이다. ◐

예제 3.6 질량이 75kg인 스카이다이버가 지상으로부터 4000m 상공에 정지하고 있는 헬리콥터에서 낙하한다(그림 3.5 참조). 중력은 상수이고 공기저항에 의한 힘은 스카이다이버의 속도에 비례한다고 가정하자.

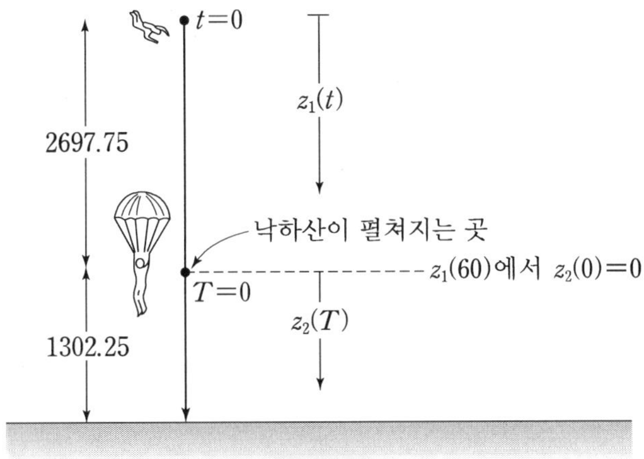

그림 3.5 스카이다이버의 낙하

낙하산이 접혀져 있을 때의 비례상수를 $k_1 = 15\mathrm{kg/sec}$ 그리고 낙하산이 펼쳐졌을 때의 비례상수를 $k_2 = 105\mathrm{kg/sec}$라고 가정하자. 만약 스카이다이버가 헬리콥터를 떠난 후 1분까지 낙하산이 접혀 있었다고 한다면, 스카이다이버가 지상에 도달하는 데 몇 초가 걸리는가?

● 풀이 ● 스카이다이버의 낙하시간에만 중점을 놓고 있기 때문에 스카이다이버의 하강의 수직성분만 고려한다(떨어지는 위치는 고려하지 않음). 이 문제를 해결하기 위해서는 두 개의 방정식이 필요하다. 하나는 낙하산이 접혀져 있을 때의 운동방정식이고, 다른 하나는 낙하산이 펼쳐진 후의 운동방정식이다. 낙하산이 펼쳐지기 전의 모델은 예제 3.5와 같다.

$$v_0 = 0,\ m = 75\mathrm{kg},\ \ k = k_1 = 15\mathrm{kg/sec},\ \ g = 9.81\,\mathrm{m/sec}^2$$

을 식 (15)와 (16)에 대입하면 $z_1(t)$를 t초에서 사람이 낙하한 거리라 놓고 $v_1 = dz_1/dt$라 놓으면

$$v_1(t) = (49.05)(1 - e^{-0.2t})$$
$$z_1(t) = 49.05t - 245.25(1 - e^{-0.2t})$$

따라서 낙하 후 1분($t=60$초)이 되는 시점에서의 낙하속도는

$$v_1(60)=(49.05)(1-e^{-0.2(60)})=49.05\,\text{m/sec}$$

이고, 위치는

$$z_1(60)=(49.05)(60)-(245.25)(1-e^{-0.2(60)})=2697.75\,\text{m}$$

이다. $t=60$일 때, 낙하산이 펼쳐진 직후 스카이다이버의 위치는 지면에서 $4000-2697.75=1302.25\,\text{m}$ 상공에 있게 되고, 그 순간 낙하속도는 $49.05\,\text{m/sec}$ 이다. 두 번째 방정식, 즉 낙하산이 펼쳐진 후 운동방정식을 유도하여 보자. $z_2(T)$를 낙하산이 펼쳐진 후($T=t-60$) T초에서 스카이다이버의 위치라 하자. 그러면 $z_1(60)$에서 $z_2(0)=0$이 되고, $z_2'(0)=z_1'(60)=49.05\,\text{m/sec}$이다. 낙하산이 펼쳐진 후의 모델 역시 예제 3.5의 모델과 같으므로

$$v_0=49.05\,\text{m/sec}^2,\ m=75, k=k2=105, g=9.81\,\text{m/sec}^2$$

을 식 (16)에 대입하면

$$z_2(T)=7.01\,T+30.03(1-e^{-1.4T})$$

따라서 스카이다이버가 지상에 도달하는 시간은 $z_2(T)=1302.25$을 만족하는 T이다. 즉

$$T-4.28e^{-1.4T}=181.49$$

을 만족하는 T를 구하면 된다. 방정식의 좌변은 T에 대한 증가함수이므로 해는 한 개뿐이다. $e^{-1.4T}$가 매우 작은 값이므로 이를 무시하면 약 $T=181.49$이다. 따라서 스카이다이버는 약 241.49초에 지면에 도착한다. ⊂

비행 궤도에 관한 모델

비행기가 목적지의 동쪽 $(a,\ 0)$에서 이륙한다고 가정한다. 목적지의 공항위치는 $(0,\ 0)$에 둔다. 비행기는 정북방향의 풍속 w(일정)에 영향을 받으면서 v_0(일정)의 속도로 날아간다고 하자. 그림 3.6과 같이 비행사는 비행기의 머리가 $(0,\ 0)$을 향하도록 조정하고 있다고 가정할 때 비행기의 궤도방정식 $y=f(x)$를 구하여 보자.

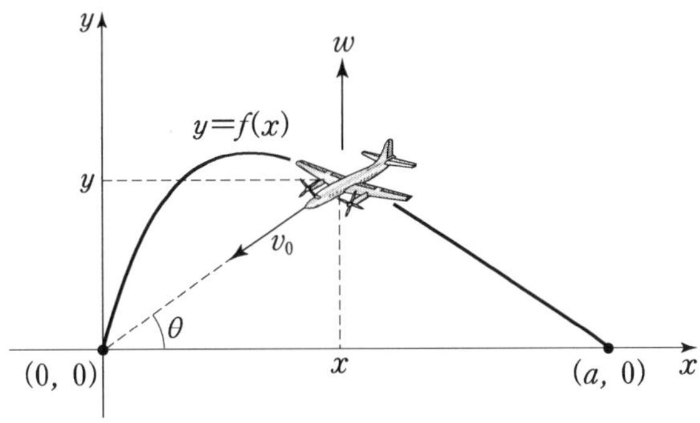

그림 3.6 비행기의 가상 비행궤도

그림과 같이 시각 t에서 비행기의 위치를 $(x, y)=(x(t), y(t))$라 하면

$$\frac{dx}{dt}=-v_0\cos\theta$$

$$\frac{dy}{dt}=-v_0\sin\theta+w$$

한편 $\cos\theta=\dfrac{x}{\sqrt{x^2+y^2}}$ 및 $\sin\theta=\dfrac{y}{\sqrt{x^2+y^2}}$ 이므로

$$\frac{dx}{dt}=-\frac{v_0 x}{\sqrt{x^2+y^2}}$$

$$\frac{dy}{dt}=-\frac{v_0 y}{\sqrt{x^2+y^2}}+w$$

따라서 비행기의 궤도방정식 $y=f(x)$는 다음 미분방정식을 만족한다.

$$\frac{dy}{dx}=\frac{dy/dt}{dx/dt}=\frac{1}{v_0 x}\left(v_0 y-w\sqrt{x^2+y^2}\right)$$

$k=\dfrac{w}{v_0}$라 놓으면 1.2절의 식 (4)와 같은 형태의 미분방정식을 얻는다.

$$\frac{dy}{dx}=\frac{y}{x}-k\sqrt{1+\left(\frac{y}{x}\right)^2}$$

$v=y/x$ 로 치환하면

$$v+x\frac{dv}{dx}=v-k\sqrt{1+v^2}$$

$$x\frac{dv}{dx} = -k\sqrt{1+v^2}$$

과 같은 변수분리형 미분방정식을 얻는다. 변수분리하여 적분하면

$$\int \frac{1}{\sqrt{1+v^2}}\,dv = -k\int \frac{1}{x}\,dx$$

$$\ln\left(v+\sqrt{1+v^2}\right) = -k\ln x + C \tag{17}$$

초기조건 $v(a) = y(a)/x(a) = 0$으로부터

$$C = k\ln a$$

따라서 $C = k\ln a$를 식 (17)에 대입하여 양변에 지수함수를 취하면

$$v+\sqrt{1+v^2} = \left(\frac{x}{a}\right)^{-k}$$

이고, v에 대하여 풀면

$$v = \frac{1}{2}\left[\left(\frac{x}{a}\right)^{-k} - \left(\frac{x}{a}\right)^{k}\right]$$

최종적으로 v를 $y = xv$에 대입하면 다음과 같은 비행기의 궤도방정식을 얻는다.

$$y = \frac{x}{2}\left[\left(\frac{x}{a}\right)^{-k} - \left(\frac{x}{a}\right)^{k}\right] = \frac{a}{2}\left[\left(\frac{x}{a}\right)^{1-k} - \left(\frac{x}{a}\right)^{1+k}\right] \tag{18}$$

$k < 1(w < v_0)$인 경우에만 궤도방정식은 원점 $(0,\ 0)$을 통과한다. 만약 $k = 1(w = v_0)$인 경우 궤도방정식 (18)은

$$y = \frac{a}{2}\left(1 - \frac{x^2}{a^2}\right)$$

이 되므로, $x = 0$일 때 $y = a/2$가 되어 비행기는 $(0,\ a/2)$를 지난다. 만약 $k > 1(w > v_0)$인 경우, $x \to 0$일 때 $y \to +\infty$가 되어 버려 최악의 상태를 맞이하게 된다. 그림 3.7은 $k = 0.5,\ 1,\ 1.5$에 대응하는 궤도를 나타낸 것이다.

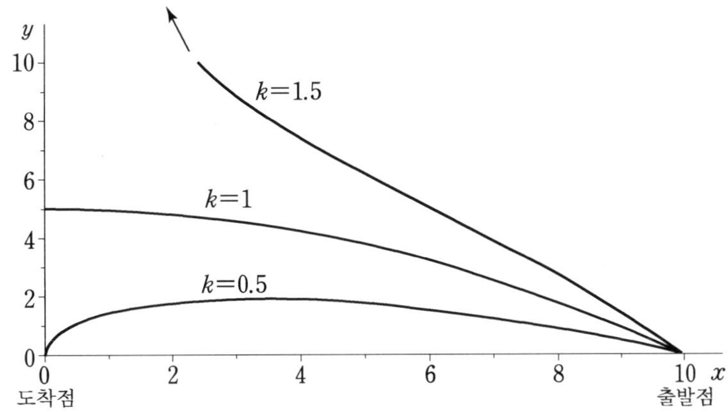

그림 3.7 $k=0.5,\ 1,\ 1.5$일 때 비행기의 궤도

1.4 1계 선형미분방정식

1.3절에서 취급한 뉴턴의 냉각법칙에서는 매질의 온도 M을 상수로 간주하였다. 그러나 환경에 따라 M을 상수로 취급할 수 없는 경우가 있다. 예를 들어, 하루 동안 어떤 물체의 온도 변화를 관찰하려고 한다면, M은 하루 동안의 온도를 적절하게 표시할 수 있어야 한다. 즉, 그림 4.1과 같이 태양이 아침 7시에 동에서 저녁 7시 서쪽으로 이동하는 상황을 생각해보자.

그림 4.1 태양의 이동 경로

이 경우 $M(t)$를 다음과 같은 함수로 표현하는 것이 더 합리적이다.

$$M(t) = M_0 \sin\left(\frac{\pi}{12}t\right),\ 0 \le t \le 12$$

여기서, 아침 7시를 $t=0$으로 설정하였다. 이 경우 어떤 물체의 온도 $T=T(t)$는

$$\frac{dT}{dt} = k\,[M(t) - T]$$

또는

$$\frac{dT}{dt} + kT = kM_0 \sin\left(\frac{\pi}{12}t\right) \tag{1}$$

에 의해 기술된다. 이 식은 변수분리형 미분방정식이 아니므로 앞에서 배운 방법으로 일반해를 구할 수 없다. 이 방정식은 1계 선형미분방정식으로 분류되는데, 지금부터 이러한 형태의 1계 선형미분방정식의 해법에 대하여 학습한다.

다음과 같은 형의 미분방정식을 1계 선형미분방정식*이라 한다.

$$a(x)\frac{dy}{dx}+b(x)y=r(x) \quad (a(x)\neq 0) \tag{2}$$

식 (2)의 해를 구하기 위해 식 (2)의 양변을 $a(x)$로 나누어 표준형으로 고치면

$$\frac{dy}{dx}+p(x)y=g(x) \tag{3}$$

와 같다. 여기서 $p(x)=\dfrac{b(x)}{a(x)}$이고 $g(x)=\dfrac{r(x)}{a(x)}$이다. 식 (3)의 왼쪽 항은 y와 dy/dx가 덧셈으로 연결되어 있다. 이것은 y와 어떤 함수 $\mu=\mu(x)$의 곱의 미분과 관계가 있음을 암시한다. 실제로 μy를 x에 대하여 미분하면

$$\frac{d}{dx}(\mu y)=\mu\frac{dy}{dx}+\frac{d\mu}{dx}y=\mu\left(\frac{dy}{dx}+\frac{1}{\mu}\frac{d\mu}{dx}y\right) \tag{4}$$

μ는 다음 식을 만족한다고 가정하자.

$$\frac{1}{\mu}\frac{d\mu}{dx}=p(x) \tag{5}$$

식 (5)를 식 (4)에 대입하면

$$\frac{d}{dx}(\mu y)=\mu\left[\frac{dy}{dx}+p(x)y\right]$$

이다. 이 식에 식 (3)을 대입하면 다음과 같은 간단한 미분방정식을 얻는다.

$$\frac{d}{dx}(\mu y)=\mu g(x) \tag{6}$$

식 (6)을 적분하면

$$\mu y=\int \mu(x)g(x)\,dx+C$$

또는

$$y=\frac{1}{\mu(x)}\left[\int \mu(x)g(x)+C\right] \tag{7}$$

---

* first order linear differential equations

만약 모든 x에 대하여 $\mu(x) \neq 0$이면 식 (3)과 식 (6)은 동치이고, 식 (7)은 식 (3)의 일반해가 된다.

이제 식 (5)를 만족하는 함수 $\mu = \mu(x)$를 구하자. 식 (5)는 변수분리형 미분방정식이므로 이를 풀면

$$\mu = e^{\int p(x)\,dx} \tag{8}$$

이고, 모든 x에 대하여 $\mu(x) \neq 0$이다. 식 (8)에 주어진 μ를 식 (3)에 대한 적분인자(integral factor)라고 한다.

1계 선형미분방정식의 일반해는 다음과 같은 순서로 구한다.

(i) $a(x)$를 나누어 다음과 같은 표준형으로 고친다.

$$\frac{dy}{dx} + p(x)y = g(x)$$

(ii) 적분인자 $\mu(x) = \exp\int p(x)\,dx$를 구한다.

(iii) $\mu(x)$를 1계 선형미분방정식에 곱하여 다음과 같이 고친다.

$$\frac{d}{dx}[\mu(x)y(x)] = \mu(x)\,g(x)$$

(iv) 양변을 적분하여 y를 구한다. 즉

$$y(x) = \frac{1}{\mu(x)}\left[\int \mu(x)g(x)\,dx + C\right]$$

1계 선형미분방정식의 일반해는 항상 양함수로 표현된다.

예제 4.1 다음 미분방정식의 일반해를 구하여라.

$$\frac{1}{x}\frac{dy}{dx} - \frac{1}{x^2}y = x\cos x$$

• **풀이** • 양변에 x를 곱하여 $\frac{dy}{dx}$의 계수를 1로 만든다.

$$\frac{dy}{dx} - \frac{1}{x}y = x^2 \cos x$$

$p(x) = -1/x$과 $g(x) = x^2 \cos x$인 1계 선형미분방정식이므로, 적분인자는

$$\mu = \exp\left(\int -\frac{1}{x}dx\right) = e^{-\ln x} = \frac{1}{x}$$

적분인자를 표준형에 곱하면

$$\frac{d}{dx}\left[\frac{1}{x}y\right] = x \cos x$$

양변을 적분하면

$$\frac{1}{x}y = \int x \cos x\, dx + C$$

$$y = x\int x \cos x\, dx + C\,x$$

따라서 일반해는 $y = x^2 \sin x + x \cos x + C x$이다. 단, C는 임의의 상수이다. 그림 4.2는 일반해에 대한 해곡선을 그린 것이다.

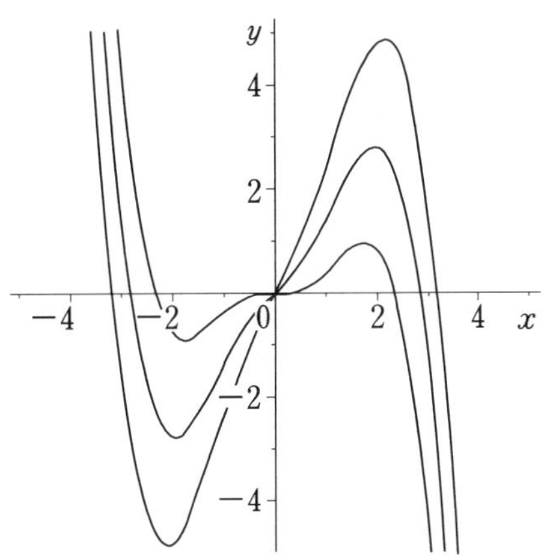

그림 4.2 $C = 0,\ -1,\ 1$에 대응하는 해곡선

주의 | 연습문제 4.1에서 적분인자를 구할 때 적분상수를 생략하였다. 이는 적분인자는 하나만 있으면 충분하기 때문이다. 또한 적분인자를 구할 때 절대값도 사용하지 않는다.

예제 4.2 다음 초기값문제의 해를 구하여라.

$$\frac{dy}{dx} + (\tan x)y = \cos x,\ \ y(\pi) = 1$$

• **풀이** • 1계 선형미분방정식이므로, 적분인자는

$$\mu = \exp\left(\int \tan x\, dx\right) = e^{-\ln\cos x} = \frac{1}{\cos x}$$

적분인자를 양변에 곱하여 정리하면

$$\frac{d}{dx}\left[\frac{1}{\cos x}y\right] = 1$$

양변을 적분하면

$$\frac{1}{\cos x}y = x + C \quad \text{또는} \quad y = x\cos x + C\cos x$$

일반해는 $y = x\cos x + C\cos x$이다. 초기조건 $y(\pi) = 1$을 사용하여 C를 구하면

$$y(\pi) = \pi\cos\pi + C\cos\pi = -\pi - C = 1$$
$$C = -\pi - 1$$

따라서 초기값문제의 해는

$$y = x\cos x - (\pi + 1)\cos x = (x - \pi - 1)\cos x$$

이다. 그림 4.3은 초기값문제의 해의 그래프이다.

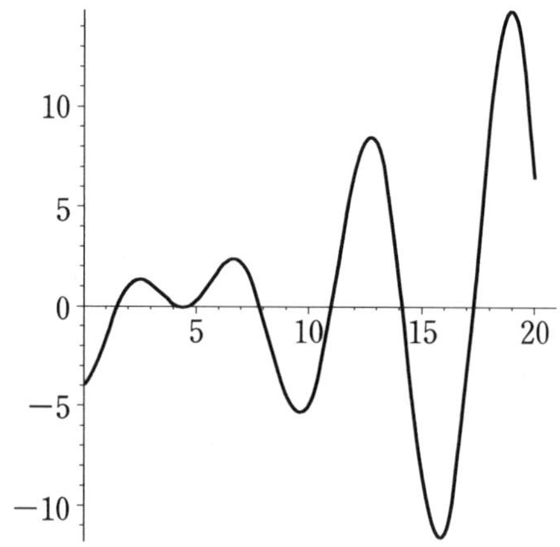

그림 4.3 $y = (x - \pi - 1)\cos x$의 그래프

참고 | 1계 선형미분방정식의 해의 존재구간

$$\frac{dy}{dx} + p(x)y = g(x)$$

는 $p(x)$, $g(x)$가 동시에 연속인 구간 전체에서 해가 존재한다. 즉 $p(x)$, $g(x)$가 구간 (a, f)에서 연속이면 해 y의 정의역은 (a, f)이다. 때때로, $p(x)$, $g(x)$가 (a, f)에서 불연속

이 되는 점들을 가질지라도 해는 (a, f)에서 존재하는 경우가 있다. 예를 들어, 예제 4.2에서 $p(x)=\tan x$는 $\pm\frac{\pi}{2}$, $\pm\frac{3}{2}\pi$, $\cdots$에서 불연속이지만 $y=(x+c)\cos x$의 정의역은 실수전체이다.

(치환에 의해) 1계 선형미분방정식으로 변환할 수 있는 미분방정식

다음과 같은 형의 미분방정식을 베르누이방정식(Bernoulli equations)이라 한다.

$$\frac{dy}{dx}+p(x)y=q(x)y^n \quad (n\text{은 실수}) \tag{9}$$

식 (9)에서 $n=0$이면 1계 선형미분방정식이고, $n=1$이면 변수분리형 미분방정식이다. 식 (9)의 일반해는 다음과 같은 순서로 간단하게 구할 수 있다.

(i) $v=y^{1-n}$이라 둔다.

(ii) 미분 $\frac{dv}{dx}=(1-n)y^{-n}\frac{dy}{dx}$를 식 (9)에 대입한다.

(iii) 다음과 같은 1계 선형미분방정식으로 바꾼다.

$$\frac{1}{1-n}\frac{dv}{dx}+p(x)v=q(x) \tag{10}$$

예제 4.3 다음 미분방정식의 일반해를 구하여라.

$$\frac{dy}{dx}-5y=-\frac{5}{2}xy^3$$

• 풀이 • $n=3$, $p(x)=-5$이고 $q(x)=-\frac{5}{2}x$인 베르누이방정식이다. 변수의 값을 식 (10)에 대입하면 다음과 같은 1계 선형미분방정식을 얻는다.

$$-\frac{1}{2}\frac{dv}{dx}-5v=-\frac{5}{2}x$$

이를 풀면

$$v=\frac{x}{2}-\frac{1}{20}+Ce^{-10x}$$

마지막으로 $v=y^{-2}$이므로, 일반해는

$$y^{-2} = \frac{x}{2} - \frac{1}{20} + C\,e^{-10x}$$

이다. 그림 4.4는 일반해의 그래프이다.

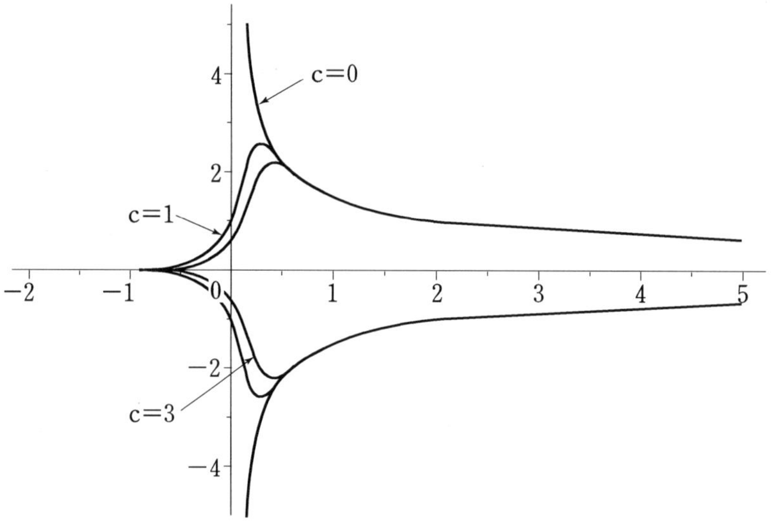

그림 4.4 $c=0,\ 1,\ 3$에 대응하는 일반해의 그래프

주의 | $y=0$도 해가 되지만 일반해로부터 구할 수 없다. 이는 양변을 y로 나눌 때 없어진 해이다.

1.5 모델링 : 1계 선형미분방정식

혼합물 모델

혼합물을 구성하고 있는 특정 물질의 양을 시간의 함수로 표현하는 모델을 생각하자. 이 모델을 미분방정식으로 표현하기 위해서는 물질의 양에 대한 식을 결정할 법칙이 필요하다. 다음과 같은 합리적인 법칙을 이용하자.

용기 안의 혼합물에 포함되어 있는 어떤 물질의 양의 변화율은 그 용기 속으로 유입되는 물질의 유입률과 유출되는 물질의 유출률의 차에 의해 결정된다.

시각 t 에서 용기 안에 있는 물질의 양을 $x = x(t)$ 라고 하고 위의 법칙을 적용하면 다음과 같은 유용한 식을 얻는다.

$$\frac{dx}{dt} = x \text{ 의 유입률 } - x \text{ 의 유출률} \tag{1}$$

예제 5.1 1000L 의 순수한 물을 담고 있는 큰 용기에 소금물이 $6\,\mathrm{L/min}$의 비율로 유입되고, 용기 속에서 잘 섞인 용액(순간적으로 섞인다고 가정)은 $6\,\mathrm{L/min}$의 비율로 유출된다고 가정하자. 유입되는 혼합물의 농도가 $1\,\mathrm{kg/L}$일 때, 용기 안의 혼합물의 농도가 $0.5\,\mathrm{kg/L}$ 로 되는데 걸리는 시간을 추정하라.

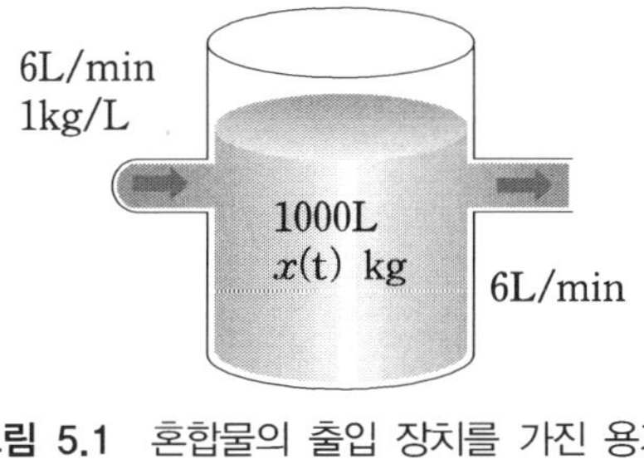

그림 5.1 혼합물의 출입 장치를 가진 용기

• **풀이** • 시간 t분에서 용기 안의 소금의 양을 $x = x(t)$ kg이라 하자. 식 (1)을 사용하기 위해서는 x의 유입률과 유출률을 결정해야 한다. x 의 유입률은 소금물의 유입률과 소금물의 농도의 곱이다. x의 유출률도 마찬가지이다. 따라서 x의 유출률은

$$(6\text{L}/\text{min})(1\text{kg}/\text{L}) = 6\text{kg}/\text{min}$$

이고, x의 유출률은

$$(6\text{L}/\text{min})\left(\frac{x}{1000}\text{kg}/\text{L}\right) = \frac{3x}{500}\text{kg}/\text{min}$$

처음에 용기 안에는 물만 있었으므로 다음과 같은 초기값문제를 얻는다.

① $$\frac{dx}{dt} = 6 - \frac{3x}{500}, \quad x(0) = 0$$

식 ①의 미분방정식은 1계 선형미분방정식(또는 변수분리형 미분방정식)이므로, 초기값문제의 해는

② $$x(t) = 1000(1 - e^{-3t/500})\ \text{kg}$$

따라서 시간 t에서 용기속의 소금물의 농도는

③ $$\frac{x(t)}{1000} = 1 - e^{-3t/500}\ \text{kg}/\text{L}$$

용기 안의 소금물의 농도가 0.5 가 되는 시간은, 식 ③의 우변이 0.5이 되는 t의 값이다. 즉

$$1 - e^{-3t/500} = \frac{1}{2} \text{ 또는 } e^{-3t/500} = \frac{1}{2}$$

이므로

$$t = \frac{500 \ln 2}{3} \approx 115.52$$

용기 안의 소금물의 농도는 115.52분 이후에 0.5kg/L가 된다. 식 ②로부터 용기 안의 소금의 양은 지속적으로 늘어나서 최종적으로

$$\lim_{t\to\infty} x(t) = \lim_{t\to\infty} 1000(1 - e^{-3t/500}) = 1000\ \text{kg}$$

이므로, 용기 안의 소금물의 극한농도는 1kg/L이다. 이는 용기 안으로 유입되는 소금물의 농도와 같다. 이것은 우리의 기대와 일치한다. ⊂

예제 5.1에서 용기 안에 있는 혼합물과 유입되는 혼합물은 약간의 시간의 차를 놓고 섞인 후 유출된다. 따라서 유출농도는 $3x(t-\tau)/500$이 더 현실적이다. 이 경우 소금의 양에 대한 미분방정식은

$$\frac{dx}{dt} = 6 - \frac{3}{500}x(t-\tau)$$

로 수정된다. 이러한 종류의 방정식을 지연미분방정식(delay differential equations)이라 한다. τ는 혼합되어 유출되는데 걸리는 시간이다.

예제 5.2 예제 5.1에서 용기 안의 혼합물이 $5\,\mathrm{L/min}$의 비율로 유출된다고 가정했을 때, 용기 안의 소금의 양을 시간 t에 대한 함수로 나타내어라.

• 풀이 • 예제 5.1에서 모든 조건은 같고, 유출률은 다음과 같다.

$$(5\mathrm{L/min})\left(\frac{x}{1000+t}\mathrm{kg/L}\right)=\frac{5\,x}{1000+\mathrm{t}}\,\mathrm{kg/min}$$

따라서 다음과 같은 초기값문제를 얻는다.

① $$\frac{dx}{dt}+\frac{5x}{1000+t}=6, \quad x(0)=0$$

식 ①의 방정식은 1계 선형미분방정식이다. 적분인자

$$\mu(t)=e^{\int\frac{5}{1000+t}dt}=e^{\ln(1000+t)^5}=(1000+t)^5$$

을 식 ①에 곱하면

② $$\frac{d}{dt}\left[(1000+t)^5x\right]=6(1000+t)^5$$

식 ②를 구간 $[0,\ t]$에서 적분하여 정리하면

$$\int_0^t\frac{d}{ds}\left[(1000+s)^5x(s)\right]ds=\int_0^t 6(1000+s)^5 ds$$

$$x(t)=(1000+t)-\frac{1000^6}{(1000+t)^5}$$

을 얻는다.

참고 | 소금물이 용기를 넘치지 않는 상황에서 예제 5.2는 유효하다.

예제 5.3 그림 5.2와 같은 RL전기회로에 흐르는 전류 $I=I(t)$는

$$L\frac{dI}{dt}+RI=E(t)$$

에 의해 기술된다고 하자. $L=R=1$, $I(0)=0$이고 $E(t)=100\cos(120\pi t)$일 때 전류를 구하여라.

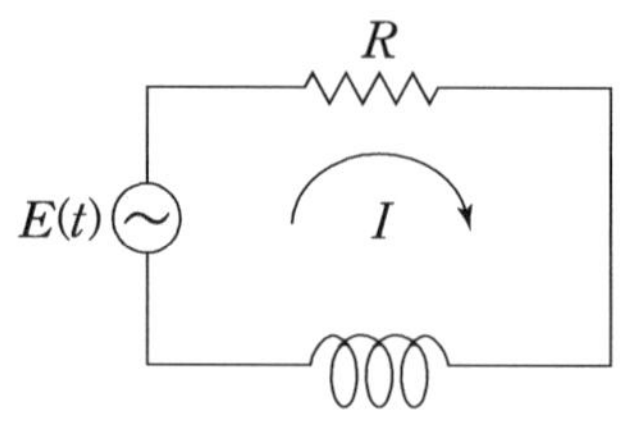

그림 5.2

• **풀이** • 주어진 계수의 값을 대입하면

$$① \qquad \frac{dI}{dt} + I = 100\cos(120\pi t), \;\; I(0) = 0$$

$p(t) = 1$이고 $q(t) = 100\cos(120\pi t)$인 1계 선형미분방정식이다.
적분인자

$$\mu(t) = e^{\int 1\,dt} = e^t$$

을 식 ①에 곱하여 정리하면

$$\frac{d}{dt}[e^t I] = 100\,e^t\cos(120\pi t)$$

양변을 적분하여 정리하면

$$e^t I = 100\int e^t\cos(120\pi t)\,dt + C$$

$$I(t) = \frac{100}{1+120^2\pi^2}[\cos(120\pi t) + 120\pi\sin(120\pi t)] + Ce^{-t}$$

초기조건 $I(0) = 0$을 이용하면

$$C = -\frac{100}{1+120^2\pi^2}$$

따라서 초기값문제의 해는

$$I(t) = \frac{100}{1+120^2\pi^2}[\cos(120\pi t) + 120\pi\sin(120\pi t) - e^{-t}]$$

그림 5.3은 $I(t)$, $0 \le t \le 1$의 그래프를 나타낸 것이다.

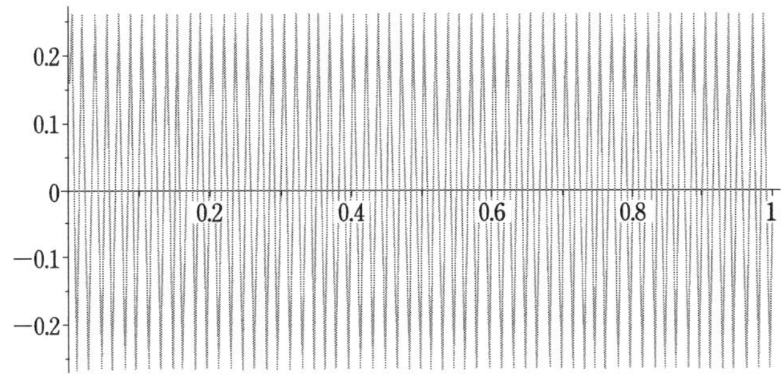

그림 5.3 $I(t),\ 0 \le t \le 1$의 그래프

예제 5.4 다음 초기값문제의 해를 구하여라.

$$\frac{dT}{dt} + 0.2T = 10\sin\left(\frac{\pi}{12}t\right),\quad T(0) = 1$$

● **풀이** ● 1계 선형미분방정식이므로 일반해는

$$T(t) = e^{-\frac{1}{5}t}C + \frac{600}{144+25\pi^2}\left(-5\pi\cos\frac{\pi}{12}t + 12\cos\frac{\pi}{12}t\right)$$

초기조건 $T(0)=1$을 이용하여 C를 구하면

$$C = 1 + \frac{3000\pi}{144+25\pi^2}$$

따라서 구하는 초기값문제의 해는

$$T(t) = e^{-\frac{1}{5}t}\left(1 + \frac{3000\pi}{144+25\pi^2}\right) + \frac{600}{144+25\pi^2}\left(-5\pi\cos\frac{\pi}{12}t + 12\cos\frac{\pi}{12}t\right)$$

그림 5.4는 초기값문제의 해의 그래프를 그린 것이다.

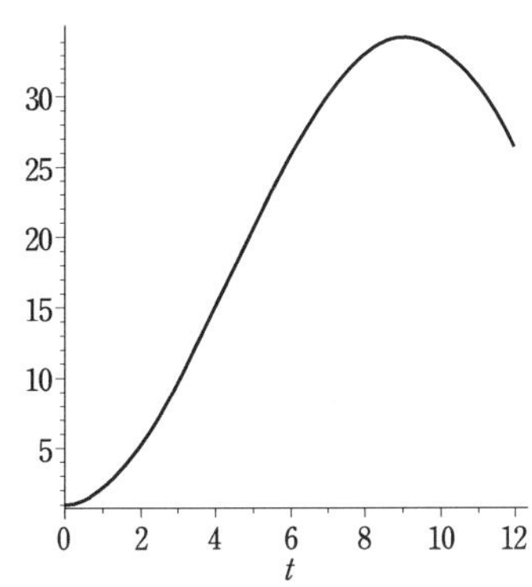

그림 5.4 $T(t)$의 그래프

1.6 완전미분방정식

함수 $y=y(x)$에 대한 라이프니츠의 미분에 대한 정의를 사용하면 미분방정식

$$\frac{dy}{dx}=-\frac{P(x,\ y)}{Q(x,\ y)} \tag{1}$$

는

$$P(x,\ y)\,dx+Q(x,\ y)\,dy=0 \tag{2}$$

으로 고쳐 쓸 수 있다. 식 (2)를 미분형방정식이라 한다. 이 절에서는 식 (1) 또는 (2)의 일반해를 구하는 방법을 다룬다. 먼저 일반해를 구하기 위한 아이디어는 이변수함수의 전미분(total derivative)에서 찾을 수 있다. 식 (2)의 좌변이 어떤 이변수함수의 전미분과 같아지는 함수가 존재한다고 하자. 즉

$$dF=\frac{\partial F}{\partial x}dx+\frac{\partial F}{\partial y}dy=P(x,\ y)\,dx+Q(x,\ y)\,dy$$

을 만족하는 함수 $F=F(x,\ y)$가 존재한다고 하자. 그러면 식 (2)로부터

$$dF(x,\ y)=0 \tag{3}$$

그리고 dx와 dy는 임의의 수이므로 다음 등식을 얻는다.

$$\frac{\partial F}{\partial x}=P(x,\ y) \text{ 및 } \frac{\partial F}{\partial y}=Q(x,\ y) \tag{4}$$

식 (3)은

$$F(x,\ y)=C$$

와 동치이다. 함수 $F(x,\ y)=C$는 식 (1) 또는 (2)의 일반해이다. 단, C는 임의의 상수이다. 함수 F를 미분방정식 (1) 또는 (2)에 대한 보존함수(potential function)라 한다. 보존함수 F는 식 (4)를 이용하여 쉽게 구할 수 있다.

역으로 보존함수가 존재하는 조건을 찾아보자.

식 (4)의 첫 번째 식을 y에 대하여 미분하면

$$\frac{\partial^2 F}{\partial y \partial x} = \frac{\partial P}{\partial y}$$

이고, 두 번째 식을 x에 대하여 미분하면

$$\frac{\partial^2 F}{\partial x \partial y} = \frac{\partial Q}{\partial x}$$

이다. 연속함수 F에 대하여

$$\frac{\partial^2 F}{\partial y \partial x} = \frac{\partial^2 F}{\partial x \partial y}$$

이므로, 다음 등식을 얻는다.

$$\frac{\partial P}{\partial y} = \frac{\partial Q}{\partial x} \tag{5}$$

식 (5)를 만족하는 미분형방정식 (2)를 완전미분방정식(exact differential equations)이라 한다.

다음 정리 6.1은 완전미분방정식이 보존함수를 가짐을 기술한다.

> **정리 6.1** $P = P(x, y)$와 $Q = Q(x, y)$의 1계 편도함수는 직사각형 $\Re$에서 연속이라 하자. 식 (2)가 $\Re$에서 완전미분방정식일 필요충분조건은 모든 $(x, y) \in \Re$에 대하여식 (5)가 성립하는 것이다.

증명•• 식 (5)를 만족할 때 보존함수 F가 존재함을 보이면 된다. 즉

$$\frac{\partial F}{\partial x} = Q \text{ 그리고 } \frac{\partial F}{\partial y} = P \tag{6}$$

를 만족하는 함수 $F = F(x, y)$를 만들면 된다. 보존함수를 만드는 방법에 대한 아이디어를 얻기 위해 식 (6)이 성립한다고 생각하자(잠시 후 식 (6)을 만족하는 F가 존재함을 보인다). 식 (6)의 첫 번째 식을 x에 관하여 적분하면

$$F(x, y) = \int Q(x, y)\, dx + g(y) \tag{7}$$

일반적으로 적분상수를 C로 표현하는 것 대신에 y의 함수 $g(y)$로 표현하였다. 이

유는 (7)의 결과는 고정된 y에 대한 적분으로 y를 변화시킬 때마다 적분상수가 변하기 때문이다. 이제 $g(y)$를 결정하기 위해 (7)의 양변을 y에 관하여 미분하면

$$\frac{\partial F}{\partial y}(x,\ y) = \frac{\partial}{\partial y}\int Q(x,\ y)\ dx + \frac{\partial}{\partial y}g(y) \tag{8}$$

g는 변수 y만의 함수이므로 $\partial y/\partial y = g'(y)$이다. (8)을 $g'(y)$에 관해 풀면

$$g'(y) = \frac{\partial F}{\partial y}(x,\ y) - \frac{\partial}{\partial y}\int Q(x,\ y)\ dx$$

이 식에 식 (6)의 두 번째 식을 대입하면

$$g'(y) = P(x,\ y) - \frac{\partial}{\partial y}\int Q(x,\ y)\,dx \tag{9}$$

마지막으로 식 (9)를 y에 관하여 적분하여 주어진 두 함수 P와 Q로부터 보존함수 F를 만들 수 있다.

위의 구성방법을 참고로 하여 $F(x,\ y)$를 다음과 같이 정의하자.

$$F(x,\ y) := \int_{x_0}^{x} Q(t,\ y)\,dt + g(y) \tag{10}$$

여기서 $(x_0,\ y_0)$는 $\Re$의 내부의 고정점이고, $g(y)$는

$$g'(y) := P(x,\ y) - \frac{\partial}{\partial y}\int_{x_0}^{x} Q(t,\ y)\,dt \tag{11}$$

으로 정의된 함수이다. 식 (10)을 y에 대하여 미분하여 식 (11)을 적용하면

$$\frac{\partial F}{\partial y}(x,\ y) = \frac{\partial}{\partial y}\int_{x_0}^{x} Q(t,\ y)\,dt + g'(y) = P(x,\ y)$$

이므로 식 (4)의 첫 번째 식을 얻는다. 이제 식 (4)의 두 번째 식이 성립함을 보이자. 이를 위해 $g'(y)$가 y만의 함수라는 것을 보여야 한다. 이것은 $g'(y)$의 우변을 x에 대하여 편미분하여 0임을 보이면 된다. 실제로

$$\frac{\partial g'(y)}{\partial x} = \frac{\partial P}{\partial x} - \frac{\partial}{\partial x}\frac{\partial}{\partial y}\int_{x_0}^{x} Q(t,\ y)\,dt$$

$$\frac{\partial g'(y)}{\partial x} = \frac{\partial P}{\partial x} - \frac{\partial Q}{\partial y} = 0$$

이다. 여기서 조건 (5)를 사용하였다. 이로부터 식 (10)을 x에 대하여 미분하면

$$\frac{\partial}{\partial x}F(x,\ y) = \frac{\partial}{\partial x}\left[\int_{x_0}^{x} Q(t,\ y)\,dt + g(y)\right] = Q(x,\ y)$$

이므로 식 (4)의 두 번째 식을 얻는다. 이것으로 정리가 증명되었다. ⊂

예제 6.1 다음 미분방정식이 완전미분방정식이 될 수 있는 가장 일반적인 함수 $P(x,\ y)$와 $Q(x,\ y)$를 구하여라.

(a) $P(x,\ y)\,dx + (\sec^2 y - x/y)\,dy = 0$

(b) $(y e^{xy} - 4x^3 y + 2)\,dx + Q(x,\ y)\,dy = 0$

• **풀이** • (a) 정리 6.1에 의해

① $$\frac{\partial P}{\partial y} = \frac{\partial Q}{\partial x} = \frac{\partial}{\partial x}\left(\sec^2 y - \frac{x}{y}\right) = -\frac{1}{y}$$

을 만족하는 P를 구하면 된다. 식 ①을 y에 대하여 적분하면

$$\begin{aligned} P &= \int -\frac{1}{y}\,dy + g(x) \\ &= \ln y + g(x) \end{aligned}$$

따라서 구하는 함수는 $P(x,\ y) = -\ln y + g(x)$이다. 단, $g(x)$는 x에 대하여 연속인 함수이다.

(b) 정리 6.1에 의해

② $$\frac{\partial Q}{\partial x} = \frac{\partial P}{\partial y} = \frac{\partial}{\partial y}\left(y e^{xy} - 4x^3 y + 2\right) = e^{xy} + xy e^{xy} - 12x^2 y$$

을 만족하는 Q를 구하면 된다. 식 ②를 x에 대하여 적분하면

$$\begin{aligned} Q &= \int (e^{xy} + xy e^{xy} - 12x^2 y)\,dx + g(y) \\ &= \frac{1}{y}e^{xy} + \frac{xy-1}{y}e^{xy} - 4x^3 y + g(y) \\ &= x e^{xy} - 4x^3 y + g(y) \end{aligned}$$

따라서 구하는 함수는 $Q(x,\ y) = x e^{xy} - 4x^3 y + g(y)$이다. 단, $g(y)$는 y에 대하여 연속인 함수이다. ⊂

완전미분방정식의 일반해는 다음과 같은 순서로 구한다.

(i) 식 (5)가 성립하는지 확인한다.
(ii) $F_x = P(x, y)$ 및 $F_y = Q(x, y)$라 놓는다.
(iii) 두 식을 사용하여 $F(x, y)$를 구한다.
(iv) 일반해는 $F(x, y) = C$이다. 단, C는 임의의 상수이다.

예제 6.2 $(2x+3y)\,dx + (3x+2y)\,dy = 0$ 의 일반해를 구하여라.

• 풀이 • $P = 2x+3y$ 및 $Q = 3x+2y$라 놓으면

$$\frac{\partial P}{\partial y} = 3 = \frac{\partial Q}{\partial x}$$

이므로 완전미분방정식이다. 따라서 정리 6.1에 의해 보존함수 $F(x, y)$는 존재한다. $F_x = P = 2x+3y$ 및 $F_y = Q = 3x+2y$라 놓고, 첫 번째 식을 x에 대하여 적분하면

$$F(x, y) = \int P(x, y)\,dx = \int (2x+3y)dx = x^2 + 3xy + g(y)$$

$F(x, y)$를 y에 대하여 미분하여 $F_y = Q$에 대입하면

$$3x + g'(y) = 3x + 2y$$
$$g'(y) = 2y$$
$$g(y) = y^2 + c_1$$

따라서 $F(x, y) = x^2 + 3xy + y^2 + c_1$이고, 일반해는

$$x^2 + 3xy + y^2 = C$$

여기서 C는 임의의 상수이고, c_1은 C에 흡수되었다.
그림 6.1은 $C = \pm 1$에 대응하는 일반해의 그래프를 나타낸 것이다.

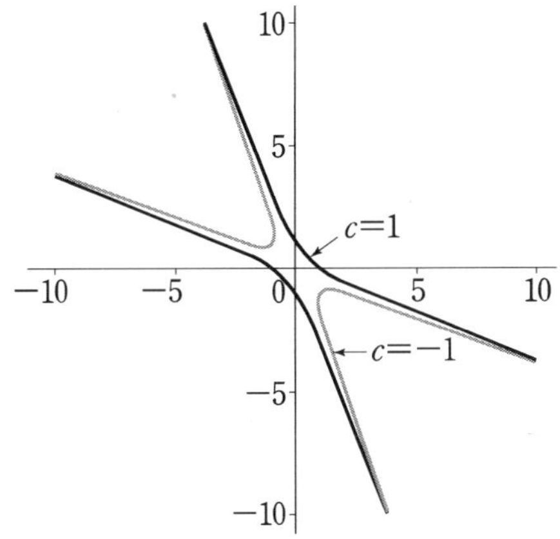

그림 6.1

예제 6.3 방정식의 일반해를 구하여라.

$$(2xy - \sec^2 x)\,dx + (x^2 + 2y)\,dy = 0$$

• **풀이** • $P = 2xy - \sec^2 x$ 및 $Q = x^2 + 2y$라 놓으면

$$\frac{\partial P}{\partial y} = 2x = \frac{\partial Q}{\partial x}$$

이므로 완전미분방정식이다. F를 구하기 위해 P를 x에 관하여 적분하면

$$\begin{aligned} F &= \int (2xy - \sec^2 x)\,dx + g(y) \\ &= x^2 y - \tan x + g(y) \end{aligned}$$

$F(x,y)$의 양변을 y에 관하여 미분하고, 이를

$$\frac{\partial F}{\partial y} = Q = x^2 + 2y$$

이에 대입하면

$$\begin{aligned} x^2 + g'(y) &= x^2 + 2y \\ g'(y) &= 2y \\ g(y) &= y^2 + C_1 \end{aligned}$$

따라서 구하는 일반해는

$$x^2 y - \tan x + y^2 = C$$

그림 6.2는 $C = -1,\ 0,\ 5$에 대응하는 일반해의 그래프를 나타낸 것이다.

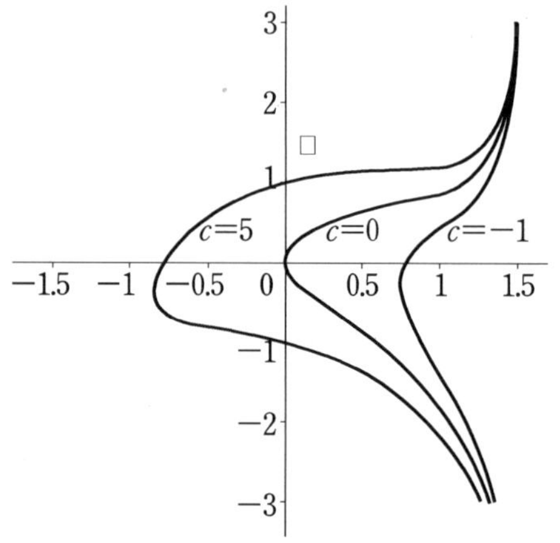

그림 6.2

예제 6.4 다음 초기값문제의 해를 구하여라.

$$(1+e^x y+xe^x y)\,dx+(xe^x+2)\,dy=0,\quad y(0)=1$$

• **풀이** • $P=1+e^x y+xe^x y$이고 $Q=xe^x+2y$이다.

$$\frac{\partial P}{\partial y}=e^x+xe^x=\frac{\partial Q}{\partial x}$$

이므로 주어진 방정식은 완전미분방정식이고 정리 6.1에 의해 보존함수 $F(x,\ y)$는 존재한다.

$F_x=P=1+e^x y+xe^x y$로 $F_y=Q=xe^x+2$로 놓으면, 첫 번째 식을 x에 대하여 적분하면

① $$F(x,\ y)=\int P(x,\ y)\,dx=\int(1+e^x y+xe^x y)dx$$
$$=x+e^x y+(xe^x-e^x)y+g(y)$$

$F(x,\ y)$를 y에 대하여 미분하여 $F_y=Q$에 대입하면

$$e^x+(xe^x-e^x)+g'(y)=xe^x+2$$
$$g'(y)=2$$
$$g(y)=2y+c_1$$

따라서 $F(x,\ y)=x+xe^x+2y+c_1$이고, 일반해는

$$x+xe^x+2y=C$$

초기조건 $y(0)=1$을 이용하여 C의 값을 결정하면

$$0+0e^0+2(1)=C$$
$$2=C$$

따라서 초기값문제의 해는

$$x+xe^x+2y=2 \quad \text{또는} \quad y=1-\frac{1}{2}x(1+e^x)$$

참고 | 완전미분방정식의 해를 구할 때, 식 ①은 x에 대한 적분을 사용하였지만, y에 대한 적분을 사용할 수도 있다. 즉

② $$F(x,\ y)=\int N(x,\ y)\,dy=\int (xe^x+2)\,dy$$
$$=x\,e^x\,y+2y+g(x)$$

를 먼저 계산할 수 있다. 적분 ①과 ②를 비교할 때, ②의 적분이 ①의 적분보다 간단함을 알 수 있다.

예제 6.5 다음 미분방정식은 완전방정식이 아니지만 $1/x$를 양변에 곱한 식은 완전미분방정식이 됨을 보여라.

$$(x+3x^3\sin y)\,dx+(x^4\cos y)\,dy=0$$

• 풀이 • $P=x+3x^3\sin y$ 및 $Q=x^4\cos y$라 놓으면

$$\frac{\partial P}{\partial y}=3x^3\cos y\neq 4x^3\cos y=\frac{\partial Q}{\partial x}$$

이므로 완전미분방정식이 아니다. 그러나 $1/x$를 곱한 식은 완전미분방정식이 됨은 쉽게 체크할 수 있다.

예제 6.5에서 보았듯이 완전미분방정식이 아닌 경우 주어진 방정식에 적당한 함수(적분인자라고 함)를 곱하여 완전미분방정식으로 만들 수 있다. 문제는 적분인자를 어떻게 발견할 수 있는가에 달려 있다. 지금부터 적분인자를 구하는 방법에 대하여 자세하게 살펴본다. 물론, 모든 미분형방정식에 대하여 적분인자를 구할 수 있는 것은 아니다.

$$P(x,\ y)\,dx+Q(x,\ y)\,dy=0 \tag{12}$$

은 완전미분방정식이 아니라고 하자. 즉

$$\frac{\partial P}{\partial y}\neq\frac{\partial Q}{\partial x}$$

을 만족하지 않는다. 적분인자 $\mu(x, y)$를 식 (12)에 곱한 방정식

$$\mu(x, y)P(x, y)dx+\mu(x, y)Q(x, y)dy=0$$

이 완전미분방정식일 필요충분조건은

$$\frac{\partial}{\partial y}[\mu(x, y)P(x, y)]=\frac{\partial}{\partial x}[\mu(x, y)Q(x, y)]$$

양변을 미분하여 정리하면

$$P\frac{\partial \mu}{\partial y}-Q\frac{\partial \mu}{\partial x}=\left(\frac{\partial Q}{\partial x}-\frac{\partial P}{\partial y}\right)\mu \tag{13}$$

식 (13)의 풀이는 본래의 방정식보다 더 어려울 수 있다. 그러나 $\mu(x, y)$가 특별한 형태를 갖는 경우에 (13)을 풀 수 있다. 예를 들어, $\mu=\mu(x)$인 경우 (13)은 다음과 같은 간단한 형태로 바뀐다.

$$\frac{\partial \mu}{\partial x}=\frac{1}{Q}\left(\frac{\partial P}{\partial y}-\frac{\partial Q}{\partial x}\right)\mu \tag{14}$$

식 (14)는 변수분리형 미분방정식이므로 적분인자 μ는 다음과 같다.

$$\mu(x)=\exp\left(\int \frac{1}{Q}\left[\frac{\partial P}{\partial y}-\frac{\partial Q}{\partial x}\right]dx\right) \tag{15}$$

참고 | 1계 선형미분방정식의 일반해를 나타난 적분인자의 개념은 식 (15)에 포함된다.

예제 6.6 다음 미분방정식의 적분인자는 $\mu(x)=1/x$ 임을 보여라.

$$(x+3x^3\sin y)dx+(x^4\cos y)dy=0$$

• 풀이 • 예제 6.5로부터 주어진 방정식은 완전미분방정식이 아니다. $\mu=\mu(x)$라고 가정하자. $P=x+3x^3\sin y$ 및 $Q=x^4\cos y$를 식 (15)에 대입하여 정리하면

$$\begin{aligned}\mu(x)&=\exp\left(\int \frac{1}{x^4\cos y}[3x^3\cos y-4x^3\cos y]dx\right)\\&=\exp\left(-\int \frac{1}{x}dx\right)=e^{-\ln x}=\frac{1}{x}\end{aligned}$$

따라서 $1/x$를 주어진 방정식의 양변에 곱하면 완전미분방정식이 되므로 적분인자는 $\mu(x)=1/x$이다.

연습문제

1 **[해의 개념]** 각 함수가 주어진 구간에서 미분방정식의 해가 됨을 보여라.

(1) $\dfrac{dy}{dx}=2(1+x)y$, $(-\infty, \infty)$, $y=e^{x^2+2x}$

(2) $\dfrac{1}{1+y^2}\dfrac{dy}{dx}=e^{-x}$, $(0, \infty)$, $y=\tan(-e^{-x})$

(3) $\dfrac{dy}{dx}=xe^{x^2}e^{-y}$, $(-\infty, \infty)$, $y=x^2-\ln 2$

(4) $\sin y\dfrac{dy}{dx}=\cos x$, $(-\infty, \infty)$, $\sin x+\cos y=0$

(5) $y\dfrac{dy}{dx}=-x$, $(-3, 3)$, $x^2+y^2=9$

2 **[$y'=f(x)$의 일반해, 종속변수 無]** 미분방정식의 일반해를 구하여라.

(1) $\dfrac{dy}{dx}=x^2-\sin x$

(2) $\dfrac{dy}{dx}=\ln x$

(3) $\dfrac{dy}{dx}=\tan x-xe^x$

(4) $\dfrac{dy}{dx}=e^x\cos x+x\sin x^2$

(5) $\dfrac{dy}{dx}=\dfrac{x}{\sqrt{1-x^2}}$

3 **[초기값문제의 해의 존재성 및 유일성]** 초기값문제의 해가 존재하는 영역 $\Re=[a, b]\times[c, d]$를 결정할 수 있는지 토론하라. 그리고 $\Re$에서 해가 존재할 경우 해의 개수를 결정하여라.

(1) $\dfrac{dy}{dx}=\dfrac{y}{2-\cos x}$, $y(0)=-1$

(2) $\dfrac{dy}{dx}=\ln(5-x^2)y^{\frac{2}{3}}$, $y(2)=0$

(3) $\dfrac{dy}{dx}=\dfrac{\sin y}{1+\cos x}$, $y(\pi)=-1$

(4) $\dfrac{dy}{dx}=\tan x\, y^{\frac{2}{3}}$, $y(0)=0$

(5) $\dfrac{dy}{dx}=x^{\frac{2}{3}}\tan y$, $y(0)=0$

4 **[방향장]** 컴퓨터를 사용하여 방향장을 그려라.

(1) $\dfrac{dy}{dx} = 3y - 2y^2$

(2) $\dfrac{dy}{dx} = \sin y$

(3) $\dfrac{dy}{dx} = x + y(1-y)$

(4) $\dfrac{dy}{dx} = 2(x+1)y^2(y+1)(y-1)^2$

(5) $\dfrac{dy}{dx} = \sin(x-y)$

5 **[수치계산 : 오일러방법]** 오일러방법을 사용하여 초기치문제의 근사해를 해와 함께 좌표평면에 나타내어라.

(1) $\dfrac{dy}{dx} = 3x^2 - 1,\ y(0) = 2,\ 0 \le x \le 1,\ h = 0.1$ (해) $y(x) = x^3 - x + 2$

(2) $\dfrac{dy}{dx} = 3x^2 - 2x,\ y(0) = 0,\ 0 \le x \le 2,\ h = 0.2$ (해) $y(x) = x^3 - x^2$

(3) $\dfrac{dy}{dx} = \dfrac{1}{x}(y^2 + y),\ y(1) = 1,\ 1 \le x \le 2,\ h = 0.1$ (해) $y(x) = \dfrac{x}{2-x}$

(4) $\dfrac{dy}{dx} = -y + 1 - x,\ y(0) = 3,\ 0 \le x \le 1,\ h = 0.1$ (해) $y(x) = 2 - x + e^{-x}$

(5) $\dfrac{dy}{dx} = 1 + y^2,\ y(0) = 0,\ 0 \le x \le 1,\ h = 1/20$ (해) $y(x) = \tan x$

6 **[수치계산 : 수정오일러방법]** 수정오일러방법을 사용하여 초기치문제의 근사해를 해와 함께 좌표평면에 나타내어라.

(1) $\dfrac{dy}{dx} = 3x^2 - 1,\ y(0) = 2,\ 0 \le x \le 1,\ h = 0.1$ (해) $y(x) = x^3 - x + 2$

(2) $\dfrac{dy}{dx} = 3x^2 - 2x,\ y(0) = 0,\ 0 \le x \le 2,\ h = 0.2$ (해) $y(x) = x^3 - x^2$

(3) $\dfrac{dy}{dx} = \dfrac{1}{x}(y^2 + y),\ y(1) = 1,\ 1 \le x \le 2,\ h = 0.1$ (해) $y(x) = \dfrac{x}{2-x}$

(4) $\dfrac{dy}{dx} = -y + 1 - x,\ y(0) = 3,\ 0 \le x \le 1,\ h = 0.1$ (해) $y(x) = 2 - x + e^{-x}$

(5) $\dfrac{dy}{dx} = 1 + y^2,\ y(0) = 0,\ 0 \le x \le 1,\ h = 1/20$ (해) $y(x) = \tan x$

7 **[변수분리형DE의 일반해]** 미분방정식의 일반해를 구하여라.

(1) $\dfrac{dy}{dx} = \dfrac{1-x^2}{y^2}$

(2) $\dfrac{dy}{dx} = -\dfrac{2y}{x}$

(3) $x\dfrac{dv}{dx}=\dfrac{1-4v^2}{3v}$

(4) $\dfrac{dx}{dt}+x^2=x$

(5) $\dfrac{dy}{dx}=\dfrac{e^y}{y}\ln x$

(6) $\dfrac{dy}{dx}=\sec x\tan y$

(7) $\dfrac{dy}{dx}=y^2(2+\sin x)$

(8) $e^x\dfrac{dy}{dx}=e^y$

(9) $\dfrac{dy}{dx}=\dfrac{6x^5-2x+1}{\sin y+e^y}$

(10) $\dfrac{dy}{dx}=(1+y^2)e^{\cos x}\sin x$

8 **[변수분리형으로 치환]** 미분방정식의 일반해를 구하여라.

(1) $\dfrac{dy}{dx}=\dfrac{y-x}{x}$

(2) $\dfrac{dy}{dx}=\dfrac{xy+y^2}{x^2}$

(3) $\dfrac{dy}{d\theta}=\dfrac{\theta\sec(y/\theta)+y}{\theta}$

(4) $\dfrac{dx}{dt}=\dfrac{x^2+t\sqrt{t^2+x^2}}{tx}$

(5) $\dfrac{dy}{dx}=\dfrac{y}{x}+\left(\dfrac{y}{x}-1\right)^2$

(6) $\dfrac{dy}{dx}=\dfrac{y}{x}-\dfrac{x}{y}$

9 **[변수분리형으로 치환]** 미분방정식의 일반해를 구하여라.

(1) $\dfrac{dy}{dx}=(x+y)^2$

(2) $\dfrac{dy}{dx}=e^{x-y}$

(3) $\dfrac{dy}{dx}=\tan(x-y)$

(4) $\dfrac{dy}{dx}=(x+y+2)^2$

(5) $\dfrac{dx}{dt}=\sqrt{(x+y)^2+1}-1$

(6) $\dfrac{dy}{dx}=\cos(x+y)$

10 **[1계선형DE의 일반해]** 미분방정식의 일반해를 구하여라.

(1) $\dfrac{dy}{dx}=\dfrac{y}{x}+2x+1$

(2) $\dfrac{dr}{d\theta}+r\tan\theta=\sec\theta$

(3) $y\dfrac{dx}{dy}+2x=5y^3$

(4) $(x^2+1)\dfrac{dy}{dx}+xy=x$

(5) $\sqrt{x^2+1}\,\dfrac{dy}{dx}+2xy=x$

(6) $\dfrac{dy}{dx}+2y=50e^{-10x}$

(7) $\dfrac{dy}{dx}-\dfrac{2}{x+1}y=(x+1)^3$

(8) $2\dfrac{dy}{dx}+9y=3e^x+2\sin x$

(9) $x\dfrac{dy}{dx}+2y=x^{-3}$

(10) $\dfrac{dy}{dx}=x^2e^{-4x}-4y$

11 **[1계선형으로 치환]** 미분방정식의 일반해를 구하여라.

(1) $\dfrac{dy}{dx}+\dfrac{y}{x}=x^2y^2$

(2) $\dfrac{dy}{dx}+\dfrac{y}{x-2}=5(x-2)y^{\frac{1}{2}}$

(3) $\dfrac{dy}{dx}+\dfrac{y}{1+x}=x^2y^2$

(4) $\dfrac{dy}{dx}+y=x^2y^3$

(5) $\dfrac{dy}{dx}+\dfrac{y}{x}=y^{-1}$

12 **[완전미분방정식]** 다음 미분방정식의 일반해를 구하여라.

(1) $(2xy+3)dx+(x^2-1)dy=0$

(2) $(\cos x\cos y+2x)dx-(\sin x\sin y+2y)dy=0$

(3) $\dfrac{t}{y}dy+(1+\ln y)dt=0$

(4) $\left(2x+\dfrac{y}{1+x^2y^2}\right)dx+\left(\dfrac{x}{1+x^2y^2}-2y\right)dy=0$

(5) $(y+e^x)dx+x\,dy=0$

13 **[초기값문제의 해]** 다음 초기치문제를 풀어라.

(1) $\dfrac{dy}{dx}=(1+y^2)\tan x,\quad y(0)=\sqrt{3}$

(2) $\dfrac{dy}{dx}=2x\cos^2 y,\ y(0)=\dfrac{\pi}{4}$

(3) $\dfrac{dy}{dx}=\dfrac{3x^2+4x+2}{2y+1},\ y(0)=-1$

(4) $\dfrac{dy}{dx}+3y=4,\ y(0)=2$

(5) $\dfrac{dy}{dt}+3y=t,\ y(0)=2$

(6) $t^3\dfrac{dx}{dt}+3t^2x=t,\quad x(2)=0$

(7) $\dfrac{dy}{dx}-\dfrac{y}{x}=xe^x,\ y(1)=e-1$

(8) $\sin x\dfrac{dy}{dx}+y\cos x=2x\cos^2 x,\ y\left(\dfrac{\pi}{2}\right)=2$

(9) $\left(ye^{xy}-\dfrac{1}{y}\right)dx+\left(xe^{xy}+\dfrac{x}{y^2}\right)dy=0,\quad y(1)=1$

(10) $(\tan y-2)dx+\left(x\sec^2 y+\dfrac{1}{y}\right)dy=0, \quad y(0)=1$

14 **[일반해의 그래프, 1 매개변수곡선]** 다음 미분방정식의 일반해를 적어도 5개 이상 그려라.

(1) $\dfrac{dy}{dx}=e^{-x}\sin x$

(2) $y\dfrac{dy}{dx}=-x$

(3) $\dfrac{dy}{dx}=2y-3y^2$

(4) $\dfrac{dx}{dt}+x=e^{-t}$

(5) $\dfrac{dy}{dx}=\dfrac{x+y}{x}$

1장 응용문제

1 **[혼합물문제]** 농도 0.01Kg/L인 100L의 소금물을 담고 있는 용기가 있다. 소금물을 8L/min의 비율로 용기 안으로 유입시켜 고르게 잘 섞은 후 동일한 비율로 용기 밖으로 배출한다고 하자. 만약 유입되는 소금물의 농도가 0.5Kg/L일 때 용기 안의 소금의 양을 시간 t의 함수로 나타내어라. 그리고 용기 안의 소금물의 농도가 0.2Kg/L로 되는데 걸리는 시간을 추정하라.

2 **[혼합물문제]** 가로 3m, 세로 2m, 높이 2m인 작은 방의 공기 속에 3%의 일산화탄소가 포함되어 있다. $t=0$에서부터 일산화탄소를 포함하고 있지 않은 신선한 공기를 $0.1\,\text{m}^3/\text{min}$의 속도로 방안으로 불어 넣는다고 하자. 만약 방안의 공기가 작은 창을 통하여 같은 속도로 밖으로 세어 나간다고 할 때, 방안 공기속의 일산화탄소의 비율이 0.01%가 되는데 걸리는 시간을 추정하라.

3 **[혼합물문제]** 혈액이 $5\,\text{cm}^3/\text{sec}$의 속도로 약물을 기관에 운반하고 잘 섞인 용액을 동일한 속도로 분출한다. 기관의 부피는 $125\,\text{cm}^3$이다. 만약 기관에 운반되는 약물의 농도가 $0.2\,\text{g/cm}^3$라면, 시간 t에서 기관 속의 약물의 농도를 결정하라. 단, 초기의 약물의 흔적은 없었다고 가정한다. 약물의 농도가 $0.1\,\text{g/cm}^3$이 되는 시간을 추정하라.

4 **[화석의 연대추정]** 물리학에서 방사능 물질의 반감기(양이 반으로 줄어드는 기간)는 그 물질의 안정성을 측정할 수 있는 하나의 측도이다. 이 반감기를 이용하면 화

석의 연대를 측정할 수 있다.

어떤 화석에 포함되어 있는 방사능 물질의 변화율은 화석으로 유입되는 유입률과 유출률의 차에 의해 결정된다. 단, 유출률은 그 시점에 화석에 있는 양에 비례하며, 유입률은 0으로 간주한다. 초기 방사능 물질은 300 g이었고 10년 후에 200 g이 남았다고 할 때 이 물질의 반감기를 구하라.

5 **[인구문제]** 1960, 1980, 2000년의 한국의 총인구수에 대한 통계자료와 로지스틱모델을 사용하여 한국의 총인구수를 시간 t의 함수로 나타내어 통계자료와 비교하라.

6 **[인구문제]** 예제 3.2와 문제 5에서 구한 a와 b의 평균을 사용하여 한국의 총인구수를 시간 t의 함수로 나타내어 통계자료와 비교하라.

7 **[냉각법칙활용문제]** 20℃인 어느 가을 정오에 맥주 캔이 잔디에 놓여 있었는데, 캔에는 맥주가 반쯤 남아 있었다. 이 맥주의 캔이 오픈된 시간을 알기 위해 정오와 5분 후 온도를 측정하였더니 각각 15℃, 16℃였다. 맥주를 오픈한 시간을 뉴턴의 냉각의 법칙을 이용하여 추정하라. 맥주가 가장 맛있는 온도는 5℃이므로 최초의 온도는 5℃로 가정한다.

8 **[낙하문제]** 최초의 속도가 50 m/sec인 5 kg 물체가 중력의 영향을 받으며 아래쪽으로 떨어지고 있다. 공기저항에 의한 힘은 속도에 비례하고 비례상수의 값은 10이라고 가정한다. 이 때 물체의 운동방정식을 결정하라. 만약 물체는 최초에 지상으로부터 500 m의 상공에 있었다고 가정할 때, 물체가 지상에 도달하는 시간을 추정하라.

9 **[수직발사문제]** 질량이 2 kg인 폭탄이 초기속도 200 m/sec로 위쪽으로 발사되었다. 만약 공기저항에 의한 대포에 작용하는 힘의 크기는 속도에 비례하고 비례상수의 값은 1/20이라 할 때, 폭탄이 지상으로부터 가장 높은 위치에 도달하는 시간을 추정하라. 이 때 최대의 높이는 얼마인가.

10 **[수직발사문제]** 물체의 속도가 매우 빠르면 공기저항에 의한 힘의 크기는 v^2에 비례한다. 질량이 3 kg인 대포를 초기속도 500 m/sec로 위쪽으로 발사하였다. 만약 공기저항에 기인하는 힘의 크기를 $(0.1)v^2$이라고 할 때 대포가 지상으로부터 가장 높은 위치에 도달하는 시간을 추정하라. 이 때 최대의 높이는 얼마인가.

11 **[낙하문제]** 질량이 75 kg인 스카이다이버가 지상으로부터 2000 m 상공에 정지해 있는 헬리콥터에서 낙하한다. 공기저항에 의한 힘은 스카이다이버의 낙하속도에 비례한다고 가정하자. 낙하산이 접혀져 있을 때 비례상수는 $k_1 = 30\,\mathrm{kg/sec}$, 낙하산이 펼쳐졌을 때 비례상수는 $k_2 = 90\,\mathrm{kg/sec}$이라 하자. 만약 헬리콥터에서 낙하한 스카이다이버의 속도가 $20\,\mathrm{m/sec}$에 도달할 때까지 낙하산이 접혀져 있었다고 한다면, 스카이다이버가 지상에 도달하는데 걸리는 시간을 구하여라.

1장 심화문제

1 다음 방정식을 풀어라.

$$(2y^2 - 6xy)dx + (3xy - 4x^2)dy = 0$$

힌트 $\mu(x, y) = x^m y^n$이라 두고 μ가 적분인자가 되도록 하는 m과 n을 구한다.

2 다음과 같은 형을 Riccati 방정식이라 한다.

$$\frac{dy}{dx} = p(x)y^2 + q(x)y + r(x)$$

이 미분방정식은 최적제어이론에서 종종 나타나는 방정식이다. 다음 물음에 답하라.

(1) 만약 $u(x)$가 Riccati 방정식의 하나의 알려진 해라면, 치환 $y = u + 1/v$에 의해 Riccati 방정식은 v에 대한 선형미분방정식으로 바꿀 수 있음을 보여라.

(2) 방정식

$$\frac{dy}{dx} = x^3(y - x)^2 + \frac{y}{x}$$

을 생각하자. $u(x) = x$가 하나의 해임을 보이고, (1)의 결과를 이용하여 모든 해를 구하여라.

3 「불연속 계수」 1계 선형미분방정식에서 계수 $p(x)$가 불연속인 경우가 종종 있다. 초기치문제

$$\frac{dy}{dx} + p(x)y = x, \quad y(0) = 1, \quad p(x) = \begin{cases} 1, & 0 \le x < 2 \\ 3, & x \ge 2 \end{cases}$$

에 대하여 각 물음에 답하라.

(1) $0 \leq x \leq 2$에 대한 일반해를 구하여라.

(2) (1)의 일반해에서 초기조건을 만족하는 상수를 구하여라.

(3) $x > 2$에 대한 일반해를 구하여라.

(4) (2)에서 구한 해와 (3)에서 구한 일반해가 $x = 2$에서 일치하도록 일반해에 포함되어 있는 상수를 결정하라. 두 개의 해를 결합하여 $x = 2$를 제외한 곳에서 미분방정식을 만족하는 연속함수를 얻을 수 있다.

(5) $x = 0$에서 $x = 5$ 사이의 해의 곡선을 그려라.

4 **[불연속 외력]** 미분방정식에서 외력 $q(x)$가 연속인 아닌 경우가 종종 있지만, 위의 문제와 유사하게 해를 구할 수 있다. 이러한 절차를 이용하여 초기값문제

$$\frac{dy}{dx} + 2y = q(x), \quad y(0) = 0, \quad q(x) = \begin{cases} 2, & 0 \leq x < 3 \\ -2, & x \geq 3 \end{cases}$$

의 해를 구하고, $x = 0$에서 $x = 7$ 사이의 해의 곡선을 그려라.

5 소금물의 농도가 0.1 kg/L인 소금물이 순수한 물로 가득 채워진 500 L의 탱크로 유입되고 있다고 하자. 소금물은 5 L/min의 속도로 탱크에 유입되어 잘 섞인 다음 5 L/min의 속도로 탱크 밖으로 유출된다. 10분후 탱크에 새로운 배출구를 만들고 추가적으로 1 L/min의 혼합물이 유출된다고 하자. 이 경우 20분후 탱크 속의 소금물의 농도를 구하여라.

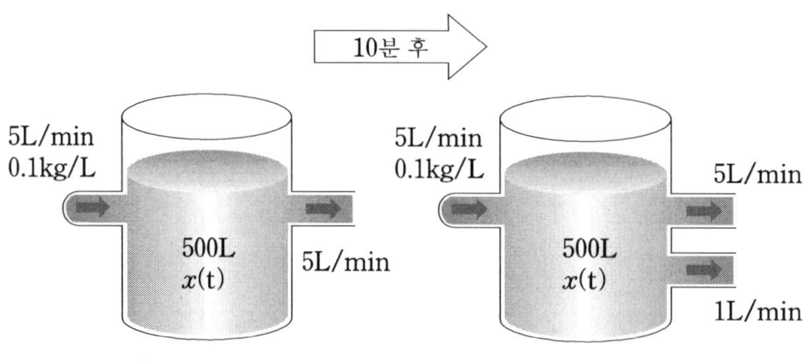

6 **[탈출속도]** 오늘날 세계는 경쟁적으로 인공위성을 쏘아 올리고 있다. 어떤 물체가 지구 대기권을 벗어나기 위해서는 그 물체의 최초의 속도가 어느 정도 이상 되어야 한다. 이 속도를 탈출속도라 부른다.

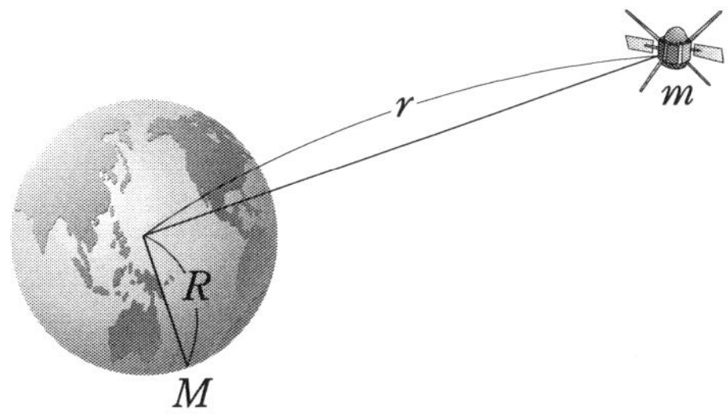

중력에 관한 뉴턴의 법칙에 의하면, 두 물체 사이의 인력은 두 물체 사이의 거리의 제곱에 반비례하여 변한다. 즉

$$F_g = \frac{gMm}{r^2}.$$

여기서 M과 m은 두 물체의 질량, r은 두 물체의 중심 간의 거리, F_g는 인력 그리고 g는 비례상수이다. 질량 m이고 지구로부터 수직으로 발사된 발사체(미사일, 로켓 등)를 생각하자. t를 시간, v를 발사체의 속도라 하자.

(1) 지구의 중력의 영향을 받는 발사체의 운동은 방정식

$$\frac{dv}{dt} = -\frac{gR^2}{r^2}$$

에 의해 기술됨을 보여라. 여기서 r은 지구의 중심과 발사체의 중심 간의 거리, R은 지구의 반지름, M은 지구의 질량, $g = GM/R^2$이다.

$dr/dt = v$를 사용하여

$$v\frac{dv}{dt} = -\frac{gR^2}{r^2}$$

을 유도하라.

(2) 지구의 표면을 떠나는 발사체의 초기속도를 v_0라 두었을 때

$$v^2 = \frac{2gR^2}{r} + v_0^2 - 2gR$$

이 성립함을 보여라.

(3) (2)의 결과로부터 $v_0^2 - 2gR > 0$은 발사체의 속도가 양수가 될 필요충분조건임을 보여라. 속도 $v_e = \sqrt{2gR}$을 지구탈출속도(escape velocity of earth)라고 한다.

(4) 지구에서 $g = 9.81\,\mathrm{m/sec^2}$이고 $R = 6370\,\mathrm{km}$일 때, 지구탈출속도를 구하라.

(5) 달에서 중력에 의한 가속도는 $g_m = g/6$이고 달의 반지름은 $R_m = 1278\,\mathrm{km}$라고 할 때, 달의 탈출속도를 구하라.

제 2 장

2계 미분방정식

2.1 2계 선형미분방정식

용수철-댐퍼-질량 모델에서 질량 m 의 운동변위 $x = x(t)$는

$$m\frac{d^2x}{dt^2} + c\frac{dx}{dt} + kx = f(t)$$

에 의해 기술되고, RLC전기회로 모델에서 전하 $q = q(t)$는

$$L\frac{d^2q}{dt^2} + R\frac{dq}{dt} + \frac{1}{C}q = E(t)$$

회전체 모델에서 회전각 $\theta = \theta(t)$는

$$I\frac{d^2\theta}{dt^2} + c\frac{d\theta}{dt} + k\theta = \tau(t)$$

로 기술될 수 있다는 것을 알았다. 위의 미분방정식들은 독립변수와 종속변수, 계수 및 외력을 표현하는 기호만 다를 뿐 그 형태는 모두 같다. 이러한 형태의 미분방정식은 공학에서 자주 등장하는 것으로 그의 해법을 확실히 알아야 한다. 이러한 형태를 통일된 형태로 학습하기 위해, 독립변수 $t \to x$로 종속변수 $x,\ q,\ \theta \to y$로 바꾸고, 각 계수는 차례로 $a,\ b,\ c$로 놓고, 외력 $f(t),\ E(t),\ \tau(t)$를 $r(x)$로 놓으면

$$a\frac{d^2y}{dx^2} + b\frac{dy}{dx} + cy = r(x)$$

를 얻는다. 때때로 계수 $a,\ b,\ c$가 상수가 아닌 경우가 종종 있으므로 계수를 독립변수에 대한 함수로 간주한 일반적인 형태

$$a(x)\frac{d^2y}{dx^2} + b(x)\frac{dy}{dx} + c(x)y = r(x),\ a(x) \neq 0 \tag{1}$$

의 미분방정식을 2계 선형미분방정식*이라 한다. $r(x) = 0$ 일 때, 동차 2계 선형미분방정식

* 2nd order linear differential equations

(homogeneous)이라 하고, $r(x) \neq 0$일 때, 비동차 2계 선형미분방정식(non-homogeneous)이라 한다. $a(x)$, $b(x)$, $c(x)$가 상수함수일 때, 상수계수를 갖는 2계 선형미분방정식이라 한다. 식 (1)에서 2계 도함수의 계수를 $a(x)$로 나누면

$$\frac{d^2y}{dx^2} + p(x)\frac{dy}{dx} + q(x)y = g(x) \tag{2}$$

식 (2)를 2계 선형미분방정식의 표준형이라 한다.

이 장에서는 2계 선형미분방정식의 일반해를 구하는 방법과 초기값문제의 해를 구하는 방법 및 이를 응용하는 방법을 설명한다. 2계 선형미분방정식의 일반해를 구하기 위해서는 '초기값문제의 해의 존재성과 유일성에 대한 개념' 및 '일차독립 및 일차종속에 대한 개념'을 알아야 한다. 이러한 성질은 3계 이상의 고계선형미분방정식으로 자연스럽게 확장되므로 2계에 대한 기본 성질들을 명확하게 이해할 필요가 있다.

정리 1.1 **2계 선형미분방정식의 해의 존재성과 유일성**

만약 $p(x)$, $q(x)$, $g(x)$가 x_0를 포함하는 연결된 개구간 I에서 연속이면 초기값문제

$$\frac{d^2y}{dx^2} + p(x)\frac{dy}{dx} + q(x)y = g(x), \quad x \in I$$

$$y(x_0) = y_0, \quad y'(x_0) = y_1$$

은 구간 I에서 오직 한 개의 해를 갖는다. 그리고 해가 존재하는 구간은 I 전체이다.

증명·· 부록 C를 참조하여라.

예제 1.1 다음 초기값문제의 해의 존재성과 유일성이 보장되는 해의 최대 존재구간 I를 결정하라.

$$\frac{d^2y}{dx^2} + \frac{1}{x-3}\frac{dy}{dx} + \sqrt{x}\,y = \ln x, \quad y(1) = 3, \; y'(1) = -5$$

• 풀이 • 여기서 $p(x) = 1/(x-3)$, $q(x) = \sqrt{x}$ 및 $g(x) = \ln x$이다. $p(x)$는 $x \neq 3$에서 연속이고, $q(x)$와 $g(x)$는 $x > 0$에서 연속이므로, $x_0 = 1$을 포함하면서 $p(x)$, $q(x)$ 및 $g(x)$가 모두 연속이 되는 최대구간은 $(0, 3)$이다. 정리 1.1에 의해 초기값문제는 구간 $(0, 3)$에서 유일한 해를 갖는다. 그리고 해의 존재구간은

$I=(0,\ 3)$ 이다. 그림 1.1(a)는 주어진 초기값문제에 대한 근사해(룽게-쿠타법, 부록 참조)를 그린 것이다. 3보다 큰 쪽에는 해가 존재하지 않는다. 그림 1.1(b)는 초기조건을 $x_0=4$로 바꾼 경우이다.

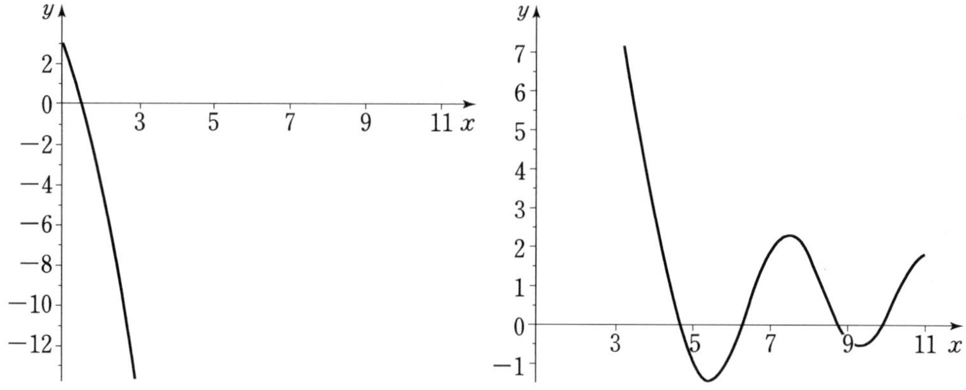

(a) (b)

그림 1.1 초기값문제의 근사해와 해의 존재구간

식 (2)에 대한 모든 해를 구하기 위한 아이디어를 얻기 위해, 동차 2계 선형미분방정식의 모든 해를 구하는 과정을 살펴보자.

$$y''+y=0\,,\ \ y=y(x) \tag{3}$$

먼저

$$(\cos x)''+\cos x=-\cos x+\cos x=0$$
$$(\sin x)''+\sin x=-\sin x+\sin x=0$$

이므로 $y_1=\cos x$와 $y_2=\sin x$는 (3)의 해가 된다. 또한 미분의 선형 성질 때문에 두 함수 y_1과 y_2의 일차결합

$$y=c_1y_1+c_2y_2=c_1\cos x+c_2\sin x$$

도 식 (3)의 해가 된다. 단, c_1과 c_2는 임의의 상수이다. 이 사실은 일반적으로 성립한다.

정리 1.2 **일차결합**

만약 y_1과 y_2를 구간 I에서 동차방정식

$$a(x)y'' + b(x)y' + c(x)y = 0$$

의 해라고 하면, y_1과 y_2의 일차결합(linear combination)

$$c_1 y_1 + c_2 y_2$$

도 구간 I에서 동차방정식의 해가 된다. 단, c_1과 c_2은 임의의 상수이다.

증명•• $L = a(x)\dfrac{d^2}{dx^2} + b(x)\dfrac{d}{dx} + c(x)$라 놓으면 동차방정식은 $L[y](x) = 0$과 동치이다.

L은 선형이므로 다음 식이 성립한다.

$$L[c_1 y_1 + c_2 y_2](x) = c_1 L[y_1](x) + c_2 L[y_2](x), \; x \in I$$

$x \in I$에 대하여 $L[y_1](x) = 0$ 및 $L[y_2](x) = 0$이므로

$$L[c_1 y_1 + c_2 y_2](x) = 0, \; x \in I$$

이다. 따라서 $c_1 y_1 + c_2 y_2$는 구간 I에서 동차방정식의 해이다. ◖

이제 식 (3)의 모든 해는 일차결합

$$y = c_1 y_1 + c_2 y_2 = c_1 \cos x + c_2 \sin x$$

에 의해서만 주어진다는 결론을 내릴 것이다. 이를 위해서 두 함수 $\cos x$와 $\sin x$는 구간 $(-\infty, \infty)$에서 상호의존관계를 갖지 않아야 한다. 이것을 수학적인 용어로 정의하면 다음과 같다.

정의 1.1 모든 $x \in I$에 대하여

$$c_1 y_1(x) + c_2 y_2(x) = 0$$

일 때 $c_1 = c_2 = 0$이면, (y_1, y_2)를 구간 I에서 일차독립(linear independence)이라 한다. (y_1, y_2)가 구간 I에서 일차독립이 아닐 때 $\{y_1, y_2\}$를 구간 I에서 일차종속(linear dependence)이라 한다.

예제 1.2 $(-\infty, \infty)$에서 $\{x^2, x^3\}$은 일차독립임을 보여라.

• **풀이** • $c_1 x^2 + c_2 x^3 = 0,\ x \in (-\infty, \infty)$라 가정하자.

$x = 1, -1$을 차례로 대입하면

$$c_1 + c_2 = 0$$
$$c_1 - c_2 = 0$$

이를 풀면 $c_1 = c_2 = 0$이다.

따라서 $\{x^2, x^3\}$은 $(-\infty, \infty)$에서 일차독립이다.

예제 1.3 $(-\infty, \infty)$에서 $\{\cos x, \sin x\}$는 일차독립임을 보여라.

• **풀이** • $c_1 \cos x + c_2 \sin x = 0,\ x \in (-\infty, \infty)$라 가정하자.

$x = 0, \pi/2$을 차례로 대입하면

$$c_1 = 0 \ \text{및}\ c_2 = 0$$

따라서 $\{\cos x, \sin x\}$는 $(-\infty, \infty)$에서 일차독립이다.

예제 1.4 $(-\infty, \infty)$에서 $\{\cosh x, e^x + e^{-x}\}$는 일차종속임을 보여라.

• **풀이** • $2\cosh x = e^x + e^{-x}$ 이므로

$$2\cosh x + (-1)(e^x + e^{-x}) = 0,\ x \in (-\infty, \infty)$$

따라서 $c_1 = 2 \neq 0$이고 $c_2 = -1 \neq 0$이므로 $\{\cosh x, e^x + e^{-x}\}$는 $(-\infty, \infty)$에서 일차종속이다.

다음 정리 1.3으로부터 동차 2계 선형미분방정식의 모든 해의 모양을 완전하게 결정할 수 있다.

정리 1.3 **동차방정식의 일반해**

함수 p와 q는 구간 I에서 연속이고, y_1와 y_2는

$$y'' + p(x)y' + q(x)y = 0,\ x \in I \tag{4}$$

을 만족하는 일차독립인 해라고 하자. 그러면 (4)의 모든 해는 구간 I 에서

$$y = c_1 y_1 + c_2 y_2 \tag{5}$$

의 형태로 주어진다. 단, c_1과 c_2는 임의의 상수이다.

식 (5)를 식 (4)의 일반해(general solutions)라 하고, $\{y_1, y_2\}$를 구간 I 에서 식 (4)에 대한 기본해집합(set of fundamental solutions)이라 한다.

증명•• $\phi(x)$를 식 (4)의 임의의 해라고 하자. 그리고 어떤 점 $x_0 \in I$에 대하여 다음과 같은 두 개의 초기값문제를 생각하자.

$$\begin{cases} y'' + p(x)y' + q(x)y = 0, \ x \in I \\ y(x_0) = c_1 y_1(x_0) + c_2 y_2(x_0) \\ y'(x_0) = c_1 y_1'(x_0) + c_2 y_2'(x_0) \end{cases} \tag{6}$$

$$\begin{cases} y'' + p(x)y' + q(x)y = 0, \ x \in I \\ y(x_0) = \phi(x_0) \\ y'(x_0) = \phi'(x_0) \end{cases} \tag{7}$$

y_1과 y_2가 구간 I 에서 식 (4)의 해라는 가정의 의해

$$c_1 y_1(x) + c_2 y_2(x)$$

는 구간 I 에서 식 (6)의 해가 된다. 그리고 가정에 의해 $\phi(x)$는 식 (7)의 해이다. 이제, 식 (6)과 식 (7)의 초기조건이 같아질 수 있는 x_0의 존재성을 증명하자.
즉, 등식

$$\begin{cases} c_1 y_1(x_0) + c_2 y_2(x_0) = \phi(x_0) \\ c_1 y_1'(x_0) + c_2 y_2'(x_0) = \phi'(x_0) \end{cases} \tag{8}$$

을 만족하는 x_0가 존재하는지를 살펴보자. 이러한 점 x_0가 존재하기만 하면, 정리 1.1로부터

$$\phi(x) = c_1 y_1(x) + c_2 y_2(x), \ x \in I$$

가 성립하고 정리는 증명된다. 식 (8)을 만족하는 점 x_0가 존재하지 않는다고 가정하자. 즉, 모든 c_1과 c_2에 대하여 식 (8)은 해를 갖지 않으므로, 모든 x_0에 대하여

$$y_1(x_0)y_2'(x_0) - y_1'(x_0)y_2(x_0) = 0 \tag{9}$$

을 만족한다. 식 (9)로부터

$$\frac{d}{dx}\left(\frac{y_2(x)}{y_1(x)}\right)\Bigg|_{x=x_0} = \frac{y_1(x_0)y_2'(x_0) - y_1'(x_0)y_2(x_0)}{\{y_1(x_0)\}^2} = 0 \tag{10}$$

이므로, 모든 x_0에 대하여

$$\frac{y_2(x_0)}{y_1(x_0)} = C \text{ 또는 } y_2(x_0) = Cy_1(x_0)$$

이것은 $\{y_1, y_2\}$가 구간 I에서 일차독립이라는 가정에 위배된다. 따라서 식 (8)을 만족하는 점 x_0가 존재한다. ⊂

식 (9)를 $W[y_1, y_2](x_0)$라 놓고, 구간 I에서 y_1과 y_2에 대한 론스키안(Wronskian)이라 한다. 즉,

$$W[y_1,\ y_2](x_0) = \begin{vmatrix} y_1(x_0) & y_2(x_0) \\ y_1'(x_0) & y_2'(x_0) \end{vmatrix}$$

식 (10)에서 $y_1(x_0)$가 0이 될 수 있으므로 나눗셈을 하는 것은 정당하지 않다. 따라서 다른 증명방법을 사용하여야 한다. 2차 행렬식이 0이면, 그 행렬의 두 열벡터는 일차종속이라는 성질을 사용하면 된다(선형대수학 참조).

정리 1.4 $\{y_1,\ y_2\}$를 구간 I에서 식 (4)의 해라고 하자. 다음 세 조건은 서로 동치이다.

(i) $\{y_1,\ y_2\}$는 구간 I에서 기본해집합이다.

(ii) 모든 $x \in I$에 대하여 $W[y_1,\ y_2](x) \neq 0$이다.

(iii) 한 점 $x_0 \in I$에서 대하여 $W[y_1,\ y_2](x_0) \neq 0$이다.

증명•• (i)과 (ii)가 서로 동치임은 간단하게 보일 수 있다.

(ii)와 (iii)이 서로 동치임을 보이기 위해 먼저 $W'[y_1, y_2]$를 계산하자.

$$\begin{aligned} W'[y_1,\ y_2] &= [y_1y_2' - y_1'y_2]' \\ &= y_1'y_2' + y_1y_2'' - y_1''y_2 - y_1'y_2' \\ &= y_1'y_2' + y_1[-p(x)y_2' - q(x)y_2] \end{aligned}$$

$$\quad - [-p(x)y_1' - q(x)y_1]\, y_2 - y_1' y_2'$$

$$= - p(x) y_1 y_2' + p(x) y_1' y_2$$

$$= - p(x) W'[y_1, y_2]$$

즉

$$W' + p(x) W = 0, \quad W = W[y_1,\ y_2](x)$$

변수분리법으로 풀면

$$W = C e^{\int p(x)\,dx}$$

$W = 0$ 일 필요충분조건은 $C = 0$ 이다. 따라서 (ⅱ)와 (ⅲ)는 서로 동치이다. ◖

이제 식 (3)의 일반해(또는 모든 해)는

$$y = c_1 y_1(x) + c_2 y_2(x) = c_1 \sin x + c_2 \cos x$$

와 같이 표현됨을 알 수 있다.

예제 1.5 $y_1 = e^x$과 $y_2 = x e^x$는 $(-\infty,\ \infty)$에서

$$y'' - 2y' + y = 0,\ y = y(x)$$

의 해가 됨을 검증하고, 이를 이용하여 일반해를 구하여라.

• 풀이 • 모든 $x \in (-\infty,\ \infty)$에 대하여

$$(e^x)'' - 2(e^x)' + e^x = e^x - 2e^x + e^x = 0$$

$$(x e^x)'' - 2(x e^x)' + x e^x = 2e^x + x e^x - 2(e^x + x e^x) + x e^x = 0$$

이므로, $y_1 = e^x$과 $y_2 = x e^x$는 해이다. 모든 $x \in (-\infty,\ \infty)$에 대하여

$$W[y_1,\ y_2](x) = \begin{vmatrix} e^x & x e^x \\ e^x & c^x + x e^x \end{vmatrix} = e^{2x} \neq 0$$

이므로 $\{y_1,\ y_2\}$는 $(-\infty,\ \infty)$에서 일차독립이다.
따라서 일반해는

$$y = c_1 e^x + c_2 x e^x$$

단, c_1과 c_2는 임의의 상수이다. ◖

2.2 계수축소법

동차 2계 선형미분방정식의 일반해를 구하기 위해서는 반드시 두 개의 일차독립인 해(기본해집합)를 구해야만 한다. 2.1절의 예제 1.5를 다시 생각하자.

함수 $y_1 = e^x$과 $y_2 = x e^x$은 $(-\infty, \infty)$에서 다음 동차 2계 선형미분방정식의 일차독립인 두 개의 해이다.

$$y'' - 2y' + y = 0$$

의 두 개의 해는 2차방정식

$$\lambda^2 - 2\lambda + 1 = 0$$

의 근에 의해 결정되는데 불행하게도 이 이차방정식의 근은 하나뿐이다. 따라서 2차 방정식의 근을 이용하여 일차독립인 두 개의 해를 구할 수 없다.

이 절에서는 이러한 문제를 해결할 수 있는 방법에 대하여 배운다.

정리 2.1 $y_1 \neq 0$을 구간 I에서

$$y'' + p(x)y' + q(x)y = 0 \tag{1}$$

의 해라 하자. 이 때 y_1과 구간 I에서 일차독립이 되는 해 y_2는

$$y_2(x) = v(x)\, y_1(x)$$

$$v(x) = \int \frac{e^{-\int p(x)dx}}{[y_1(x)]^2} dx \tag{2}$$

와 같이 주어진다.

식 (2)와 같이 일차독립인 두 번째 해를 구하는 방법을 계수축소법(reduction of order)이라 한다.

증명•• 함수 y_1을 동차 2계 선형미분방정식 (1)의 영이 아닌 해라고 하자.

$$y_2(x) = v(x)y_1(x)$$

라 놓고, y_2가 식 (1)의 해가 되는 상수가 아닌 함수 v를 결정할 수 있으면, $\{y_1, y_2\}$는 구간 I에서 식 (1)의 기본해집합이 된다. y_2를 미분하면

$$y_2' = vy_1' + v'y_1$$
$$y_2'' = vy_1'' + 2v'y_1' + v''y_1$$

이를 식 (1)에 대입하여 정리하면

$$(vy_1'' + 2v'y_1' + v''y_1) + p(vy_1' + v'y_1) + qvy_1 = 0$$
$$(y_1'' + py_1' + qy_1)v + y_1v'' + (2y_1' + py_1)v' = 0 \tag{3}$$

함수 y_1는 (1)의 해이므로 v의 계수는 0이 되어 식 (3)은 다음처럼 간략하게 된다.

$$y_1v'' + (2y_1' + py_1)v' = 0$$

v'를 w로 치환하면

$$y_1w' + (2y_1' + py_1)w = 0$$

이고, 이 식은 변수분리형 미분방정식이다. 변수를 분리한 후 적분하면

$$\ln w = \int \frac{dw}{w} = -2\int \frac{y_1'(x)}{y_1(x)}dx - \int p(x)\,dx$$
$$= \ln(y_1(x)^{-2}) - \int p(x)\,dx$$

양변에 지수함수를 적용시키면

$$w(x) = y_1(x)^{-2}e^{-\int p(x)\,dx}$$

w를 v'로 다시 바꾸어 적분하면

$$v(x) = \int \frac{e^{-\int p(x)dx}}{[y_1(x)]^2}dx \tag{4}$$

따라서 두 번째 일차독립인 해는 $y_2(x) = v(x)y_1(x)$이고, $v(x)$는 식 (4)와 같다.

예제 2.1 함수 $y_1(x) = e^x$는

$$y'' - 2y' + y = 0, \ y = y(x)$$

의 해이다. $(-\infty, \infty)$에서 y_1과 일차독립이 되는 두 번째 해를 구하여라.

• 풀이 • $p(x) = -2$이므로, 식 (2)에 의해 일차독립인 두 번째 해는

$$y_2(x) = e^x \int \frac{e^{2x}}{e^{2x}} dx = e^x \int dx = x e^x$$

예제 2.2 함수 $y_1(x) = \dfrac{1}{x}$ 는

$$2x^2 y'' + 5xy' + y = 0, \ x > 0$$

의 해이다. 일반해를 구하여라.

• 풀이 • 먼저 구간 $(0, \infty)$에서 y_1과 일차독립인 두 번째 해를 구하자.

$p(x) = \dfrac{5x}{2x^2} = \dfrac{5}{2x^2}$ 이므로 식 (4)에 의해

$$\begin{aligned} v(x) &= \int \frac{e^{-\frac{5}{2}\int \frac{1}{x} dx}}{x^{-2}} dx = \int x^2 e^{-\frac{5}{2}\ln x} dx \\ &= \int x^2 x^{-\frac{5}{2}} dx = \int x^{-\frac{1}{2}} dx \\ &= 2\sqrt{x} \end{aligned}$$

식 (2)에 의해 일차독립인 두 번째 해는

$$\begin{aligned} y_2(x) &= y_1(x) v(x) = \frac{1}{x} \times 2\sqrt{x} \\ &= \frac{2}{\sqrt{x}} \end{aligned}$$

따라서 구하는 일반해는

$$y(x) = c_1 \frac{1}{x} + c_2 \frac{1}{\sqrt{x}}$$

이다. 여기서 $\sqrt{2}$ 는 상수 c_2에 흡수되었다.

예제 2.3 함수 $y_1(x) = x$ 는

$$y'' - 2x y' + 2y = 0, \ y = y(x)$$

의 해이다. $(-\infty, \infty)$에서 일차독립인 두 번째 해를 구하여라.

• 풀이 • $p(x) = -2x$ 이므로, 식 (2)에 의해 일차독립인 두 번째 해는

① $$y_2(x) = x\int \frac{e^{x^2}}{x^2}dx$$

식 ①의 적분은 함수로 구할 수 없다. 하지만 멱급수를 이용하여 표현할 수 있다. 실제로, e^{x^2}의 맥클로린 급수*는

② $$e^{x^2} = 1 + x^2 + \frac{x^4}{2!} + \frac{x^6}{3!} + \cdots + \frac{x^{2n}}{n!} + \cdots$$

식 ②를 식 ①에 대입하여 항별로 적분하면

$$\begin{aligned} y_2 &= x\int x^{-2}\left\{1 + x^2 + \frac{x^4}{2} + \cdots + \frac{x^{2n}}{n!} + \cdots\right\}dx \\ &= x\int \left\{x^{-2} + 1 + \frac{x^2}{2} + \cdots + \frac{x^{2n-2}}{n!} + \cdots\right\}dx \\ &= x\left\{-x^{-1} + x + \frac{x^3}{6} + \cdots + \frac{x^{2n-1}}{n!(2n-1)} + \cdots\right\} \end{aligned}$$

따라서 일차독립인 두 번째 해는

$$y_2(x) = -1 + x^2 + \frac{x^4}{6} + \cdots + \frac{x^{2n}}{n!(2n-1)} + \cdots$$

---

* x_0에서 무한번 미분가능한 함수는 다음과 같은 멱급수(테일러급수라고 함)로 표현할 수 있다.

$$f(x) = \sum_{n=0}^{\infty} \frac{f^{(n)}(x_0)}{n!}(x - x_0)^n$$

특히, $x_0 = 0$일 때의 멱급수를 맥클로린급수라고 한다.

2.3 상수계수를 갖는 동차 2계 선형미분방정식

다음과 같은 미분방정식을 상수계수를 갖는 동차 2계 선형미분방정식*이라 한다.

$$ay'' + by' + cy = 0 \tag{1}$$

여기서 a, b, c는 상수이다.

정리 3.1 λ_1, λ_2를 2차방정식

$$a\lambda^2 + b\lambda + c = 0 \tag{2}$$

의 근이라 하자. 그러면 식 (1)의 일반해는 표 3.1과 같이 주어진다.

식 (2)의 근	일반해
$\lambda_1 \neq \lambda_2$ (두 실근)	$y = c_1 e^{\lambda_1 x} + c_2 e^{\lambda_2 x}$
$\lambda_1 = \lambda_2$(중근)	$y = (c_1 + c_2 x)e^{\lambda_1 x}$
$\lambda_1 = \alpha + i\beta,\ \lambda_2 = \alpha - i\beta$ (허근)	$y = e^{\alpha x}(c_1 \cos \beta x + c_2 \sin \beta x)$

표 3.1 상수계수를 갖는 동차미분방정식의 일반해

식 (2)를 식 (1)에 대한 특성방정식(characteristic equation)이라 한다.

증명•• 시험함수 $y = e^{\lambda x}$(λ는 실수 또는 복소수)를 $ay'' + by' + cy = 0$에 대입하면

$$(a\lambda^2 + b\lambda + c)e^{\lambda x} = 0$$

$e^{\lambda x} \neq 0$이므로

$$a\lambda^2 + b\lambda + c = 0$$

근의 공식을 사용하면

* Second order homogeneous linear differential equations with constant coefficients

$$\lambda_1 = \frac{-b+\sqrt{b^2-4ac}}{2a}, \quad \lambda_2 = \frac{-b-\sqrt{b^2-4ac}}{2a}$$

근호안의 부호에 따라 근을 세 가지로 분류할 수 있다.

(i) $D = b^2 - 4ac > 0$ 이면, λ_1, λ_2는 실근

(ii) $D = b^2 - 4ac = 0$ 이면, $\lambda_1 = \lambda_2$는 중근

(iii) $D = b^2 - 4ac < 0$ 이면, λ_1, λ_2는 허근

(i) $D > 0$의 경우

$y_1 = e^{\lambda_1 x}$과 $y_2 = e^{\lambda_2 x}$는 $(-\infty, \infty)$에서 일차독립인 해가 된다.

실제로 모든 $x \in (-\infty, \infty)$에 대하여

$$W[y_1, y_2](x) = \begin{vmatrix} e^{\lambda_1 x} & e^{\lambda_2 x} \\ \lambda_1 e^{\lambda_1 x} & \lambda_2 e^{\lambda_2 x} \end{vmatrix} = (\lambda_2 - \lambda_1)e^{(\lambda_1+\lambda_2)x} \neq 0$$

(ii) $D = 0$의 경우

$y_1 = e^{\lambda_1 x}$이다. 나머지 하나의 해를 계수축소법으로 구하면

$$y_2 = xe^{\lambda_1 x}$$

이다. $\{y_1, y_2\}$는 $(-\infty, \infty)$에서 일차독립이다.

(iii) $D < 0$의 경우

$\alpha = -\dfrac{b}{2a}$ 그리고 $\beta = \dfrac{\sqrt{4ac-b^2}}{2a}$라 놓으면 $y_1 = e^{\alpha x + i\beta x}$과 $y_2 = e^{\alpha x - i\beta x}$는 $(-\infty, \infty)$에서 일차독립인 해가 된다. 그러나 두 해는 허수 $i = \sqrt{-1}$를 포함하고 있어 직관적으로 이해하기 어렵다. 오일러공식

$$e^{i\beta x} = \cos\beta x + i\sin\beta x^{*}$$
$$c^{-i\beta x} = \cos\beta x - i\sin\beta x$$

를 사용하면 새로운 형태의 일차독립인 해를 찾을 수 있다.

* 임의의 실수 x에 대하여 e^{ix}를 다음과 같이 정의하고 이를 복소지수함수라고 한다.

$$\begin{aligned} e^{ix} &= \sum_{n=0}^{\infty} \frac{1}{n!}(ix)^n \\ &= \sum_{n=0}^{\infty} \frac{(-1)^{n+1}}{(2n)!}x^{2n} + i\sum_{n=0}^{\infty} \frac{(-1)^{n+1}}{(2n+1)!}x^{2n+1} \\ &= \cos x + i\sin x \end{aligned}$$

$$e^{(\alpha+i\beta)x} = e^{\alpha x}(\cos\beta x + i\sin\beta x)$$
$$e^{(\alpha-i\beta)x} = e^{\alpha x}(\cos\beta x - i\sin\beta x)$$

로부터

$$\frac{e^{(\alpha+i\beta)x} + e^{(\alpha-i\beta)x}}{2} = e^{\alpha x}\cos\beta x$$
$$\frac{e^{(\alpha+i\beta)x} - e^{(\alpha-i\beta)x}}{2i} = e^{\alpha x}\sin\beta x$$

해의 일차결합은 동차방정식의 해가 되므로 $\{e^{\alpha x}\cos\beta x,\ e^{\alpha x}\sin\beta x\}$는 $(-\infty,\ \infty)$에서 동차방정식의 해가 된다. 또한 $y_1 = e^{\alpha x}\cos(\beta x)$와 $y_2 = e^{\alpha x}\sin(\beta x)$는 $(-\infty, \infty)$에서 일차독립이다. 실제로,

$$e^{\alpha x}(c_1\cos\beta x + c_2\sin\beta x) = 0$$
$$c_1\cos\beta x + c_2\sin\beta x = 0$$

$\{\cos\beta x, \sin\beta x\}$는 $(-\infty,\ \infty)$에서 일차독립이므로 $c_1 = c_2 = 0$이다. ◖

예제 3.1 다음 미분방정식의 일반해를 구하여라.

$$y'' + 5y' - 6y = 0,\ y = y(x)$$

• **풀이** • 특성방정식은 $\lambda^2 + 5\lambda - 6 = 0$ 이고, 근은 $\lambda_1 = 1$과 $\lambda_2 = -6$ 이다. 표 3.1에 의해 일반해는

$$y(x) = c_1 e^x + c_2 e^{-6x}$$ ◖

예제 3.2 다음 초기값문제를 풀어라.

$$y'' + 2y' - y = 0,\ y(0) = 0,\ y'(0) = -1$$

• **풀이** • 특성방정식은 $\lambda^2 + 2\lambda - 1 = 0$이고, 근은 $\lambda_1 = -1 + \sqrt{2}$와 $\lambda_2 = -1 - \sqrt{2}$ 이다. 서로 다른 두 실근을 가지므로 일반해는

$$y(x) = c_1 e^{(-1+\sqrt{2})x} + c_2 e^{(-1-\sqrt{2})x}$$

y를 x에 대하여 미분하여 초기값을 대입하면 상수 c_1과 c_2에 대한 연립방정식

$$y(0) = c_1 e^0 + c_2 e^0 = 0$$

$$y'(0) = (-1+\sqrt{2})c_1 e^0 + (-1-\sqrt{2})c_2 e^0 = -1$$

을 얻는다. 위의 연립방정식의 해는

$$c_1 = -\frac{\sqrt{2}}{4},\ c_2 = \frac{\sqrt{2}}{4}$$

따라서 초기값문제의 해는

$$y(x) = -\frac{\sqrt{2}}{4}e^{(-1+\sqrt{2})x} + \frac{\sqrt{2}}{4}e^{(-1-\sqrt{2})x}$$

예제 3.3 방정식 $y'' + 4y' + 4y = 0$, $y = y(x)$의 일반해를 구하여라.

● 풀이 ● 특성방정식은 $\lambda^2 + 4\lambda + 4 = (\lambda + 2)^2 = 0$ 이고, 근은 $\lambda = -2$ (중근)이다. 표 3.1에 의해 일반해는

$$y(x) = c_1 e^{-2x} + c_2 x e^{-2x}$$

예제 3.4 $y'' + 2y' + 4y = 0$, $y = y(x)$의 일반해를 구하여라.

● 풀이 ● 특성방정식은 $\lambda^2 + 2\lambda + 4 = 0$ 이고, 근은 $\lambda_1 = -1 + i\sqrt{3}$과 $\lambda_2 = -1 - i\sqrt{3}$ 이다. $\alpha = -1$ 및 $\beta = \sqrt{3}$ 이므로 표 3.1에 의해 일반해는

$$y(x) = c_1 e^{-x}\cos(\sqrt{3}\,x) + c_2 e^{-x}\sin(\sqrt{3}\,x)$$

2.4 응용 : 부족감쇠, 임계감쇠, 과감쇠

스프링-질량-댐퍼 모델

천장에 매달려 있는 스프링에 질량이 m 인 감쇠장치가 설치된 모델을 생각하자(그림 4.1). 질량이 정지해 있는 상태를 $x=0$, 스프링이 진동할 때 시간 t에서 질량과의 변위를 $x=x(t)$라 하고, 뉴턴의 제2법칙을 이용하여 x 에 대한 운동방정식을 유도하여 보자.

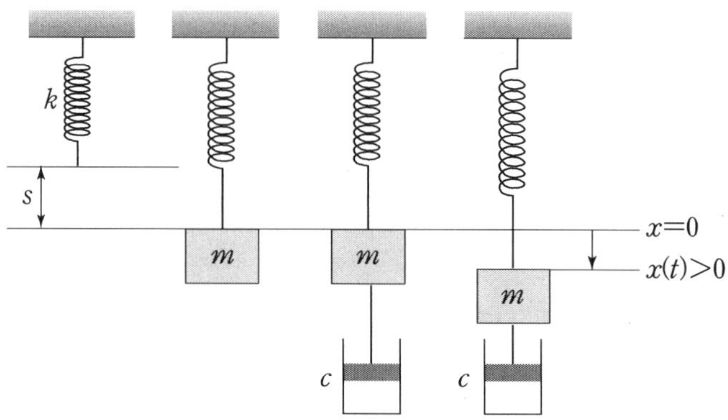

그림 4.1 수직으로 매달려 있는 용수철–댐퍼–질량 모델에 대한 등가도

x 에 대한 운동방정식은 뉴턴의 제2법칙에 의해

$$m\frac{d^2x}{dt^2}=F \tag{1}$$

에 의해 기술된다. F 는 질량 m 에 작용하는 힘의 총합이다. 질량 m 에 작용하는 힘은 중력에 의한 힘 F_1 , 스프링의 복원력에 의해 작용하는 힘 F_2 . 감쇠장치에 의해 작용하는 힘 F_3 이 있다(이들 이외는 무시함).
그러면

$$F=F_1+F_2+F_3 \tag{2}$$

단,

$$F_1=mg \quad (g\text{는 중력가속도})$$

$$F_2 = -k(s+x) \text{ (후크의 법칙)}$$

$$F_3 = -c\frac{dx}{dt}$$

여기서 $-$부호는 힘이 반대로 작용한다는 것을 의미한다. 식 (2)를 식 (1)에 대입하면

$$m\frac{d^2x}{dt^2} = mg - ks - kx - c\frac{dx}{dt} \tag{3}$$

스프링에 질량 m을 매달아 평형상태(움직이지 않는 상태, 그림 4.1의 두 번째 도형)에 도달하였으므로 $t=0$에서

$$ks = mg$$

이다. 이 조건을 식 (3)에 대입하면 $x(t)$에 대한 운동방정식은

$$m\frac{d^2x}{dt^2} + c\frac{dx}{dt} + kx = 0 \tag{4}$$

에 의해 기술된다. 수평으로 매달려 있는 스프링-질량-댐퍼 모델의 운동방정식도 식 (4)와 같다(그림 4.2 참조).

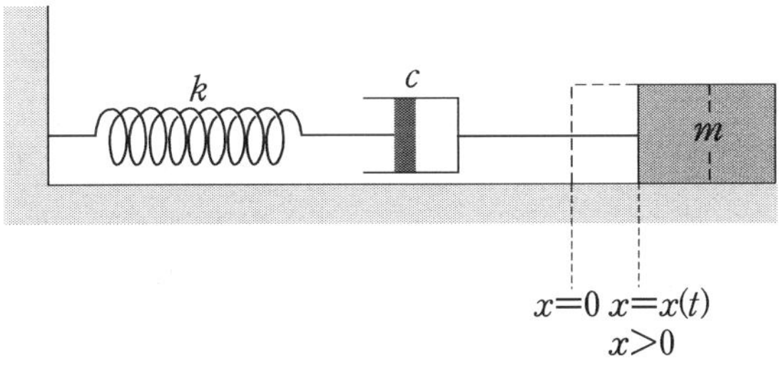

그림 4.2 수평으로 설치된 용수철-댐퍼-질량 모델에 대한 등가도

식 (4)의 해를 구하여 스프링의 진동운동을 분석하여 보자. 감쇠력인 없는 이상적인 상황과 감쇠력이 존재하는 현실적인 상황을 구별하여 스프링의 진동을 분석한다. 감쇠력이 없다는 것은 공기의 저항(또는 마찰력)을 무시하는 상황으로 식 (4)에서 $c=0$으로 놓으면 된다. $c=0$인 경우에 대한 $x=x(t)$의 운동방정식은

$$mx'' + kx = 0 \tag{5}$$

식 (5)를 자유무감쇠운동(free undamped motion)이라 한다. 특성방정식은

$$m\lambda^2 + k = 0$$

이고, 근은

$$\lambda = \pm\sqrt{\frac{k}{m}}\, i = \pm\,\omega_0 i$$

따라서 일반해는

$$x(t) = c_1\cos\omega_0 t + c_2\sin\omega_0 t \tag{6}$$

$$= C\cos(\omega_0 t - \alpha),\ \ C = \sqrt{c_1^2 + c_2^2},\ \ \tan\alpha = \frac{c_2}{c_1}$$

$\omega_0/2\pi$를 자유무감쇠운동에 대한 고유주파수(frequency), C는 진폭(amplitude), α는 위상차(phase angle difference)이라 한다. 식 (6)에서 주어진 $x(t)$의 그래프 형태는 그림 4.3과 같다.

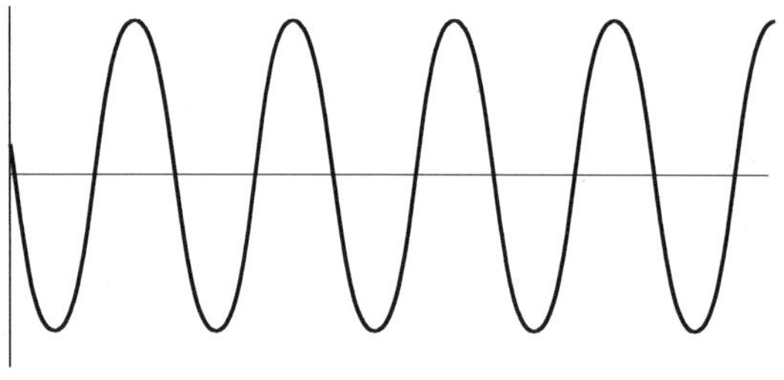

똑같은 진동이 계속적으로 반복된다. 이러한 진동을 조화진동(harmonic vibration)이라 한다.

그림 4.3 자유무감쇠운동의 그래프

$c \neq 0$인 경우의 운동은 자유감쇠운동(free damped motion)이라 한다.

식 (4)의 해는 $D = c^2 - 4mk$의 부호에 따라 다음 세 가지로 나누어진다.

(i) $D = c^2 - 4mk > 0$인 경우, 일반해는 다음과 같다.

$$x = c_1 e^{\frac{-c+\sqrt{c^2-4mk}}{2m}t} + c_2 e^{\frac{-c-\sqrt{c^2-4mk}}{2m}t} \tag{7}$$

식 (7)에 의해 주어진 $x(t)$ 의 그래프 형태는 그림 4.4와 같다.

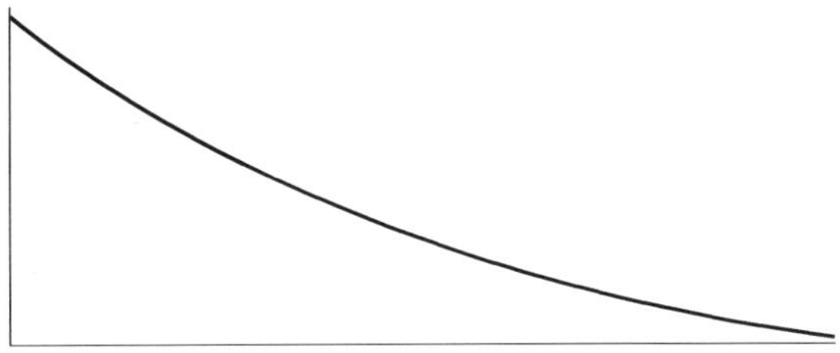

진동없이 처음부터 변위가 줄어드는 현상을 보인다. 이러한 현상을 과감쇠(over damping)라 한다.

그림 4.4 자유감쇠운동의 그래프

(ii) $D = c^2 - 4mk = 0$인 경우, 일반해는 다음과 같다.

$$x = (c_1 + c_2 t)e^{-\frac{c}{2m}t} \tag{8}$$

식 (8)에서 주어진 $x(t)$의 그래프 형태는 그림 4.5와 같다.

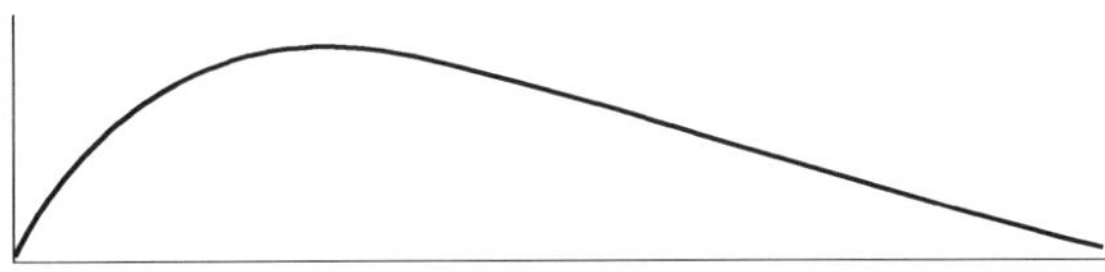

극점을 한 번만 가진 후 변위가 줄어드는 현상을 보인다. 이러한 현상을 임계감쇠(extreme damping)라 한다.

그림 4.5 자유임계감쇠운동의 그래프

(iii) $D = c^2 - 4mk < 0$인 경우, 일반해는 다음과 같다.

$$x(t) = e^{-\frac{c}{2m}t}\left(c_1 \cos\frac{\sqrt{4mk - c^2}}{2m}t + c_2 \sin\frac{\sqrt{4mk - c^2}}{2m}t\right) \tag{9}$$

식 (9)에서 주어진 $x(t)$의 그래프 형태는 그림 4.6과 같다.

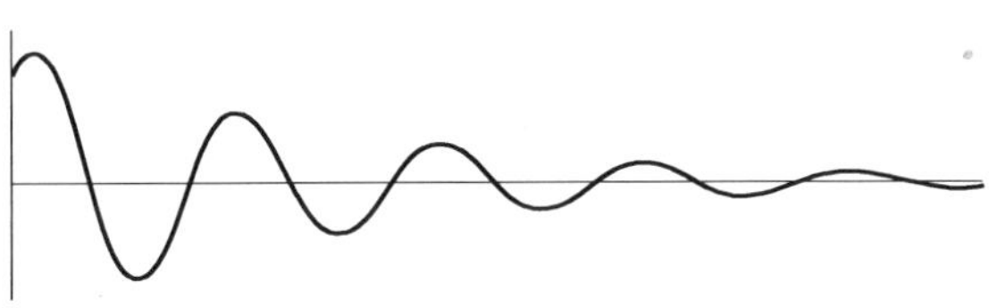

진동하면서 점진적으로 변위가 줄어드는 현상을 보인다. 일반적인 진동모양이다. 이러한 현상을 부족감쇠(under damping)라 한다.

그림 4.6 자유부족감쇠운동의 그래프

위의 그래프는 조화진동현상을 나타내는 사인파형함수와 감소현상을 나타내는 지수함수의 곱으로 표현된다. 사인파형함수에는 주기가 정의되어 있지만, 진동하면서 감소하는 함수에는 주기를 정의할 수 없다. 그럼에도 불구하고 진동이 규칙적임을 알 수 있다. 이러한 점을 염두에 두어 주기와 비슷한 용어를 도입하여 규칙의 개념을 도입할 수 있다.

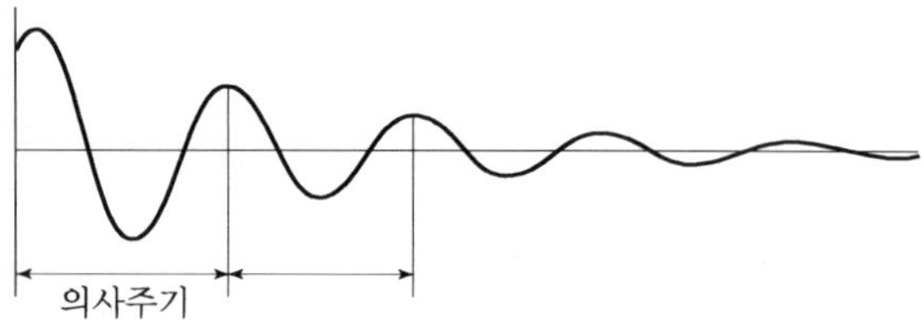

주기는 아니지만 주기 비슷한 것을 정의할 수 있는데 의사주기(pseudo periodic)라 한다.

그림 4.7 의사주기

예제 4.1 자유감쇠운동에서 $m=36\text{kg}$, $c=12\text{kg/sec}$, $k=37\text{kg/sec}^2$, $x_0=0.7\text{m}$ 그리고 $v_0=0.1\text{m/sec}$일 때 진동변위를 나타내는 함수 $x=x(t)$를 구하여라. 또 10초 후의 변위 $x(10)$을 구하여라.

• 풀이 • $m=36, c=12$ 및 $k=37$을 식 (4)에 대입하면 초기값문제

① $$36x''+12x'+37x=0,\ x(0)=0.7,\ x'(0)=0.1$$

을 얻는다. 특성방정식

$$36\lambda^2+12\lambda+37=0$$

의 근은 $\lambda=-\frac{1}{6}\pm i$ 이므로, 일반해는

② $$x(t)=c_1e^{-t/6}\cos t+c_2e^{-t/6}\sin t$$

초기조건을 이용하여 c_1과 c_2를 구한다. 식 ②를 미분하면

③ $$x'(t)=(-\frac{c_1}{6}+c_2)e^{-t/6}\cos t+(-c_1-\frac{c_2}{6})e^{-t/6}\sin t$$

초기조건을 식 ②와 ③에 대입하면

$$c_1=0.7$$
$$-\frac{c_1}{6}+c_2=0.1$$

연립방정식을 풀면 $c_1=0.7$이고 $c_2=13/60$이다. 운동방정식은

$$x(t)=\frac{7}{10}e^{-t/6}\cos t+\frac{13}{60}e^{-t/6}\sin t$$

마지막으로

$$x(10)=\frac{7}{10}e^{-5/3}\cos 10+\frac{13}{60}e^{-5/3}\sin 10\approx -0.133$$

따라서 $t=10$일 때 질량은 평형점 위 0.133m에 위치한다.

그림 4.8은 초기값문제의 해 $x(t)$, $0 \le t \le 20$의 그래프를 나타낸 것이다.

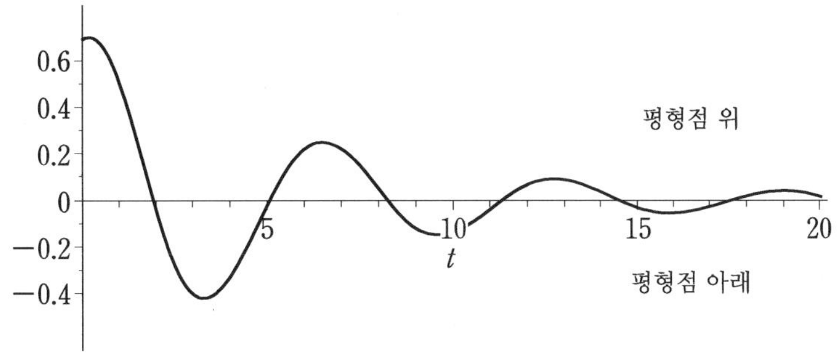

그림 4.8 초기값문제의 해 $x(t)$의 그래프

RLC전기회로 모델

그림 4.9와 같은 RLC전기회로에 흐르는 전류 $I=I(t)$에 대한 미분방정식을 유도하여 보자.

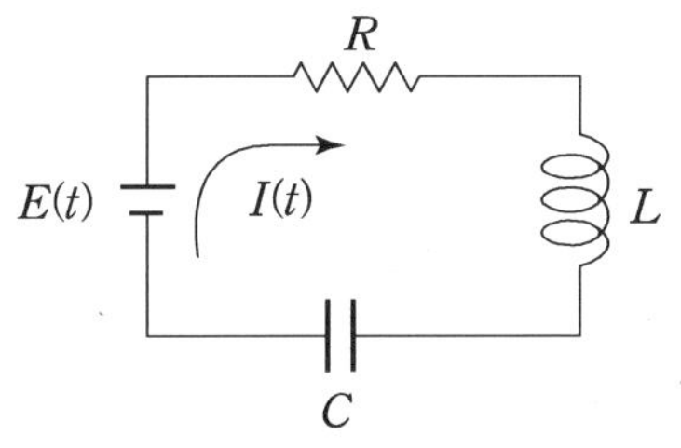

그림 4.9 직류전원을 입력을 갖는 RLC전기회로

시각 t에서 캐피시턴스의 전하를 $q(t)$라 두자. 그러면 폐루프에 공급되는 전압 $E(t)$는 회로에서 소비되는 전압의 총합과 같다라는 키르히호프법칙을 사용하여 $q(t)$에 대한 방정식을 유도할 수 있다.

각 소자에서 소비되는 전압을 구하자. 저항에서 발생하는 소비전압 V_R은 옴의 법칙에 의해

$$V_R = Ri = R\frac{dq}{dt}$$

리액턴스에 발생하는 소비전압 V_L은

$$V_L = L\frac{di}{dt} = L\frac{d^2q}{dt^2}$$

캐피시턴스에 발생하는 소비전압 V_C는

$$V_C = \frac{1}{C}q$$

이다. 키르히호프법칙에 따르면 전하 $q = q(t)$는

$$L\frac{d^2q}{dt^2} + R\frac{dq}{dt} + \frac{1}{C}q = E(t) \tag{10}$$

에 의해 결정된다. 특히 $E(t)$ =상수, $t > 0$인 경우 식 (10)을 미분하면

$$L\frac{d^3q}{dt^3} + R\frac{d^2q}{dt^2} + \frac{1}{C}\frac{dq}{dt} = 0 \tag{11}$$

을 얻는다. $I = \dfrac{dq}{dt}$을 식 (11)에 대입하면

$$L\frac{d^2I}{dt^2} + R\frac{dI}{dt} + \frac{1}{C}I = 0 \tag{12}$$

이다. 따라서 그림 4.9의 RLC전기회로에 흐르는 전류 $I = I(t)$는 식 (12)에 의해 결정된다. 스프링-질량-댐퍼 모델과 같이 RLC전기회로에 대한 감쇠력의 개념을 식 (12)를 사용하여 설명할 수 있다. RLC전기회로에서 감쇠력에 해당하는 요소는 저항 R이다.

예제 4.2 RLC전기회로에 흐르는 전류 $I = I(t)$, $t > 0$가 최초로 극값을 갖는 시각 t를 구하여라. 단, I는

$$\frac{d^2I}{dt^2} + 10\frac{dI}{dt} + 100I = 0,\ I(0) = 2,\ I'(0) = 0$$

에 의해 결정된다.

• 풀이 • 특성방정식

$$\lambda^2 + 10\lambda + 100 = 0$$

의 근이 $\lambda = -5 \pm i\,5\sqrt{3}$ 이므로 일반해는

$$I(t) = e^{-5t}(c_1 \cos 5\sqrt{3}\,t + c_2 \sin 5\sqrt{3}\,t)$$

초기조건을 사용하여 상수를 구하면 다음과 같다.

$$c_1 = 2,\ \ c_2 = \frac{2}{3}\sqrt{3}$$

전류 I는

$$I(t) = e^{-5t}\left(2\cos 5\sqrt{3}\,t + \frac{2}{3}\sqrt{3}\sin 5\sqrt{3}\,t\right)$$

$I(t),\ t > 0$가 최초로 극값을 갖는 시각을 구하기 위해 $I(t)$를 미분하면

$$I'(t) = -\frac{40}{3}\sqrt{3}\,e^{-5t}\sin 5\sqrt{3}\,t$$

$I'(t) = 0$인 최초의 t의 값이 문제가 요구하는 t의 값이므로

$$t = \frac{\pi}{15}\sqrt{3}$$

이다.

그림 4.9는 전류 $I(t),\ 0 \le t \le 1.5$의 그래프를 나타낸 것이다.

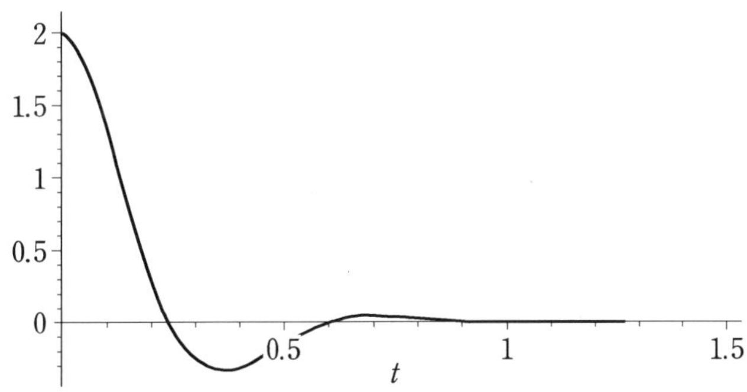

그림 4.10 전류 $I(t)$의 그래프

2.5 상수계수를 갖는 비동차 2계 선형미분방정식

스프링-질량-댐퍼 모델에서 외력 $f(t)$가 물체에 작용할 때, 운동방정식은

$$mx'' + cx' + kx = f(t)$$

와 같은 상수계수를 갖는 비동차 2계 선형미분방정식에 의해 기술된다고 하자.

이 절에서는 위와 같은 형태를 포함하는 비동차 2계 선형미분방정식의 모든 해를 구하는 방법에 대하여 설명한다. 모든 해를 구하는데 동차 2계 선형미분방정식의 일반해가 매우 중요한 역할을 한다. 먼저 비동차방정식에 대한 모든 해는 구하는 아이디어를 얻기 위해 다음 미분방정식의 모든 해를 구하여 보자.

$$y'' + 4y = 2 \tag{1}$$

식 (1)의 임의의 해를 $\phi(x)$라 하자. 여기서 식 (1)의 해를 하나만 구할 수 있다면 구한 해와 $\phi(x)$를 사용하여 외력 2를 제거하는 과정을 거쳐 식 (1)의 모든 해를 구할 수 있다. 식 (1)를 관찰하면 어떤 함수의 미분, 상수곱 및 덧셈으로 2를 만들 수 있는 함수의 첫 후보는 $y = A$(상수)와 같은 형임을 직감할 수 있다. 직감을 그대로 활용하여 보자. $y = A$를 식 (1)에 대입하면

$$A'' + 4A = 2$$

$$A = \frac{1}{2}$$

따라서 $y = 1/2$은 $y'' + 4y = 2$의 하나의 해가 됨을 알 수 있다. $\phi(x)$와 $y = 1/2$가 식 (1)의 해라는 사실을 이용하면, $\phi(x) - 1/2$는 동차 2계 선형미분방정식

$$y'' + 4y = 0$$

의 해가 된다. 실제로

$$[\phi - 1/2]'' + 4[\phi - 1/2] = \phi'' + 4\phi - 2 = 2 - 2 = 0$$

$y'' + 4y = 0$의 일반해는 $c_1 \cos 2x + c_2 \sin 2x$이므로 $\phi(x) - 1/2$는

$$c_1 \cos 2x + c_2 \sin 2x$$

의 형태로 표현되어야 한다. 따라서 다음과 같은 등식을 얻는다.

$$\phi(x) = c_1 \cos 2x + c_2 \sin 2x + \frac{1}{2}$$

동차 2계 선형미분방정식의 해 $c_1 \cos 2x + c_2 \sin 2x$를 식 (1)의 보조해라 하고 특별한 해 $1/2$을 특수해라고 한다. 이러한 논리는 일반적으로 성립한다.

정리 5.1 y_p를 비동차 2계 선형미분방정식

$$y'' + p(x)y' + q(x)y = g(x) \tag{2}$$

의 특수해(particular solution)라고 하고, y_c를 보조방정식

$$y'' + p(x)y' + q(x)y = 0$$

의 보조해(complementary solution)라고 할 때, 식 (2)의 임의의 해는

$$y = y_c + y_p$$

와 같이 주어지고, 이를 식 (2)의 일반해(general solution)라고 한다.

증명•• 연습으로 남긴다.

지금부터 상수계수를 갖는 비동차 2계 선형미분방정식의 일반해에 대한 해법을 배운다. 이 경우 보조방정식의 해 y_c는 모두 구할 수 있으므로, 특수해 y_p의 해법만 발견하면 된다. 특수해를 구할 수 있는 몇 가지 방법이 있으나, 여기서는 미정계수법, 적분연산자법과 매개변수변화법에 대하여 설명한다.

미성계수법과 적분연산자법은 상수계수를 가지며, $g(x)$의 형태가 다항함수, 지수함수, 사인파형 삼각함수와 이들을 혼합한 경우에만 적용가능하다. 반면 매개변수변화법은 $g(x)$의 형태에 관계없이 y_c만 알고 있으면 특수해 y_p를 구할 수 있다.

미정계수법

$g(x) = P_n(x)e^{\alpha x}\cos \beta x$ [또는 $\sin \beta x$]의 형태를 갖는 상수계수를 갖는 비동차 2계 선형미분방정식

$$ay'' + by' + cy = g(x)$$

의 특수해는 다음과 같은 순서로 구할 수 있다.

(i) 표 3.1을 이용하여 $ay'' + by' + cy = 0$을 만족하는 y_c를 구한다.

(ii) $g(x) = P_n(x)e^{\alpha x}\cos\beta x$ [또는 $\sin\beta x$]의 형태인지 결정한다.

(iii) $\mu = \alpha + \beta i$ 와 특성방정식의 근 λ_1, λ_2를 비교한다.

(iv) 표 5.1을 이용하여 특수해의 형태를 정한다.

단, $P_n(x)$는 n차 다항식이다.

μ와 특성방정식의 근과 비교	y_p의 형태
$\mu \neq \lambda_1, \mu \neq \lambda_2$	$e^{\alpha x}[Q_n(x)\cos\beta x + H_n(x)\sin\beta x]$
$\mu \neq \lambda_1, \mu = \lambda_2$	$x e^{\alpha x}[Q_n(x)\cos\beta x + H_n(x)\sin\beta x]$
$\mu = \lambda_1, \mu = \lambda_2$	$x^2 e^{\alpha x}[Q_n(x)\cos\beta x + H_n(x)\sin\beta x]$

표 5.1 특수해의 형태

단, $Q_n(x)$, $H_n(x)$는 n차 다항식이다.

(v) y_p를 방정식에 대입하여 미지의 계수들을 결정한다.

(vi) 일반해는 $y = y_c + y_p$이다.

위와 같은 방법을 통하여 일반해를 구하는 방법을 미정계수법(Method of undetermined coefficients)이라 한다.

예제 5.1 다음 미분방정식의 일반해를 구하여라.

① $y'' + 16y = e^{3x}$, $y = y(x)$

• 풀이 • 식 ①의 보조해 y_c를 구한다. $\lambda_1 = 4i$이고 $\lambda_2 = -4i$이므로 보조방정식의 해는

$$y_c = c_1\cos 4x + c_2\sin 4x$$

$g(x) = e^{3x}$ 이므로 $P_n(x) = 1$이다. 따라서 $n = 0$, $\alpha = 3$이고 $\beta = 0$이다.
$\mu = \alpha + \beta i = 3$ 이므로 $\mu \neq \lambda_1$이고 $\mu \neq \lambda_2$이다.
표 5.1에 의해

$$y_p = e^{3x}[Q_0(x)\cos 0x + H_0(x)\sin 0x] = Q_0(x)e^{3x} \text{ 또는}$$

$$y_p = Ae^{3x}$$

y_p를 식 ①에 대입하면 다음 항등식을 얻는다.

$$(Ae^{3x})'' + 16(Ae^{3x}) = e^{3x}$$

$$25Ae^{3x} = e^{3x}$$

$$A = \frac{1}{25}$$

따라서 일반해는

$$y = y_c + y_p = c_1\cos 4x + c_2\sin 4x + \frac{1}{25}e^{3x}$$

참고 | 예제 5.1에서 $g(x) = e^{3x}$는 보조방정식 y_c에 포함되지 않으므로 직관에 의해 특수해의 형태를 $y_p = Ae^{3x}$으로 결정해도 된다.

예제 5.2 다음 미분방정식의 일반해를 구하여라.

① $y'' + 3y' + 2y = 3x + 1$, $y = y(x)$

• 풀이 • 우선 식 ①의 보조해 y_c를 구한다. $\lambda_1 = -1$이고 $\lambda_2 = -2$이므로 보조방정식의 해는

$$y_c = c_1e^{-x} + c_2e^{-2x}$$

$g(x) = 3x + 1$이므로 $P_n(x) = 3x + 1$이다. 따라서 $n = 1$이고 $\alpha = 0$, $\beta = 0$이다. $\mu = \alpha + \beta i = 0$이므로 $\mu \neq \lambda_1$이고 $\mu \neq \lambda_2$이다. 표 5.1에 의해

$$y_p = e^{0x}[Q_1(x)\cos 0x + H_1(x)\sin 0x] = Q_1(x) = Ax + B$$

y_p를 식 ①에 대입하면 다음 항등식을 얻는다.

$$(Ax + B)'' + 3(Ax + B)' + 2(Ax + B) = 3x + 1$$

항등식의 성질에 의해

$$2Ax + 3A + 2B = 3x + 1$$

$$A = \frac{3}{2},\ B = -\frac{7}{4}$$

이므로

$$y_p = \frac{3}{2}x - \frac{7}{4}$$

따라서 일반해는

$$y = y_c + y_p = c_1 e^{-x} + c_2 e^{-2x} + \frac{3}{2}x - \frac{7}{4}$$

참고 | 예제 5.2에서 $g(x) = 3x + 1$는 보조방정식 y_c에 포함되지 않으므로 특수해의 형태를 $y_p = Ax + B$로 결정한다.

예제 5.3 다음 미분방정식의 일반해를 구하여라.

① $$y'' - 2y' + 5y = \sin x,\ y = y(x)$$

• 풀이 • 식 ①의 보조해 y_c를 구한다. $\lambda_1 = 1 + 2i$ 이고 $\lambda_2 = 1 - 2i$ 이므로 보조방정식의 해는

$$y_c = e^x (c_1 \cos 2x + c_2 \sin 2x)$$

$g(x) = \sin x$ 이므로 $P_n(x) = 1$. 즉 $n = 0$, $\alpha = 0$이고 $\beta = 1$이다.
$\mu = \alpha + \beta i = i$ 이므로 $\mu \neq \lambda_1$ 이고 $\mu \neq \lambda_2$ 이다. 표 5.1에 의해

$$y_p = e^{0x} [Q_0(x) \cos 1x + H_0(x) \sin 1x]$$
$$Q_0(x) \cos x + H_0(x) \sin x$$
$$= A \cos x + B \sin x$$

y_p 를 식 ①에 대입하여 정리하면

$$(A \cos x + B \sin x)'' - 2(A \cos x + B \sin x)' + 5(A \cos x + B \sin x) = \sin x$$
$$(4A - 2B) \cos x + (2A + 4B) \sin x = \sin x$$

마지막 식은 x에 대한 항등식임을 주의하라.
$\{\cos x,\ \sin x\}$는 $(-\infty,\ \infty)$에서 일차독립이므로

$$4A - 2B = 0$$
$$2A + 4B = 1$$

연립방정식을 풀면

$$A = \frac{1}{10},\ B = \frac{1}{5}$$

이므로

$$y_p = \frac{1}{10}\cos x + \frac{1}{5}\sin x$$

따라서 일반해는

$$y = y_c + y_p = e^x(c_1\cos 2x + c_2\sin 2x) + \frac{1}{10}\cos x + \frac{1}{5}\sin x$$

참고 | 예제 5.3에서 $g(x) = \sin x$는 보조방정식 y_c에 포함되지 않으므로 특수해의 형태를 $y_p = A\cos x + B\sin x$로 결정한다.

예제 5.4 다음 미분방정식의 일반해를 구하여라.

① $$y'' - y' - 12y = e^{4x},\ y = y(x)$$

• **풀이** • 식 ①의 보조해 y_c를 구한다. $\lambda_1 = -3$이고 $\lambda_2 = 4$이므로 보조방정식의 해는

$$y_c = c_1 e^{-3x} + c_2 e^{4x}$$

$g(x) = e^{4x}$ 이므로 $P_n(x) = 1$이다. 따라서 $n = 0$, $\alpha = 4$이고 $\beta = 0$이다. $\mu = \alpha + \beta i = 4$ 이므로 $\mu \neq \lambda_1$이고 $\mu = \lambda_2$이다. 표 5.1에 의해

$$\begin{aligned} y_p &= xe^{4x}[Q_0(x)\cos 0x + H_0(x)\sin 0x] = xe^{4x}Q_0(x) \\ &= Axe^{4x} \end{aligned}$$

y_p를 식 ①에 대입하여 A를 구하면

$$(Axe^{4x})'' - (Axe^{4x})' + 12(Axe^{4x}) = e^{4x}$$

$$7Ae^{4x} = e^{4x}$$

$$A = \frac{1}{7}$$

이므로

$$y_p = \frac{1}{7}xe^{4x}$$

따라서 일반해는

$$y = y_c + y_p = c_1 e^{-3x} + c_2 e^{4x} + \frac{1}{7}xe^{4x}$$

참고 | 예제 5.4에서 $g(x) = e^{4x}$는 보조방정식에 포함되어 있으므로 특수해의 형태는 $y_p = Axe^{4x}$로 정한다.

$g(x)$가 여러 개의 함수의 합으로 주어져 있을 때 미분방정식의 특수해는 다음 중첩의 원리(principal of superposition)를 이용하여 구하면 편리하다.

정리 5.2 **중첩의 원리**

$y'' + p(x)y' + q(x)y = g_1(x)$의 특수해를 y_{p_1} 그리고 $y'' + p(x)y' + q(x)y = g_2(x)$의 특수해를 y_{p_2}라 하자. 그러면

$$y'' + p(x)y' + q(x)y = c_1 g_1(x) + c_2 g_2(x)$$

의 특수해는 $y_p = c_1 y_{p_1} + c_2 y_{p_2}$이다.

참고 | 중첩의 원리는 선형시스템의 입출력 특성을 내포하고 있다. 입력 $g_1(x)$에 대응하는 출력을 y_1, 입력 $g_2(x)$에 대응하는 출력을 y_2라 하자. 그러면 선형결합으로 주어지는 입력 $c_1g_1(x)+c_2g_2(x)$에 대응하는 출력은 $c_1y_1+c_2y_2$이다. 이것이 선형시스템의 가장 큰 특징이다. 이러한 성질을 만족하지 않는 시스템을 비선형시스템이라 한다. 이를 그림으로 설명하면 다음과 같다.

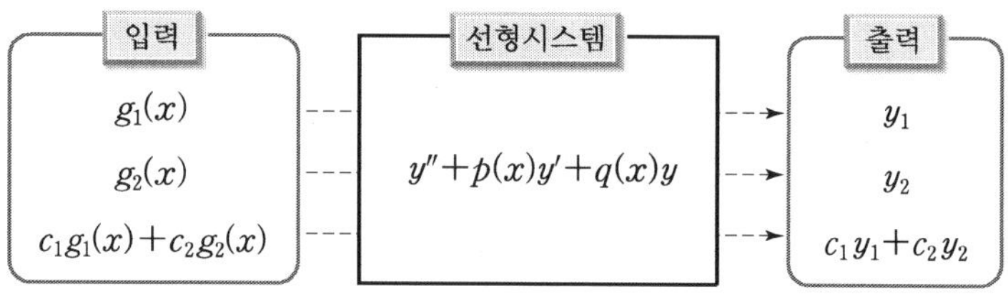

그림 5.1 선형입출력 시스템

예제 5.5 다음 미분방정식의 일반해를 구하여라.

① $y'' - y = 2e^{-x} - 4xe^{-x} + 10\cos 2x,\ y = y(x)$

• **풀이** • 상수계수를 갖는 비동차 2계 선형미분방정식이다. 식 ①의 일반해는

$$y_c = c_1 e^{x} + c_2 e^{-x}$$

$g_1(x) = (1-2x)e^{-x}$ 및 $g_2(x) = \cos 2x$ 라 놓자. $y'' - y = g_1(x)$의 특수해는

$$y_{p_1} = \frac{1}{2}x^2 e^{-x}$$

이고, $y'' - y = g_2(x)$의 특수해는

$$y_{p_2} = -\frac{1}{5}\cos 2x$$

중첩의 원리에 의해 식 ①의 특수해는

$$\begin{aligned} y_p &= 2y_{p_1} + 10y_{p_2} \\ &= 2\times\frac{1}{2}x^2e^{-x} + 10\left(-\frac{1}{5}\right)\cos 2x \\ &= x^2e^{-x} - 2\cos 2x \end{aligned}$$

따라서 일반해는

$$y = y_c + y_p = c_1e^x + c_2e^{-x} + x^2e^{-x} - 2\cos 2x$$

적분연산자법

미분연산자 $D = d/dx$, $D^2 = d^2/dx^2$, $\cdots$을 이용하여 특수해를 계산하는 방법을 설명한다. $Dy = f(x)$를 $y = (1/D)f(x)$로 쓴다면 $1/D$는 x에 대한 적분연산을 나타내는 기호로 사용할 수 있다. 이 경우 $Dy = D(1/D)f(x) = f(x)$이므로 $1/D$을 D의 역연산자, 또는 미분연산자가 된다. 예를 들어,

$$\frac{1}{D}x = \frac{1}{2}x^2 \qquad \frac{1}{D}\sin nx = -\frac{1}{n}\cos nx \qquad \frac{1}{D}e^{ax} = \frac{1}{a}e^{ax}$$

$$\frac{1}{D^2}x = \frac{1}{6}x^3 \qquad \frac{1}{D^2}\sin nx = -\frac{1}{n^2}\sin nx \qquad \frac{1}{D^2}e^{ax} = \frac{1}{a^2}e^{ax}$$

정수계수를 갖는 선형미분방정식

$$a_2y'' + a_1y' + a_0y = g(x)$$

를 연산자 D를 이용하여 표현하면

$$(a_2D^2 + a_1D + a_0)y = g(x)$$

$F(D) = a_2D^2 + a_1D + a_0$라 놓으면

$$y = \frac{1}{F(D)}g(x)$$

정리 5.3 $1/F(D)$ 은 선형연산자이다. 즉

(i) $$\frac{1}{F(D)}[f(x)+g(x)]=\frac{1}{F(D)}f(x)+\frac{1}{F(D)}g(x)$$

(ii) $$\frac{1}{F(D)}\{cg(x)\}=c\frac{1}{F(D)}g(x)$$

단, c 는 임의의 상수이다.

증명•• (i)만 증명한다.

$F(D)y_1=f(x)$ 및 $F(D)y_2=g(x)$라 두자. 두 식을 더하여 $F(D)$의 선형성을 적용하면

$$F(D)y_1+F(D)y_2=f(x)+g(x)$$
$$F(D)(y_1+y_2)=f(x)+g(x)$$

$F(D)$ 의 정의에 의해

$$y_1+y_2=\frac{1}{F(D)}[f(x)+g(x)]$$

$y_1=\dfrac{1}{F(D)}f(x)$이고 $y_2=\dfrac{1}{F(D)}f(x)$이므로

$$\frac{1}{F(D)}f(x)+\frac{1}{F(D)}g(x)=\frac{1}{F(D)}[f(x)+g(x)]$$

가 성립한다.

정리 5.4 $F(a)\neq 0$인 경우, $F(D)e^{ax}=F(a)e^{ax}$ 이므로 다음 식을 얻는다.

$$\frac{1}{F(D)}e^{ax}=\frac{1}{F(a)}e^{ax}$$

예제 5.6 $y''-y'+2y=\dfrac{1}{2}e^{2x}$의 특수해를 구하여라.

• **풀이** • $F(D)=D^2-D+2$이므로 $F(2)=4$이다. 따라서 정리 5.4로부터 특수해는

$$y_p=\frac{1}{2}\frac{1}{F(2)}e^{2x}=\frac{1}{8}e^{2x}$$

비동차항이 사인파형함수로 주어지는 경우 오일러공식

$$e^{inx} = \cos nx + i\sin nx$$

을 이용하여 특수해를 구할 수 있다. $g(x)$가 $\cos nx$를 포함하고 있으면 e^{inx}의 실수부를 또는 $\sin nx$를 포함하고 있으면 e^{inx}의 허수부를 구하면 된다.

예제 5.7 $y'' + 2y' + 4y = \sin 2x$의 특수해를 구하여라.

• 풀이 • $y_p = \dfrac{1}{D^2 + 2D + 4} e^{i2x}$의 허수부를 구하면 된다. 정리 5.4를 적용하면

$$y_p = \frac{1}{(2i)^2 + 2(2i) + 4} e^{i2x} \text{의 허수부}$$

$$= \frac{1}{-4 + 4i + 4}(\cos 2x + i\sin 2x)\text{의 허수부}$$

$$= \frac{1}{4}\sin 2x - \frac{i}{4}\cos 2x \text{의 허수부}$$

따라서 $y_p = -\dfrac{1}{4}\cos 2x$이다.

$g(x)$가 다항식인 경우, 무한급수전개

$$\frac{1}{1-x} = 1 + x + x^2 + x^3 + x^4 + \cdots$$

를 이용하여 특수해를 좀더 편리하게 구할 수 있다. 즉

$$\frac{1}{1-D} = 1 + D + D^2 + D^3 + D^4 + \cdots.$$

예제 5.8 $y'' - y' - 2y = 2x^2 + x - 1$의 특수해를 구하여라.

• 풀이 • $g(x) = 2x^2 + x - 1$은 2차함수이므로 $1/(D^2 - D - 2)$에서 D^3 이상은 불필요하다.

$$y_p = \frac{1}{D^2 - D - 2}(2x^2 + x - 1)$$

$$= -\frac{1}{2}\frac{1}{1 - \left(\dfrac{D^2 - D}{2}\right)}(2x^2 + x - 1)$$

$$= -\frac{1}{2}\left[1 + \left(\frac{D^2 - D}{2}\right) + \left(\frac{D^2 - D}{2}\right)^2 + \cdots\right](2x^2 + x - 1)$$

$$=-\frac{1}{2}\left(1-\frac{D}{2}+\frac{3}{4}D^2\right)(2x^2+x-1)$$

$$=-x^2+\frac{1}{2}x-\frac{3}{4}$$

따라서 $y_p=-x^2+\frac{1}{2}x-\frac{3}{4}$이다.

정리 5.5 다음 등식이 성립한다.

(i) $F(D)[e^{ax}f(x)]=e^{ax}F(D+a)f(x)$

(ii) $\frac{1}{F(D)}e^{ax}f(x)=e^{ax}\frac{1}{F(D+a)}f(x)$

증명•• (i)은 양변을 전개하면 쉽게 보일 수 있다.

(ii)에서 $F(D+a)f(x)=\psi(x)$라 놓으면

$$F(D)[e^{ax}f(x)]=e^{ax}\psi(x)$$

양변에 $1/F(D)$을 곱하면

$$e^{ax}f(x)=\frac{1}{F(D)}e^{ax}\psi(x)$$

$f(x)=\frac{1}{F(D+a)}\psi(x)$를 위의 식에 대입하면

$$e^{ax}\frac{1}{F(D+a)}\psi(x)=\frac{1}{F(D)}e^{ax}\psi(x)$$

$f(x)$가 임의의 함수이면 $\psi(x)$로 임의의 함수로 잡을 수 있다. 따라서 (ii)가 성립한다.

예제 5.9 다음 식이 성립한다.

(a) $\frac{1}{D-2}xe^{2x}=e^{2x}\frac{1}{(D+2)-2}x=e^{2x}\frac{1}{D}x=\frac{1}{2}x^2e^{2x}$

(b) $\frac{1}{D^2-a^2}e^{ax}=e^{ax}\frac{1}{(D+a)^2-a^2}(1)=e^{ax}\frac{1}{D(D+2a)}(1)$

$$=e^{ax}\frac{1}{D}\left[\frac{1}{D+2a}(1)\right]=e^{ax}\frac{1}{2a}\frac{1}{D}\left[\frac{1}{1+\frac{D}{2a}}\right](1)$$

$$= \frac{1}{2a} e^{ax} \frac{1}{D}(1) = \frac{1}{2a} x\, e^{ax}$$

변수변화법

이제 변수변화법에 대하여 살펴보자. 변수변화법의 장점은 보조방정식의 일반해를 알고 있는 경우, 특수해를 구할 수 있는 공식을 유도할 수 있다는 점이다.

> **정리 5.6 변수변화법**
>
> 임의의 함수 $g(x)$에 대하여
>
> $$y'' + p(x)y' + q(x)y = g(x)$$
>
> 의 보조방정식의 해를
>
> $$y_c = c_1 y_1 + c_2 y_2$$
>
> 라 할 때, 특수해 y_p는
>
> $$y_p = v_1 y_1 + v_2 y_2,\ v_1 = v_1(x),\ v_2 = v_2(x)$$
>
> 에 의해 주어진다. 단,
>
> $$v_1 = \int \frac{-g(x)y_2(x)}{W[y_1,\ y_2](x)} dx,\quad v_2 = \int \frac{g(x)y_1(x)}{W[y_1,\ y_2](x)} dx \tag{4}$$

정리 5.6과 같은 방법을 통하여 일반해를 구하는 방법을 변수변화법(Method of variation of parameters)이라 한다.

증명•• ${y_p}'$를 계산하면

$$\begin{aligned} {y_p}' &= {v_1}'y_1 + v_1{y_1}' + {v_2}'y_2 + v_2{y_2}' \\ &= v_1{y_1}' + v_2{y_2}' + {v_1}'y_1 + {v_2}'y_2 \end{aligned}$$

${y_p}'$에서

$${v_1}'y_1 + {v_2}'y_2 = 0 \tag{5}$$

이라 놓으면

$${y_p}' = v_1{y_1}' + v_2{y_2}'$$

y_p''를 계산하면

$$y_p'' = v_1'y_1' + v_1y_1'' + v_2'y_2' + v_2y_2''$$

y_p'와 y_p''를 $y'' + p(x)y' + q(x)y = g(x)$에 대입하여 정리하면

$$v_1'y_1' + v_1y_1'' + v_2'y_2' + v_2'y_2'' + p(x)(v_1y_1' + v_2y_2') + q(x)(v_1y_1 + v_2y_2) = g(x)$$

$$v_1[y_1'' + p(x)y_1' + q(x)y_1] + v_2[y_2'' + p(x)y_2' + q(x)y_2] + v_1'y_1' + v_2'y_2' = g(x)$$

y_1, y_2는 보조방정식의 해이므로

$$v_1'y_1' + v_2'y_2' = g(x) \tag{6}$$

얻는다. 식 (5)와 (6)은 v_1'와 v_2'에 대한 연립방정식이고, $W[y_1, y_2](x) \neq 0$이므로 식 (5)와 (6)은 동시에 0이 아닌 유일한 해 v_1와 v_2를 갖는다. 실제로, 크래머공식(Cramer's formula)을 사용하여 풀면

$$v_1' = \frac{-g(x)y_2}{W[y_1,\ y_2]},\quad v_2' = \frac{g(x)y_1}{W[y_1,\ y_2]}$$

이 식들을 x에 대하여 적분하면

$$v_1 = \int \frac{-g(x)y_2(x)}{W[y_1, y_2](x)}dx,\quad v_2 = \int \frac{g(x)y_1(x)}{W[y_1, y_2](x)}dx$$

따라서 정리가 증명되었다.

예제 5.10 $y'' + 3y' + 2y = 4e^x$의 일반해를 구하여라.

• 풀이 • 특성방정식 $\lambda^2 + 3\lambda + 2 = 0$의 근이 $\lambda_1 = -1$과 $\lambda_2 = -2$이므로

$$y_c = c_1e^{-x} + c_2e^{-2x}$$

이다. 여기서 $y_1 = e^{-x}$ 그리고 $y_2 = e^{-2x}$이라 놓자.

변수변화법을 사용하여 y_p를 계산하여 보자.

특수해의 형태는 $y_p = v_1e^{-x} + v_2e^{-2x}$이고, 식 (5)와 (6)으로부터

$$v_1'e^{-x} + v_2'e^{-2x} = 0$$

$$-v_1'e^{-x} - 2v_2'e^{-2x\prime} = 4e^x$$

연립방정식을 풀면

$$v_1{}' = 4e^{2x}, \quad v_2{}' = -4e^{3x}$$

적분하면

$$v_1 = 2e^{2x} + \widetilde{c_1}, \quad v_2 = -\frac{4}{3}e^{3x} + \widetilde{c_2}$$

구하는 특수해는

$$\begin{aligned} y_p &= \left(2e^{2x} + \widetilde{c_1}\right)e^{-x} - \left(\frac{4}{3}e^{3x} + \widetilde{c_2}\right)e^{-2x} \\ &= \frac{2}{3}e^{x} + \left(\widetilde{c_1}e^{-x} + \widetilde{c_2}e^{-2x}\right) \end{aligned}$$

따라서 일반해는

$$y = y_c + y_p = c_1e^{-x} + c_2e^{-2x} + \frac{2}{3}e^{x}$$

참고 | 특수해에서 $\widetilde{c_1}e^{-x} + \widetilde{c_2}e^{-2x}$는 보조방정식의 해에 흡수되었다. 이러한 이유로 v_1과 v_2에 붙는 적분상수는 0으로 두어도 된다.

예제 5.11 $y'' + y = \tan x$의 일반해를 구하여라.

• 풀이 • 특성방정식 $\lambda^2 + 1 = 0$의 근은 $\lambda_1 = i$와 $\lambda_2 = -i$이다. 따라서

$$y_c = c_1\cos x + c_2\sin x$$

이다. $y_1 = \cos x$ 및 $y_2 = \sin x$라 놓으면 특수해는

$$y_p(x) = v_1(x)\cos x + v_2(x)\sin x$$

식 (4)로부터

$$\begin{aligned} v_1(x) &= -\int \tan x \sin x\, dx = -\int \frac{\sin^2 x}{\cos x}dx \\ &= -\int \frac{1-\cos^2 x}{\cos x}dx = \int (\cos x - \sec x)\, dx \\ &= \sin x - \ln|\sec x + \tan x| \end{aligned}$$

$$v_2(x) = \int \sin x\, dx = -\cos x$$

특수해는

$$y_p(x) = [\sin x - \ln|\sec x + \tan x|]\cos x - \cos x \sin x$$
$$= -\cos x \ln|\sec x + \tan x|$$

따라서 일반해는

$$y(x) = c_1 \cos x + c_2 \sin x - \cos x \ln|\sec x + \tan x|$$

예제 5.12 다음 초기값문제의 해를 구하여라.

$$y'' + y = \sec x$$
$$y(0) = 1, \ y'(0) = 1$$

• 풀이 • 특성방정식 $\lambda^2 + 1 = 0$의 근은 $\lambda_1 = i$이고 $\lambda_2 = -i$이다. 따라서

$$y_c = c_1 \cos x + c_2 \sin x$$

$y_1 = \cos x$ 그리고 $y_2 = \sin x$라 놓으면 특수해는

$$y_p(x) = v_1(x)\cos x + v_2(x)\sin x$$

식 (4)로부터

$$v_1(x) = -\int \sec x \sin x \, dx = -\int \tan x \, dx = \ln|\cos x|$$
$$v_2(x) = \int \sec x \cos x \, dx = \int 1 \, dx = x$$

특수해는

$$y_p(x) = \ln|\cos x|\cos x + x \sin x$$

일반해는

$$y(x) = c_1 \cos x + c_2 \sin x + \cos x \ln|\cos x| + x \sin x$$

초기조건은 만족하는 상수 c_1과 c_2를 구하기 위해 일반해를 미분하면

$$y'(x) = -c_1 \sin x + c_2 \cos x - \sin x \ln|\cos x|$$
$$+ \cos x \frac{-\sin x}{\cos x} + \sin x + x \cos x$$
$$= -c_1 \sin x + c_2 \cos x - \sin x \ln|\cos x| + x \cos x$$

초기조건을 $y(x)$와 $y'(x)$에 대입하여 상수를 구하면

$$y(0) = c_1 = 1$$

$$y'(0) = c_2 = 1$$

따라서 초기값문제의 해는

$$y(x) = \cos x + \sin x + \cos x \ln|\cos x| + x \sin x$$

그림 5.2는 $y(x)$의 그래프를 나타낸 것이다.

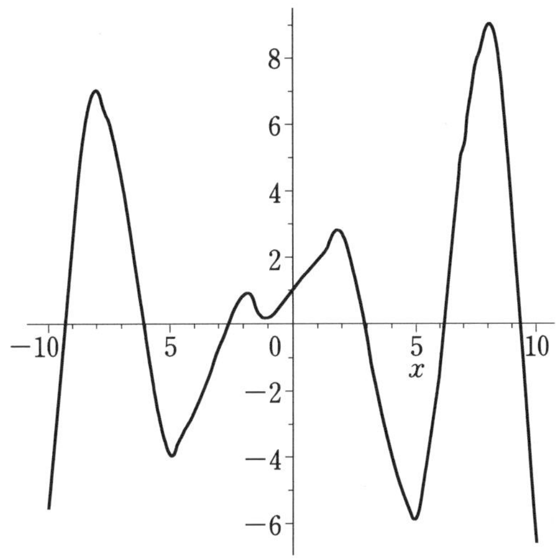

그림 5.2 $y(x)$의 그래프

2.6 응용 : 맥놀이 및 공진

외력을 갖는 스피링-댐퍼-질량 모델

스프링-질량-댐퍼 모델에서 자유무감쇠운동의 변위 $x = x(t)$는

$$mx'' + kx = 0 \tag{1}$$

에 의해 기술되고, 식 (1)의 일반해는

$$x = A\cos\omega_0 t + B\sin\omega_0 t = C\cos(\omega_0 t - \alpha),\ 0 \le \alpha < 2\pi$$

임을 알고 있다. 사인파형 외력을 갖는 무감쇠강제운동의 변위 $x = x(t)$는 다음 상수계수를 갖는 비동차 2계 선형미분방정식에 의해 기술된다고 하자.

$$mx'' + kx = F_0 \cos\omega t \tag{2}$$

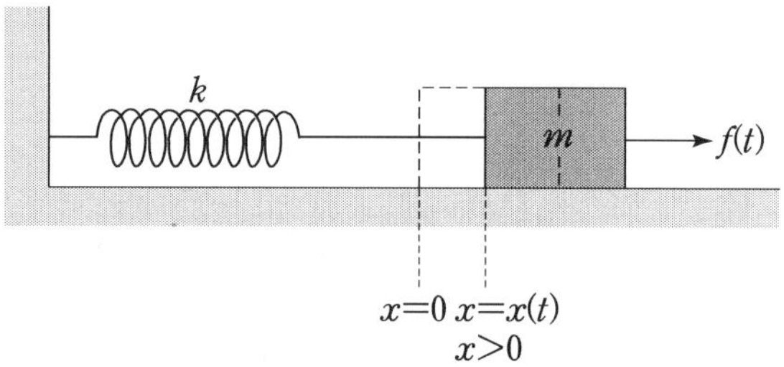

그림 6.1 무감쇠강제운동에 대한 등가표현

식 (2)의 보조방정식의 해는

$$x_c = c_1\cos\omega_0 t + c_2\sin\omega_0 t$$

미정계수법을 이용하여 특수해 x_p를 구하자. 특수해는 ω와 ω_0의 관계에 따라 달라진다. 여기서는

(i) $\omega \ne \omega_0$인 경우 (ii) $\omega = \omega_0$인 경우 (iii) $\omega \approx \omega_0$인 경우

로 구분하여 특수해를 구하고 각 특수해가 갖는 성질을 살펴본다.

(i) $\omega \neq \omega_0$인 경우

보조방정식에 대한 특성방정식의 근이 $\lambda_1 = \omega_0 i$와 $\lambda_2 = -\omega_0 i$ 이므로 특수해의 형태는

$$x_p = A\cos\omega t + B\sin\omega t$$

x_p를 식 (2)에 대입하여 정리하면 t에 대한 항등식을 얻는다.

$$m(A\cos\omega t + B\sin\omega t)'' + k(A\cos\omega t + B\sin\omega t) = F_0\cos\omega t$$

$$[(-m\omega^2 + k)A - F_0]\cos\omega t + (-m\omega^2 + k)B\sin\omega t = 0$$

$\{\cos\omega t, \sin\omega t\}$는 $(-\infty, \infty)$에서 일차독립이므로

$$(-m\omega^2 + k)A = F_0$$

$$(-m\omega^2 + k)B = 0$$

$-m\omega^2 + k \neq 0$이므로

$$A = \frac{F_0}{k - m\omega^2} = \frac{F_0}{m(\omega_0^2 - \omega^2)}, \quad B = 0$$

결정된 계수 A와 B를 x_p에 대입하면

$$x_p = \frac{F_0}{m(\omega_0^2 - \omega^2)}\cos\omega t$$

따라서 일반해는

$$x(t) = c_1\cos\omega_0 t + c_2\sin\omega_0 t + \frac{F_0}{m(\omega_0^2 - \omega^2)}\cos\omega t \tag{3}$$

그림 6.2는 식 (3)의 개략적인 그래프 유형을 나타낸 것이다.

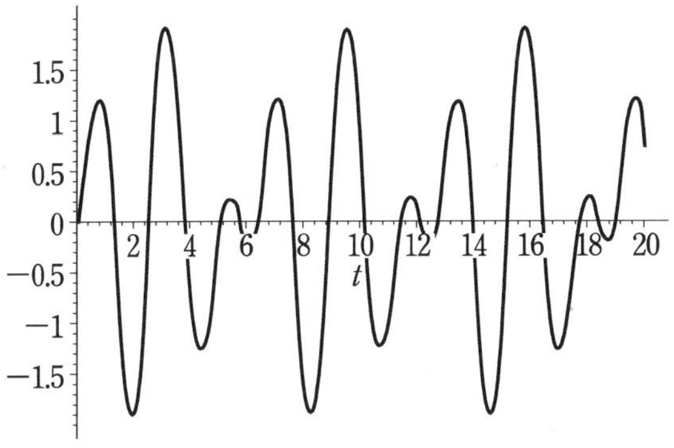

$x(t)$의 그래프의 모양을 보면, 덜커덩 덜커덩 거리는 모양이 연상된다. 즉, 특별한 상황이 없는 일반적인 상태를 나타낸다.

그림 6.2 무감쇠강제운동의 그래프

(ii) $\omega = \omega_0$ 인 경우(공진 발생)

특성방정식의 근은 $\lambda_1, \lambda_2 = \pm\,\omega_0 i$ 이고, $\mu = \omega_0 i$ 이므로 $\mu = \lambda_1$ 이고 $\mu \neq \lambda_2$ 이다. 따라서 특수해의 형태는

$$x_p = t\,(A\cos\omega_0 t + B\sin\omega_0 t)$$

x_p 를 식 (2)에 대입하여 정리하면

$$\begin{aligned} m[t(A\cos\omega_0 t + B\sin\omega_0 t)]'' + k[t(A\cos\omega_0 t + B\sin\omega_0 t)] &= F_0\cos\omega_0 t \\ (-m\omega_0^2 + k)At\cos\omega_0 t + (2m\omega_0 B - F_0)\cos\omega_0 t & \\ + (-m\omega_0^2 + k)Bt\sin\omega_0 t + (-2m\omega_0 A)\sin\omega_0 t &= 0 \end{aligned}$$

위의 식은 t에 대한 항등식이다. $\{t\cos\omega_0 t,\ \cos\omega_0 t,\ t\sin\omega_0 t,\ \sin\omega_0 t\}$는 $(-\infty,\ \infty)$에서 일차독립이므로

$$\begin{aligned} (-m\omega_0^2 + k)A &= 0 \\ 2m\omega_0 B - F_0 &= 0 \\ (-m\omega_0^2 + k)B &= 0 \\ -2m\omega_0 A &= 0 \end{aligned}$$

$-m\omega_0^2 + k = 0$이므로 첫 번째 식과, 세 번째 식은 자동적으로 성립한다. 둘째 식과 마지막 식으로부터

$$A = 0,\ \ B = \frac{F_0}{2m\omega_0}$$

결정된 계수 A와 B를 x_p에 대입하면

$$x_p = \frac{F_0}{2m\omega_0} t\sin\omega_0 t$$

일반해는

$$x(t) = c_1\cos\omega_0 t + c_2\sin\omega_0 t + \frac{F_0}{2m\omega_0} t\sin\omega_0 t$$

이다. 그림 6.3은 $x(t)$의 그래프의 유형을 그린 것으로 이 그래프로부터 공진현상을 시각적으로 확인할 수 있다.

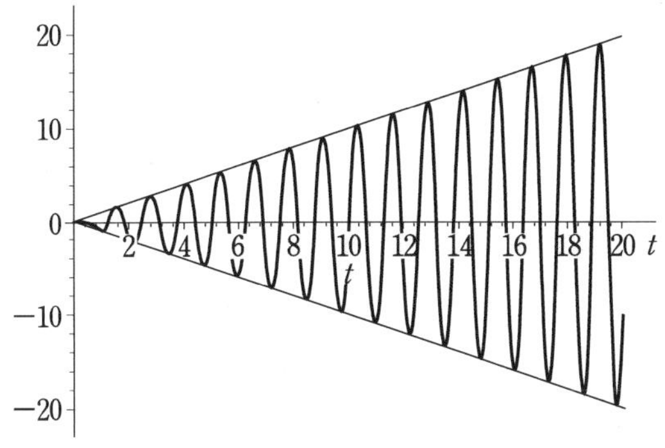

$x(t)$의 그래프의 모양으로부터, $x(t)$에 나타나는 t의 영향으로 진폭은 계속 커지게 되고, 최종적으로 폭발한다. 이러한 현상을 일으키는 $\omega_0/2\pi$를 공진주파수(resonance frequency)라 한다. 이를 f_0라고 표기하면 $f_0 = \frac{1}{2\pi}\sqrt{\frac{k}{m}}$ 이다.

그림 6.3 무감쇠강제운동의 그래프(공진)

(iii) $\omega \approx \omega_0$인 경우(맥놀이 발생)

초기조건이 $x(0) = x'(0) = 0$일 때, 재미있는 진동현상을 관찰할 수 있다.

일반해는 (3)과 같으므로 초기조건을 적용하여 초기값문제의 해를 구한다.

실제로

$$x(0) = c_1 + \frac{F_0}{m(\omega_0^2 - \omega^2)} = 0$$

$$x'(0) = c_2\omega_0 = 0$$

에서

$$c_1 = -\frac{F_0}{m(\omega_0^2 - \omega^2)},\ c_2 = 0$$

이를 식 (3)에서 주어진 $x(t)$에 대입하여 정리하면

$$x(t) = \frac{F_0}{m(\omega_0^2 - \omega^2)}(\cos\omega t - \cos\omega_0 t)$$

$$= -\frac{F_0}{m(\omega_0 + \omega)}\frac{\cos\omega t - \cos\omega_0 t}{\omega - \omega_0}$$

그림 6.4는 $x(t)$의 그래프를 그린 것이다.

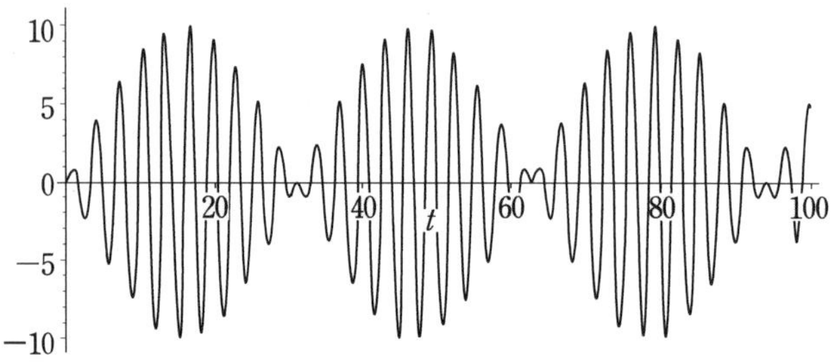

$x(t)$의 그래프의 개략적인 형태는 다음과 같다. 해의 모양이 심장박동과 닮았다는 점을 고려하여 이 현상을 맥놀이(beating) 현상이라 한다.

그림 6.4 무감쇠강제운동의 그래프(맥놀이)

(iv) 진폭을 ω의 함수로 간주

항목 (ii)에서 $\omega = \omega_0$일 때 공진이 발생함을 관찰하였다. 그러므로 ω가 ω_0에 접근할 때 진폭변화를 살펴보는 것은 의미가 있다. $\omega \neq \omega_0$일 때, 진폭은 다음과 같이 정의된 주파수응답곡선(frequency response curve)

$$C(\omega) = \frac{F_0}{m|\omega_0^2 - \omega^2|}$$

에 의해 결정된다.

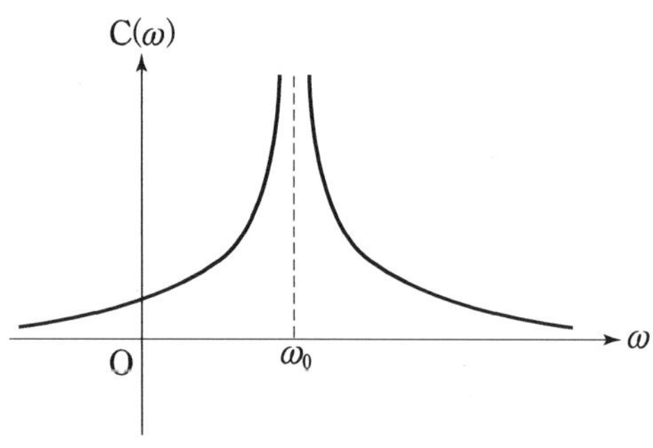

그림 6.5 무감쇠강제운동에 대한 주파수응답곡선

$C(\omega)$의 그래프로부터 ω가 ω_0에 접근할 때 진폭이 폭발함을 알 수 있다.

조화외력을 갖는 질량-댐퍼-스프링 모델

감쇠력과 외력을 동시에 고려한 질량-댐퍼-스프링 모델의 운동을 등가적으로 도식하면 다음과 같다.

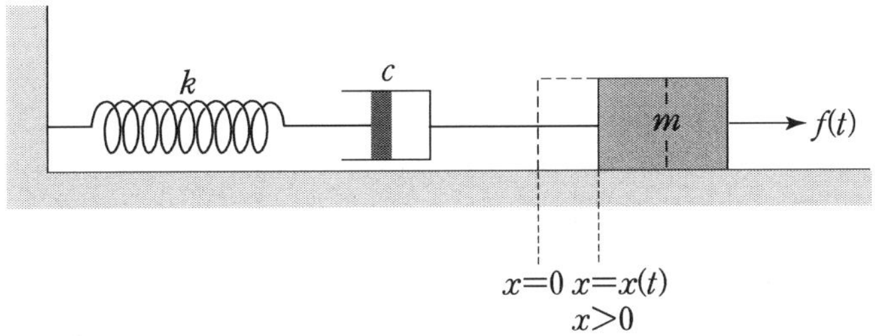

그림 6.6 감쇠강제운동에 대한 등가표현

특히, 외력이 조화함수 $f(t)=F_0\cos\omega t$로 주어진 경우 강제감쇠운동의 변위 $x=x(t)$는

$$mx''+cx'+kx=F_0\cos\omega t \tag{4}$$

에 의해 기술된다고 하자. 단, 감쇠상수 c는 충분히 작은 값으로 간주한다. 즉, $c^2-4mk<0$ 인 경우이다. 식 (4)의 외력은 사인파형함수이므로 미정계수법을 이용하여 식 (4)의 일반해를 구할 수 있다. 특성방정식은

$$m\lambda^2+c\lambda+k=0$$

이고, 근은

$$\lambda=\frac{-c\pm i\sqrt{4mk-c^2}}{2m}$$

따라서 보조방정식의 해는

$$\begin{aligned} x_c(t)&=e^{-\frac{c}{2m}t}\left(c_1\cos\frac{\sqrt{4mk-c^2}}{2m}t+c_2\sin\frac{\sqrt{4mk-c^2}}{2m}t\right)\\ &=\sqrt{c_1^2+c_2^2}\,e^{-\frac{c}{2m}t}\cos\left(\frac{\sqrt{4mk-c^2}}{2m}t-\alpha\right)\end{aligned}$$

단, α는 다음 식에 의해 결정되는 각의 크기이다.

$$\cos\alpha=\frac{c_1}{\sqrt{c_1^2+c_2^2}} \quad \text{및} \quad \sin\alpha=\frac{c_2}{\sqrt{c_1^2+c_2^2}}$$

$c\neq 0$이므로 특수해의 형태는 다음과 같다.

$$x_p(t)=A\cos\omega t+B\sin\omega t$$

이를 식 (4)에 대입하여 정리하자.

$$m(A\cos\omega t+B\sin\omega t)''+c(A\cos\omega t+B\sin\omega t)'+k(A\cos\omega t+B\sin\omega t)$$
$$=F_0\cos\omega t-m\omega^2(A\cos\omega t+B\sin\omega t)+c\omega(-A\sin\omega t+B\cos\omega t)$$
$$+k(A\cos\omega t+B\sin\omega t)[-m\omega^2 A+c\omega B+kA]\cos\omega t$$
$$+[-m\omega^2 B-c\omega A+kB]\sin\omega t$$
$$=F_0\cos\omega t$$

위의 식은 t에 대한 항등식이다. $\{\cos\omega t,\ \sin\omega t\}$는 $(-\infty,\infty)$에서 일차독립이므로

$$(k-m\omega^2)A+c\omega B=F_0$$
$$-c\omega A+(k-m\omega^2)B=0$$

A, B에 대한 연립방정식을 풀면

$$A=\frac{k-m\omega^2}{(k-m\omega^2)^2+(c\omega)^2}F_0$$
$$B=\frac{c\omega}{(k-m\omega^2)^2+(c\omega)^2}F_0$$

A와 B를 $x_p(t)$에 대입하여 정리하면

$$x_p(t)=\frac{(k-m\omega^2)F_0}{(k-m\omega^2)^2+(c\omega)^2}\cos\omega t+\frac{c\omega F_0}{(k-m\omega^2)^2+(c\omega)^2}\sin\omega t$$
$$=\frac{F_0}{\sqrt{(k-m\omega^2)^2+c^2\omega^2}}\cos(\omega t-\beta)$$

단, β는 다음 식에 의해 결정된다.

$$\cos\beta=\frac{k-m\omega^2}{\sqrt{(k-m\omega^2)^2+(c\omega)^2}}\ \text{및}\ \sin\beta=\frac{c\omega}{\sqrt{(k-m\omega^2)^2+(c\omega)^2}}$$

따라서 일반해는

$$x(t)=\underbrace{Ce^{-\frac{c}{2m}t}\cos\left(\frac{\sqrt{4mk-c^2}}{2m}t-\alpha\right)}_{\text{일시적인 항}}+\underbrace{\frac{F_0}{\sqrt{(k-m\omega^2)^2+c^2\omega^2}}\cos(\omega t-\beta)}_{\text{안정상태해}}$$

$x(t)$에서 첫 번째 항 $x_c(t)$는 지수함수의 영향으로 시간이 지나면 소멸되므로 일시적인 항이라 하고, 두 번째 항 $x_p(t)$는 일시적인 항이 사라진 후 본질적으로 외력에 동화된 진동을

나타내므로 안정상태해(steady state solution)라고 한다. 이러한 현상은 다음 $x(t)$의 그림 6.7에 있는 그래프의 개략적인 형태를 통하여 쉽게 관찰 할 수 있다.

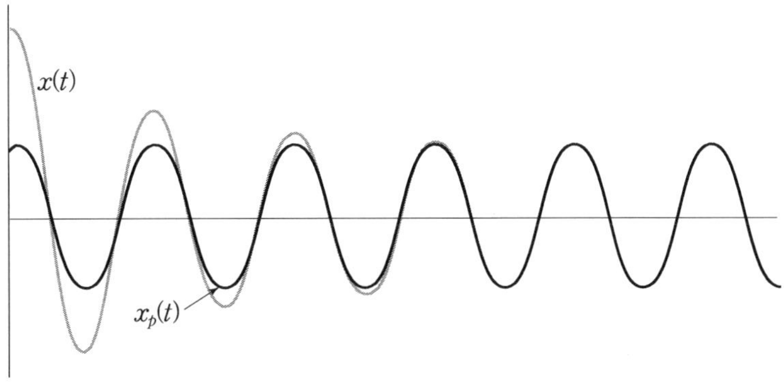

그림 6.7 일반해와 안정상태해와의 관계

중력의 영향을 받는 곳에서 운동은 감쇠력을 무시할 수 없다. 이로 인해 감쇠력이 없는 공진현상은 단지 이상(ideal)에 불과할 뿐이다. 감쇠력을 고려한 상황에서 공진현상, 즉 $x_p(t)$의 진폭이 최대가 되는 ω의 값을 조사하는 것이 보다 더 실용적이다. 감쇠력을 고려한 실용주파수응답곡선은 다음과 같이 정의한다.

$$C_p(\omega) = \frac{F_0}{\sqrt{(k - m\omega^2)^2 + (c\omega)^2}} \tag{5}$$

$c = 0$인 경우 $C_p(\omega) = C(\omega)$이다. $c \neq 0$인 경우, $C_p(\omega)$의 분모는 0이 아니므로 $C_p(\omega)$의 값은 폭발하지 않는다. 다음 그림은 $C_p(\omega)$와 $C(\omega)$의 그래프를 비교한 것이다. 감쇠력을 고려했을 때 공진현상은 $C_p(\omega)$가 최대값을 가지는 ω에서 발생한다. 이 ω를 ω_p라 하고 $\omega_p/2\pi$를 실용공진주파수(practical resonance frequency)라 한다.

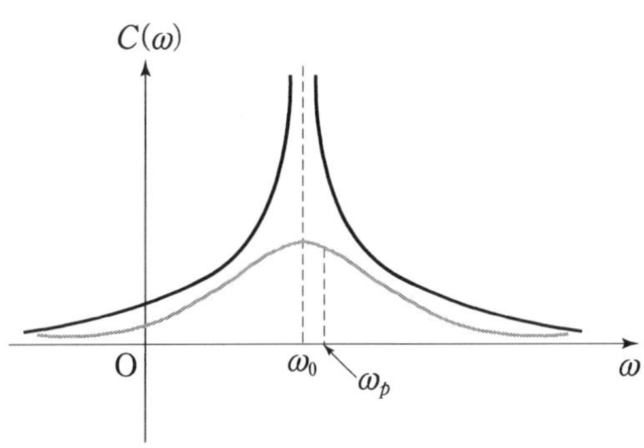

그림 6.8 공진주파수 응답곡선과 실용공진주파수 응답곡선의 관계

예제 6.1 식 (5)에서 $m=1,\ c=10,\ k=650^2$ 그리고 $F_0=100$일 때, 실용공진주파수를 구하여라.

• **풀이** • 변수의 값 $m=1,\ c=10,\ k=650^2$ 및 $F_0=100$을 식 (5)에 대입하면

$$C_p(\omega)=\frac{100}{\sqrt{(650^2-\omega^2)^2+100\omega^2}}$$

$C_p(\omega)$는 우함수이므로 $\omega>0$에서 유일한 극대값(최대값)을 갖는다. 그래프를 통하여 이 사실을 확인할 수 있다.

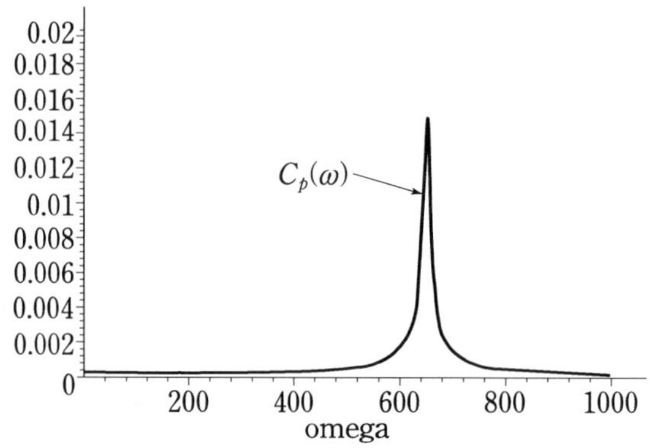

그림 6.9 주파수응답곡선

$C_p(\omega)$의 분모의 근호안을 ω에 대하여 미분하면

$$2(650^2-\omega^2)(-2\omega)+200\omega=0$$
$$\omega(\omega^2-650^2+50)=0$$
$$\omega>0\text{이므로 } \omega=\sqrt{650^2-50}$$

따라서 $\omega_p=5\sqrt{16898}\approx 650$이고, 실용공진주파는 $5\sqrt{16898}/2\pi\approx 103$이다.

예제 6.2 감쇠상수의 값이 $2c$ kg/sec인 용수철 끝에 2 kg의 질량을 매달았더니 용수철은 1 cm 늘어나 평형위치에 도달했다. 외력이 $4\cos\omega t$ kg/sec^{2}일 때 안정상태해를 구하여라. 또한 실용공진주파수가 1일 때 감쇠상수 c의 값을 구하여라. 단, 중력가속도는 $g=9\,\mathrm{m/sec^2}$이다.

• **풀이** • 용수철상수 k는 식 $mg=ks$ 로부터

$$k = \frac{mg}{s} = \frac{2 \times 9}{0.01} = 1800$$

식 (4)로부터 질량의 운동방정식은

$$2x'' + 2cx' + 1800x = 4\cos\omega t$$

또는

$$x'' + cx' + 900x = 2\cos\omega t$$

이다. $m = 1,\ k = 900$이고 $F_0 = 2$인 경우에 해당하는 안정상태해는 다음과 같다.

$$x_p(t) = \frac{2}{\sqrt{(900-\omega^2)^2 + c^2\omega^2}}\cos(\omega t - \beta)$$

실용공진주파수는

$$\frac{d}{d\omega}\left[(900-\omega^2)^2 + c^2\omega^2\right] = 0$$

을 만족하는 $\omega > 0$의 값에서 발생한다. 즉

$$\begin{aligned} 2(900-\omega^2)(-2\omega) + 2c^2\omega &= 0 \\ -2(900-\omega^2) + c^2 &= 0 \\ \omega^2 &= 900 - \frac{c^2}{2} \end{aligned}$$

이므로 $\omega_p = \sqrt{900 - c^2/2}$ 이다. 문제의 조건으로부터

$$\frac{1}{2\pi}\omega_p = 1$$

이므로

$$\begin{aligned} \sqrt{900 - \frac{c^2}{2}} &= 2\pi \\ c^2 &= 1800 - 8\pi^2 \end{aligned}$$

따라서 구하는 감쇠상수는 $c = \sqrt{1800 - 8\pi^2}$ 이다.

예제 6.3 길이가 L인 자동차를 외발자전거로 간주하여 등가도를 그리면 그림 6.10과 같다.

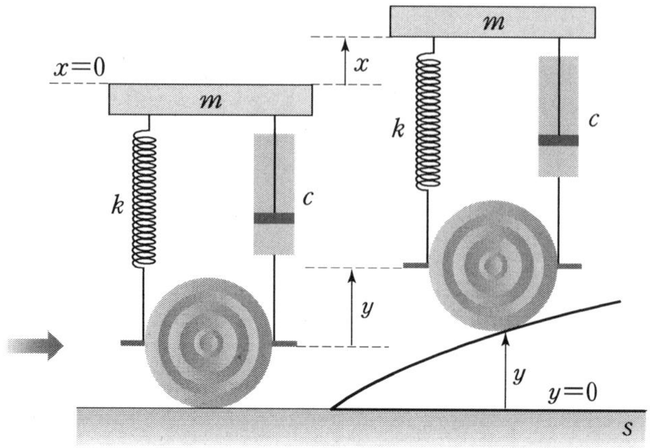

그림 6.10 외발자전거의 등가도

감쇠력을 무시할 때($c=0$), 시스템에서 공진이 발생하는 외발자전거의 속도를 구하여라.

• **풀이** • 질량 m 에 대한 운동방정식은 다음과 같은 미분방정식으로 기술된다.

$$m\frac{d^2x}{dt^2} = -k(x-y) \quad \text{또는} \quad m\frac{d^2x}{dt^2} + kx = ky$$

이제 y 에 대한 식을 표현해야 한다. 길의 표면에 대한 방정식은

$$y = a\cos\frac{2\pi s}{L}$$

와 같다고 가정하자. 만약 외발자전거의 속도가 v 이면 $s=vt$ 이므로

$$y = a\cos\frac{2\pi vt}{L}$$

따라서 x 의 운동방정식은

$$m\frac{d^2x}{dt^2} + kx = ka\cos\frac{2\pi vt}{L}$$

공진은 $\omega_0 = \omega$ 일 때, 즉

$$\sqrt{\frac{k}{m}} = \frac{2\pi v}{L}$$

일 때 발생한다. v 를 구하면

$$v = \frac{L}{2\pi}\sqrt{\frac{k}{m}}$$

이다. 이 속도로 달리면 자동차가 가장 많이 진동을 한다. ◖

그림 6.11과 같은 RLC전기회로에 흐르는 전류 $I = I(t)$에 대한 미분방정식을 유도하여 보자.

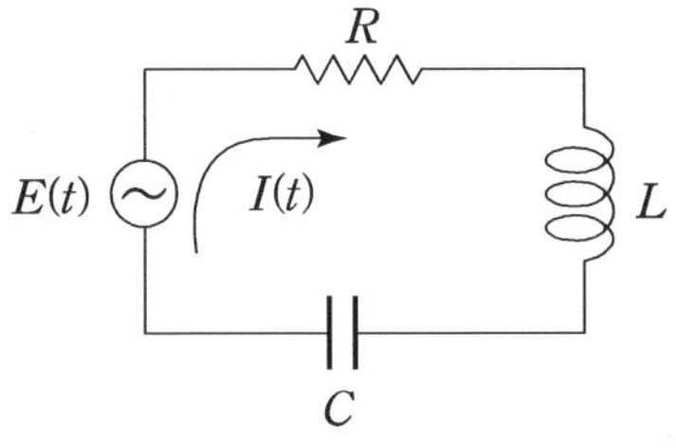

그림 6.11 교류전원을 입력으로 갖는 RLC전기회로

2.5절에서 구한 식 (10)을 사용할 수 있다. 즉, 전하 $q = q(t)$는

$$L\frac{d^2q}{dt^2} + R\frac{dq}{dt} + \frac{1}{C}q = E(t) \tag{6}$$

에 의해 결정된다. 식 (6)의 양변을 t에 대하여 미분한 다음 $I = \frac{dq}{dt}$을 대입하면,

전류 I는

$$L\frac{d^2I}{dt^2} + R\frac{dI}{dt} + \frac{1}{C}I = E'(t) \tag{7}$$

에 의해 결정된다. 여기서 교류전원은 $E'(t) = E_0 \cos \omega t$로 주어진다고 하다. 이 전원에 관한 식을 식 (7)에 대입하면

$$L\frac{d^2I}{dt^2} + R\frac{dI}{dt} + \frac{1}{C}I = E_0 \cos \omega t \tag{8}$$

를 얻는다. 스프링-질량-댐퍼 모델과 마찬가지로, RLC전기회로에 대한 이상적공진 및 실용적 공진의 개념은 식 (8)을 이용하여 설명할 수 있다. 이상적공진은 $R = 0$이고, $\omega_0 = \sqrt{\frac{1}{LC}}$ 와 ω가 일치할 때 발생하므로 공진주파수는

$$\frac{1}{2\pi}\omega_0 = \frac{1}{2\pi}\sqrt{\frac{1}{LC}} \tag{9}$$

또한 이 경우에 대응하는 주파수응답곡선은

$$C(\omega) = \frac{E_0}{L|\omega_0^2 - \omega^2|}$$

그리고 식 (8)의 안정상태해와 실용주파수응답곡선은 각각

$$I_p(t) = \frac{E_0 \cos(\omega t - \beta)}{\sqrt{(1/C - L\omega^2)^2 + (R\omega)^2}}$$

$$C_p(\omega) = \frac{E_0}{\sqrt{(1/C - L\omega^2)^2 + (R\omega)^2}}$$

와 같이 주어진다.

예제 6.4 그림 6.11에서 $L = 2[\mathrm{H}]$이고 $C = 1/2000[\mathrm{F}]$일 때 이상적 공진주파수를 구하여라.

• 풀이 • $L = 2$와 $C = 1/2000$을 식 (9)에 대입하면

$$\frac{1}{2\pi}\sqrt{\frac{1}{LC}} = \frac{1}{2\pi}\sqrt{\frac{2000}{2}} = \frac{1}{2\pi}\sqrt{1000} = \frac{5}{\pi}\sqrt{10}$$

$5\sqrt{10}/\pi$의 의미는 1주기 사인파형 곡선이 1초에 5번 반복해서 나타남을 의미한다. 실제로, $\cos(10\sqrt{10}\,t)$, $0 \le t \le 1$의 그래프를 통하여 $5\sqrt{10}/\pi \approx 5$(회/초)의 개념을 쉽게 이해할 수 있다.

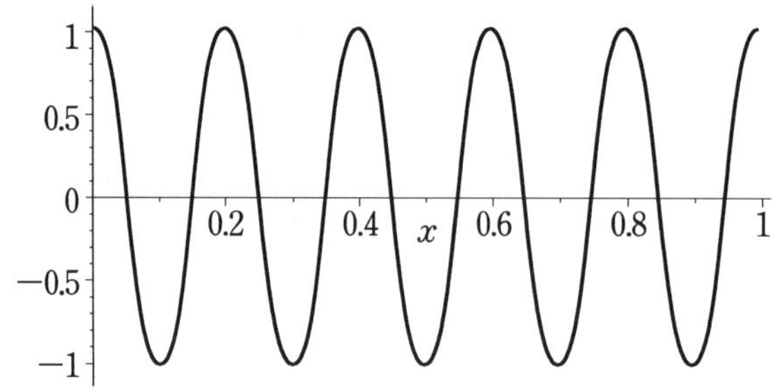

2.7 2계 비선형모델

단진자 모델에서 각 θ 의 운동방정식

$$\frac{d^2\theta}{d\theta^2}+\frac{g}{l}\sin\theta=0 \tag{1}$$

은 2계 선형미분방정식

$$\theta''+p(t)\theta'+q(t)\theta=g(t) \tag{2}$$

의 형태에 속하지 않는다는 쉽게 알 수 있다. 이와 같이 식 (2)와 다른 형태의 2계 미분방정식을 2계 비선형미분방정식이라 한다. 앞 절에서 보았듯이 상수계수를 갖는 미분방정식이 선형인 경우 해석적인 방법을 통하여 해를 구할 수 있었다. 그러나 비선형인 경우에는 상수계수를 갖는 경우라도 해석적인 방법으로 해를 구하는 것은 거의 불가능하다. 따라서 종종 선형화 과정으로 해의 동태를 조사하기도 한다. 이 절에서는 식 (1)의 선형화 과정과 선형미분방정식의 해법을 이용하여 식 (1)의 동태를 살펴본다. 먼저 단진자 모델에서 각 θ 의 운동방정식은 식 (1)과 같이 기술될 수 있음을 보일 것이다. 각 θ 의 운동방정식은 두 가지 서로 다른 방법으로 유도할 수 있다. 먼저 다음과 같은 상황을 가정하자.

"단진자는 길이 l 인 줄에 매달린 질량이 m 인 물체로 구성된다. 줄의 질량은 무시할 수 있고, 줄은 항상 일직선의 모양을 유지하며 물체가 수직인 평면 위를 진동한다고 가정하자."

그림 7.1은 이러한 상황을 등가 그림으로 나타낸 것이다.

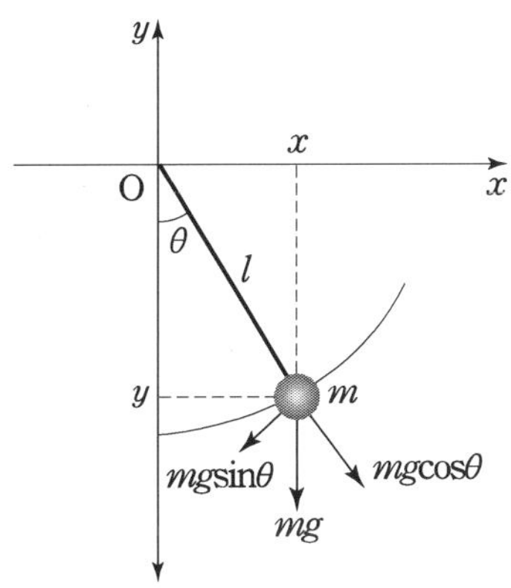

그림 7.1 단진자 모델

줄과 수직축 사이의 각 θ를 시각 t의 함수로 나타내어 보자. 시각 t에서 수직축과 끈 사이의 각을 $\theta=\theta(t)$라 하고 질량 m이 그리는 호의 길이를 $s=s(t)$라 하자. 뉴턴의 제2법칙으로부터

$$m\frac{d^2s}{dt^2}=F$$

여기서 F는 호에 접하는 접선방향의 힘이다. 그림 7.1로부터 접선방향의 힘은

$$-mg\sin\theta$$

이다. 단, g는 중력가속도이다. 질량 m에 작용하는 힘은 $-mg\sin\theta$뿐이므로

$$m\frac{d^2s}{dt^2}=-mg\sin\theta \tag{3}$$

마지막으로 $s=l\theta$를 위의 식 (3)에 대입하여 정리하면

$$\frac{d^2\theta}{dt^2}+\frac{g}{l}\sin\theta=0$$

따라서 식 (1)을 얻는다.

식 (1)을 오일러-라그랑주방정식을 이용하여 유도할 수도 있다(부록 D 참조). 이 방법은 다자유도을 갖는 진자(2개 이상 연결된 진자)의 운동방정식을 유도하는데 매우 편리하다. 그림 7.1에서 m의 위치좌표와 속도좌표는 다음과 같다.

$$x=l\sin\theta \qquad x'=l\cos\theta\,\theta'$$
$$y=-l\cos\theta \qquad y'=l\sin\theta\,\theta'$$

단일진자의 위치에너지(potential energy)는

$$P=mgy=-mgl\cos\theta$$

이고, 운동에너지(Kinetic energy)는

$$K=\frac{1}{2}mv^2=\frac{1}{2}mx'^2+\frac{1}{2}my'^2=\frac{1}{2}ml^2\theta'^2$$

이다. 모델에 대한 라그랑지안(Lagragian) L은

$$L = K - P = \frac{1}{2} m l^2 \theta'^2 + m g l \cos\theta$$

이다. L을 θ', θ에 대하여 미분하면

$$\frac{\partial L}{\partial \theta'} = m l^2 \theta'$$

$$\frac{d}{dt}\left(\frac{\partial L}{\partial \theta'}\right) = m l^2 \theta''$$

$$\frac{\partial L}{\partial \theta} = - m g l \sin\theta$$

위의 식을 오일러-라그랑주방정식

$$\frac{\partial L}{\partial \theta} - \frac{d}{dt}\left(\frac{\partial L}{\partial \theta'}\right) = 0$$

에 대입하면

$$- m g l \sin\theta - m l^2 \theta'' = 0$$

양변을 $m l^2$으로 나누면 운동방정식 (1)을 얻는다.

여기서 만약 진자의 움직이는 각의 크기가 매우 작다면

$$\theta \approx \sin\theta$$

가 성립하므로, 식 (1)의 행동은 다음과 같은 2계 선형미분방정식의 행동과 유사할 것이다.

$$\frac{d^2\theta}{d\theta^2} + \frac{g}{l}\theta = 0 \tag{4}$$

식 (4)를 식 (1)에 대한 선형근사식이라 한다. 다른 말로, 비선형미분방정식의 선형화(linearization)라고 한다. 선형화는 비선형미분방정식의 분석에서 종종 사용된다. 선형화시키는 방법은 매우 간단하다. 바로 테일러급수에서 제곱 이상의 항을 모두 지우면 된다. 예를 들어, 급수 전개에서 파선 부분을 지워버리면 된다. 이유는 매우 작은 θ에 대하여 θ의 크기는 $\theta^n (n \geq 2)$보다 훨씬 크기 때문이다.

이 부분을 지운다

$$\sin\theta = \theta - \frac{1}{3!}\theta^3 + \frac{1}{5!}\theta^5 - \frac{1}{7!}\theta^7 + \cdots$$

식 (4)는 상수계수를 갖는 2계 선형미분방정식이므로 해의 행동을 완전하게 분석할 수 있다.

예제 7.1 $l=1\text{m}$, $g=9.8\text{m/sec}^2$, $\theta(0)=0.01$, $\theta'(0)=0$인 경우 식 (4)에 대한 초기값문제의 해를 구하여라.

● **풀이** ● 상수계수를 갖는 2계 선형미분방정식

$$\frac{d^2\theta}{dt^2}+9.8\theta=0$$

의 일반해는

$$\theta(t)=c_1\cos\sqrt{9.8}\,t+c_2\sin\sqrt{9.8}\,t$$

$\theta'(0)=0$이므로 $c_2=0$이다. $\theta(0)=0.01$이므로 $c_1=0.01$이다.
따라서 초기값문제의 해는

$$\theta(t)=0.01\cos\sqrt{9.8}\,t$$

예제 7.2 $l=1\text{m}$, $g=9.8\text{m/sec}^2$, $\theta(0)=0.01$이고 $\theta'(0)=0$인 경우, 시구간 $[0,1]$에서 식 (1)의 근사해를 오일러방법을 이용하여 구하여라. 단, 격자간격은 $h=0.1$이다.

● **풀이** ● 수치계산을 위해 $x_1=\theta$, 그리고 $x_2=\theta'$라 놓으면, 다음 초기값문제를 얻는다.

$$x_1'=x_2$$
$$x_2'=-9.8\sin x_1$$
$$x_1(0)=0.01$$
$$x_2(0)=0$$

격자간격이 $h=0.1$인 오일러방법에 대한 알고리즘은 다음과 같다.

$$x_1[0]=0.01$$
$$x_2[0]=0$$

$n=0,\ 1,\ 2,\ \cdots,\ 10$에 대하여 다음을 실행한다.

$$x_1[n+1]=x_1[n]+h\,x_2[n]$$
$$x_2[n+1]=x_2[n]-9.8\,h\sin(x_1[n])$$
$$t[n+1]=t[n]+h$$

계산기를 이용하여 $x_1[n]$을 구하면 다음과 같다.

$t[n+1]$	0.1	0.2	0.3	0.4	0.5	0.6	0.7	0.8	0.9	1.0
$x_1[n+1]$	0.01	0.009	0.007	0.005	0.002	−0.002	−0.005	−0.007	−0.009	−0.010

표 7.1 근사해

그림 7.2는 해와 〈표 7.1〉에서 주어진 근사해를 좌표평면에 나타낸 것이다.

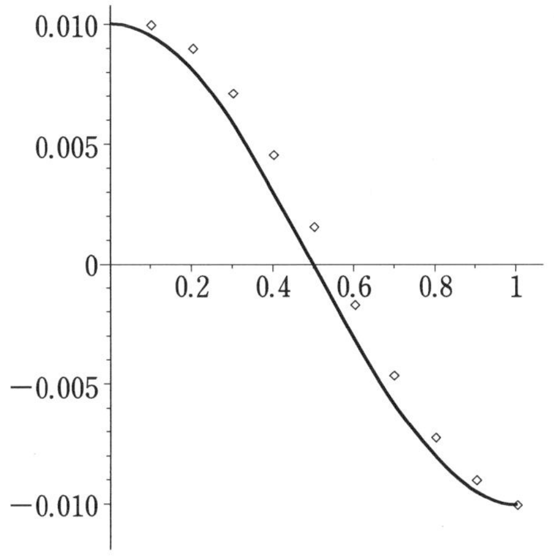

그림 7.2 근사해

참고 | 매우 작은 격자간격으로 오일러방법을 적용하면 보다 나은 근사해를 얻을 수 있다. 그림 7.2의 실선은, 예제 7.2를 4차 룽게-쿠타법을 이용하여 구한 근사해의 그래프이다. 룽게-쿠타법에 대해서는 부록 B를 참조하라.

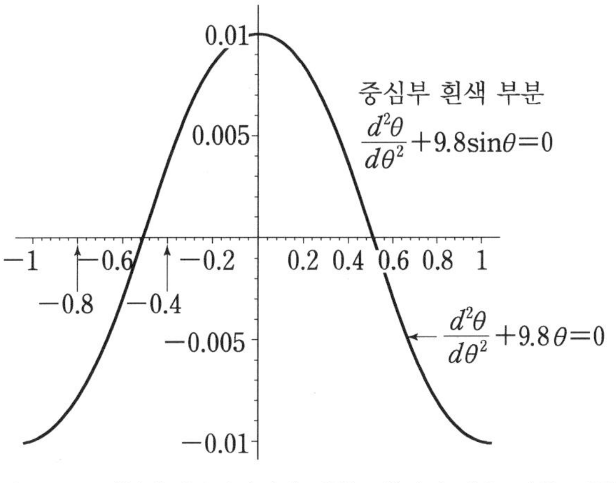

그림 7.3 선형화미분방정식에 대한 해(각이 매우 작은 경우)

초기각이 작은 경우, 각의 변화가 거의 같음을 관찰할 수 있다. 반면 초기각의 크기가 크면 각의 변화가 확연히 달라짐을 관찰할 수 있다. 다음 그림 7.4는 $\theta(0) = 2$일 때 두 해의 그래프이다.

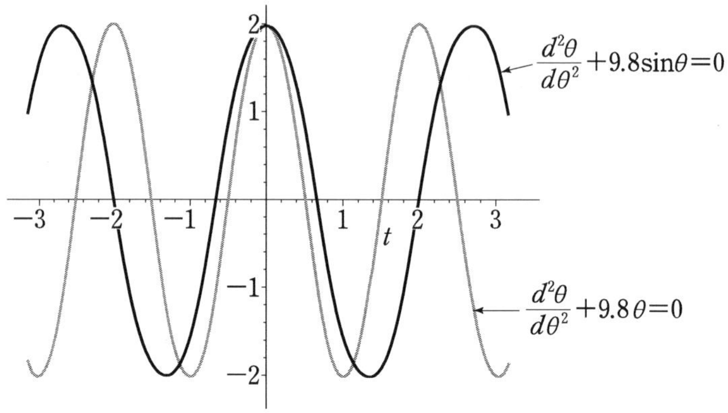

그림 7.4 선형화미분방정식에 대한 해(각이 큰 경우)

2.8 고계 선형미분방정식

다음과 같은 형의 미분방정식을 n 계 선형미분방정식이라 한다.

$$a_n(x)y^{(n)} + a_{n-1}(x)y^{(n-1)} + \cdots + a_1(x)y' + a_0(x)y = g(x), \quad a_n(x) \neq 0$$

$g(x) = 0$ 일 때 동차 n 계 선형미분방정식이라 하고 $g(x) \neq 0$ 일 때 비동차 n 계 선형미분방정식이라 한다. 모든 계수 $a_j(x)$ 가 상수일 때, 상수계수를 갖는 n 계 선형미분방정식이라 한다. 일반적으로 $n \geq 3$ 인 경우 고계 선형미분방정식이라 한다.

2 계 선형미분방정식의 모든 성질들, 즉 일차결합, 일차독립과 일반해에 대한 성질은 고계 선형미분방정식으로 그대로 확장된다. 따라서 보조방정식의 기본해집합과 특수해만 구하면 일반해는 간단하게 표현할 수 있다. 계수가 상수가 아닌 경우 보조방정식의 기본해집합을 구하는 것은 쉽지 않지만, 계수가 모두 상수인 경우는 특성방정식의 근만 구할 수 있다면 기본해집합은 간단하게 구할 수 있다. 즉, 상수계수를 갖는 n 계 선형미분방정식

$$a_n y^{(n)} + a_{n-1}y^{(n-1)} + \cdots + a_1 y' + a_0 y = 0$$

의 특성방정식은

$$a_n\lambda^n + a_{n-1}\lambda^{n-1} + \cdots + a_1\lambda + a_0 = 0$$

이 특성방정식의 근은, 계수가 정수이고 근이 유리수일 때 다음 유리수 근 정리를 이용하여 구할 수 있다.

정리 8.1 유리수 근 정리

계수 $a_0, a_1, \cdots, a_n$ 이 모두 정수라고 하자. n 차 방정식

$$a_n\lambda^n + a_{n-1}\lambda^{n-1} + \cdots + a_1\lambda + a_0 = 0$$

이 유리수 근을 갖는다면, 그 유리수 근은 $\dfrac{a_0}{a_n}$ 의 약수 중에 있다.

예제 8.1 다음 미분방정식의 일반해를 구하여라.

$$y''' - 2y'' - 5y' + 6y = 0,\ y = y(x)$$

• 풀이 • 상수계수를 갖는 동차 3계 선형미분방정식이므로 특성방정식은

$$\lambda^3 - 2\lambda^2 - 5\lambda + 6 = 0$$

유리수 근 정리를 이용하여 특성방정식의 근을 구하면

$$\lambda^3 - 2\lambda^2 - 5\lambda + 6 = (\lambda - 1)(\lambda + 2)(\lambda - 3) = 0$$
$$\lambda_1 = 1,\ \lambda_2 = -2,\ \lambda_3 = 3$$

따라서 일반해는

$$y(x) = c_1 e^x + c_2 e^{-2x} + c_3 e^{3x}$$

예제 8.2 특성방정식 $(\lambda - 1)(2\lambda + 3)(\lambda^2 - \lambda + 1) = 0$에 대응하는 상수계수를 갖는 고계 선형미분방정식을 쓰라.

• 풀이 • $(\lambda - 1)(2\lambda + 3)(\lambda^2 - \lambda + 1) = 2\lambda^4 - \lambda^3 - 2\lambda^2 + 4\lambda - 3$이므로 구하는 미분방정식은

$$2y^{(4)} - y^{(3)} - 2y'' + 4y' - 3y = 0$$

예제 8.3 다음 미분방정식의 일반해를 구하여라.

$$2y^{(4)} - y^{(3)} - 2y'' + 4y' - 3y = 0,\ y = y(x)$$

• 풀이 • 상수계수를 갖는 동차 4계 선형미분방정식이므로 특성방정식은

$$2\lambda^4 - \lambda^3 - 2\lambda^2 + 4\lambda - 3 = 0$$

특성방정식을 인수분해하면

$$2\lambda^4 - \lambda^3 - 2\lambda^2 + 4\lambda - 3 = (\lambda - 1)(2\lambda + 3)(\lambda^2 - \lambda + 1)$$

이고, 근은

$$\lambda_1 = 1,\ \lambda_2 = -\frac{3}{2},\ \lambda_3 = \frac{1 + \sqrt{3}i}{2},\ \lambda_4 = \frac{1 - \sqrt{3}i}{2}$$

따라서 일반해는

$$y(x) = c_1 e^x + c_2 e^{-(3/2)x} + e^{(1/2)x}\left(c_3 \cos\frac{\sqrt{3}}{2}x + c_4 \sin\frac{\sqrt{3}}{2}x\right)$$

특수해는 2계에서 배운 미정계수법과 변수변화법을 확장하여 구할 수 있다. 고계 미분방정식에서 미정계수법과 유사한 소멸연산자법(Annihilate operator)을 사용하여 구할 수도 있다. 구체적인 언급은 피하고, 예제를 통하여 미정계수법, 소멸연산자법과 변수변화법에 대해 설명하기로 한다.

예제 8.4 미정계수법, 소멸연산자법과 변수변화법을 차례로 사용하여 다음 미분방정식의 일반해를 구하여라.

$$y''' - 3y'' + 4y = xe^{2x},\ y = y(x)$$

• **풀이** • (i) 우선 미정계수법을 이용하여 일반해를 구하자.

2계와 마찬가지로 $g(x)$의 형태를 이용하여 특수해의 형태를 결정하고 항등식의 성질을 이용하여 특수해를 구하는 방법이다.

대응하는 동차방정식은

$$y''' - 3y'' + 4y = 0$$

이므로, 특성방정식은

$$\lambda^3 - 3\lambda^2 + 4 = (\lambda+1)(\lambda-2)^2 = 0$$

이다. 특성방정식의 근이 $\lambda_1 = -1$, $\lambda_2 = 2$이고 $\lambda_3 = 2$이므로 보조방정식의 해는

$$y_c = c_1 e^{-x} + c_2 e^{2x} + c_3 x e^{2x}$$

비동차 항이 $g(x) = xe^{2x}$이므로 $n = 1$, $\alpha = 2$이고 $\beta = 0$이다. $\mu = 2 + 0i = 2$이므로 $\mu \neq \lambda_1$, $\mu = \lambda_2$이고 $\mu = \lambda_3$이다. 따라서 y_p의 형태는

$$\begin{aligned} y_p &= x^2 e^{2x}[Q_1(x)\cos 0x + H_1(x)\sin 0x] \\ &= x^2(Ax+B)e^{2x} = (Ax^3 + Bx^2)e^{2x} \end{aligned}$$

이다. 이것을 주어진 방정식에 대입하면

$$\begin{aligned} &\frac{d^3}{dx^3}[(Ax^3+Bx^2)e^{2x}] - 3\frac{d^2}{dx^2}[(Ax^3+Bx^2)e^{2x}] + 4(Ax^3+Bx^2)e^{2x} \\ &= xe^{2x}[18Ax + (6A+6B)]e^{2x} \\ &= xe^{2x} \end{aligned}$$

위의 식은 x에 대한 항등식이므로 계수 A와 B는 다음과 같다.

$$A = \frac{1}{18},\ B = -\frac{1}{18}$$

특수해는

$$y_p = \frac{1}{18}(x^3 - x^2)e^{2x}$$

따라서 일반해는

$$y = y_c + y_p = c_1 e^{-x} + c_2 e^{2x} + c_3 x e^{2x} + \frac{1}{18}(x^3 - x^2)e^{2x}$$

(ii) 소멸연산자법을 이용하여 일반해를 구하자.

연산자 D를 이용하여 비동차항을 0으로 만드는 작업을 통하여 일반해를 구하는 방법이다.

먼저 xe^{2x}의 소멸연산자를 구하자. xe^{2x}는 $\lambda = 2$가 중근인 경우에 해당하는 해이므로

$$(D-2)^2 x e^{2x} = 0$$

xe^{2x}의 소멸연산자는 $(D-2)^2$이다. 이 소멸연산자를 이용하면 비동차항 소거할 수 있다. 실제로, 미분방정식의 양변에 $(D-2)^2$을 작용시키면

$$(D-2)^2(D^3 - 3D^2 + 4)y = (D-2)^2 x e^{2x} = 0$$

이러한 과정을 통하여 동차방정식

$$(D-2)^2(D^3 - 3D^2 + 4)y = 0$$

을 얻는다. 이 방정식의 일반해는

$$y = c_1 e^{-x} + c_2 e^{2x} + c_3 x e^{2x} + c_4 x^2 e^{2x} + c_5 x^3 e^{2x}$$

주어진 미분방정식은 3계이므로 보조방정식은 3개의 일차독립인 해가 필요하다. 위의 일반해를 다음과 같이 분리한다.

$$y_c = c_1 e^{-x} + c_2 e^{2x} + c_3 x^2 e^{2x}$$

$$y_p = c_4 x^2 e^{2x} + c_5 x^3 e^{2x}$$

마지막으로 y_p의 계수를 구하는 과정은 미정계수법과 같으므로 특수해는

$$y_p = \frac{1}{18}x^3 e^{2x} - \frac{1}{18}x^2 e^{2x}$$

따라서 일반해는

$$y = y_c + y_p = c_1 e^{-x} + c_2 e^{2x} + c_3 x e^{2x} + \frac{1}{18}(x^3 - x^2)e^{2x}$$

(iii) 변수변화법을 이용하여 일반해를 구하자.

기본해집합은 $\left\{y_1 = e^{-x},\ y_2 = e^{2x},\ y_3 = x e^{2x}\right\}$이다. 특수해는 다음과 같다.

$$y_p = v_1 y_1 + v_2 y_2 + v_3 y_3$$

단,

$$v_j = \int \frac{W_j(x)}{W(x)} dx,\quad W(x) = W[y_1,\ y_2,\ y_3](x) = \begin{vmatrix} y_1(x) & y_2(x) & y_3(x) \\ y_1'(x) & y_2'(x) & y_3'(x) \\ y_1''(x) & y_2''(x) & y_3''(x) \end{vmatrix}$$

$W_j(x)$는 $W(x)$에서 j 번째 열을 $[0\ 0\ g(x)]^T$로 바꾼 행렬식이다.
$W(x)$와 $W_j(x)$를 계산하면 다음과 같다.

$$W(x) = \begin{vmatrix} e^{-x} & e^{2x} & xe^{2x} \\ -e^{-x} & 2e^{2x} & (1+2x)e^{2x} \\ e^{-x} & 4e^{2x} & 4(1+x)e^{2x} \end{vmatrix} = 9e^{3x}$$

$$W_1(x) = \begin{vmatrix} 0 & e^{2x} & xe^{2x} \\ 0 & 2e^{2x} & (1+2x)e^{2x} \\ xe^{2x} & 4e^{2x} & 4(1+x)e^{2x} \end{vmatrix} = xe^{6x}$$

$$W_2(x) = \begin{vmatrix} e^{-x} & 0 & xe^{2x} \\ -e^{-x} & 0 & (1+2x)e^{2x} \\ e^{-x} & xe^{2x} & 4(1+x)e^{2x} \end{vmatrix} = -(x+3x^2)e^{3x}$$

$$W_3(x) = \begin{vmatrix} e^{-x} & e^{2x} & 0 \\ -e^{-x} & 2e^{2x} & 0 \\ e^{-x} & 4e^{2x} & xe^{2x} \end{vmatrix} = 3xe^{3x}$$

v_j를 계산하면 다음과 같다.

$$v_1 = \int \frac{W_1}{W} dx = \int \frac{xe^{6x}}{9e^{3x}} dx = \frac{1}{81}(-1+3x)e^{3x}$$

$$v_2 = \int \frac{W_2}{W} dx = \int \frac{-(x+3x^2)e^{3x}}{9e^{3x}} dx = -\frac{1}{18}(x^2+2x^3)$$

$$v_3 = \int \frac{W_3}{W} dx = \int \frac{3xe^{3x}}{9e^{3x}} dx = \frac{1}{6}x^2$$

구하는 특수해는

$$y_p = \frac{1}{81}(-1+3x)e^{3x} e^{-x} - \frac{1}{18}(x^2+2x^3)e^{2x} + \frac{1}{6}x^2 x e^{2x}$$

$$= \frac{1}{81}(3x-1)c^{2x} + \frac{1}{18}x^3 c^{2x} - \frac{1}{18}x^2 e^{2x}$$

따라서 일반해는

$$y = y_c + y_p = c_1 e^{-x} + c_2 e^{2x} + c_3 x e^{2x} + \frac{1}{18}(x^3 - x^2)e^{2x}$$

단, y_p 에서 나타난 항 $(3x-1)e^{2x}/81$ 은 보조방정식의 해에 흡수되었다.

History 다항방정식에 대한 일화

n차 방정식에 대한 일화를 소개한다.

이차방정식의 근은 근의 공식을 이용하여 구할 수 있다. 이차방정식의 근의 공식은 알콰리즈미(Alkhwarizmi, 780-850, 아라비아)의 저서 《al-gebr w'almuqubala》에서 공식적으로 사용되어 왔지만, 디오판토스(Diophantod, 246?-330?, 그리스)가 이 공식을 알고 있었다고 한다.

그 후 수많은 세월이 지나 14세기에 삼차방정식의 풀이에 대한 연구결과가 나타나기 시작하였다. 특수한 형태의 삼차방정식 또는 그 이상의 방정식은 인수분해나 인수정리를 사용하여 구할 수 있음을 중고등학교에서 배웠다. 하지만 일반적인 방정식의 풀이는 근의 공식에 의존하지 않을 수 없다. 드디어 삼차방정식의 근의 공식이 이탈리아 수학자 타르탈리아(Niccolo Tartaglia, 1500-1557)에 의해 발견되었다. 무슨 연유인지 지금은 카르다노(Geronimo Cardano, 1501-1576)의 공식으로 널리 알려져 있다. 이후 카르다노 제자인 페라리(Ferrari, L., 1522-1565, 이탈리아)에 의해 사차방정식의 근의 공식이 발견되어 현재 페라리의 공식으로 불리고 있다. 당연히 오차방정식에 대한 근의 공식의 발견을 위한 수많은 도전이 있었을 것임은 당연지사이다.

그러나 약 200년이나 지난 후 이에 대한 가시적인 연구결과가 나타났다. 노르웨이의 수학자 아벨(Abel, N. H., 1802-1829, 노르웨이)은 1824년에 오차방정식(또는 그 이상)은 대수적으로 풀 수 없음을 증명하였다. 그러나 그 이전에 1799년 천재 수학자 가우스(Karl Friedrich Gauss, 1777～1855, 독일)가 모든 대수방정식은 복소수 영역에서 일차식의 곱으로 인수분해를 할 수 있음(대수학의 기본정리라고 함)을 증명했기 때문에 아벨의 논문은 무시되고 말았다. 그는 계속되는 가난과 싸우면서 타원함수를 대수방정식의 연구에 몰두하였지만 그의 불운은 계속되었다.

타원함수에 대한 수학의 정확성을 정착시킨 프랑스 수학자 코시(Augustin-Louis Cauchy, 1789～1857, 프랑스)의 부주의(아벨의 논문을 책상 서랍에 넣어 놓고 잊어버림)로 인해 수학세계로의 데뷔는 멀어지게 된다. 이후 수학 분야에서 그의 이름이 간헐적으로 알려지기 시작하였으나, 1828년 9월부터 시작된 건강 악화로 1829에 세상을 떠난다. 파리 아카데미는 서둘러 그의 논문을 찾아내어 아카데미상 수여를 결정하고, 그에 상응하는 직위를 마련하여 노르웨이-스웨덴의 왕에 전하였으며, 동시에 크렐레의 주선으로 베를린에서도 교수직이 배정되었으나, 이미 그가 사망한 뒤의 일이었다.

그 후 대수방정식에 관한 위대한 업적을 남긴 수학자가 있다. 바로 프랑스의 수학자 갈루아(Galois, E., 1811-1832, 프랑스)이다. 그는 대수방정식이 대수적으로 풀 수 있는지 어떤지는 근에 대한 치환군(아벨군)의 군론(group theory)의 구조(structure)에 따라 명백해진다는 것을 밝혔다. 18세 때 오차방정식에 관한 논문을 파리의 과학아카데미에 보냈으나, 코시에 의해 묵살되었고, 다시 보낸 원고는 이해할 수 없다고 하여 프랑스의 수학자 푸리에(Joseph B. J. Baron Fourier, 1768~1830, 프랑스)로부터 반송되었다. 1830년 혁명에 연루되어 수감되었다가 출감된 후, 1831년 과격한 공산당원으로 지목되어 두 번째 투옥되었고, 1832년 가출옥 후 연애와 관련된 결투로 21세에 피살되었다. 그 전날 밤 친구인 슈발리에에게 보낸 유고에는 군론에 관련된 중요한 연구내용이 포함되어 있었으며, 그 외에 타원함수를 아벨적분에 관한 것과 방정식론 등이 요약되어 있었다.

삼차방정식 $x^3+2x^2-3x-7=0$은 오직 한 개의 실근 α를 갖는다(증명해보라).

삼차방정식에 대한 근의 공식을 이용하여 실근을 구하면

$$\alpha=\frac{\sqrt[3]{476+12\sqrt{579}}}{6}+\frac{26}{3\sqrt[3]{476+12\sqrt{579}}}-\frac{2}{3}$$

이론적으로 근을 정확하게 표현할 수 있지만, 이 값을 필요한 곳에 사용하려면 근호에 의한 표현식을 부동소수(floating number)로 고쳐야 한다. α를 부동소수(소수점 이하 10자릿수)로 나타내면

$$1.806300717$$

이 값은 수치계산법으로도 구할 수 있다. 즉, 함수 $f(x)$를

$$f(x)=x^3+2x^2-3x-7$$

로 정의하고, $f(x_n)\approx 0$을 만족하는 x_n의 값을 구한다. 구한 x_n은 α에 대한 근사값이 된다. 뉴턴의 근사방법에 의한 x_n은 다음 반복식에 의해 계산된다.

$$x_n=x_{n-1}-\frac{f(x_{n-1})}{f'(x_{n-1})},\ n=1,\ 2,\ \cdots$$

실제로, 위의 공식에서 $x_0=1$로 잡으면 다음과 같은 근사값들을 차례로 얻는다.

$$x_1=2.750000000$$
$$x_2=2.076374745$$
$$x_3=1.838129063$$
$$x_4=1.806823895$$

4회를 반복하여 계산한 결과 소수점 이하 3자릿수가 일치함을 볼 수 있다. 남은 문제는 반복을 어디에서 멈추어야 하는 것이다. 한 가지 방법은 임의의 $\epsilon > 0$(허용오차라고 함)을 정하여

$$|x_n - \alpha| < \epsilon$$

을 만족할 때까지 계산하면 된다.

2.9 응용 : 빔의 휨

이 절에서는 수학적인 모델링 결과 4계 선형미분방정식으로 기술되는 빔의 휨에 관련된 두 개의 문제를 살펴본다. 즉, 그림 9.1 및 그림 9.2와 같이 장치된 빔이 외부로부터 힘을 받아 휘어지는 변위를 결정하여 보자.

먼저 그림 9.1과 같이 벽에 고정되어 축력이 작용하고 부하가 작용하는 균질인 빔의 변위 $y = y(x)$는

$$\frac{d^4 y}{dx^4} - k^2 \frac{d^2 y}{dx^2} = q(x),\ 0 < x < L \tag{1}$$

과 같은 미분방정식으로 기술된다고 하자. 여기서 $y(x)$는 위치 x에서 빔의 휨(deflection of beam)을 나타내며, L은 빔의 길이이고 k^2은 축력상수이며, $q(x)$는 위치 x에서 하중을 나타내는 함수이다.

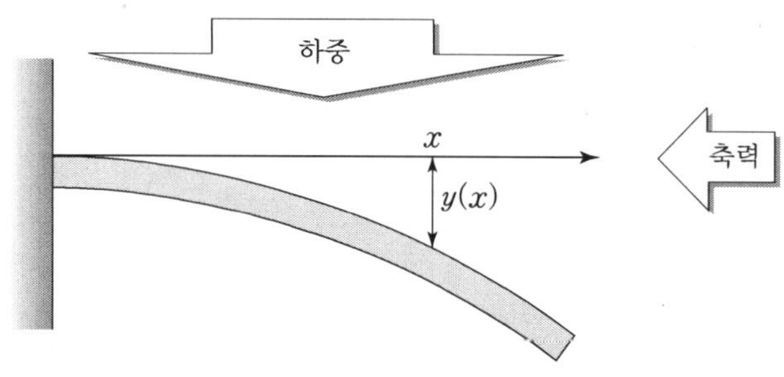

그림 9.1 한 끝은 고정되어 있고 반대쪽은 자유롭게 움직이는 빔

빔의 휨에 대한 정보를 알기 위해 식 (1)의 일반해를 구하여 보자. 변수변화법을 사용하여 일반해를 구하여보자. 보조방정식에 대한 특성방정식의 근은 0(중근), $-k$ 및 k이므로

$$y_c = c_1 + c_2 x + c_3 e^{kx} + c_4 e^{-kx}$$

특수해는

$$y_p = v_1 + v_2 x + v_3 e^{kx} + v_4 e^{-kx},\quad v_j = \int_0^x \frac{W_j(s)}{W(s)}\, ds,\ j = 1,\ 2,\ 3,\ 4$$

v_j를 대입하여 정리하면

$$y_p = \frac{1}{k^2}\int_0^x q(s)s\,ds - \frac{x}{k^2}\int_0^x q(s)\,ds + \frac{e^{kx}}{2k^3}\int_0^x q(s)e^{-ks}\,ds - \frac{e^{-kx}}{2k^3}\int_0^x q(s)e^{ks}\,ds$$

함수

$$G(x,\ s) = \frac{s}{k^2} - \frac{x}{k^2} + \frac{1}{2k^3}e^{k(x-s)} - \frac{1}{2k^3}e^{-k(x-s)}$$

라 놓으면, 특수해는 다음과 같이 간단하게 표현된다.

$$y_p = \int_0^x G(x,\ s)q(s)\,ds$$

따라서 식 (1)의 일반해는

$$y(x) = c_1 + c_2 x + c_3 e^{kx} + c_4 e^{-kx} + \int_0^x G(x,\ s)q(s)\,ds \tag{2}$$

참고 | 위에서 도입된 $G(x,\ s)$를 그린함수(Green function) 또는 핵(Kernel)이라 한다. 실제 입력(하중)을 받아서 처리하는 중요한 역할을 담당한다.

휘어진 빔의 변위를 나타내기 위해서는 식 (2)에 나타난 상수 c_1, c_2, c_3와 c_4의 값을 결정해야 한다. 이 문제는 위치에 따른 휨 정도를 나타내는 것으로 초기조건 대신 경계조건($x=0$, L에서 주어지는 조건)이 필요하다. $x=0$에서는 수평으로 고정되어 있으므로

$$y(0)=0,\ \frac{dy}{dx}(0)=0 \tag{3}$$

$x=L$에서는 빔은 자유롭게 움직인다. 그러므로

$$\frac{dy}{dx}(L)=0,\ \frac{d^2y}{dx^2}(L)=0 \tag{4}$$

과 같은 조건을 더하면 $y(x)$를 결정할 수 있다. 식 (3)과 (4)를 동차 디리클레(Dirichlet) 경계조건이라 부른다.

그림 9.2와 같이 아래로 처진 빔의 변위를 결정하여 보자. 빔의 상하진동에 대한 탄성이론의 응용에서 시간이 충분히 지난 후(진동 현상이 멈춘 후 안정적인 상태) 빔의 변위 $y=y(x)$는

$$EI\frac{d^4y}{dx^4}-ky=0,\ 0<x<L \tag{5}$$

과 같은 방정식으로 기술되는 경우가 있다. 여기서 $y(x)$는 위치 x에서 빔의 변위이며 E는 영계수(Young's coefficient), I는 관성모멘트이고 k는 매개변수이다. E, I 및 k가 모두 양수일 때 일반해를 구하여 보자.

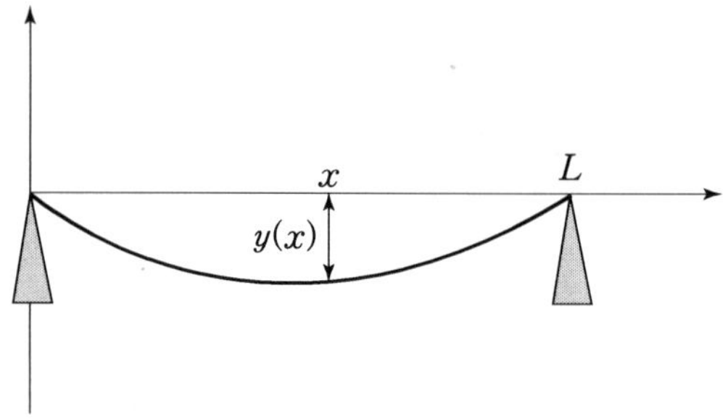

그림 9.2 양 끝이 고정되어 있는 빔

식 (5)는 상수계수를 갖는 동차 4계 선형미분방정식이다. 특성방정식은

$$EI\lambda^4-k=0 \ \text{ 또는 } \ \lambda^4-\omega^4=0\left(\omega=\sqrt[4]{\frac{k}{EI}}\right)$$

특성방정식을 인수분해하여 근을 구하면

$$(\lambda-\omega)(\lambda+\omega)(\lambda^2+\omega^2)=0$$
$$\lambda_1=\omega,\ \lambda_2=-\omega,\ \lambda_3=\omega i,\ \lambda_4=-\omega i$$

따라서 식 (5)의 일반해는

$$y=c_1\cosh\omega x+c_2\sinh\omega x+c_3\cos\omega x+c_4\sin\omega x \tag{6}$$

이제 임의의 상수를 결정할 수 있는 경계조건을 부과하자.

빔의 양쪽이 고정되어 있고 이음 부분의 경사가 0이라고 하면, 다음과 같은 경계조건을 얻는다.

$$y(0)=y(L)=0,\ y'(0)=y'(L)=0$$

y'를 계산하면

$$y'=c_1\omega\sinh\omega x+c_2\omega\cosh\omega x-c_3\omega\sin\omega x+c_4\omega\cos\omega x$$

경계조건을 식 y와 y'에 대입하면

$$y(0)=c_1+c_3=0,\ y'(0)=c_2\omega+c_4\omega=0$$

연립방정식을 풀면

$$c_3=-c_1,\ c_4=-c_2$$

이 결과를 식 (6)에 대입하면

$$y=c_1\cosh\omega x+c_2\sinh\omega x-c_1\cos\omega x-c_2\sin\omega x \tag{7}$$

경계조건을 식 (7)에 대입하면

$$y(L)=c_1\cosh\omega L+c_2\sinh\omega L-c_1\cos\omega L-c_2\sin\omega L=0 \tag{8}$$
$$y'(L)/\omega=c_1\sinh\omega L+c_2\cosh\omega L-c_1\sin\omega L+c_2\cos\omega L=0$$

이것은 2개의 미지수 c_1과 c_2를 갖는 동차연립방정식이다. 연립방정식이 자명한 해($y=0$)를 갖는 경우 물리적인 의미가 없으므로 계수행렬에 대한 행렬식은 0이 되어야 한다. 즉

$$\det\begin{bmatrix}\cosh\omega L-\cos\omega L & \sinh\omega L-\sin\omega L\\ \sinh\omega L+\sin\omega L & \cosh\omega L-\cos\omega L\end{bmatrix}=-2(\cosh\omega L\cos\omega L-1)=0$$

이 행렬식은 무수히 많은 해 ω를 갖는다. 이 조건을 식 (8)에 대입하여 정리하면 c_1과 c_2에 대한 관계식

$$c_2=\frac{\cosh\omega L-\cos\omega L}{\sin\omega L-\sinh\omega L}c_1$$

을 얻는다. 이 관계식을 식 (7)에 대입하면

$$y(x)=c_1\left[\cosh\omega x-\cos\omega x+\frac{\cosh\omega L-\cos\omega L}{\sin\omega L-\sinh\omega L}(\sinh\omega x-\sin\omega x)\right] \tag{9}$$

를 얻고, 이 식이 구하는 경계값 문제의 해가 된다. 식 (9)에서 c_1은 임의의 상수로 미결정된 상태이지만, 해의 성질에는 영향을 끼치지 않는다.

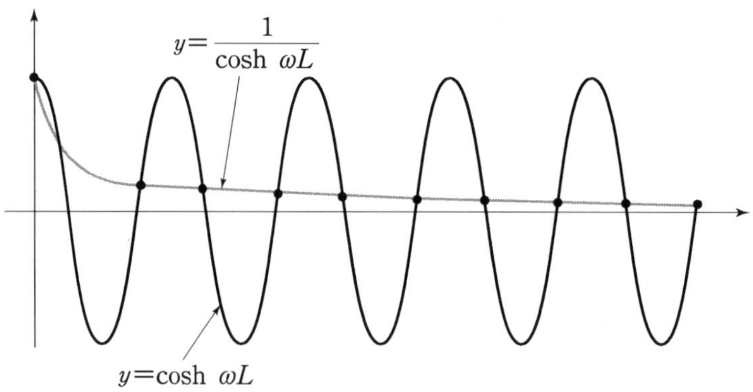

그림 9.3 고유값

식 (9)는 식 (8)을 만족하는 ω의 값에 의존하는 해이다. 따라서 경계조건을 만족하는 식 (5)의 해는 무수히 많이 존재한다.

$L=2\pi$일 때, ω에 대한 방정식 $\cosh\omega L\cos\omega L-1=0$의 해 가운데 0에서 가장 가까운 근사해는 $\omega\approx 0.7528093656$이다. 이 값에 대응하는 근사해의 그래프는

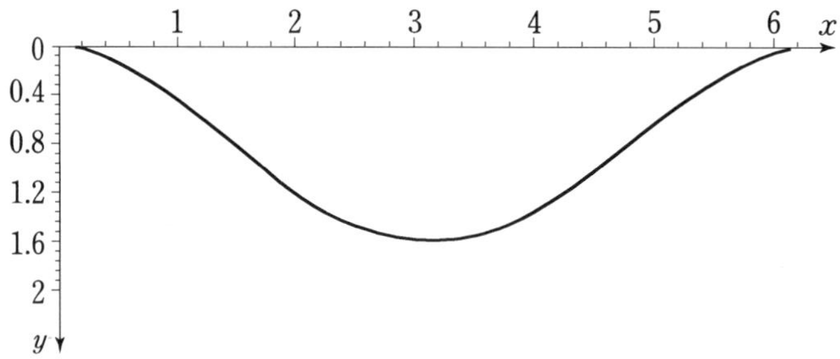

그림 9.4 처짐의 변위를 나타내는 식 (5)의 그래프

주의 | 방정식 (5)의 일반해를

$$y=c_1e^{\omega x}+c_2e^{-\omega x}+c_3\cos\omega x+c_4\sin\omega x$$

와 같이 나타낼 수 있다. 그러나 경계조건을 만족하는 해를 결정할 수 없다. 실제로,

$$y(0)=c_1+c_2+c_3=0$$

$$y(L)=c_1e^{\omega L}+c_2e^{-\omega L}+c_3\cos\omega L+c_4\sin\omega L=0$$

$$y'(0)=c_1\omega-c_2\omega+c_4\omega=0$$

$$y'(L)=c_1\omega e^{\omega L}-c_2\omega e^{-\omega L}-c_3\omega\sin\omega L+c_4\omega\cos\omega L=0$$

에 대한 계수행렬은 항상 역행렬을 가지므로 자명한 해만 구할 수 있을 뿐이다.

2.10 코시-오일러방정식

선형미분방정식에서 계수가 상수가 아닌 경우, 일반해를 구하는 것은 몇 가지 경우를 제외하고 해석적으로 해를 구하는 것은 거의 불가능하다. 그러나 변수계수를 갖는 선형미분방정식 가운데 일반해를 완벽하게 구할 수 있는 방정식이 있다. 그것은 다음과 같은 n 계 선형미분방정식이다.

$$a_n x^n y^{(n)} + a_{n-1} x^{n-1} y^{(n-1)} + \cdots + a_1 x y' + a_0 y = g(x), \ a_n \neq 0$$

단, a_j, $j = 0, 1, \cdots, n$은 상수이다. 이러한 미분방정식을 n 계 코시-오일러방정식(n order Cauchy-Euler equations)이라 한다. 이러한 방정식은 두께가 다른 빔의 진동에 자주 나타난다.

코시-오일러방정식은 변수계수를 갖는 선형미분방정식이지만 계수에 나타나는 변수의 분포가 규칙적이다. 따라서 적당한 변수치환을 통하여 상수계수를 갖는 n 계 미분방정식으로 간단하게 변환할 수 있다. $n = 2$인 경우, 보조방정식의 해를 구하는 방법을 설명한다. 즉

$$a x^2 y'' + b x y' + c y = 0, \ x > 0, \ y = y(x) \tag{1}$$

의 일반해를 구하는 방법을 설명한다. $x = e^t$ 으로 변수를 치환하고 $w(t) = y(x)$라 놓자. 연쇄법칙에 의해

$$\frac{dy}{dx} = \frac{dw}{dt}\frac{dt}{dx} = \frac{1}{x}\frac{dw}{dt}$$

$$\frac{d^2y}{dx^2} = \frac{d}{dx}\left(\frac{dw}{dt}\frac{1}{x}\right) = \frac{1}{x}\frac{d}{dx}\frac{dw}{dt} - \frac{1}{x^2}\frac{dw}{dt}$$

$$= \frac{1}{x}\frac{d^2w}{dt^2}\frac{dt}{dx} - \frac{1}{x^2}\frac{dw}{dt} = \frac{1}{x^2}\frac{d^2w}{dt^2} - \frac{1}{x^2}\frac{dw}{dt}$$

이를 식 (1)에 대입하여 정리하면 다음 식을 얻는다.

$$a x^2 y'' + b x y' + c y = a w'' - a w' + b w' + c w = 0$$

$$a w'' + (b - a) w' + c w = 0$$

마지막 방정식은 독립변수가 t 이고 종속변수가 w 인 상수계수를 갖는 2계 선형미분방정식이

다. 상수계수에 대한 해법을 이용하여 일반해를 구한 후 $t=\ln x$로 치환하면 $y(x)$를 구할 수 있다.

예제 10.1 다음 미분방정식의 일반해를 구하여라.

$$2x^2y''+7xy'+3y=0,\ x>0,\ y=y(x)$$

• **풀이** • 2계 코시-오일러방정식이므로 특성방정식은

$$2\lambda^2+(7-2)\lambda+3=2\lambda^2+5\lambda+3=0$$

특성방정식의 근은 $\lambda_1=-\dfrac{3}{2}$ 및 $\lambda_2=-1$이므로 일반해는

$$y=c_1e^{-(3/2)t}+c_2e^{-t}=c_1x^{-3/2}+c_2x^{-1}$$ ◐

예제 10.2 다음 미분방정식의 일반해를 구하여라.

$$x^2y''-3xy'+4y=0,\ x>0,\ y=y(x)$$

• **풀이** • 2계 코시-오일러방정식이므로 특성방정식은

$$\lambda^2+(-3-1)\lambda+4=\lambda^2-4\lambda+4=0$$

특성방정식이 근은 $\lambda_1=\lambda_2=2$이므로 일반해는

$$y=c_1e^{2t}+c_2te^{2t}=c_1x^2+c_2(\ln x)x^2$$ ◐

예제 10.3 다음 미분방정식의 일반해를 구하여라.

$$2x^2y''+4xy'+5y=0,\ x>0,\ y=y(x)$$

• **풀이** • 2계 코시-오일러방정식이므로, 특성방정식은

$$2\lambda^2+(4-2)\lambda+5=2\lambda^2+2\lambda+5=0$$

특성방정식의 근은 $\lambda=\dfrac{-1\pm3i}{2}$이므로, 일반해는

$$\begin{aligned}y&=e^{-1/2t}\left(c_1\cos\frac{3}{2}t+c_2\sin\frac{3}{2}t\right)\\&=x^{-1/2}\left[c_1\cos\left(\frac{3}{2}\ln x\right)+c_2\sin\left(\frac{3}{2}\ln x\right)\right]\end{aligned}$$ ◐

예제 10.4 다음 초기값문제의 해를 구하여라.

$$2x^2y'' + 4xy' + 5y = \ln x, \ x > 0$$

$$y(1) = 1, \ y'(1) = \frac{1}{5}$$

● **풀이** ● $x = e^t$ 으로 치환하면

① $$2w'' + 2w' + 5w = \ln e^t = t$$

식 ①의 보조방정식의 해는

$$w_c = e^{-1/2t}\left(c_1 \cos\frac{3}{2}t + c_2 \sin\frac{3}{2}t\right)$$

$g(t) = t$가 w_c에 포함되지 않으므로 특수해의 형태는 $w_p = At + B$이다. 이를 식 ①에 대입하여 A와 B를 구하자.

$$2(At+B)'' + 2(At+B)' + 5(At+B) = t$$
$$2A + 5(At+B) = t$$
$$5At + 2A + 5B = t$$

마지막 식은 t에 대한 항등식이므로 다음 연립방정식을 얻는다.

$$5A = 1, \ 2A + 5B = 0$$

이를 풀면

$$A = \frac{1}{5}, \ B = -\frac{2}{25}$$

특수해는

$$w_p = \frac{1}{5}t - \frac{2}{25}$$

상수계수를 갖는 미분방정식에 대한 일반해는

$$w = w_c + w_p = e^{-1/2t}\left(c_1 \cos\frac{3}{2}t + c_2 \sin\frac{3}{2}t\right) + \frac{1}{5}t - \frac{2}{25}$$

$t = \ln x$ 를 이용하여 다시 고쳐 쓰면, 일반해는

$$y = x^{-1/2}\left(c_1 \cos\frac{3}{2}\ln x + c_2 \sin\frac{3}{2}\ln x\right) + \frac{1}{5}\ln x - \frac{2}{25}$$

초기조건을 이용하여 임의의 상수를 구하자. y 를 x 에 대하여 미분하면

$$y' = -\frac{1}{2}x^{-3/2}\left(c_1 \cos\frac{3}{2}\ln x + c_2 \sin\frac{3}{2}\ln x\right)$$
$$+ x^{-1/2}\left(-\frac{3c_1}{2x}\sin\frac{3}{2}\ln x + \frac{3c_2}{2x}\cos\frac{3}{2}\ln x\right) + \frac{1}{5x}$$

초기조건을 대입하면

$$y(1) = c_1 - \frac{2}{25} = 1$$
$$y'(1) = -\frac{1}{2}c_1 + \frac{3c_2}{2} + \frac{1}{5} = \frac{1}{5}$$

연립방정식을 풀면

$$c_1 = \frac{27}{25},\ c_2 = \frac{9}{25}$$

이므로 초기값문제의 해는

$$y = x^{-1/2}\left(\frac{27}{25}\cos\frac{3}{2}\ln x + \frac{9}{25}\sin\frac{3}{2}\ln x\right) + \frac{1}{5}\ln x - \frac{2}{25}$$

그림 10.1은 초기값문제에 대한 해의 그래프를 그린 것이다.

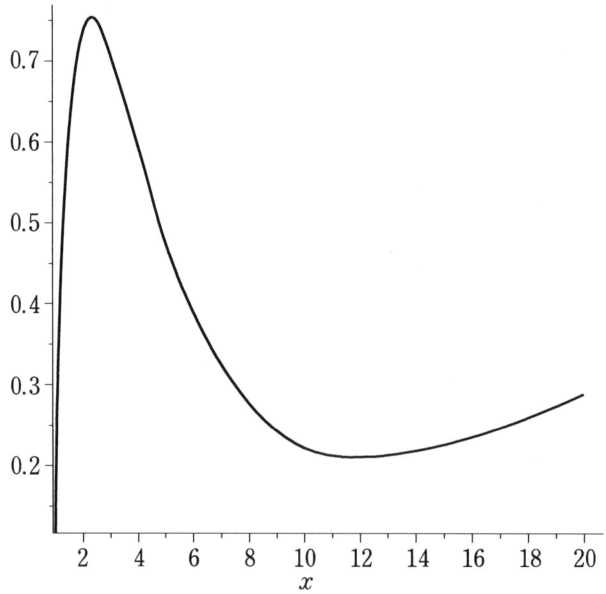

그림 10.1 $y(x)$의 그래프

연습문제

1 **[계수축소법을 이용한 일차독립인 해 구하기]** 미분방정식과 자명하지 않은 해 y_1이 주어졌을 때, 일차독립인 두 번째 해를 구하여라.

(1) $x^2y'' - 2xy' - 4y = 0,\ x > 0,\ y_1(x) = x^{-1}$

(2) $tx'' - (t+1)x' + x = 0,\ t > 0,\ x_1(t) = e^t$

(3) $4x^2y'' + 8xy' + y = 0,\ x > 0,\ y_1(x) = \dfrac{1}{\sqrt{x}}$

(4) $x'' + 3x' + 2x = 0,\ x_1(t) = e^{-t}$

(5) $x^2y'' - 2y = 0,\ x > 0,\ y_1(x) = x^2$

2 **[상수계수를 갖는 동차2계선형DE의 일반해]** 2계 선형미분방정식의 일반해를 구하여라.

(1) $y'' + 5y' + 4y = 0$

(2) $25y'' + 20y' + 4y = 0$

(3) $y'' + 4y' + 4y = 0$

3 **[상수계수를 갖는 동차2계선형DE의 초기값문제의 해]** 다음 2계 선형미분방정식으로 구성된 초기값문제의 해를 구하고 그 그래프를 그려라.

(1) $y'' + 2y' - 8y = 0,\ y(0) = 3,\ y'(0) = -12$

(2) $y'' + 2y' + y = 0,\ y(0) = 1,\ y'(0) = -3$

(3) $y'' + y' + 2y = 0,\ y(0) = 3,\ y'(0) = 0$

4 **[상수계수를 갖는 비동차2계선형DE의 일반해]** 미분방정식의 일반해를 구하여라.

(1) $y'' + 4y' - 5y = 2e^{-x}$

(2) $y'' - 4y' - 5y = 2e^{-x}$

(3) $y'' - 2y' + 10y = 3\sin 4x$

(4) $y'' - 2y' + 10y = 4\sin 3x$

(5) $y'' + y' - 2y = -2x$

(6) $y'' + y' - 2y = x^2 - 2x + 3$

(7) $y'' - 3y' + 2y = e^x \sin x$

(8) $y'' + 4y = \tan 2x$

(9) $y'' + 4y = \sec 2x$

(10) $y'' - 2y' + y = x^{-1}e^x$

(11) $y'' + 9y = \sec^2(3x)$

(12) $y'' + n^2y = \sec nx$

5 **[중첩의 원리]** 다음 미분방정식의 일반해를 구하여라.

(1) $y'' + 5y' + 6y = 2e^{-4x} + 5\cos x$

(3) $y'' + y' - 2y = -2x + 6 + 5e^{-x}$

(3) $y'' + y = 3\tan x - \dfrac{1}{2}e^{3x}$

(4) $y'' + 4y = \dfrac{2}{5}\tan x - \dfrac{1}{2}\sec 2x$

(5) $y'' + y = 2\tan x - 3\sec x + 4\sin 2x$

6 **[초기값문제의 해]** 다음 초기치문제의 해를 구하고 그 그래프를 그려라.

(1) $y'' + 3y' + 2y = \cos x,\ y(0) = 0,\ y'(0) = 1$

(2) $y'' + 3y' + 2y = 3x^2 - 2e^x,\ y(0) = 0,\ y'(0) = 1$

(3) $y'' + 4y = \tan 2x,\ y(0) = 0,\ y'(0) = 1$

(4) $y'' + 3y' + 2y = e^{-x}\sin x,\ y(0) = 0,\ y'(0) = 0$

(5) $y'' + 4y = \sec 2x,\ y(0) = 0,\ y'(0) = 1$

7 **[고계선형미분방정식의 일반해]** 다음 선형미분방정식의 일반해를 구하여라.

(1) $y''' + y'' - 6y' + 4y = 0$　　(2) $y''' - 6y'' - y' + 6y = 0$

(3) $y''' + 3y'' - 4y' - 12y = 0$　　(4) $y''' + y = e^{-x}$

(5) $y^{(4)} + 2y'' + y = \sin x$　　(6) $y''' + y' = \sec x$

8 **[코시-오일러방정식의 일반해]** 코시-오일러방정식의 일반해를 구하여라.

(1) $x^2y'' + 7xy' - 7y = 0$　　(2) $x^2\dfrac{d^2y}{dx^2} + 2x\dfrac{dy}{dx} - 6y = 0$

(3) $9x^2y'' + 15xy' + y = 0$　　(4) $x^2y'' - 3xy' + 4y = 0$

(5) $x^2y'' + xy' - y = x^3$

9 **[초기값문제의 해]** 초기치문제의 해 $y = y(x)$를 구하여라.

(1) $x^2y'' - 4xy' + 4y = 0,\ y(1) = -2,\ y'(1) = -11$

(2) $x^2y'' + 7xy' + 5y = 0,\ y(1) = -1,\ y'(1) = 13$

(3) $x^2y'' + 4xy' + 2y = \cos x,\ y(\pi) = 0,\ y'(\pi) = 0$

2장 응용문제

1 **[감쇠현상]** 감쇠력과 외력이 없는 스프링-질량 시스템에서 질량의 운동방정식의 해를 구하고, 그 그래프를 그려라.

(1) $x'' + 4x = 0,\ x(0) = 0,\ x'(0) = -1$

(2) $x'' + 4x = 0,\ x(0) = 0,\ x'(0) = 1$

(3) $x'' + 4x = 0,\ x(0) = 1,\ x'(0) = 1$

2 **[강제운동]** 무감쇠 스프링-질량 시스템에서 질량의 운동방정식의 해를 구하고, 그 그래프를 그려라.

(1) $x'' + 4x = \cos 4t,\ x(0) = 0,\ x'(0) = 0$

(2) $x'' + 4x = \sin 4t,\ x(0) = 1,\ x'(0) = 0$

(3) $x'' + 4x = \cos 4t,\ x(0) = 0,\ x'(0) = 1$

3 **[공진운동]** 무감쇠 스프링-질량 시스템에서 질량의 운동방정식의 해를 구하고, 그 그래프를 그려라.

(1) $x'' + 4x = \cos 2t,\ x(0) = 0,\ x'(0) = 0$

(2) $x'' + 4x = \sin 2t,\ x(0) = 1,\ x'(0) = 0$

(3) $x'' + 4x = \cos 2t,\ x(0) = 0,\ x'(0) = 0$

4 **[공진주파수]** 무감쇠 스프링-질량 시스템의 공진주파수를 구하라.

(1) $4x'' + 9x = \cos \omega t$

(2) $9x'' + 4x = \sin \omega t$

(3) $3x'' + 4x = \cos \omega t$

5 **[자유운동모델]** 스프링-질량-댐퍼 시스템에서 질량의 운동방정식의 해를 구하고, 그 그래프를 그려라.

(1) $x'' + 4x' + 3x = 0,\ x(0) = 1,\ x'(0) = 0$

(2) $x'' + 4x' + 4x = 0,\ x(0) = 1,\ x'(0) = 0$

(3) $x'' + 2x' + 2x = 0,\ x(0) = -1,\ x'(0) = 1$

6 **[강제운동모델]** 강제 스프링-질량-댐퍼 시스템에서 질량의 운동방정식의 해를 구하고 그 그래프를 그려라.

(1) $x'' + 2x' + 2x = \cos t,\ x(0) = 0,\ x'(0) = 0$

(2) $x'' + 2x' + 4x = 3\cos 2t,\ x(0) = 0,\ x'(0) = 0$

(3) $x'' + 2x' + 4x = 3\sin 2t,\ x(0) = 0,\ x'(0) = 0$

7 **[안정상태전류]** RLC 전기회로에 흐르는 안정상태전류를 구하여라.

(1) $I'' + I + I = \cos t$　　(2) $I'' + 2I + 3I = 100\cos 2t$

(3) $I'' + 2I' + 3I = 100\cos(2\pi f_0 t),\ f_0 = 60$

8 **[실용공진주파수]** 강제 스프링-질량-댐퍼 시스템의 실용공진주파수를 구하여라.

(1) $3x'' + 2x' + 2x = 10\cos\omega t$　　(2) $2x'' + 3x' + 4x = 10\cos\omega t$

(3) $2x'' + 3x' + 4x = 10\sin\omega t$

2장 심화문제

1 비동차항(혹은, 외력)이 불연속이거나 도약(jump)불연속인 경우에도 다음 과정으로 해를 구할 수 있다. 초기값문제

$$y'' + 2y' + 5y = g(x),\ y(0) = 0,\ y'(0) = 0$$

$$g(x) := \begin{cases} 10, & 0 \le x < \dfrac{3\pi}{2} \\ 0, & x \ge \dfrac{3\pi}{2} \end{cases}$$

에서

(1) $0 \le x \le 3\pi/2$에서 초기치문제의 해를 구하여라.

(2) $x > 3\pi/2$에서 일반해를 구하여라.

(3) (1)과 (2)의 해와 그들의 1계도함수가 $x = 3\pi/2$에서 일치하도록 (2)의 일반해에서 상수를 결정하라. 그러면 $x = 3\pi/2$를 제외한 점에서 미분가능한 해를 얻는다.

2 사인파형 외력을 갖는 RLC 회로에서 전하 q는

$$L\frac{d^2q}{dt^2} + R\frac{dq}{dt} + \frac{1}{C}q = E_0\cos\omega t \ \text{또는}\ E_0\sin\omega t$$

에 의해 표현된다고 하자. 오일러공식 $e^{i\theta} = \cos\theta + i\sin\theta$로부터 전압 $E_0\cos\omega t$과 $E_0\sin\omega t$는 $E(t) = E_0 e^{i\omega t}$를 사용하여 동시에 취급할 수 있다. 이 경우에 주어진 방정식은 다음과 같이 고쳐쓸 수 있다.

$$L\frac{d^2 q}{dt^2} + R\frac{dq}{dt} + \frac{1}{C}q = E_0 e^{i\omega t}$$

(1) 안정상태의 해는

$$q_p(t) = \frac{E_0}{1/C - \omega^2 L + i\omega R} e^{i\omega t}$$

임을 보여라.

힌트 $q_p = A e^{i\omega t}$라 두고 미정계수법을 이용하여 복소수 A를 결정하라.

(2) 안정상태의 전류는

$$I_p(t) = \frac{E_0}{R + i[1/(\omega C) + \omega L]} e^{i\omega t}$$

임을 보여라.

(3) $\alpha + i\beta = \sqrt{\alpha^2 + \beta^2}\, e^{i\theta}$, $\tan\theta = \beta/\alpha$를 이용하여

$$I_p(t) = \frac{E_0}{\sqrt{R^2 + [\omega L - 1/(\omega C)]^2}} e^{i(\omega t + \theta)}$$

임을 보여라. 단, $\tan\theta = (1/C - L\omega^2)/(\omega R)$이다.

제 3 장

선형연립미분방정식

3.1 연립미분방정식의 예들

제1장과 제2장에서는 종속변수가 1개인 미분방정식에 대하여 학습하였다. 이 장에서는 두 개 이상의 종속변수를 포함하고 있는 연립미분방정식에 대하여 학습한다. 연립미분방정식의 해, 일반해 및 초기값문제의 해에 대한 개념은 이 전의 장에서 정의한 개념을 그대로 따른다.

먼저 두 개 이상의 용기를 갖는 혼합물 모델, 두 개 이상의 스프링이 연결된 스프링-질량 모델, RLC네트워크 모델, 이중진자 모델에서 어떤 대상을 모델링하여 연립미분방정식을 유도하여 보자.

혼합물 모델

그림 1.1과 같이 각각 100L의 순수한 물이 들어 있는 용기 A와 B가 있고, 혼합물의 유입 및 유출은 그림 1.1과 같다. t분에 용기 A에 있는 소금의 양을 $x = x(t)$kg, 용기 B에 있는 소금의 양을 $y = y(t)$ kg이라고 할 때 x과 y를 결정할 수 있는 식을 세워보자. 단, 혼합물은 순식간에 섞인다고 가정한다.

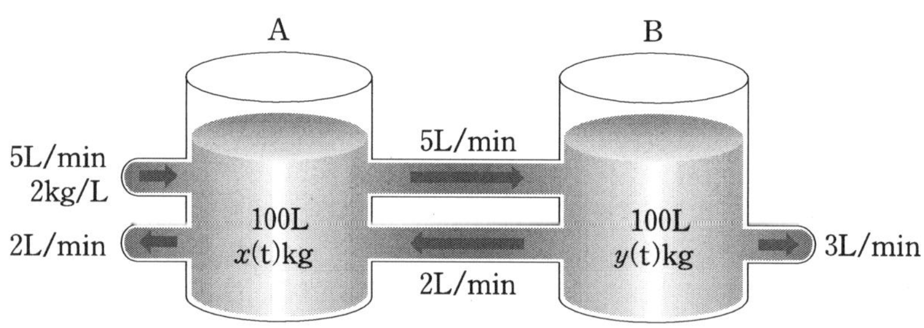

그림 1.1 혼합물의 이동

용기 속의 물질의 변화율은

$$\frac{dx}{dt} = \text{물질의 유입률} - \text{물질의 유출률}$$
$$= \text{농도} \times \text{혼합물유입속도} - \text{농도} \times \text{혼합물유출속도}$$

에 의해 결정되므로, 용기 A에 포함되어 있는 소금의 양의 변화율은

$$\frac{dx}{dt} = 10 + \frac{2}{100}y - \frac{5}{100}x - \frac{2}{100}x \tag{1}$$

이고, 용기 B에 포함되어 있는 소금의 양의 변화율은

$$\frac{dy}{dt} = \frac{5}{100}x - \frac{5}{100}y \tag{2}$$

이다. 식 (1)과 (2)를 정리하면

$$\begin{cases} \dfrac{dx}{dt} = -\dfrac{7}{100}x + \dfrac{1}{50}y + 10 \\ \dfrac{dy}{dt} = \dfrac{1}{20}x - \dfrac{1}{20}y \end{cases} \tag{3}$$

식 (3)은 종속변수 x와 y에 대한 1계 도함수를 포함하는 연립미분방정식이다.

결합 스프링-질량 모델

두 개의 질량이 스프링에 의해 결합된 용수철-질량 모델의 운동방정식을 유도하여 보자. 그림 1.2와 같이 매우 단순한 모델을 생각한다. $x = x(t)$와 $y = y(t)$를 각 질량 m_1과 m_2에 대한 평형점으로부터의 변위라고 하자. 단, 질량의 아래쪽을 양수로 간주한다.

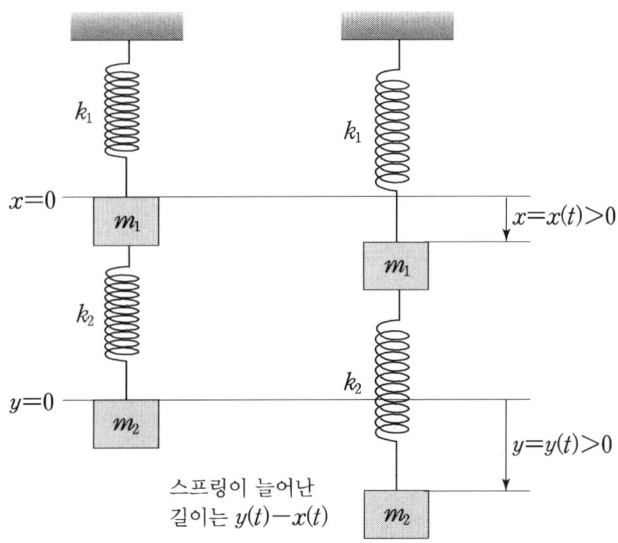

그림 1.2 직렬로 연결된 용수철–질량 시스템

공기 저항에 의한 감쇠력을 무시한다면 질량 m_1에 작용하는 힘은 위쪽 용수철에 의해 작용

하는 복원력 F_1과 아래쪽 용수철에 의해 작용하는 힘(m_2에 작용하는 복원력과 반대의 힘) F_2 뿐이다. 후크의 법칙에 의해

$$F_1 = -k_1 x, \quad F_2 = +k_2(y-x)$$

뉴턴의 제2법칙으로부터 질량 m_1에 대한 운동방정식은

$$m_1 \frac{d^2x}{dt^2} = F_1 + F_2 = -k_1 x + k_2(y-x) \tag{4}$$

질량 m_2에 작용하는 힘은 아래쪽 용수철에 의해 작용하는 복원력 F_3 뿐이다. 후크의 법칙에 의해

$$F_3 = -k_2(y-x)$$

뉴턴의 제2법칙으로부터 질량 m_2에 대한 운동방정식은

$$m_2 \frac{d^2y}{dt^2} = F_3 = -k_2(y-x) \tag{5}$$

식 (4)와 (5)를 간단히 하면

$$\begin{cases} m_1 \dfrac{d^2x}{dt^2} + (k_1+k_2)x - k_2 y = 0 \\ m_2 \dfrac{d^2y}{dt^2} - k_2 x + k_2 y = 0 \end{cases} \tag{6}$$

을 얻는다. 식 (6)은 종속변수 x, y에 대한 2계 도함수를 포함하는 연립미분방정식이다.

결합스프링-질량-댐퍼 모델

감쇠장치를 가진 결합스프링-질량-댐퍼 모델의 운동을 살펴보자. $x = x(t)$와 $y = y(t)$를 각 질량 m_1과 m_2에 대한 평형점으로부터의 변위라고 하자. 단, 질량의 아래쪽을 양수로 간주한다. 질량 m_1에 작용하는 힘은 용수철 상수 k_1인 용수철에 의해 작용하는 힘 F_1과 질량 m_2에 의해 작용하는 힘 F_2(m_2에 작용하는 복원력이 외력으로 작용)가 있다. 따라서

$$F_1 = -k_2 x, \quad F_2 = k_2(y-x)$$

이므로, 질량 m_1에 대한 운동방정식은

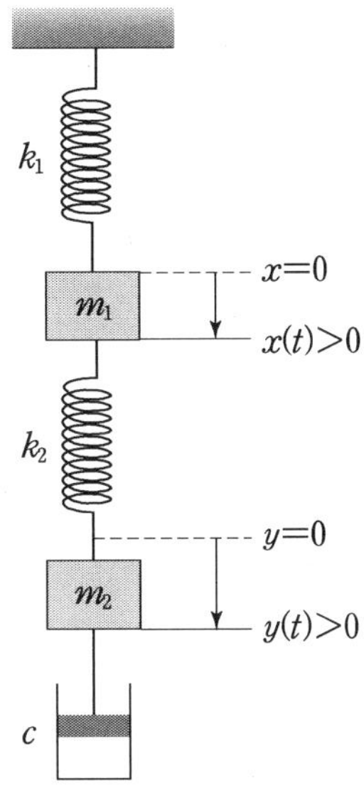

그림 1.3 감쇠장치를 갖는 결합스프링-질량-댐퍼 시스템

$$m_1 \frac{d^2x}{dt^2} = F_1 + F_2 = -k_1 x + k_2 (y - x) \tag{7}$$

질량 m_2에 작용하는 힘은 스프링상수가 k_2인 용수철에 의해 작용하는 복원력 F_3와 감쇠장치에 의해 작용하는 힘 F_4 뿐이다. 즉

$$F_3 = -k_2 (y - x)$$
$$F_4 = -c \frac{d}{dt}(y - x)$$

이므로, 질량 m_2에 대한 운동방정식은

$$m_2 \frac{d^2y}{dt^2} = F_3 + F_4 = -k_2 (y - x) - c \frac{d}{dt}(y - x) \tag{8}$$

식 (7)과 (8)을 간단히 하면

$$\begin{cases} m_1 \dfrac{d^2x}{d} + (k_1 + k_2)x = k_2 y \\ m_2 \dfrac{d^2y}{dt^2} + c\dfrac{dy}{dt} + k_2 y = c\dfrac{dx}{dt} + k_2 x \end{cases} \tag{9}$$

식 (9)는 종속변수 x와 y에 대한 1계 및 2계 도함수를 포함하는 연립미분방정식이다.

RLC네트워크모델

그림 1.4와 같은 RLC네트워크 모델에서 각 폐루프에 흐르는 분기전류 $I_1 = dq_1/dt$, $I_2 = dq_1/dt$와 I_3을 시간 t의 함수로 나타내어 보자.

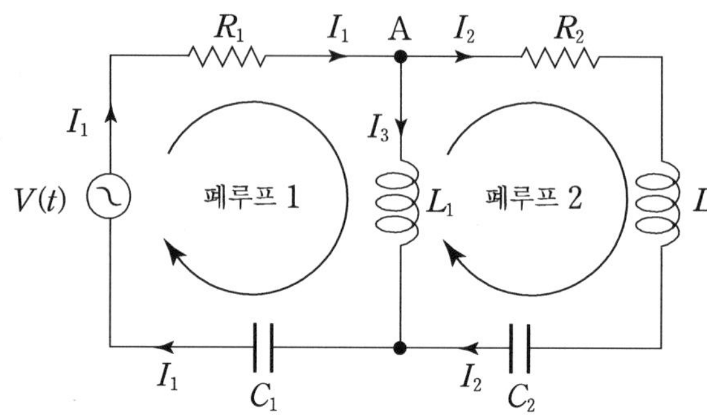

그림 1.4 RLC-네트워크

2개의 폐루프에 키르히호프의 법칙을 적용하여 방정식을 유도할 수 있다.
폐루프 1에 대해서는

$$R_1\frac{dq_1}{dt} + L_1\frac{dI_3}{dt} + \frac{1}{C_1}q_1 = V(t) \tag{10}$$

폐루프 2에 대해서는

$$-L_1\frac{dI_3}{dt} + R_2\frac{dq_2}{dt} + L_2\frac{d^2q_2}{dt^2} + \frac{1}{C_2}q_2 = 0 \tag{11}$$

전 A에서 $I_1 - I_2 - I_3 = 0$이므로

$$\frac{dq_1}{dt} - \frac{dq_2}{dt} - I_3 = 0 \tag{12}$$

식 (10), (11)과 (12)를 함께 모으면

$$\begin{cases} R_1\dfrac{dq_1}{dt} + L_1\dfrac{dI_3}{dt} + \dfrac{1}{C_1}q_1 = V(t) \\ -L_1\dfrac{dI_3}{dt} + R_2\dfrac{dq_2}{dt} + L_2\dfrac{d^2q_2}{dt^2} + \dfrac{1}{C_2}q_2 = 0 \\ \dfrac{dq_1}{dt} - \dfrac{dq_2}{dt} - I_3 = 0 \end{cases} \tag{13}$$

을 얻는다. 식 (13)는 종속변수 q_1, q_2와 I_3에 대한 1계 및 2계 도함수를 포함하는 연립미분방정식이다.

식 (3), (6)과 (9)는 두 개의 종속변수를 포함하는 연립미분방정식이고, 식 (13)은 세 개의 종속변수를 포함하는 연립미분방정식이다. 시스템의 복잡성에 따라 종속변수의 개수는 많아질 수 있다.

이중진자 모델

그림 1.5와 같은 이중진자 모델에서 θ_1과 θ_2에 대한 운동방정식을 유도하여 보자.

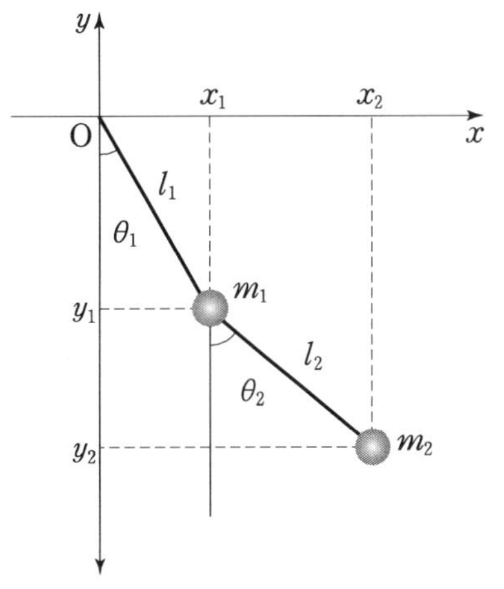

그림 1.5 이중진자

그림 1.5로부터 다음과 같은 위치좌표와 그의 속도좌표를 얻는다.

$$
\begin{aligned}
x_1 &= l_1 \sin\theta_1 & \dot{x}_1 &= l_1 \cos\theta_1 \dot{\theta}_1 \\
y_1 &= -l_1 \cos\theta_1 & \dot{y}_1 &= l_1 \sin\theta_1 \dot{\theta}_1 \\
x_2 &= l_1 \sin\theta_1 + l_2 \sin\theta_2 & \dot{x}_2 &= l_1 \cos\theta_1 \dot{\theta}_1 + l_2 \cos\theta_2 \dot{\theta}_2 \\
y_2 &= -l_1 \cos\theta_1 - l_2 \cos\theta_2 & \dot{y}_2 &= l_1 \sin\theta_1 \dot{\theta}_1 + l_2 \sin\theta_2 \dot{\theta}_2
\end{aligned}
$$

이중진자 모델의 위치에너지(potential energy)는

$$
\begin{aligned}
P &= m_1 g y_1 + m_2 g y_2 \\
&= -(m_1 + m_2) g l_1 \cos\theta_1 - m_2 g l_2 \cos\theta_2
\end{aligned}
$$

이고, 운동에너지(Kinetic energy)는

$$K = \frac{1}{2}m_1 v_1^2 + \frac{1}{2}m_2 v_2^2 = \frac{1}{2}m_1\left(\dot{x}_1^{\,2} + \dot{y}_1^{\,2}\right) + \frac{1}{2}m_2\left(\dot{x}_2^{\,2} + \dot{y}_2^{\,2}\right)$$
$$= \frac{1}{2}m_1 l_1^2 \dot{\theta}_1^2 + \frac{1}{2}m_2\left[l_1^2\dot{\theta}_1^2 + l_2^2\dot{\theta}_2^2 + 2l_1 l_2 \dot{\theta}_1\dot{\theta}_2 \cos(\theta_1 - \theta_2)\right]$$

이중진자 모델에 대한 라그랑지안(Lagragian) L은

$$L = K - P$$
$$= \frac{1}{2}(m_1 + m_2)l_1^2\dot{\theta}_1^2 + \frac{1}{2}m_2 l_2^2\dot{\theta}_2^2 + m_2 l_1 l_2\dot{\theta}_1\dot{\theta}_2\cos(\theta_1 - \theta_2)$$
$$+ (m_1 + m_2)g l_1 \cos\theta_1 - m_2 g l_2 \cos\theta_2$$

먼저 θ_1 에 대한 운동방정식을 유도하자.

$$\frac{\partial L}{\partial \dot{\theta}_1} = m_1 l_1^2\dot{\theta}_1 + m_2 l_1^2\dot{\theta}_1 + m_2 l_1 l_2\dot{\theta}_2\cos(\theta_1 - \theta_2)$$

$$\frac{d}{dt}\left(\frac{\partial L}{\partial \dot{\theta}_1}\right) = (m_1 + m_2)l_1^2\ddot{\theta}_1 + m_2 l_1 l_2\ddot{\theta}_2\cos(\theta_1 - \theta_2)$$
$$- m_2 l_1 l_2\dot{\theta}_2\sin(\theta_1 - \theta_2)(\dot{\theta}_1 - \dot{\theta}_2)$$

$$\frac{\partial L}{\partial \theta_1} = -l_1 g(m_1 + m_2)\sin\theta_1 - m_2 l_1 l_2\dot{\theta}_1\dot{\theta}_2\sin(\theta_1 - \theta_2)$$

를 오일러-라그랑주방정식(부록 7 참조)

$$\frac{\partial L}{\partial \theta_1} - \frac{d}{dt}\left(\frac{\partial L}{\partial \dot{\theta}_1}\right) = 0$$

에 대입하면

$$(m_1 + m_2)l_1^2\ddot{\theta}_1 + m_2 l_1 l_2\ddot{\theta}_2\cos(\theta_1 - \theta_2) + m_2 l_1 l_2\sin(\theta_1 - \theta_2) + l_1 g(m_1 + m_2)\sin\theta_1 = 0$$

양변을 l_1으로 나누면 θ_1 에 대한 다음과 같은 운동방정식을 얻는다.

$$(m_1 + m_2)l_1\ddot{\theta}_1 + m_2 l_2\ddot{\theta}_2\cos(\theta_1 - \theta_2) + m_2 l_2\sin(\theta_1 - \theta_2) + g(m_1 + m_2)\sin\theta_1 = 0 \quad (14)$$

유사하게 θ_2에 대한 다음과 같은 운동방정식을 얻을 수 있다.

$$m_2 l_2 \ddot{\theta}_2 + m_2 l_1 \ddot{\theta}_1 \cos(\theta_1 - \theta_2) - m_2 l_1 \dot{\theta}_1^2 \sin(\theta_1 - \theta_2) + m_2 g \sin\theta_2 = 0 \tag{15}$$

이중진자 모델에서 각의 변화에 대한 운동방정식은 식 (14)와 식 (15)와 같이 주어지며, 두 연립미분방정식을 통하여 진자의 운동을 분석할 수 있다.

3.2 미분연산자를 이용한 해법

3.1절의 그림 1.1과 같은 혼합물 모델에서 각 용기에 포함된 용질의 양 $x_1 = x$, $x_2 = y$ 에 대한 연립미분방정식은

$$\begin{cases} \dfrac{dx_1}{dt} = a_1(t)x_1 + a_2(t)x_2 + g_1(t) \\ \dfrac{dx_2}{dt} = b_1(t)x_1 + b_2(t)x_2 + g_2(t) \end{cases} \tag{1}$$

와 같은 형태에 속한다. 1.1절의 그림 1.2와 같이 감쇠력이 없는 경우, 변위 $x_1 = x$와 $x_2 = y$ 에 대한 연립미분방정식은

$$\begin{cases} x_1'' = a_1(t)x_1 + a_2(t)x_2 + g_1(t) \\ x_2'' = b_1(t)x_1 + b_2(t)x_2 + g_2(t) \end{cases} \tag{2}$$

와 같은 형태에 속하며, 1.1절의 그림 1.3와 같이 감쇠력을 고려한 경우와 RLC네트워크경우는 보다 더 복잡한 형태를 갖는다. 그렇지만 모두가 선형연립미분방정식으로 분류할 수 있어 그 일반해를 구할 수 있다. 반면 2장에서 학습한 단진자 모델과 마찬가지로 이중진자 모델은 비선형미분방정식이므로 우리가 이제까지 다룬 방법으로는 일반해를 구할 수 없다. 그렇지만 각 θ_1과 θ_2의 크기가 매우 작은 경우에는 선형화한 후 그 선형화된 연립미분방정식의 일반해는 구할 수 있다(연습문제 참조).

식 (1)을 종속변수가 2개인 1계 선형연립미분방정식의 표준형이라 하고, 독립변수가 2개인 더 일반적 1계 선형연립미분방정식의 일반형은 다음과 같이 주어진다.

$$\begin{cases} a_1(t)x_1'(t) + a_2(t)x_1(t) + b_1(t)x_2'(t) + b_2(t)x_2(t) = g_1(t) \\ c_1(t)x_1'(t) + c_2(t)x_1(t) + d_1(t)x_2'(t) + d_2(t)x_2(t) = g_2(t) \end{cases} \tag{3}$$

만약

$$a_1(t)d_1(t) - b_1(t)c_1(t) \neq 0, \quad t \in I$$

를 만족하면, 일반형은 표준형으로 고칠 수 있다.

연립미분방정식에 대한 일반해의 형태와 초기값문제에 대한 해의 존재성 및 유일성은 1.3

절에서 취급하였으므로, 이 절에서는 구체적인 예를 가지고 연립미분방정식의 일반해와 초기값문제의 개념을 살펴본다. 연립미분방정식의 일반해를 구하기 위해 먼저 고전적인 방법인 소거법(elimination method)을 사용한다. 소거법이란 종속변수 한 개를 소거하여 남아 있는 다른 종속변수에 대한 미분방정식으로 바꾸어 해를 구하는 방법이다. 소거법을 적용할 때 미분의 기호를 미분연산자로 바꾸면 매우 편리하다. 미분연산자는

$$D=\frac{d}{dt},\ D^2=DD=\frac{d^2}{dt^2},\ \cdots\ ,\ D^n=\frac{d^n}{dt^n}$$

처럼 정의한다. 미분은 함수에 적용하므로 미분연산자의 정의구역에 속하는 것은 함수들이다. 미분연산자의 사용법은 다음과 같다.

$$D(t^2)=2t$$
$$D(\sin t)=\cos t$$
$$D^2(\cos 2t)=-4\cos 2t$$
$$(D+2)(\sin 3t-2)=D(\sin 3t-2)+2(\sin 3t-2)=3\cos 3t+2\sin 3t-4$$

예제 2.1 다음 연립미분방정식의 일반해 $x=x(t)$와 $y=y(t)$를 구하여라.

① $$\begin{cases} x'=3x-4y \\ y'=4x-7y \end{cases}$$

• 풀이 • 식 ①에서 주어진 각 미분방정식의 차수는 1계이므로 일반해는 2개의 임의의 상수를 포함한다. 연산자 $D=d/dt$를 이용하여 표기하면

② $$(D-3)x+4y=0$$
③ $$-4x+(D+7)y=0$$

먼저 y를 구한다. 연산 $4\times$②$+(D-3)\times$③을 실행하면

$$[16+(D-3)(D+7)]y=4\cdot 0+(D-3)0=0$$
$$(D^2+4D-5)y=0$$

이 식은 상수계수를 갖는 2계 선형미분방정식이므로 일반해는

④ $$y=c_1e^{-5t}+c_2e^t$$

이제 x를 구하자. 연산 $(D+7)\times$②$-4\times$③을 실행하면

$$(D+7)(D-3)x+16x=0$$

$$(D^2+4D-5)x=0$$

이 식은 상수계수를 갖는 2계 선형미분방정식이므로 일반해는

⑤ $$x=k_1 e^{-5t}+k_2 e^t$$

연립방정식 ①은 두 개의 임의의 상수만을 포함해야 하므로, 식 ④와 ⑤에 포함되어 있는 상수 c_1, c_2는 k_1, k_2와 서로 종속관계를 갖는다. 종속 관계를 결정하기 위해 x와 y를 식 ①의 첫 번째 식에 대입하여 정리하면 t에 관한 다음 항등식을 얻는다.

$$(4c_1-8k_1)e^{-5t}+(4c_2-2k_2)e^t=0$$

함수 $\{e^t,\ e^{-5t}\}$는 $(-\infty,\ \infty)$에서 일차독립이므로 계수는 0이 된다. 즉,

$$4c_1-8k_1=0,\ 4c_2-2k_2=0$$

$$k_1=\frac{1}{2}c_1,\ k_2=2c_2$$

따라서 식 ①의 일반해는

$$x(t)=\frac{1}{2}c_1 e^{-5t}+2c_2 e^t$$

$$y(t)=c_1 e^{-5t}+c_2 e^t$$

• **별해** • y를 구한 후 x를 결정하는 좀더 간단한 방법은 식 ①을 x에 관해 정리한다. 여기서는 첫 번째 식을 이용하여 두 번째 식을 정리하면

⑥ $$x=\frac{1}{4}y'+\frac{7}{4}y$$

식 ④에서 주어진 y를 식 ⑥에 대입하여 x를 구한다. 즉

$$x(t)=\frac{1}{4}\left(-5c_1 e^{-5t}+c_2 e^t\right)+\frac{7}{4}\left(c_1 e^{-5t}+c_2 e^t\right)$$

$$=\frac{1}{2}c_1 e^{-5t}+2c_2 e^t$$

예제 2.2 다음 연립미분방정식의 일반해 $x=x(t)$와 $y=y(t)$를 구하여라.

① $$\begin{cases} x'+y'-x=5 \\ x'+2y'+2y=t \end{cases}$$

• **풀이** • 식 ①의 일반해는 2개의 임의의 상수를 포함해야 한다. 연산자 $D=d/dt$를 이용하여 식 ①을 표기하면

② $$(D-1)x+Dy=5$$

③ $$Dx+(2D+2)y=t$$

먼저 y를 구하자. 연산 $D\times$②$-(D-1)\times$③을 실행하면

$$D^2y-(D-1)(2D+2)y=-(D-1)t$$
$$(-D^2+2)y=t-1$$

이 식은 상수계수를 갖는 비동차 2계 선형미분방정식이므로 일반해는

$$y=c_1e^{\sqrt{2}t}+c_2e^{-\sqrt{2}t}+\frac{t}{2}-\frac{1}{2}$$

식 ①에서 첫 번째 식에서 두 번째 식을 빼서 x를 구하면

③ $$x=-y'-2y+t-5$$

식 ③에 y를 대입하여 정리하면

$$x=-(2+\sqrt{2})c_1e^{\sqrt{2}t}+(-2+\sqrt{2})c_2e^{-\sqrt{2}t}-\frac{9}{2}$$

따라서 식 ①의 일반해는

$$x(t)=-(2+\sqrt{2})c_1e^{\sqrt{2}t}+(-2+\sqrt{2})c_2e^{-\sqrt{2}t}-\frac{9}{2}$$
$$y(t)=c_1e^{\sqrt{2}t}+c_2e^{-\sqrt{2}t}+\frac{t}{2}-\frac{1}{2}$$

예제 2.3 다음 연립미분방정식의 일반해 $x=x(t)$와 $y=y(t)$를 구하여라.

① $$\begin{cases} x''+y'-x+y=-1 \\ x'+y'-x=t^2 \end{cases}$$

• **풀이** • 식 ①의 일반해는 3개의 임의의 상수를 포함해야 한다. 연산자 D를 이용하여 식 ①을 표기하면

② $$(D^2-1)x+(D+1)y=-1$$

③ $$(D-1)x+Dy=t^2$$

먼저 x를 구하자. 연산 $D\times$②$-(D+1)\times$③을 실행하면

$$[(D^2-1)D-(D+1)(D-1)]x=D(-1)-(D+1)t^2$$

$$(D-1)((D+1)D-(D+1))x=-2t-t^2$$
$$(D-1)^2(D+1)x=-2t-t^2$$

상수계수를 갖는 비동차 3계 선형연립방정식이므로 일반해는

$$x=c_1e^t+c_2te^t+c_3e^{-t}-t^2-4t-6$$

이제 y를 구하자. 식 ①의 첫 번째 식에서 두 번째 식을 빼서 정리하면

④ $$y=(D-D^2)x-1-t^2$$

식 ④에 x를 대입하여 정리하면

$$\begin{aligned} y &= c_1e^t+c_2(te^t+e^t)-c_3e^{-t}-2t-4 \\ &\quad -[c_1e^t+c_2(te^t+2e^t)+c_3e^{-t}-2]-1-t^2 \\ &=-c_2e^t-2c_3e^{-t}-t^2-2t-3 \end{aligned}$$

따라서 식 ①의 일반해는

$$x(t)=c_1e^t+c_2te^t+c_3e^{-t}-t^2-4t-6$$
$$y(t)=-c_2e^t-2c_3e^{-t}-t^2-2t-3$$

위의 예제들에서 연산자 D를 이용하여 연립방정식을 표현하면

$$L_1x+L_2y=f_1$$
$$L_3x+L_4y=f_2$$

와 같은 형태로 표시된다(식 ②와 ③을 참고하라). 연산자 L_1, L_2, L_3와 L_4는 상수계수를 갖는 D에 관한 다항식이다. 소거법을 통하여 한 변수에 대한 식을 얻고자 할 때 다음과 같은 문제에 직면한다. 즉, 변수 y를 소거하면

$$(L_1L_4-L_2L_3)x=g_1 \qquad (g_1=L_4[f_1]-L_2[f_2]).$$

여기서 $L_1L_4-L_2L_3=0$이 되는 경우가 발생할 수 있다. 이 경우 연립미분방정식은 퇴화(degenerate)되었다고 한다. 두 직선이 평행하거나 일치할 때와 유사하게, 퇴화된 시스템은 해가 존재하지 않거나 혹은 무수히 많이 존재한다.

예제 2.4 상수 a에 대하여 다음 연립미분방정식의 일반해 $x=x(t)$와 $y=y(t)$를 구하여라.

① $\begin{cases} x'' + y' = a \\ x' + y = 1 \end{cases}$

● 풀이 ● 연산자 D를 이용하여 식 ①을 표기하면

$$D^2 x + Dy = a$$
$$Dx + y = 1$$

$L_1 = D^2$, $L_2 = D$, $L_3 = D$, $L_4 = 1$이므로

$$L_1 L_4 - L_2 L_3 = 0$$

따라서 식 ①은 퇴화된 연립미분방정식으로 소거법을 이용하여 해를 구할 수 없다. 식 ①의 두 번째 식을 y에 관하여 풀면

$$y = 1 - x'$$

이를 식 ①의 첫 번째 식에 대입하여 정리하면

$$x'' + (1 - x')' = a \text{ 또는 } x'' + (0 - x'') = a$$
$$0 = a$$

만약 $a \neq 0$이면 해가 존재하지 않는다. 반면, $a = 0$인 경우 해는 무수히 많이 존재한다. 실제로

$$x = t + n$$
$$y = 0$$

는 모든 n에 대하여 식 ①의 해이다.

예제 2.5 3.1절 식 (6)에서 각 상수의 값이 $m_1 = 2$, $m_2 = 1$, $k_1 = 4$ 및 $k_2 = 2$이고, 초기조건이 $x(0) = 3$, $y(0) = 3$, $x'(0) = 0$ 및 $y'(0) = 0$일 때 초기값문제의 해를 구하여라.

● 풀이 ● 각 변수의 값을 대입하면

$$2x'' + 6x - 2y = 0$$
$$y'' - 2x + 2y = 0$$

연산자 D를 이용하여 위의 연립방정식을 다시 쓰면

① $2(D^2 + 3)x - 2y = 0$

② $-2x + (D^2 + 2)y = 0$

식 ①에서 y를 구하면

③ $$y=(D^2+3)x$$

이를 식 ②에 대입하여 정리하면

$$[-2+(D^2+2)(D^2+3)]x=0$$
$$(D^4+5D^2+4)x=0$$

특성방정식은

$$\lambda^4+5\lambda^2+4=(\lambda^2+1)(\lambda^2+4)=0$$

근은 $\lambda=\pm i$, $\lambda=\pm 2i$ 이다. 이로부터 x는

$$x=c_1\cos t+c_2\sin t+c_3\cos 2t+c_4\sin 2t$$

이 x를 식 ③에 대입하면

$$\begin{aligned} y &= (D^2+3)(c_1\cos t+c_2\sin t+c_3\cos 2t+c_4\sin 2t) \\ &= -c_1\cos t-c_2\sin t-4c_3\cos 2t-4c_4\sin 2t \\ &\quad +3(c_1\cos t+c_2\sin t+c_3\cos 2t+c_4\sin 2t) \\ &= 2c_1\cos t+2c_2\sin t-c_3\cos 2t-c_4\sin 2t \end{aligned}$$

따라서 일반해는

④ $$x(t)=c_1\cos t+c_2\sin t+c_3\cos 2t+c_4\sin 2t$$

⑤ $$y(t)=2c_1\cos t+2c_2\sin t-c_3\cos 2t-c_4\sin 2t$$

초기조건을 식 ④와 ⑤에 대입하면 다음과 같은 연립방정식을 얻는다.

$$x(0)=c_1+c_3=3$$
$$y(0)=2c_1-c_3=3$$
$$x'(0)=c_2+2c_4=0$$
$$y'(0)=2c_2-2c_4=0$$

이 연립방정식을 풀면

$$c_1=2,\ c_2=0,\ c_3=1,\ c_4=0$$

따라서 초기값문제의 해는

$$x(t)=2\cos t+\cos 2t$$
$$y(t)=4\cos t-\cos 2t$$

이들의 운동을 각각 살펴보면 그림 2.1과 같다.

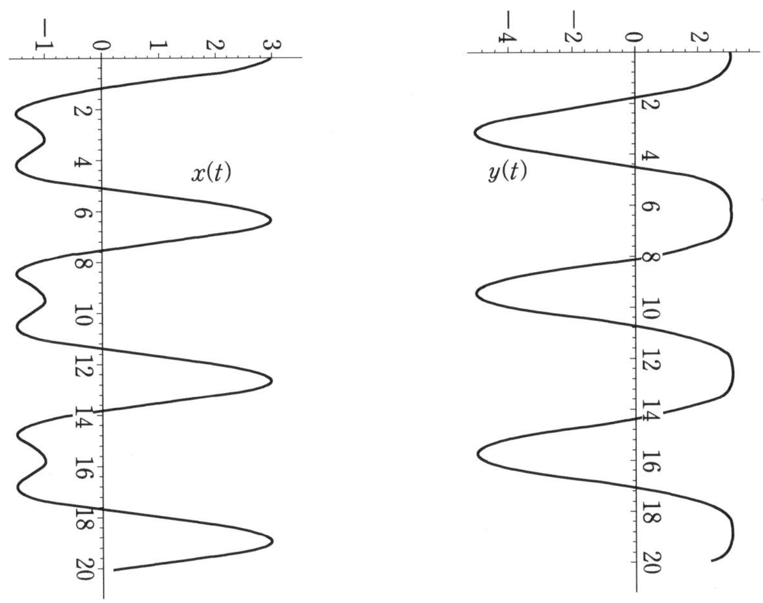

그림 2.1 예제 2.5에서 x와 y의 그래프

일반해는 서로 다른 각주파수(1rad/sec와 2rad/sec)를 갖는 사인파형 진동의 합성이다. 이러한 각주파수를 결합시스템의 고유 각주파수(natural angular frequencies)라 한다. 여러 개의 질량과 용수철로 구성되는 복잡한 모델은 여러 개의 고유 각주파수를 갖는다.

예제 2.6 그림 2.2와 같은 결합스프링-질량-댐퍼 모델의 운동방정식은

$$\begin{cases} m_1 x'' + cx' + k_1 x - cy' = 0 \\ m_2 y'' - cx' + cy' + k_2 y = 0 \end{cases}$$

와 같이 기술됨을 보여라.

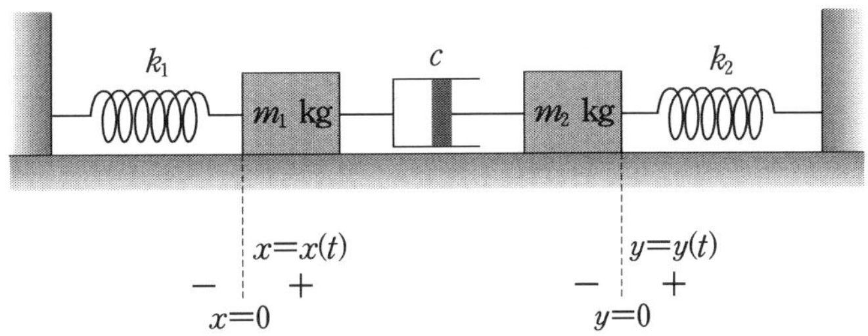

그림 2.2 결합스프링–질량–댐퍼 모델

변수의 값을 $m_1 = m_2 = 1\,\text{kg}$, $k_1 = k_2 = 1\text{N/m}$이고 $c = 1\text{N}-\text{sec/m}$라 하자. 또 초기조

건을 $x(0)=2$, $x'(0)=0$, $y(0)=0$이고 $y'(0)=0$이라 할 때, 초기값문제의 해를 구하여라.

• 풀이 • $x=x(t)$와 $y=y(t)$를 각 질량 m_1과 m_2에 대한 평형점으로부터의 변위라고 하자. 단, 질량의 우측을 양수로 간주한다. 질량 m_1 에 작용하는 힘은 왼쪽 용수철에 의해 작용하는 힘 F_1과 오른쪽 감쇠장치에 의해 작용하는 힘 F_2뿐이다.

$$F_1=-k_1x,\quad F_2=c(y-x)'$$

이므로, 질량 m_1에 대한 운동방정식은

$$m_1\frac{d^2x}{dt^2}=F_1+F_2=-k_1x+c(y-x)'$$

질량 m_2에 작용하는 힘은 왼쪽 감쇠장치에 의해 작용하는 힘 F_3와 오른쪽 스프링에 의해 작용하는 힘 F_4 뿐이다. 감쇠장치가 두 용수철 가운데 있으므로 $F_4=-F_2$이다.

$$F_3=-ky,\quad F_2=-c(y-x)'$$

이므로, 질량 m_2에 대한 운동방정식은

$$m_2\frac{d^2y}{dt^2}=F_3+F_4=-k_2y-c(y-x)'$$

따라서 구하는 운동방정식은 다음과 같다.

$$\begin{cases}m_1x''+cx'+k_1x-cy'=0\\ m_2y''-cx'+cy'+k_2y=0\end{cases}$$

변수의 값들을 운동방정식에 대입하면

$$x''+x'+x-y'=0$$
$$y''-x'+y'+y=0$$

소거법을 이용하여 일반해를 구하면

$$x(t)=c_1e^{-t}+c_2te^{-t}+c_3\cos t+c_4\sin t$$
$$y(t)=-c_1e^{-t}-c_2te^{-t}+c_3\cos t+c_4\sin t$$

초기값문제의 해를 구하면

$$x(t)=e^{-t}+te^{-t}+\cos t$$
$$y(t)=-e^{-t}-te^{-t}+\cos t$$

이들의 운동을 각각 살펴보면 그림 2.3과 같다.

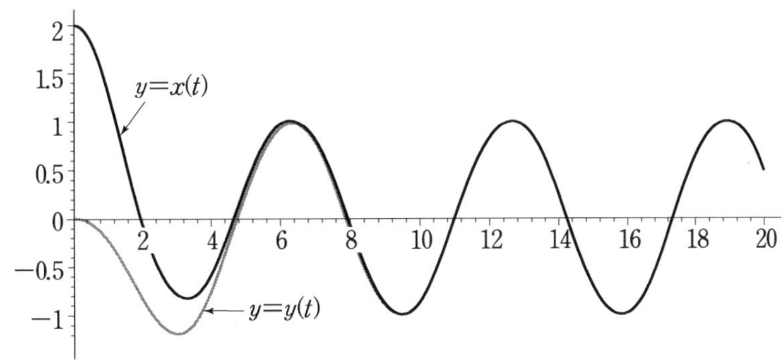

그림 2.3 x와 y의 그래프

예제 2.7 이중진자 모델에서 θ_1과 θ_2가 매우 작다고 가정하면 $\sin\theta \approx \theta$ 및 $\cos\theta \approx 1$이 성립한다. 이를 3.1절 식 (14)와 식 (15)에 적용하면 다음과 같은 근사식을 얻는다.

$$(m_1+m_2)l_1\ddot{\theta}_1 + m_2 l_2\ddot{\theta}_2 + g(m_1+m_2)\theta_1 = 0$$
$$m_2 l_2\ddot{\theta}_2 + m_2 l_1\ddot{\theta}_1 + m_2 g\,\theta_2 = 0$$

여기서 $m_1 = 3\,\mathrm{kg}$, $m_2 = 1\,\mathrm{kg}$, $l_1 = 5\,\mathrm{m}$, $l_2 = 5\mathrm{m}$, $\theta_1(0) = \frac{1}{10}$, $\theta_2(0) = 0$, $\theta_1'(0) = 0$, $\theta_2'(0) = 0$, $g = 9\mathrm{m/sec}^2$일 때 $\theta_1(t)$와 $\theta_2(t)$를 구하여라.

• 풀이 • Maple12를 이용하여 해를 구하면 다음과 같다.

$g := 9 : m_1 := 3 : m_2 := l_1 := 5 : l_2 := 5 :$

$eq1 := (m_1+m_2)\cdot l_1 diff(\theta_1(t)),\ t\$2) + m_2 \cdot l_2$
$\quad \cdot\ diff(\theta_2(t),\ t\$2) + g \cdot (m_1+m_2)\cdot \theta_1(t) = 0 :$

$eq2 := m_2 \cdot l_2 \cdot diff(\theta_2(t),\ t\$2) + m_2 \cdot l_1$
$\quad \cdot\ diff(\theta_1(t),\ t\$2) + m_2 \cdot g \cdot \theta_2(t) = 0 :$

$ini := \theta_{1(0)} = \frac{1}{3},\ \theta_2(0) = 0,\ D(\theta_1)(0) = 0,\ D(\theta_2)(0) = 0:$

$sol := dsolve(\mathrm{eq1},\ eq2,\ ini\},\ \{\theta_1(t),\ \theta_2(t)\})$

$$\left\{\theta_1(t) = \frac{1}{6}\cos\left(\frac{3}{5}\sqrt{10}\,t\right) + \frac{1}{6}\cos\left(\frac{1}{5}\sqrt{30}\,t\right),\right.$$
$$\left.\theta_2(t) = -\frac{1}{3}\cos\left(\frac{3}{5}\sqrt{10}\,t\right) + \frac{1}{3}\cos\left(\frac{1}{5}\sqrt{30}\,t\right)\right\}$$

$\Phi_1 := subs(sol,\ \theta_1(t)):$

$\Phi_2 := subs(sol,\ \theta_2(t))$:

$x_1 := l_1 \cdot \sin(\Phi_1)$

$$5\sin\left(\frac{1}{6}\cos\left(\frac{1}{5}\sqrt{10}\ t\right)+\frac{1}{6}\cos\left(\frac{1}{5}\sqrt{30}\ t\right)\right)$$

$y_1 := l_1 \cdot \cos(\Phi_1)$:

$$-5\cos\left(\frac{1}{6}\cos\left(\frac{3}{5}\sqrt{10}\ t\right)+\frac{1}{6}cos\left(\frac{1}{5}\sqrt{30}t\right)\right)$$

$x_2 := l_1 \cdot \sin(\Phi_1) + l_2 \cdot \sin(\Phi_2)$

$$5\sin\left(\frac{1}{6}\cos\left(\frac{3}{5}\sqrt{10}\ t\right)+\frac{1}{6}\cos\left(\frac{1}{5}\sqrt{30}\ t\right)\right)$$

$$-5\sin\left(\frac{1}{3}\cos\left(\frac{3}{5}\sqrt{10}t\right)-\frac{1}{3}\cos\left(\frac{1}{5}\sqrt{30}t\right)\right)$$

$y_2 := -l_1 \cdot \cos(\Phi_1) - l_2 \cdot \cos(\Phi_2)$:

$$-5\cos\left(\frac{1}{6}\cos\left(\frac{3}{5}\sqrt{10}t\right)+\frac{1}{6}\cos\left(\frac{1}{5}\sqrt{30}t\right)\right)$$

$$-5\cos\left(\frac{1}{3}\cos\left(\frac{3}{5}\sqrt{10}t\right)-\frac{1}{3}\cos\left(\frac{1}{5}\sqrt{30}t\right)\right)$$

다음 그림 2.4는 $t=0,\ 0.5,\ 1,\ 1.5$일 때 진자의 운동을 나타낸 그래프이다.

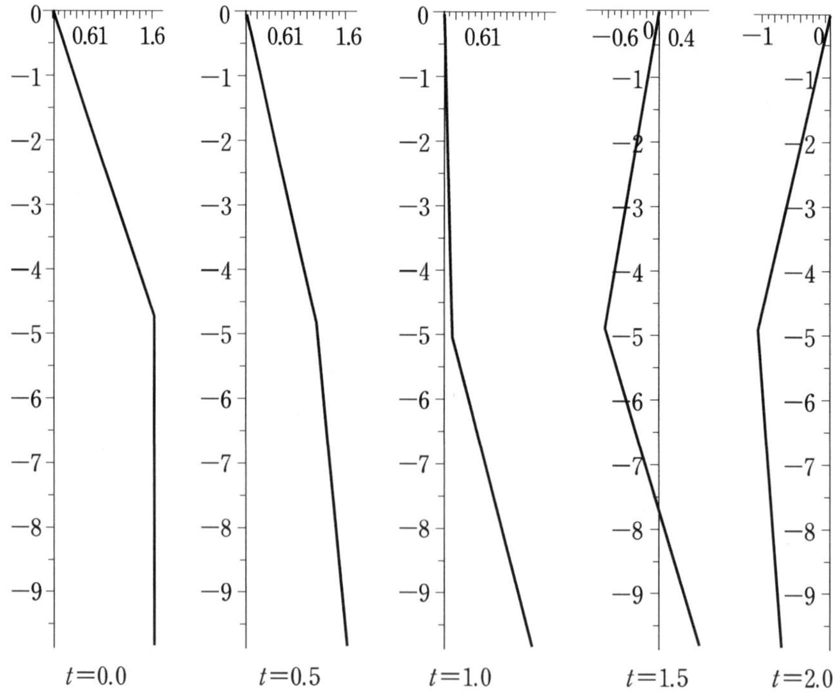

그림 2.4 이중진자의 운동 그래프

3.3 행렬을 이용한 해법

3.2절에서는 연산자 D를 이용하여 연립미분방정식의 해를 구하였다. 이 절에서는 연립미분방정식을 행렬 및 벡터를 이용하여 표현한 후 행렬의 고유치와 고유벡터를 이용하여 일반해를 구하는 방법에 대하여 학습한다. 이 방법은 미지수의 개수가 많은 경우에 매우 유용하다. 특히, 선형연립미분방정식의 일반해를 명확하게 표현할 수 있다는 장점을 가지고 있어 미분방정식을 응용하는 분야, 예를 들어, 제어문제 및 최적화 문제를 해결하는데 매우 유용하다.

먼저 2장에서 배운 선형미분방정식을 아래 식 (2)와 같이 바꿀 수 있다. 예를 들어, 2계 선형미분방정식

$$y'' + p(t)y' + q(t)y = g(t)$$

에서

$$x_1 = y,\ x_2 = y'$$

라 놓으면,

$$\begin{aligned} x_1{}' &= x_2 \\ x_2{}' &= -q(t)x_1 - p(t)x_2 + g(t) \end{aligned}$$

를 얻을 수 있다. 일반적으로 n계 미분방정식

$$y^{(n)} = f\left(t,\ y,\ y',\cdots,\ y^{(n-1)}\right),\ y = y(t) \tag{1}$$

에서

$$x_1 := y,\ x_2 := y',\ \cdots,\ x_n := y^{(n-1)}$$

과 같이 놓으면

$$\begin{cases} x_1{}' = y' = x_2 \\ x_2{}' = y'' = x_3 \\ \quad\vdots \\ x_k{}' = y^{(k)} = x_{k-1} \\ \quad\vdots \\ x_n{}' = y^{(n)} = f(t,\ x_1,\ x_2,\cdots,\ x_n) \end{cases} \tag{2}$$

과 같은 1계 연립미분방정식을 얻는다. 식 (1)에 대한 초기조건이

$$y(t_0) = y_1,\ y'(t_0) = y_2, \cdots,\ y^{(n-1)}(t_0) = y_n$$

으로 주어져 있다면, 연립미분방정식 (2)에 대한 초기조건은 다음과 같다.

$$x_1(t_0) = y_1,\ x_2(t_0) = y_2, \cdots,\ x_n(t_0) = y_n$$

예제 3.1 초기값문제

$$y'' + 3y' + 2y = 0,\ y(0) = 1,\ y'(0) = 3$$

을 1계 연립미분방정식으로 바꾸라.

• 풀이 • 주어진 미분방정식을

$$y'' = -3y' - 2y$$

로 나타내고, $x_1 = y$. 그리고 $x_2 = y'$라고 하면

$$\begin{cases} x_1' = x_2 \\ x_2' = -3x_2 - 2x_1 \end{cases}$$

초기조건은 $x_1(0) = 1$이고 $x_2(0) = 3$이다.

식 (1)과 식 (2)로부터 식 (3)과 같이 정의된 (1계)선형연립미분방정식은 1, 2장에서 다룬 미분방정식을 포함하는 일반적인 형태라는 것을 알 수 있다.

$$\begin{cases} \dfrac{dx_1}{dt} = a_{11}(t)x_1 + a_{12}(t)x_2 + \cdots + a_{1n}(t)x_n + g_1(t) \\ \dfrac{dx_2}{dt} = a_{21}(t)x_1 + a_{22}(t)x_2 + \cdots + a_{2n}(t)x_n + g_2(t) \\ \quad \vdots \\ \dfrac{dx_m}{dt} = a_{n1}(t)x_1 + a_{n2}(t)x_2 + \cdots + a_{nn}(t)x_n + g_n(t) \end{cases} \tag{3}$$

이제 행렬을 이용하여 식 (3)의 해를 구하는 방법을 살펴본다. 먼저 식 (3)을 행렬과 벡터를 이용하여 표현한다. 해를 나타내는 열벡터 $\mathbf{x} = \mathbf{x}(t)$와 외력을 나타내는 열벡터 $\mathbf{g}(t)$를

$$\mathbf{x} = \begin{bmatrix} x_1 \\ x_2 \\ \vdots \\ x_n \end{bmatrix} \in \mathbf{R}^n, \quad \mathbf{g}(t) = \begin{bmatrix} g_1(t) \\ g_2(t) \\ \vdots \\ g_n(t) \end{bmatrix} \in \mathbf{R}^n$$

와 같이 놓고, 계수들로 구성된 $n \times n$ 행렬 함수를 다음과 같다 하자.

$$A(t) = \begin{bmatrix} a_{11}(t) & a_{12}(t) & \cdots & a_{1n}(t) \\ a_{21}(t) & a_{22}(t) & \cdots & a_{2n}(t) \\ \vdots & \vdots & \ddots & \vdots \\ a_{n1}(t) & a_{n2}(t) & \cdots & a_{nn}(t) \end{bmatrix} \in M_{n \times n}(\mathbf{R})$$

행렬과 벡터에 대한 미분과 적분은 각 성분들에 대한 미분과 적분으로 정의한다.
예를 들어,

$$\frac{d\mathbf{x}}{dt} = \left[\frac{dx_1}{dt} \ \frac{dx_2}{dt} \cdots \ \frac{dx_n}{dt} \right]^T$$

단, T는 전치벡터를 의미한다. 행렬과 벡터의 연산과 미분에 대한 정의를 이용하면 선형연립미분방정식 (3)을 다음과 같이 표현할 수 있다.

$$\frac{d\mathbf{x}}{dt} = A(t)\mathbf{x} + \mathbf{g}(t), \quad t \in I \tag{4}$$

식 (4)를 n차원 선형미분방정식이라 한다. 또한 $\mathbf{g}(t) = 0$일 때 동차라 하고, $\mathbf{g}(t) \neq 0$일 때 비동차라고 한다.

이 절에서는 식 (4)의 일반해에 대한 개념과 일반해를 구하는 방법에 대하여 학습한다. 식 (4)의 모든 해의 형태를 결정하기 위해 초기값문제의 해의 존재성과 유일성의 결과가 필요하다.

정리 3.1 **n차원 선형미분방정식에 대한 해의 존재성과 유일성**
점 t_0를 포함하는 개구간 I에서 $A(t)$와 $\mathbf{g}(t)$가 연속이라 가정하자. 임의의 원소 $\mathbf{x}_0$에 대하여 초기값문제

$$\mathbf{x}' = A(t)\mathbf{x} + \mathbf{g}(t), \quad t \in I$$
$$\mathbf{x}(t_0) = \mathbf{x}_0$$

는 유일한 해 $\mathbf{x} = \mathbf{x}(t)$를 갖는다. 이 때 해의 존재구간은 I 전체이다.

증명•• 부록 A를 참조하라.

이제 n차원 선형미분방정식 (4)의 일반해에 대한 공식을 유도하여 보자. 2장에서 배운 2계 선형미분방정식의 일반해를 구하는 과정과 마찬가지로 동차방정식 $(\mathbf{g}(t) = 0)$의 모든 해에 대한 정보를 먼저 알아야 한다. 정리 3.2는 이에 대한 정보를 제공한다.

review 기저(basis)

유클리드공간(Euclid space) $\mathbb{R}^n$의 기저(basis) 개념은 기본해집합이 가져야 하는 요건을 발견하는데 도움이 된다. $n=3$인 경우에 대하여 살펴보자. $\mathrm{x} \in \mathbb{R}^3$의 원소 형태는 $\mathrm{x}=[x_1\ x_2\ x_3]^T$이다. 벡터의 덧셈과 스칼라 곱의 정의로부터 x를 다음과 같이 분해할 수 있다.

$$\mathrm{x}=[x_1\ x_2\ x_3]^T = x_1[1\ 0\ 0]^T + x_2[0\ 1\ 0]^T + x_3[0\ 0\ 1]^T$$

여기서

$$\mathrm{e}_1=[1\ 0\ 0]^T,\ \mathrm{e}_2=[0\ 1\ 0]^T,\ \mathrm{e}_3=[0\ 0\ 1]^T$$

라 두자. 그러면 임의의 원소 $\mathrm{x} \in \mathbb{R}^3$는 $\{\mathrm{e}_1,\ \mathrm{e}_2,\ \mathrm{e}_3\}$의 일차결합으로 유일하게 표현할 수 있다. 이러한 이유로 $(x_1,\ x_2,\ x_3)$를 좌표라 하고, x_i를 벡터 x의 i성분이라 한다. $\{\mathrm{e}_1,\ \mathrm{e}_2,\ \mathrm{e}_3\}$를 $\mathbb{R}^3$에 대한 표준기저(standard basis)라고 한다. 표준이라는 말은 각 원소의 크기가 1이며, 서로 직교하고, 각 원소가 축 위에 있기 때문에 붙여졌다.

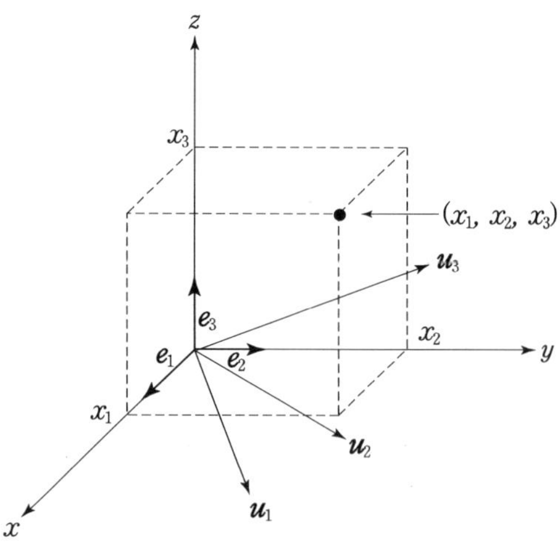

일반적으로 $\{\mathrm{e}_1,\ \mathrm{e}_2,\ \mathrm{e}_3\}$와 유사한 성질을 갖는 원소들을 기저(basis)라고 하는데, 기저의 임무는 임의의 원소를 기저에 속하는 원소의 일차결합으로 표현하고 또한 그 표현의 유일성을 보장하는 것이다. 두 개의 벡터는 $\mathbb{R}^3$의 기저의 역할을 하지 못한다. 그림과 같이 $\{\mathrm{e}_1,\ \mathrm{e}_2\}$로는 공간에서 단지 한 평면만을 생성할 뿐이다. 그러므로 $\mathbb{R}^3$의 기저의 개수는 세

개다. 일반적으로 $\mathbb{R}^3$의 기저의 개수는 n개다. 즉, 성질이 다른 n개의 벡터가 필요하다는 것을 주장한다.

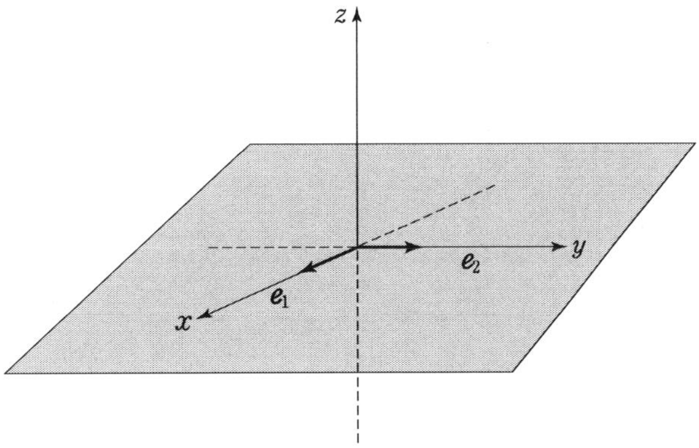

기저라는 개념은 일상생활과 밀접한 관계가 있다. 스포츠 팀의 구성원과 집단의 구성원을 보라. 그들은 모두 다른 기질 또는 특기를 가지고 있다. 그렇기 때문에 모든 사람들이 좋아하는 조화로운 경기결과를 만들어 내는 것이다. 어떤 축구팀이 모두 공격형 선수만으로 구성되어 있다고 한다면 그 팀은 정상적인 게임 내용을 보일 수가 없을 것이다.

정리 3.2 벡터함수족 $\{\mathrm{x}_1, \mathrm{x}_2, \cdots, \mathrm{x}_n\}$을 구간 I에서

$$\mathrm{x}' = A(t)\mathrm{x},\ \mathrm{x} \in \mathrm{R}^n \tag{5}$$

에 대한 일차독립인 해집합이라고 하자. 그러면 구간 I에서 식 (5)의 모든 해 $\mathrm{x} = \mathrm{x}(t)$는 다음과 같은 일차결합으로 표현된다.

$$\mathrm{x} = c_1\mathrm{x}_1 + c_2\mathrm{x}_2 + \cdots + c_n\mathrm{x}_n \tag{6}$$

단, $c_1, c_2, \cdots, c_n$은 임의의 상수이다.

구간 I에서 식 (5)를 만족하는 일차독립인 해집합 $\{\mathrm{x}_1,\ \mathrm{x}_2,\ \cdots,\ \mathrm{x}_n\}$을 구간 I에서 식 (5)의 기본해집합(the set of fundamental solutions)이라 한다. 식 (6)을 식 (5)에 대한 일반해(general solution)라고 한다.

증명•• 임의의 상수 $c_1, c_2, \cdots, c_n$에 대하여 벡터함수

$$\mathrm{x} = c_1\mathrm{x}_1 + c_2\mathrm{x}_2 + \cdots + c_n\mathrm{x}_n$$

은 구간 I에서 초기값문제

$$\mathrm{x}' = A(t)\mathrm{x}$$

① $$\mathrm{x}(t_0) = c_1\mathrm{x}_1(t_0) + c_2\mathrm{x}_2(t_0) + \cdots + c_n\mathrm{x}_n(t_0),\ t_0 \in I$$

의 유일한 해가 된다.

식 (5)의 임의의 해를 ϕ라 하자. 그러면 ϕ는 구간 I에서 초기값문제

$$\mathrm{x}' = A(t)\mathrm{x}$$

② $$\mathrm{x}(t_0) = \phi(t_0)$$

의 유일한 해가 된다. 만약 식 ①과 식 ②가 같아지는 t_0가 구간 I에 존재한다면, 즉

③ $$\phi(t_0) = c_1\mathrm{x}_1(t_0) + c_2\mathrm{x}_2(t_0) + \cdots + c_n\mathrm{x}_n(t_0)$$

이면, 해의 유일성에 의해 구간 I에서 $\mathrm{x} = \phi$가 성립한다. 실제로, 행렬을 이용하여 식 ③을 고쳐 쓰면

④ $$[\mathrm{x}_1(t_0)\ \mathrm{x}_2(t_0) \cdots \mathrm{x}_n(t_0)]\mathrm{c} = \phi(t_0)$$

단, $\mathrm{c} = [c_1\ c_2 \cdots\ c_n]^T$이다. $\{\mathrm{x}_1, \mathrm{x}_2, \cdots, \mathrm{x}_n\}$을 구간 I에서 일차독립이므로 행렬

$$[\mathrm{x}_1(t_0)\ \mathrm{x}_2(t_0) \cdots \mathrm{x}_n(t_0)]$$

의 행렬식이 0이 아닌 t_0가 적어도 하나는 존재한다. ⊂

행렬표현을 이용하면 식 (5)의 해는

$$\begin{aligned}\mathrm{x}(t) &= c_1\mathrm{x}_1(t) + c_2\mathrm{x}_2(t) + \cdots + c_n\mathrm{x}_n(t) \\ &= [\mathrm{x}_1(t)\ \mathrm{x}_2(t) \cdots\ \mathrm{x}_n(t)]\mathrm{c}\end{aligned}$$

와 같이 고쳐 쓸 수 있다. 단, $\mathrm{c} = [c_1\ c_2 \cdots\ c_n]^T$이다.

$$\Phi(t) = [\mathrm{x}_1(t)\ \mathrm{x}_2(t) \cdots\ \mathrm{x}_n(t)] \in M_{n\times n}(\mathbb{R})$$

라 놓으면

$$\mathrm{x}(t) = \Phi(t)\mathrm{c}$$

행렬 $\Phi = \Phi(t)$를 $\mathrm{x}' = A(t)\mathrm{x}$의 기본행렬(fundamental matrix)이라 한다. 기본행렬 Φ는 다

음 행렬미분방정식의 해가 됨을 쉽게 확인할 수 있다.

$$\Phi' = A(t)\Phi$$

예제 3.2 집합

$$S = \left\{ \begin{bmatrix} e^{2t} \\ e^{2t} \\ e^{2t} \end{bmatrix}, \begin{bmatrix} -e^{-t} \\ 0 \\ e^{-t} \end{bmatrix}, \begin{bmatrix} 0 \\ e^{-t} \\ -e^{-t} \end{bmatrix} \right\}$$

는 $(-\infty, \infty)$에서 다음 3차 미분방정식의 기본해집합이 됨을 보여라.

① $$\mathbf{x}' = \begin{bmatrix} 0 & 1 & 1 \\ 1 & 0 & 1 \\ 1 & 1 & 0 \end{bmatrix} \mathbf{x}, \ \mathbf{x} = \mathbf{x}(t)$$

또 ①의 기본행렬과 일반해를 구하여라.

● 풀이 ● S는 식 ①의 해집합임을 보이자.

집합 S의 첫 번째 벡터를 식 ①의 우변에 대입하면

$$A\mathbf{x} = \begin{bmatrix} 0 & 1 & 1 \\ 1 & 0 & 1 \\ 1 & 1 & 0 \end{bmatrix} \begin{bmatrix} e^{2t} \\ e^{2t} \\ e^{2t} \end{bmatrix} = \begin{bmatrix} 2e^{2t} \\ 2e^{2t} \\ 2e^{2t} \end{bmatrix} = \mathbf{x}'$$

따라서 첫 번째 벡터는 모든 t에 대해 ①을 만족한다. 비슷한 계산에 의해 S의 나머지 벡터들도 $(-\infty, \infty)$에서 ①의 해가 됨을 보일 수 있다.

S는 $(-\infty, \infty)$에서 일차독립임을 보이자.

$$c_1 \begin{bmatrix} e^{2t} \\ e^{2t} \\ e^{2t} \end{bmatrix} + c_2 \begin{bmatrix} -e^{-t} \\ 0 \\ e^{-t} \end{bmatrix} + c_3 \begin{bmatrix} 0 \\ e^{-t} \\ -e^{-t} \end{bmatrix} = \begin{bmatrix} 0 \\ 0 \\ 0 \end{bmatrix}$$

라 하자. 벡터의 스칼라 곱 및 합의 정의에 의해

$$\begin{bmatrix} c_1e^{2t} - c_2e^{-t} \\ c_1e^{2t} + c_3e^{-t} \\ c_1e^{2t} + c_2e^{-t} - c_3e^{-t} \end{bmatrix} = \begin{bmatrix} 0 \\ 0 \\ 0 \end{bmatrix}$$

벡터의 상등에 의해 다음 항등식을 얻는다.

$$c_1e^{2t} - c_2e^{-t} = 0$$

$$c_1e^{2t} + c_3e^{-t} = 0$$

$$c_1e^{2t} + (c_2 - c_3)e^{-t} = 0$$

집합 $\{e^{2t}, e^{-t}\}$은 $(-\infty, \infty)$에서 일차독립이므로, 첫 번째 식으로부터 $c_1 = c_2 = 0$이고, 두 번째 식으로부터 $c_1 = c_3 = 0$이다.

따라서 $c_1 = c_2 = c_3 = 0$이 되어 S는 $(-\infty, \infty)$에서 일차독립이다.

S는 $(-\infty, \infty)$에서 식 ①의 기본해집합이므로 기본행렬은

$$\Phi(t) = \begin{bmatrix} e^{2t} & -e^{-t} & 0 \\ e^{2t} & 0 & e^{-t} \\ e^{2t} & e^{-t} & -e^{-t} \end{bmatrix}$$

따라서 일반해는

$$\mathbf{x}(t) = \Phi(t)\mathbf{c} = \begin{bmatrix} e^{2t} & -e^{-t} & 0 \\ e^{2t} & 0 & e^{-t} \\ e^{2t} & e^{-t} & -e^{-t} \end{bmatrix} \begin{bmatrix} c_1 \\ c_2 \\ c_3 \end{bmatrix}$$

이를 성분별로 표기하면

$$x_1(t) = c_1 e^{2t} - c_2 e^{-t}$$
$$x_2(t) = c_1 e^{2t} + c_3 e^{-t}$$
$$x_3(t) = c_1 e^{2t} + (c_2 - c_3) e^{-t}$$

[(ii)의 별해 1] (ii)에서 $t = 0$을 대입하면

$$c_1 - c_2 = 0$$
$$c_1 + c_3 = 0$$
$$c_1 + c_2 - c_3 = 0$$

$c_1 = c_2$를 두 번째와 세 번째 식에 대입하면

$$c_2 + c_3 - 0$$
$$2c_2 - c_3 = 0$$

$(1)\times(-1) - (1)\times(2) = -3 \neq 0$이므로 $c_2 = c_3 = 0$이다. 또한 $c_1 = 0$이다.

정리 3.3 $\{\mathbf{x}_1, \mathbf{x}_2, \cdots, \mathbf{x}_n\}$가 I에서 n차원 선형미분방정식 $\mathbf{x}' = A(t)\mathbf{x}$ 의 기본해집합일 필요충분조건은

$$W(t) = \det[\Phi(t)] \neq 0, \quad t \in I$$

이다. 행렬식 $W(t)$를 구간 I에서 $\{\mathbf{x}_1, \mathbf{x}_2, \cdots, \mathbf{x}_n\}$의 론스키안(Wronskian)이라 한다.

예제 3.2 (ii)의 별해

$$W(t)=\det[\Phi(t)]=\det\begin{bmatrix} e^{2t} & -e^{-t} & 0 \\ e^{2t} & 0 & e^{-t} \\ e^{2t} & e^{-t} & -e^{-t}\end{bmatrix}$$

$$=e^{2t}\begin{vmatrix} 0 & e^{-t} \\ e^{-t} & -e^{-t}\end{vmatrix}+e^{-t}\begin{vmatrix} e^{2t} & e^{-t} \\ e^{2t} & -e^{-t}\end{vmatrix}$$

$$=e^{2t}(0-e^{-2t})+e^{-t}(-e^{t}-e^{t})=3\neq 0$$

이므로, S는 $(-\infty,\infty)$에서 일차독립이다.

정리 3.4 x_c를 $\mathrm{x}'=A(t)\mathrm{x}$의 일반해(보조해)라고 하고, x_p를

$$\mathrm{x}'=A(t)\mathrm{x}+\mathrm{g}(t) \tag{7}$$

의 해(특수해)라고 하자. 그러면 식 (7)의 모든 해는 다음과 같이 주어진다.

$$\mathrm{x}=\mathrm{x}_c+\mathrm{x}_p \tag{8}$$

식 (8)을 식 (7)에 대한 일반해라고 한다.

증명•• 1계 선형미분방정식에서 했던 것과 동일한 방법으로 증명할 수 있다.

이제 남은 일은 x_c와 x_p를 구하는 방법을 찾는 것이다. 계수행렬 $A(t)$가 t를 포함하는 경우, 기본행렬을 구하는 것은 쉽지가 않다. 여기서는 계수행렬이 상수행렬인 경우에 한하여 기본행렬을 구하는 방법을 살펴본다. 즉 A가 상수행렬인 경우

$$\mathrm{x}'=A\mathrm{x}$$

의 기본해집합을 구한다. 이하 A는 n차 정방행렬이다. 먼저 시험함수(test function)

$$\mathrm{x}=e^{\lambda t}\mathrm{u},\ \mathrm{u}\neq 0,\ \lambda\in\mathrm{C}$$

와 그의 미분

$$\mathrm{x}'=\lambda e^{\lambda t}\mathrm{u}$$

를 $\mathrm{x}'=A\mathrm{x}$에 대입하여 정리하면

$$\lambda e^{\lambda t}\mathrm{u}=A(e^{\lambda t}\mathrm{u})$$

$$e^{\lambda t}(A - \lambda I_n)\mathrm{u} = 0.$$

여기서 I_n는 n차 단위행렬이다(구간 기호와 혼동하지 말라). 복소지수함수 $e^{\lambda t} \neq 0$이므로 다음 등식을 얻는다.

$$(A - \lambda I_n)\mathrm{u} = 0 \tag{9}$$

식 (9)를 만족하는 λ를 A의 고유값(eigenvalues)라 하고, u를 λ에 대응하는 A의 고유벡터(eigenvectors corresponding to λ)라 한다.
식 (9)가 영벡터가 아닌 해 u를 가질 필요충분조건은 계수에 대한 행렬식이 0이 되는 것이다. 즉

$$\det(A - \lambda I_n) = 0$$

$\det(A - \lambda I_n) = p(\lambda)$는 λ에 대한 n차 다항식이 되므로 A의 고유값을 구하는 문제는 다항식 $p(\lambda)$가 영이 되는 λ의 값을 구하는 문제와 같다. $p(\lambda) = 0$을 A의 특성방정식이라 하며 $p(\lambda)$을 A의 특성다항식(characteristic polynomial)이라 한다.

예제 3.3 다음 행렬의 고유값과 고유벡터를 구하여라.

$$A = \begin{bmatrix} 1 & 0 & 0 \\ 2 & 3 & 1 \\ 0 & 2 & 4 \end{bmatrix}$$

• 풀이 • 먼저 A의 고유값을 구하자.

$$\begin{aligned} \det(A - \lambda I_3) &= \begin{vmatrix} 1-\lambda & 0 & 0 \\ 2 & 3-\lambda & 1 \\ 0 & 2 & 4-\lambda \end{vmatrix} = (1-\lambda)\begin{vmatrix} 3-\lambda & 1 \\ 2 & 4-\lambda \end{vmatrix} \\ &= (\lambda-1)[(3-\lambda)(4-\lambda)-2] = (\lambda-1)(\lambda^2 - 7\lambda + 10) \\ &= (\lambda-1)(\lambda-2)(\lambda-5) \end{aligned}$$

이므로, A의 고유값은 $\lambda_1 = 1,\ \lambda_2 = 2,\ \lambda_3 = 5$ 이다. 각 고유값에 대응하는 A의 고유벡터를 구하자.
$\lambda_1 = 1$에 대응하는 고유벡터 u_1을 구하기 위해 $(A - \lambda_1 I_3)\mathrm{u}_1 = 0$이라 놓는다. 즉,

$$\begin{bmatrix} 0 & 0 & 0 \\ 2 & 2 & 1 \\ 0 & 2 & 3 \end{bmatrix} \begin{bmatrix} u_1 \\ u_2 \\ u_3 \end{bmatrix} = \begin{bmatrix} 0 \\ 0 \\ 0 \end{bmatrix}$$

이 식은 다음 연립방정식과 동치이다.

$$2u_1 + 2u_2 + u_3 = 0$$
$$2u_2 + 3u_3 = 0$$

이 연립방정식은 미지수가 3개이고, 식이 2개이므로 무수히 많은 해를 갖는다. 영이 아닌 임의의 실수 s에 대하여 $u_3 = s$라 놓으면

$$u_2 = -\frac{3}{2}u_3 = -\frac{3}{2}s$$
$$u_1 = -u_2 - \frac{1}{2}u_3 = -(-\frac{3}{2}s) - \frac{1}{2}s = s$$

따라서 $\lambda_1 = 1$에 대응하는 고유벡터는

$$\mathbf{u}_1 = \begin{bmatrix} u_1 \\ u_2 \\ u_3 \end{bmatrix} = \begin{bmatrix} s \\ -3s/2 \\ s \end{bmatrix} = s\begin{bmatrix} 1 \\ -3/2 \\ 1 \end{bmatrix},\ s\text{는 영이 아닌 실수}$$

$\lambda_2 = 2$에 대응하는 고유벡터 $\mathbf{u}_2$를 구하기 위해 $(A - \lambda_2 I_3)\mathbf{u}_2 = 0$이라 놓자. 즉

$$\begin{bmatrix} -1 & 0 & 0 \\ 2 & 1 & 1 \\ 0 & 2 & 2 \end{bmatrix}\begin{bmatrix} u_1 \\ u_2 \\ u_3 \end{bmatrix} = \begin{bmatrix} 0 \\ 0 \\ 0 \end{bmatrix}$$

이 식은 다음 연립방정식과 동치이다.

$$-u_1 = 0$$
$$2u_1 + u_2 + u_3 = 0$$
$$2u_2 + 2u_3 = 0$$

$u_1 = 0$이므로

$$u_2 + u_3 = 0$$

영이 아닌 임의의 실수 s에 대하여 $u_3 = s$라 놓으면

$$u_2 = -u_3 = -s$$

따라서 $\lambda_2 = 2$에 대응하는 고유벡터는

$$\mathbf{u}_2 = \begin{bmatrix} u_1 \\ u_2 \\ u_3 \end{bmatrix} = \begin{bmatrix} 0 \\ -s \\ s \end{bmatrix} = s\begin{bmatrix} 0 \\ -1 \\ 1 \end{bmatrix},\ s\text{는 영이 아닌 실수}$$

$\lambda_3 = 5$에 대응하는 고유벡터 $\mathbf{u}_3$을 구하기 위해 $(A - \lambda_3 I)\mathbf{u}_3 = 0$이라 놓자. 즉,

$$\begin{bmatrix} -4 & 0 & 0 \\ 2 & -2 & 1 \\ 0 & 2 & -1 \end{bmatrix} \begin{bmatrix} u_1 \\ u_2 \\ u_3 \end{bmatrix} = \begin{bmatrix} 0 \\ 0 \\ 0 \end{bmatrix}$$

이 식은 다음 연립방정식과 동치이다.

$$-4u_1 = 0$$
$$2u_1 - 2u_2 + u_3 = 0$$
$$2u_2 - u_3 = 0$$

$u_1 = 0$ 이므로

$$2u_2 - u_3 = 0$$

영이 아닌 임의의 실수 s 에 대하여 $u_2 = s$ 라 놓으면

$$u_3 = 2u_2 = 2s$$

따라서 $\lambda_3 = 5$ 에 대응하는 고유벡터는

$$\mathbf{u}_3 = \begin{bmatrix} u_1 \\ u_2 \\ u_3 \end{bmatrix} = \begin{bmatrix} 0 \\ s \\ 2s \end{bmatrix} = s\begin{bmatrix} 0 \\ 1 \\ 2 \end{bmatrix},\ s\text{는 영이 아닌 실수}$$

정리 3.5 $\lambda_1,\ \lambda_2,\ \cdots,\ \lambda_n$을 A 의 고유값이라 하고 $\mathbf{u}_1,\ \mathbf{u}_2,\ \cdots\ \mathbf{u}_n$을 각 고유값에 대응하는 A 의 고유벡터라 하자. 만약 $\{\mathbf{u}_1,\ \mathbf{u}_2,\ \cdots,\ \mathbf{u}_n\}$이 일차독립이면, $\{e^{\lambda_1 t}\mathbf{u}_1,\ e^{\lambda_2 t}\mathbf{u}_2,\ \cdots,\ e^{\lambda_n t}\mathbf{u}_n\}$은 구간 $(-\infty,\ \infty)$에서

$$\mathbf{x}' - A\mathbf{x}$$

의 기본해집합이 된다. 따라서 일반해는

$$\mathbf{x}(t) = c_1 e^{\lambda_1 t}\mathbf{u}_1 + c_2 e^{\lambda_2 t}\mathbf{u}_2 + \cdots + c_n e^{\lambda_n t}\mathbf{u}_n$$

으로 표현된다.

증명•• 론스키안 $W(t) = \det[e^{\lambda_1 t}\mathbf{u}_1\ e^{\lambda_2 t}\mathbf{u}_2\ \cdots\ e^{\lambda_n t}\mathbf{u}_n] \neq 0$ 임을 보이면 된다.

$$\begin{aligned} W(t) &= \det[e^{\lambda_1 t}\mathbf{u}_1\ e^{\lambda_2 t}\mathbf{u}_2\ \cdots\ e^{\lambda_n t}\mathbf{u}_n] \\ &= e^{(\lambda_1 + \lambda_2 + \cdots + \lambda_n)t}\det[\mathbf{u}_1\ \mathbf{u}_2\ \cdots\ \mathbf{u}_n] \end{aligned}$$

고유벡터들이 일차독립이므로 $\det[\mathbf{u}_1\ \mathbf{u}_2\ \cdots\ \mathbf{u}_n] \neq 0$이다. 따라서 모든 t에 대하여 $W(t) \neq 0$이다.

예제 3.4 $\mathbf{x}' = A\mathbf{x},\ A = \begin{bmatrix} 1 & 2 \\ 2 & 1 \end{bmatrix}$의 일반해를 구하여라.

• 풀이 •

$$\det\begin{bmatrix} 1-\lambda & 2 \\ 2 & 1-\lambda \end{bmatrix} = (1-\lambda)^2 - 4 = (\lambda+1)(\lambda-3)$$

이므로, A의 고유값은 $\lambda = -1, 3$이다.

$\lambda_1 = -1$에 대응하는 고유벡터를 $\mathbf{u}_1$이라 하면

$$\begin{bmatrix} 2 & 2 \\ 2 & 2 \end{bmatrix}\begin{bmatrix} u_1 \\ u_2 \end{bmatrix} = \begin{bmatrix} 0 \\ 0 \end{bmatrix} \quad \text{또는} \quad 2u_1 + 2u_2 = 0$$

영이 아닌 임의의 s에 대하여 $u_2 = s$라 놓으면 $u_1 = -s$이다. $s = 1$이라 놓으면

$$\mathbf{u}_1 = \begin{bmatrix} -1 \\ 1 \end{bmatrix}$$

$\lambda_2 = 3$에 대응하는 고유벡터를 $\mathbf{u}_2$라 하면

$$\begin{bmatrix} -2 & 2 \\ 2 & -2 \end{bmatrix}\begin{bmatrix} u_1 \\ u_2 \end{bmatrix} = \begin{bmatrix} 0 \\ 0 \end{bmatrix} \quad \text{또는} \quad -2u_1 + 2u_2 = 0$$

영이 아닌 임의의 s에 대하여 $u_2 = s$라 놓으면 $u_1 = s$이다. $s = 1$이라 하면

$$\mathbf{u}_2 = \begin{bmatrix} 1 \\ 1 \end{bmatrix}$$

고유벡터 $\{\mathbf{u}_1, \mathbf{u}_2\}$가 일차독립임을 보이기 위해

$$c_1\begin{bmatrix} -1 \\ 1 \end{bmatrix} + c_2\begin{bmatrix} 1 \\ 1 \end{bmatrix} = \begin{bmatrix} -1 & 1 \\ 1 & 1 \end{bmatrix}\begin{bmatrix} c_1 \\ c_2 \end{bmatrix} = \begin{bmatrix} 0 \\ 0 \end{bmatrix}$$

을 만족한다고 하자. 계수행렬은 역행렬을 가지므로 $c_1 = c_2 = 0$이다. 따라서 $\{\mathbf{u}_1, \mathbf{u}_2\}$는 일차독립이다. 따라서 일반해는

$$\begin{aligned} \mathbf{x}(t) &= c_1 e^{-t}\begin{bmatrix} -1 \\ 1 \end{bmatrix} + c_2 e^{3t}\begin{bmatrix} 1 \\ 1 \end{bmatrix} \\ &= \begin{bmatrix} -e^{-t} & e^{3t} \\ e^{-t} & e^{3t} \end{bmatrix}\begin{bmatrix} c_1 \\ c_2 \end{bmatrix} \end{aligned}$$

일반해를 성분별로 나타내면

$$x_1(t) = -c_1 e^{-t} + c_2 e^{3t}$$

$$x_2(t) = c_1 e^{-t} + c_2 e^{3t}$$ ⊂

다음 정리는 서로 다른 고유값에 대응하는 고유벡터는 일차독립이라는 것을 주장한다. 따라서 고유벡터의 일차독립성은 특별히 체크할 필요가 없다. 더 나아가 A가 실대칭행렬(자신과 전치행렬이 같고, 행렬의 성분이 모두 실수인 행렬)이면 고유값은 모두 실수이고 서로 다른 고유값에 대응하는 고유벡터는 일차독립인과 동시에 서로 수직(orthogonal)이다. 이 사실들을 차례로 살펴보자.

> **정리 3.6** $\lambda_1, \lambda_2, \cdots, \lambda_m$이 행렬 A의 서로 다른 고유값이고 u_k가 λ_k에 대응하는 고유벡터라면 $\{\mathrm{u}, \mathrm{u}_2, \cdots, \mathrm{u}_\mathrm{m}\}$은 일차독립이다.

증명•• $\mathrm{u}_j, \mathrm{u}_k$를 λ_j와 λ_k에 대응하는 고유벡터라 하고, 또한 $\mathrm{u}_j, \mathrm{u}_k$를 일차종속이라 가정하자. 그러면 $\mathrm{u}_j = c\mathrm{u}_k$를 만족하는 영이 아닌 상수 c가 존재한다. 이를 고려하면

$$(A - \lambda_j I_n)(c\,\mathrm{u}_k) = 0 \quad \text{또는} \quad (A - \lambda_j I_n)\mathrm{u}_k = 0$$
$$(A - \lambda_k I_n)\,\mathrm{u}_k = 0$$

두 식을 빼면

$$(\lambda_j - \lambda_k)\,\mathrm{u}_k = 0$$

$\mathrm{u}_k \neq 0$이므로 $\lambda_j = \lambda_k$이다. 이것은 $\lambda_j \neq \lambda_k$라는 가정에 모순이므로 u_j와 u_k는 일차독립이다. ⊂

> **정리 3.7** A의 원소가 모두 실수이고 $A^T = A$를 만족하는 행렬(실대칭행렬이라 함)이면, A의 고유값는 모두 실수이고, 서로 다른 고유값에 대응하는 고유벡터는 서로 수직이다.

증명•• 고유값이 실수임은 쉽게 증명할 수 있으므로 독자에게 맡긴다. 고유벡터가 서로 수직임을 증명하여 보자. u_j와 u_k를 λ_j와 λ_k에 대응하는 A의 고유벡터라 하자. u_k^T를 $\lambda_j \mathrm{u}_j = A\mathrm{u}_j$의 양변에 곱하면

$$\mathrm{u}_k^T(\lambda_j \mathrm{u}_j) = \mathrm{u}_k^T A \mathrm{u}_j$$

전치행렬을 구하면

$$[\mathbf{u}_k^T(\lambda_j \mathbf{u}_j)]^T = [\mathbf{u}_k^T A \mathbf{u}_j]^T$$

$$\lambda_j \mathbf{u}_j^T \mathbf{u}_k = \mathbf{u}_j^T A^T \mathbf{u}_k$$

$A^T = A$임을 이용하여 정리하면

$$\lambda_j \mathbf{u}_j^T \mathbf{u}_k = \lambda_k \mathbf{u}_k^T \mathbf{u}_k$$

$$(\lambda_j - \lambda_k)\mathbf{u}_j^T \mathbf{u}_k = 0$$

$\lambda_j \neq \lambda_k$이므로 $\mathbf{u}_j^T \mathbf{u}_k = 0$이다. 따라서 $\mathbf{u}_j$와 $\mathbf{u}_k$는 수직이다. ◯

정리 3.8 A의 고유값이 $\alpha \pm i\beta$이고 이에 대응하는 A의 고유벡터를 $\mathbf{u} \pm i\mathbf{v}$ 라고 하면, $\mathbf{x}' = A\mathbf{x}$는

$$e^{\alpha t}\cos\beta t\,\mathbf{u} - e^{\alpha t}\sin\beta t\,\mathbf{v},\quad e^{\alpha t}\sin\beta t\,\mathbf{u} + e^{\alpha t}\cos\beta t\,\mathbf{v}$$

와 같은 일차독립인 두 해를 갖는다.

증명•• A의 고유값이 $\alpha \pm i\beta$이고 이에 대응하는 A의 고유벡터를 $\mathbf{u} \pm i\mathbf{v}$ 라고 하자. 이로부터 얻을 수 일차독립인 두 개의 해는

$$e^{(\alpha+i\beta)t}(\mathbf{u}+i\mathbf{v}),\quad e^{(\alpha-i\beta)t}(\mathbf{u}-i\mathbf{v})$$

오일러공식 $e^{i\beta} = \cos\beta + i\sin\beta$를 적용하면

$$e^{(\alpha+i\beta)t}(\mathbf{u}+i\mathbf{v}) = e^{\alpha t}(\cos\beta t + i\sin\beta t)(\mathbf{u}+i\mathbf{v}) \tag{10}$$
$$= e^{\alpha t}[\cos\beta t\,\mathbf{u} - \sin\beta t\,\mathbf{v} + i(\cos\beta t\,\mathbf{v} + \sin\beta t\,\mathbf{u})]$$

$$e^{(\alpha-i\beta)t}(\mathbf{u}-i\mathbf{v}) = e^{\alpha t}(\cos\beta t - i\sin\beta t)(\mathbf{u}-i\mathbf{v}) \tag{11}$$
$$= e^{\alpha t}[\cos\beta t\,\mathbf{u} - \sin\beta t\,\mathbf{v} - i(\cos\beta t\,\mathbf{v} + \sin\beta t\,\mathbf{u})]$$

식 (10)과 (11)을 더하면

$$e^{(\alpha+i\beta)t}(\mathbf{u}+i\mathbf{v}) + e^{(\alpha-i\beta)t}(\mathbf{u}-i\mathbf{v}) = 2e^{\alpha t}[\cos\beta t\,\mathbf{u} - \sin\beta t\,\mathbf{v}]$$

이고, 식 (10)과 (11)을 빼면

$$e^{(\alpha+i\beta)t}(\mathbf{u}+i\mathbf{v}) - e^{(\alpha-i\beta)t}(\mathbf{u}-i\mathbf{v}) = 2ie^{\alpha t}[\cos\beta t\,\mathbf{v} + \sin\beta t\,\mathbf{u}]$$

각각의 양변을 2와 $2i$로 나누면 정리의 결론을 얻는다. ◯

예제 3.5 다음 식의 일반해를 구하여라.

$$\mathbf{x}' = \begin{bmatrix} -1 & 2 \\ -1 & -3 \end{bmatrix} \mathbf{x}, \quad \mathbf{x} = \mathbf{x}(t)$$

• 풀이 • $\det(A - \lambda I_2) = \begin{vmatrix} -1-\lambda & 2 \\ -1 & -3-\lambda \end{vmatrix} = \lambda^2 + 4\lambda + 5$이므로 A의 고유값은 $\lambda = -2 \pm i$이다.

고유값 $\lambda = -2 + i$에 대응하는 고유벡터를

$$\mathbf{u} + i\mathbf{v} = \begin{bmatrix} u_1 \\ u_2 \end{bmatrix} + i \begin{bmatrix} v_1 \\ v_2 \end{bmatrix}$$

라 하면

$$\begin{bmatrix} 1-i & 2 \\ -1 & -1-i \end{bmatrix} \begin{bmatrix} u_1 + iv_1 \\ u_2 + iv_2 \end{bmatrix} = \begin{bmatrix} 0 \\ 0 \end{bmatrix}$$

또는

$$(1-i)(u_1 + iv_1) + 2(u_2 + iv_2) = 0$$
$$u_1 + v_1 + 2u_2 + i(-u_1 + v_1 + 2v_2) = 0$$

복소수의 상등에 의해

$$u_1 + v_1 + 2u_2 = 0, \quad -u_1 + v_1 + 2v_2 = 0$$

$u_2 = s_1$ 및 $v_2 = s_2$라 하면

$$u_1 + v_1 = -2s_1, \quad -u_1 + v_1 = -2s_2$$

두 식을 풀면

$$u_1 = -s_1 + s_2, \quad v_1 = -s_1 - s_2$$

따라서 동시에 0이 아닌 임의의 s_1과 s_2에 대하여

$$\mathbf{u} + i\mathbf{v} = \begin{bmatrix} -s_1 + s_2 \\ s_1 \end{bmatrix} + i \begin{bmatrix} -s_1 - s_2 \\ s_2 \end{bmatrix}$$

$s_1 = s_2 = 1$로 놓으면, 하나의 고유벡터는

$$\mathbf{u} + i\mathbf{v} = \begin{bmatrix} 0 \\ 1 \end{bmatrix} + i \begin{bmatrix} -2 \\ 1 \end{bmatrix}$$

따라서 일반해는

$$\mathbf{x} = c_1 \left\{ e^{-2t}\cos t \begin{bmatrix} 0 \\ 1 \end{bmatrix} - e^{-2t}\sin t \begin{bmatrix} -2 \\ 1 \end{bmatrix} \right\}$$
$$+ c_2 \left\{ e^{-2t}\sin t \begin{bmatrix} 0 \\ 1 \end{bmatrix} + e^{-2t}\cos t \begin{bmatrix} -2 \\ 1 \end{bmatrix} \right\}$$
$$= c_1 \begin{bmatrix} 2e^{-2t}\sin t \\ e^{-2t}(\cos t - \sin t) \end{bmatrix} + c_2 \begin{bmatrix} -2e^{-2t}\cos t \\ e^{-2t}(\sin t + \cos t) \end{bmatrix}$$

예제 3.6 다음 식의 일반해를 구하여라.

$$\mathbf{x}' = A\mathbf{x}, \ A = \begin{bmatrix} 1 & -2 & 2 \\ -2 & 1 & 2 \\ 2 & 2 & 1 \end{bmatrix}$$

• 풀이 • A가 실대칭행렬이므로 A의 고유값는 모두 실수이다. 실제로

$$\det(A - \lambda I_3) = \begin{vmatrix} 1-\lambda & -2 & 2 \\ -2 & 1-\lambda & 2 \\ 2 & 2 & 1-\lambda \end{vmatrix} = -(\lambda-3)^2(\lambda+3) = 0$$

이므로, A의 고유값는 $\lambda_1 = \lambda_2 = 3$이고 $\lambda_3 = -3$이다. 고유값 $\lambda = 3$은 중복도가 2이다. 그러므로 $\lambda = 3$에 대응하는 일차독립인 고유벡터를 두 개 발견해야 한다. $\lambda = 3$을 $(A - \lambda I_3)\mathbf{u} = 0$에 대입하면

$$\begin{bmatrix} -2 & -2 & 2 \\ -2 & -2 & 2 \\ 2 & 2 & -2 \end{bmatrix} \begin{bmatrix} u_1 \\ u_2 \\ u_3 \end{bmatrix} = \begin{bmatrix} 0 \\ 0 \\ 0 \end{bmatrix} \quad \text{또는} \quad -u_1 - u_2 + u_3 = 0$$

0이 아닌 임의의 s_1과 s_2에 대해 $u_2 = s_1$ 그리고 $u_3 = s_2$라 하면

$$u_1 = u_3 - u_2 = s_2 - s_1$$

$\lambda_1 = \lambda_2 = 3$에 대응하는 고유벡터는

$$\mathbf{u} = \begin{bmatrix} s_2 - s_1 \\ s_1 \\ s_2 \end{bmatrix} = s_2 \begin{bmatrix} 1 \\ 0 \\ 1 \end{bmatrix} + s_1 \begin{bmatrix} -1 \\ 1 \\ 0 \end{bmatrix}$$

$s_2 = 1, s_1 = 0$과 $s_2 = 0, s_1 = 1$을 차례로 택하면 다음과 같은 일차독립인 두 개의 고유벡터를 얻는다.

$$\mathbf{u}_1 = \begin{bmatrix} 1 \\ 0 \\ 1 \end{bmatrix} \quad \text{및} \quad \mathbf{u}_2 = \begin{bmatrix} -1 \\ 1 \\ 0 \end{bmatrix}$$

$\lambda_3 = -3$에 대한 고유벡터를 구하자.

$$(A+3I_3)\mathbf{u}=\begin{bmatrix}4&-2&2\\-2&4&2\\2&2&4\end{bmatrix}\begin{bmatrix}u_1\\u_2\\u_3\end{bmatrix}=\begin{bmatrix}0\\0\\0\end{bmatrix}$$

또는

$$4u_1-2u_2+2u_3=0$$
$$-2u_1+4u_2+2u_3=0$$
$$2u_1+2u_2+4u_3=0$$

세 번째 식을 첫 번째와 두 번째 식에 차례로 더하여 정리하면

$$u_1+u_3=0,\ u_2+u_3=0$$

0이 아닌 임의의 s에 대하여 $u_3=s$라 하면

$$u_1=-s,\ u_2=-s$$

고유벡터는 $\mathbf{u}=[-s,-s,s]^T$이므로, $s=1$을 택하면

$$\mathbf{u}_3=\begin{bmatrix}-1\\-1\\1\end{bmatrix}$$

따라서 일반해는

$$\mathbf{x}=c_1e^{3t}\begin{bmatrix}1\\0\\1\end{bmatrix}+c_2e^{3t}\begin{bmatrix}-1\\1\\0\end{bmatrix}+c_3e^{-3t}\begin{bmatrix}-1\\-1\\1\end{bmatrix}$$

참고 | $\lambda_3=-3$에 대응하는 고유벡터를 가우스소거법으로 구하여 보자.

$$\begin{bmatrix}4&-2&2\\-2&4&2\\2&2&4\end{bmatrix}\xrightarrow{\text{1행에 }\frac{1}{2}\text{을 곱함}}\begin{bmatrix}2&-1&1\\-2&4&2\\2&2&4\end{bmatrix}$$

$$\begin{bmatrix}2&-1&1\\-2&4&2\\2&2&4\end{bmatrix}\xrightarrow{\text{1행을 2행에 더함}}\begin{bmatrix}2&-1&1\\0&3&3\\2&2&4\end{bmatrix}$$

$$\begin{bmatrix}2&-1&1\\0&3&3\\2&2&4\end{bmatrix}\xrightarrow{\text{1행을 }-1\text{을 곱하여 3행에 더함}}\begin{bmatrix}2&-1&1\\0&3&3\\0&3&3\end{bmatrix}$$

$$\begin{bmatrix}2&-1&1\\0&3&3\\0&3&3\end{bmatrix}\xrightarrow{\text{2행에 }-1\text{을 곱하여 3행에 더함}}\begin{bmatrix}2&-1&1\\0&3&3\\0&0&0\end{bmatrix}$$

$$\begin{bmatrix}2&-1&1\\0&3&3\\0&0&0\end{bmatrix}\xrightarrow{\text{2행에 }\frac{1}{3}\text{을 곱함}}\begin{bmatrix}2&-1&1\\0&1&1\\0&0&0\end{bmatrix}$$

$$\begin{bmatrix} 2 & -1 & 1 \\ 0 & 1 & 1 \\ 0 & 0 & 0 \end{bmatrix} \xrightarrow{\text{2행을 1행에 더함}} \begin{bmatrix} 2 & 0 & 2 \\ 0 & 1 & 1 \\ 0 & 0 & 0 \end{bmatrix}$$

$$\begin{bmatrix} 2 & 0 & 2 \\ 0 & 1 & 1 \\ 0 & 0 & 0 \end{bmatrix} \xrightarrow{\text{1행에 } \frac{1}{2}\text{을 곱함}} \begin{bmatrix} 1 & 0 & 1 \\ 0 & 1 & 1 \\ 0 & 0 & 0 \end{bmatrix}$$

$u_3 = s$로 놓으면 $u_2 = -s$이고 $u_1 = -s$이다.

A가 중복된 고유값을 가지면서 A가 실대칭행렬이 아니면 그 고유값에 대응하는 고유벡터를 중복도의 수만큼 구하지 못할 수 있다. 예를 들면,

$$A = \begin{bmatrix} 1 & -1 \\ 4 & -3 \end{bmatrix}$$

의 고유값 $\lambda = -1$의 중복도는 2이다. 그러나 $\lambda = -1$에 대응하는 고유벡터는

$$\mathbf{u} = \begin{bmatrix} 1 \\ 2 \end{bmatrix} s, \quad s\text{는 영이 아닌 실수}$$

뿐이다. 이 경우 $\mathbf{x}' = A\mathbf{x}$의 일반해를 고유값 및 고유벡터만으로 표현할 수 없다. 고유값이 중복도를 갖는 보조방정식 $\mathbf{x}' = A\mathbf{x}$의 일반해를 구하는 방법은 행렬지수함수 편에서 다룬다.

이제 n차원 벡터미분방정식

$$\mathbf{x}' = A(t)\mathbf{x} + \mathbf{g}(t)$$

의 특수해를 구하여 보자. 비동차 2계 선형미분방정식과 마찬가지로 특수해는 미정계수법 또는 변수변화법을 통하여 구할 수 있다. 먼저 미정계수법에 대하여 살펴보자. A가 상수행렬이고 $\mathbf{g}(t)$가 다항함수, 지수함수, 사인파형함수 또는 이 함수들을 결합한 형태로 주어질 때 특수해는 미정계수법으로 구할 수 있다. 구체적인 방법에 대해서는 2계 선형미분방정식의 특수해 구하는 부분을 참고하기 바란다.

예제 3.7 다음 식의 일반해를 구하여라.

$$\mathbf{x}' = A\mathbf{x} + t\mathbf{g}, \quad A = \begin{bmatrix} 1 & -2 & 2 \\ -2 & 1 & 2 \\ 2 & 2 & 1 \end{bmatrix}, \quad \mathbf{g} = \begin{bmatrix} -9 \\ 0 \\ -18 \end{bmatrix}$$

● **풀이** ● 예제 3.6으로부터 보조방정식 $\mathbf{x}' = A\mathbf{x}$의 보조해 $\mathbf{x}_c$는

$$\mathbf{x}_c(t) = c_1 e^{3t}\begin{bmatrix}1\\0\\1\end{bmatrix} + c_2 e^{3t}\begin{bmatrix}-1\\1\\0\end{bmatrix} + c_3 e^{-3t}\begin{bmatrix}-1\\-1\\1\end{bmatrix}$$

$\mathbf{g}(t) = t\mathbf{g}$ 는 t에 대한 일차벡터함수이므로 $\mathbf{x}_c$에 포함되지 않는다. 따라서 특수해의 형태는 다음과 같다.

$$\mathbf{x}_p(t) = t\,\mathbf{a} + \mathbf{b} = t\begin{bmatrix}a_1\\a_2\\a_3\end{bmatrix} + \begin{bmatrix}b_1\\b_2\\b_3\end{bmatrix}$$

$\mathbf{x}_p$를 방정식에 대입하여 정리하면

$$\mathbf{a} = A(t\,\mathbf{a} + \mathbf{b}) + t\mathbf{g}$$
$$t(A\mathbf{a} + \mathbf{g}) + (A\mathbf{b} - \mathbf{a}) = 0$$

위의 식은 t에 대한 벡터다항식이다. 따라서 계수는 모두 영벡터가 되어야 한다. 즉,

$$A\mathbf{a} = -\mathbf{g}$$
$$A\mathbf{b} = \mathbf{a}$$

가우스 소거법으로 첫 번째 식을 $\mathbf{a}$에 대해 풀면

$$\mathbf{a} = \begin{bmatrix}5\\2\\4\end{bmatrix}$$

$\mathbf{a}$를 두 번째 식에 대입하여 $\mathbf{b}$에 대해 풀면

$$\mathbf{b} = \begin{bmatrix}1\\0\\2\end{bmatrix}$$

특수해는

$$\mathbf{x}_p(t) = t\,\mathbf{a} + \mathbf{b} = t\begin{bmatrix}5\\2\\4\end{bmatrix} + \begin{bmatrix}1\\0\\2\end{bmatrix} = \begin{bmatrix}5t+1\\2t\\4t+2\end{bmatrix}$$

따라서 일반해는 다음과 같다.

$$\begin{aligned}\mathbf{x}(t) &= \mathbf{x}_c(t) + \mathbf{x}_p(t)\\ &= c_1 e^{3t}\begin{bmatrix}1\\0\\1\end{bmatrix} + c_2 e^{3t}\begin{bmatrix}-1\\1\\0\end{bmatrix} + c_3 e^{-3t}\begin{bmatrix}-1\\-1\\1\end{bmatrix} + \begin{bmatrix}5t+1\\2t\\4t+2\end{bmatrix}\end{aligned}$$

특수해의 모양을 선택하는 기준에 대해 좀더 살펴보자. 여기서 특수해의 형태가 보조방정

식의 해에 포함되는 경우 차수를 증가시켜야 한다는 점을 꼭 기억해야 한다. 자세한 내용은 비동차 2계 선형미분방정식의 특수해 구하는 편을 참고하라.

만약 $\mathbf{g}(t)$의 형태가

$$\mathbf{g}(t)=\begin{bmatrix}1\\t\\\sin t\end{bmatrix}$$

이면

$$\mathbf{g}(t)=\begin{bmatrix}1\\0\\0\end{bmatrix}+t\begin{bmatrix}0\\1\\0\end{bmatrix}+\sin t\begin{bmatrix}0\\0\\1\end{bmatrix}$$

과 같이 표현할 수 있으므로 특수해의 형태는

$$\mathbf{x}_p(t)=t\,\mathbf{a}+\mathbf{b}+\sin t\,\mathbf{c}+\cos t\,\mathbf{d}$$

이다. 비슷하게 만일

$$\mathbf{g}(t)=\begin{bmatrix}t\\e^t\\t^2\end{bmatrix}$$

이면

$$\mathbf{x}_p=t^2\mathbf{a}+t\mathbf{b}+\mathbf{c}+e^t\mathbf{d}$$

로 추정한다.

$\mathbf{g}(t)$의 형태에 관계없이 특수해를 구할 수 있는 변수변화법에 대하여 설명한다.

정리 3.9 n차원 벡터미분방정식

$$\mathbf{x}'=A(t)\mathbf{x}+\mathbf{g}(t) \tag{12}$$

의 일반해는

$$\mathbf{x}(t)=\Phi(t)\mathbf{c}+\Phi(t)\int\Phi^{-1}(t)\mathbf{g}(t)dt \tag{13}$$

여기서 $\Phi(t)$는 보조방정식 $\mathbf{x}'=A(t)\mathbf{x}$의 기본행렬이다.

증명•• $\Phi(t)$를 보조방정식 $\mathbf{x}' = A(t)\mathbf{x}$의 기본행렬이라 하자. 그러면 보조방정식 $\mathbf{x}' = A(t)\mathbf{x}$의 일반해는 $\mathbf{x}_c(t) = \Phi(t)\mathbf{c}$이다. 2장과 마찬가지로 $\mathbf{x}_p(t) = \Phi(t)\mathbf{v}(t)$로 놓고, $\mathbf{x}_p(t)$가 식 (12)의 해가 되도록 하는 함수 $\mathbf{v}(t)$를 구하면 된다.

$\mathbf{x}_p(t)$를 (12)에 대입하여 정리하면

$$(\Phi\mathbf{v})' = A(t)(\Phi\mathbf{v}) + \mathbf{g}(t)$$
$$\Phi'\mathbf{v} + \Phi\mathbf{v}' = A(t)(\Phi\mathbf{v}) + \mathbf{g}(t)$$
$$[\Phi' - A(t)\Phi]\mathbf{v} + \Phi\mathbf{v}' = \mathbf{g}(t)$$

Φ는 $\Phi' = A(t)\Phi$의 해이므로

$$\Phi(t)\mathbf{v}' = \mathbf{g}(t)$$

Φ는 역행렬을 가지므로

$$\mathbf{v}' = \Phi(t)^{-1}\mathbf{g}(t)$$

이를 적분하면 원하는 벡터함수

$$\mathbf{v}(t) = \int \Phi(t)^{-1}\mathbf{g}(t)\,dt$$

를 얻는다. 따라서 특수해는

$$\mathbf{x}_p(t) = \Phi(t)\int \Phi(t)^{-1}\mathbf{g}(t)\,dt$$

n차원 벡터미분방정식의 일반해는

$$\mathbf{x}(t) = \Phi(t)\mathbf{c} + \Phi(t)\int \Phi(t)^{-1}\mathbf{g}(t)\,dt$$

정리 3.10 n차원 벡터미분방정식에 의해 주어지는 다음 초기값문제

$$\mathbf{x}' = A(t)\mathbf{x} + \mathbf{g}(t)$$
$$\mathbf{x}(t_0) = \mathbf{x}_0$$

의 해는 다음과 같이 표현된다.

$$\mathbf{x}(t) = \Phi(t)\Phi(t_0)^{-1}\mathbf{x}(t_0) + \int_{t_0}^{t} \Phi(t)\Phi(s)^{-1}g(s)\,ds \tag{14}$$

예제 3.8 다음 초기값문제의 해를 구하여라.

$$\mathbf{x}'=\begin{bmatrix}2 & -3\\ 1 & -2\end{bmatrix}\mathbf{x}+\begin{bmatrix}e^{2t}\\ 1\end{bmatrix},\ \mathbf{x}(0)=\begin{bmatrix}-1\\ 0\end{bmatrix}$$

• **풀이** • 보조방정식의 기본해는

$$\mathbf{x}_1(t)=\begin{bmatrix}3e^t\\ e^t\end{bmatrix},\ \mathbf{x}_2(t)=\begin{bmatrix}e^{-t}\\ e^{-t}\end{bmatrix}$$

기본행렬은

$$\Phi(t)=\begin{bmatrix}3e^t & e^{-t}\\ e^t & e^{-t}\end{bmatrix}$$

그 역행렬은

$$\Phi^{-1}(t)=\begin{bmatrix}\frac{1}{2}e^{-t} & -\frac{1}{2}e^{-t}\\ -\frac{1}{2}e^t & \frac{3}{2}e^t\end{bmatrix}$$

주어진 조건을 공식 (14)에 대입하여 정리하면

$$\begin{aligned}\mathbf{x}(t)&=\begin{bmatrix}3e^t & e^{-t}\\ e^t & e^{-t}\end{bmatrix}\begin{bmatrix}\frac{1}{2} & -\frac{1}{2}\\ -\frac{1}{2} & \frac{3}{2}\end{bmatrix}\begin{bmatrix}-1\\ 0\end{bmatrix}\\
&\quad+\begin{bmatrix}3e^t & e^{-t}\\ e^t & e^{-t}\end{bmatrix}\int_0^t\begin{bmatrix}\frac{1}{2}e^{-s} & -\frac{1}{2}e^{-s}\\ -\frac{1}{2}e^s & \frac{3}{2}e^s\end{bmatrix}\begin{bmatrix}e^{2s}\\ 1\end{bmatrix}ds\\
&=\begin{bmatrix}-\frac{3}{2}e^t+\frac{1}{2}e^{-t}\\ -\frac{1}{2}e^t+\frac{1}{2}e^{-t}\end{bmatrix}+\begin{bmatrix}3e^t & e^{-t}\\ e^t & e^{-t}\end{bmatrix}\int_0^t\begin{bmatrix}\frac{1}{2}e^s & -\frac{1}{2}e^{-s}\\ -\frac{1}{2}e^{3s} & +\frac{3}{2}e^s\end{bmatrix}ds\\
&=\begin{bmatrix}-\frac{3}{2}e^t+\frac{1}{2}e^{-t}\\ -\frac{1}{2}e^t+\frac{1}{2}e^{-t}\end{bmatrix}+\begin{bmatrix}3e^t & e^{-t}\\ e^t & e^{-t}\end{bmatrix}\begin{bmatrix}\frac{1}{2}e^t+\frac{1}{2}e^{-t}-1\\ \frac{3}{2}e^t-\frac{1}{6}e^{3t}-\frac{4}{3}\end{bmatrix}\\
&=\begin{bmatrix}-\frac{9}{2}e^t-\frac{5}{6}e^{-t}+\frac{4}{3}e^{2t}+3\\ -\frac{3}{2}e^t-\frac{5}{6}e^{-t}+\frac{1}{3}e^{2t}+2\end{bmatrix}\end{aligned}$$

3.4 행렬지수함수

3.3절에서 기본행렬 $\Phi(t)$를 알고 있다면 특수해 $\mathbf{x}_p$를 구할 수 있음을 알았다. 그리고 A의 고유값이 모두 다르거나 A가 실대칭행렬일 경우 $\Phi(t)$를 구할 수 있다는 것도 알고 있다. 그러나 A가 실대칭행렬이 아니면서 동시에 고유값이 중복이 되는 경우 $\Phi(t)$를 구하는 것은 쉽지 않다.

이 절에서는 n차원 벡터미분방정식

$$\mathbf{x}' = A\mathbf{x} \tag{1}$$

의 기본행렬 $\Phi(t)$를 일반적으로 구하는 방법을 살펴본다.

식 (1)을 구성하고 있는 요소가 벡터나 행렬이라는 점을 잠깐 잊으면 동차 1계 선형미분방정식

$$x' = ax,\ x = x(t) \tag{2}$$

와 모양이 동일하다. 단, a는 상수이다. 식 (2)의 일반해는

$$x = ce^{at}$$

이므로, 식 (1)의 일반해도

$$\mathbf{x} = e^{At}\mathbf{c}$$

와 같은 모양을 하고 있어야 한다. 왜냐하면 A가 1×1행렬이면 A는 상수에 지나지 않기 때문이다. 남은 문제는 e^{At}의 의미를 부여하는 것이다.

정의 4.1 A를 $n\times n$인 행렬이라 하자. 임의의 t에 대하여

$$e^{At} := I_n + At + A^2\frac{t^2}{2!} + \cdots + A^k\frac{t^k}{k!} + \cdots$$

과 같이 정의하고 이를 행렬지수함수(matrix exponential function)라 한다. 특히, $e^{A0} = I_n$이다.

행렬지수함수의 우변은 $n\times n$행렬이므로 e^{At}도 $n\times n$행렬이다. 행렬지수함수는 행렬 I_n, A, $A^2/2!,\cdots$을 계수로 갖는 t에 대한 멱급수이다. 형렬지수함수는 A가 상수행렬일 때 항상 수렴한다. 물론 수렴에 대한 말을 정당화하기 위해서는 행렬의 노름(norm)를 정의가 필요하지만 여기서는 생략한다.

합의 기호를 이용하여 행렬지수함수를 표기하면 다음과 같다.

$$e^{At}=\sum_{n=0}^{\infty}A^n\frac{t^n}{n!}\quad (A^0=I_n)$$

예제 4.1 대각행렬

$$A=\begin{bmatrix}a&0&0\\0&b&0\\0&0&c\end{bmatrix}$$

에 대하여 행렬지수함수 e^{At}을 구하여라.

• **풀이** • 자연수 n에 대하여

$$A^n=\begin{bmatrix}a^n&0&0\\0&b^n&0\\0&0&c^n\end{bmatrix}$$

이 결과를 e^{At}의 정의에 대입하여 정리하면 다음과 같은 결과를 얻는다.

$$e^{At}=\begin{bmatrix}1&0&0\\0&1&0\\0&0&1\end{bmatrix}+\begin{bmatrix}a&0&0\\0&b&0\\0&0&c\end{bmatrix}t+\begin{bmatrix}a^2&0&0\\0&b^2&0\\0&0&c^2\end{bmatrix}\frac{t^2}{2!}+\cdots+\begin{bmatrix}a^n&0&0\\0&b^n&0\\0&0&c^n\end{bmatrix}\frac{t^n}{n!}+\cdots$$

$$=\begin{bmatrix}1+at+\frac{(at)^2}{2!}+\cdots+\frac{(at)^n}{n!}+\cdots & 0 & 0\\ 0 & 1+bt+\frac{(bt)^2}{2!}+\cdots+\frac{(bt)^n}{n!}+\cdots & 0\\ 0 & 0 & 1+at+\frac{(ct)^2}{2!}+\cdots+\frac{(ct)^n}{n!}+\cdots\end{bmatrix}$$

$$=\begin{bmatrix}e^{at}&0&0\\0&e^{bt}&0\\0&0&e^{ct}\end{bmatrix}$$

대각행렬에 대한 행렬지수함수는 대각성분을 지수함수로 바꾸면 된다.

예제 4.2 $A=\begin{bmatrix}0&1\\-1&0\end{bmatrix}$일 때, e^{At}를 구하여라.

● **풀이** ● 행렬의 곱셈으로부터

$$A^2 = \begin{bmatrix} 0 & 1 \\ -1 & 0 \end{bmatrix}\begin{bmatrix} 0 & 1 \\ -1 & 0 \end{bmatrix} = \begin{bmatrix} -1 & 0 \\ 0 & -1 \end{bmatrix} = -I_2$$

$$A^3 = A^2 A = -A$$

$$A^4 = A^3 A = -A^2 = I_2$$

$$A^5 = A$$

$$A^6 = A^2 = -I_2, \ \cdots$$

이를 정리하면

$$I_2 = A^4 = A^8 = \cdots, \ A^2 = A^6 = \cdots = -I_2$$

$$A = A^5 = A^9 = \cdots, \ A^3 = A^7 = \cdots = -A$$

이러한 관계식을 행렬지수함수에 대입하면

$$e^{At} = \begin{bmatrix} 1 - \frac{1}{2!}t^2 + \frac{1}{4!}t^4 + \cdots & t - \frac{1}{3!}t^3 + \frac{1}{5!}t^5 - \cdots \\ -t + \frac{1}{3!}t^3 - \frac{1}{5!}t^5 + \cdots & 1 - \frac{1}{2!}t^2 + \frac{1}{4!}t^4 - \cdots \end{bmatrix}$$

$$= \begin{bmatrix} \cos t & \sin t \\ -\sin t & \cos t \end{bmatrix}$$

이다.

대각행렬이 아닌 경우에 예제 4.2처럼 무한급수를 이용하여 행렬지수함수를 구할 수 있지만, 행렬의 성분이 어떤 함수에 수렴하는지는 잘 알 수 없다. 지금부터 행렬지수함수를 효과적으로 구할 수 있는 방법을 설명한다.

대각행렬이 아닌 경우 행렬지수함수를 구할 수 있는 몇 가지 방법이 있다. 즉, 행렬을 대각형 또는 조르당형(Jordan shape)으로 변환하여 구하는 방법, 라그랑주-실버스터 보간공식(Lagrange-Sylverster interpolation formula)을 이용하는 방법, 라플라스변환(Laplace Transform)을 이용하는 방법(4장 참조)이 있다. 여기서는 행렬을 대각형태로 고쳐서 행렬지수함수를 구하는 방법을 설명한다.

$n \times n$행렬 A를 다음과 같은 식으로 표현할 수 있을 때, A는 대각화 가능한 행렬(diagonalizable matrix)이라 한다.

$$D = P^{-1}AP$$

여기서 D는 $n \times n$ 대각행렬이다.

A의 고유값이 모두 다른 실수일 때, 행렬 A는 대각화 가능하다. 예를 들어, $n=3$인 경우

행렬 A의 모두 다른 고유값을 λ_1, λ_2, λ_3이라 하고, u_1, u_2, u_3을 각 고유값에 대응하는 고유벡터라 하자. 다음과 같은 등식을 얻는다.

$$\Lambda = P^{-1}AP$$

단,

$$\Lambda = \mathrm{dial}(\lambda_1,\ \lambda_2,\ \lambda_3) = \begin{bmatrix} \lambda_1 & 0 & 0 \\ 0 & \lambda_2 & 0 \\ 0 & 0 & \lambda_3 \end{bmatrix} \text{ 및 } P = [\mathrm{u}_1\ \mathrm{u}_2\ \mathrm{u}_3]$$

또한 임의의 자연수 k에 대하여

$$(P^{-1}AP)^k = P^{-1}APP^{-1}AP \cdots P^{-1}AP = P^{-1}A^kP$$

위의 등식을 이용하여 다음 등식을 얻을 수 있다.

$$\begin{aligned} e^{\Lambda t} = e^{P^{-1}APt} &= I_3 + (P^{-1}AP)t + (P^{-1}AP)^2\frac{t^2}{2!} + (P^{-1}AP)^3\frac{t^3}{3!} + \cdots \\ &= P^{-1}P + (P^{-1}AP)t + (P^{-1}A^2P)\frac{t^2}{2!} + (P^{-1}A^3P)\frac{t^3}{3!} + \cdots \\ &= P^{-1}\left(I_3 + At + A^2\frac{t^2}{2!} + A^3\frac{t^3}{3!} + \cdots\right)P \\ &= P^{-1}e^{At}P \end{aligned}$$

따라서 행렬지수함수 e^{At}는 다음 등식으로부터 구할 수 있다.

$$e^{At} = Pe^{\Lambda t}P^{-1}$$

예제 4.3 $A = \begin{bmatrix} 4 & -1 & 0 \\ -2 & 4 & -1 \\ 0 & -2 & 4 \end{bmatrix}$일 때, e^{At}를 구하여라.

• 풀이 • 행렬 A의 고유값은 2, 4, 6이고, 2, 4, 6에 대응하는 고유벡터는 순서대로

$$\begin{bmatrix} 1 \\ 2 \\ 2 \end{bmatrix},\ \begin{bmatrix} 1 \\ 0 \\ -2 \end{bmatrix},\ \begin{bmatrix} 1 \\ -2 \\ 2 \end{bmatrix}$$

이므로

$$P = \begin{bmatrix} 1 & 1 & 1 \\ 2 & 0 & -2 \\ 2 & -2 & 2 \end{bmatrix}$$

이고

$$P^{-1} = \frac{1}{4}\begin{bmatrix} 1 & 1 & 1/2 \\ 2 & 0 & -1 \\ 1 & -1 & 1/2 \end{bmatrix}$$

따라서

$$e^{At} = Pe^{\lambda t}P^{-1} = \begin{bmatrix} 1 & 1 & 1 \\ 2 & 0 & -2 \\ 2 & -2 & 2 \end{bmatrix}\begin{bmatrix} e^{2t} & 0 & 0 \\ 0 & e^{4t} & 0 \\ 0 & 0 & e^{6t} \end{bmatrix}\frac{1}{4}\begin{bmatrix} 1 & 1 & 1/2 \\ 2 & 0 & -1 \\ 1 & -1 & 1/2 \end{bmatrix}$$

$$= \begin{bmatrix} \frac{1}{4}e^{2t} + \frac{1}{2}e^{4t} + \frac{1}{4}e^{6t} & \frac{1}{4}e^{2t} - \frac{1}{4}e^{6t} & \frac{1}{8}e^{2t} - \frac{1}{4}e^{4t} + \frac{1}{8}e^{6t} \\ \frac{1}{2}e^{2t} - \frac{1}{2}e^{6t} & \frac{1}{2}e^{2t} + \frac{1}{2}e^{6t} & \frac{1}{4}e^{2t} - \frac{1}{4}e^{6t} \\ \frac{1}{2}e^{2t} - e^{4t} + \frac{1}{2}e^{6t} & \frac{1}{2}e^{2t} - \frac{1}{2}e^{6t} & \frac{1}{4}e^{2t} + \frac{1}{2}e^{4t} + \frac{1}{4}e^{6t} \end{bmatrix}$$

행렬지수함수도 지수함수가 갖는 성질을 그대로 만족한다.

정리 4.1 임의의 t와 s에 대하여 (i) - (iv)이 성립한다.

(i) $\frac{d}{dt}e^{At} = Ae^{At}$ (지수함수에 대한 미분)

(ii) $e^{At}\mathbf{c}$는 $\mathbf{x}' = A\mathbf{x}$의 일반해이다.

(iii) $e^{A(t+s)} = e^{At}e^{As}$ (덧셈법칙)

(iv) $[e^{At}]^{-1} = e^{-At}$ (역행렬)

(v) e^{At}는 $\mathbf{x}' = A\mathbf{x}$의 기본행렬이다.

증명•• (i)의 증명

$$\frac{d}{dt}(e^{At}) = \frac{d}{dt}\left(I_n + At + A^2\frac{t^2}{2} + \cdots + A^n\frac{t^n}{n!} + \cdots\right)$$

$$= A + A^2 t + A^3\frac{t^2}{2} + \cdots + A^n\frac{t^{n-1}}{(n-1)!} + \cdots$$

$$= A\left[I_n + At + A^2\frac{t^2}{2} + \cdots + A^{n-1}\frac{t^{n-1}}{(n-1)!} + \cdots\right]$$

따라서

$$\frac{d}{dt}(e^{At}) = Ae^{At}$$

(ii)의 증명

(i)로부터 $\mathbf{cx} = e^{At}\mathbf{c}$는 $\mathbf{x}' = A\mathbf{x}$의 해이다.

(iii)의 증명

고정된 실수 s 에 대하여 $f(t)=e^{A(t+s)}$ 으로 정의하자. (ⅰ)로부터

$$f'(t)=\frac{d(t+s)}{dt}\frac{de^{A(t+s)}}{d(t+s)}=Ae^{A(t+s)}=Af(t)$$

이므로 $f(t)=e^{At}C$ 이다. C 는 s 에 의존하는 상수행렬이다. $t=0$을 $f(t)$에 대입하면

$$e^{A(0+s)}=e^{A0}C \quad 또는 \quad C=e^{As}$$

지금까지의 결과들을 정리하면 다음 식을 얻는다.

$$f(t)=e^{A(t+s)}=e^{At}e^{As}$$

(iv)의 증명

(iii)에서 $s=-t$라 놓으면

$$I_n=e^{At}e^{A(-t)}$$

이므로

$$[e^{At}]^{-1}=e^{A(-t)}=e^{-At}$$

이다. (v)의 증명

(iv)로부터 e^{At}는 가역행렬이다. 따라서 e^{At}는 기본행렬이다. ◖

정리 4.1(ⅰ)로부터 매우 중요한 결과를 유도할 수 있다. 즉, 이를 이용하여 식 (1)의 기본해집합을 구할 수 있는 방법을 고안할 수 있다. 실제로, 정리 4.1(ⅰ)로부터

$$\mathrm{x}=e^{At}\mathrm{u}$$

는 식 (1)의 하나의 해이다. 특히, λ는 A 의 고유값이고 u는 λ에 대응하는 A 의 고유벡터인 경우 다음 결과를 얻는다.

$$\begin{aligned}\mathrm{x}=e^{At}\mathrm{u}&=\left(I_n+At+A^2\frac{t^2}{2!}+\cdots+A^k\frac{t^k}{k!}+\cdots\right)\mathrm{u}\\&=\left(I_n\mathrm{u}+A\mathrm{u}t+A^2\mathrm{u}\frac{t^2}{2!}+\cdots+A^k\mathrm{u}\frac{t^k}{k!}+\cdots\right)\\&=\left(u+\lambda\mathrm{u}t+\lambda^2\mathrm{u}\frac{t^2}{2!}+\cdots+\lambda^k\mathrm{u}\frac{t^k}{k!}+\cdots\right)\end{aligned}$$

$$= \left(1 + \lambda t + \lambda^2 \frac{t^2}{2!} + \cdots + \lambda^k \frac{t^k}{k!} + \cdots \right)\mathbf{u}$$
$$= e^{\lambda t}\mathbf{u}$$

모든 $\mathbf{u}$에 대하여 $\mathbf{x} = e^{At}\mathbf{u}$는 식 (1)의 해가 되므로, 행렬지수함수를 조작하여 기본해집합을 만들어 낼 수 있다. 문제를 간단하게 하기 위해

$$p(\lambda) = \det(A - \lambda I_n) = (\lambda - \lambda_1)^2 q(\lambda), \ q(\lambda_1) \neq 0$$

라 가정하고, 벡터 $\mathbf{u}_1$는 λ_1에 대응하는 고유벡터라 하자. 고유값 λ_1을 이용하여

$$\mathbf{x}_1 = e^{\lambda_1 t}\mathbf{u}_1$$

에 일차독립인 두 번째 해 $\mathbf{x}_2$를 구하여 보자. 정리 4.1(iii)으로부터

$$e^{At} = e^{\lambda_1 I_n t} e^{(A - \lambda_1 I_n)t} = e^{\lambda_1 t} e^{(A - \lambda_1 I_n)t}$$

이므로, 임의의 벡터 $\mathbf{u}$에 대하여

$$\begin{aligned} e^{At}\mathbf{u} &= e^{\lambda_1 t} e^{(A - \lambda_1 I_n)t}\mathbf{u} \\ &= e^{\lambda_1 t}\left\{\mathbf{u} + t(A - \lambda_1 I_n)\mathbf{u} + \cdots + \frac{t^k}{k!}(A - \lambda_1 I_n)^k \mathbf{u} + \cdots \right\} \end{aligned} \tag{3}$$

다음 식을 만족하는 벡터 $\mathbf{u}_2$가 존재한다고 가정하자.

$$(A - \lambda_1 I_n)\mathbf{u}_2 \neq 0 \ \text{및} \ (A - \lambda_1 I_n)^2 \mathbf{u}_2 = 0 \tag{4}$$

이 가성으로부터 다음 식을 얻는다.

$$(A - \lambda_1 I_n)^l \mathbf{u}_2 = 0, \ l \geq 2\text{인 정수}$$

이 식을 식 (3)에 대입하면 다음과 같은 귀중한 결과를 얻을 수 있다.

$$e^{At}\mathbf{u}_2 = e^{\lambda_1 t}\{\mathbf{u}_2 + t(A - \lambda_1 I_n)\mathbf{u}_2\}$$

위와 같은 방법으로 구한

$$\mathbf{x}_2 = e^{At}\mathbf{u}_2$$

는 $\mathbf{x}_1 = e^{\lambda_1 t}\mathbf{u}_1$과 일차독립인 식 (1)의 해가 된다.

식 (4)는 매우 중요한 의미를 가짐으로, 이를 일반적으로 정의해 둔다.

정의 4.1 $l \leq k$인 음이 아닌 정수 l과 k에 대해서

$$(A-\lambda I_n)^l \mathrm{u} \neq 0$$

이고

$$(A-\lambda I_n)^{k+1} \mathrm{u} = 0$$

을 만족할 때 u를 λ에 대응하는 $k+1$번째 A의 일반화된 고유벡터($k+1$-th generalized eigenvector of A)라 한다.

정리 4.2 u를 λ에 대응하는 $k+1$번째 A의 일반화된 고유벡터라 하면

$$e^{At}\mathrm{u} = e^{\lambda t}\left\{\mathrm{u} + t(A-\lambda I_n)\mathrm{u} + \cdots + \frac{t^k}{k!}(A-\lambda I_n)^k \mathrm{u}\right\} \tag{5}$$

증명•• 정리 4.2(iii)에 의해 $e^{At} = e^{\lambda \mathrm{In}\, t} e^{(A-\lambda I_n)t} = e^{\lambda t} e^{(A-\lambda I_n)t}$이므로

$$\begin{aligned} e^{At}\mathrm{u} &= e^{\lambda t} e^{(A-\lambda I_n)t}\mathrm{u} \qquad (6) \\ &= e^{\lambda t}\left\{\mathrm{u} + t(A-\lambda I_n)\mathrm{u} + \cdots + \frac{t^k}{k!}(A-\lambda I_n)^k \mathrm{u} + \cdots\right\} \end{aligned}$$

가정에 의해 $(A-\lambda I_n)^{k+1}\mathrm{u} = 0$이므로 $l \geq k+1$에 대하여 $(A-\lambda I_n)^l \mathrm{u} = 0$이다. 따라서 식 (5)는 식 (6)으로부터 직접 얻을 수 있다. ⊂

예제 4.2 다음 미분방정식의 일반해를 구하여라.

$$\mathrm{x}' = A\mathrm{x}, \quad A = \begin{bmatrix} 1 & -1 \\ 4 & -3 \end{bmatrix}$$

• 풀이 •

$$\det\begin{bmatrix} 1-\lambda & -1 \\ 4 & -3-\lambda \end{bmatrix} = -(1-\lambda)(3+\lambda) + 4 = \lambda^2 + 2\lambda + 1 = 0$$

이므로, A의 고유값는 $\lambda = -1$(중근)이다. $\lambda = -1$에 대응하는 A의 고유벡터를 구하자.

$$\begin{bmatrix} 2 & -1 \\ 4 & -2 \end{bmatrix}\begin{bmatrix} u_1 \\ u_2 \end{bmatrix} = \begin{bmatrix} 0 \\ 0 \end{bmatrix} \quad \text{또는} \quad 2u_1 - u_2 = 0$$

이를 풀면

$$\mathbf{u}_1 = \begin{bmatrix} 1 \\ 2 \end{bmatrix}$$

를 얻고, 이것은 유일한 고유값이다(상수배 제외). 따라서 고유값 및 고유벡터의 정보로부터

$$\mathbf{x}_1 = e^{-t}\begin{bmatrix} 1 \\ 2 \end{bmatrix}$$

만 구할 수 있다. 이제 2번째 일반화된 고유값을 이용하여 두 번째 해를 구하자.

① $$(A - \lambda I_2)^2\mathbf{u} = \mathbf{0}$$

을 만족하는 $\mathbf{u}$를 구하자. A와 $\lambda = -1$을 식 ①에 대입하면

② $$\left(\begin{bmatrix} 1 & -1 \\ 4 & -3 \end{bmatrix} + \begin{bmatrix} 1 & 0 \\ 0 & 1 \end{bmatrix}\right)^2 \begin{bmatrix} u_1 \\ u_2 \end{bmatrix} = \begin{bmatrix} 2 & -1 \\ 4 & -2 \end{bmatrix}^2 \begin{bmatrix} u_1 \\ u_2 \end{bmatrix} = \begin{bmatrix} 0 & 0 \\ 0 & 0 \end{bmatrix}\begin{bmatrix} u_1 \\ u_2 \end{bmatrix} = \begin{bmatrix} 0 \\ 0 \end{bmatrix}$$

식 ②는 모든 u_1과 u_2에 대하여 만족되므로 2번째 일반화된 고유벡터를 다음과 같이 선택한다.

$$\mathbf{u}_2 = \begin{bmatrix} 1 \\ 0 \end{bmatrix}$$

이 정보를 이용하면 $\mathbf{x}_1$에 일차독립인 두 번째 해는

$$\begin{aligned} \mathbf{x}_2 &= e^{At}\mathbf{u}_2 = e^{\lambda t}\{\mathbf{u}_2 + t(A - \lambda I_2)\mathbf{u}_2\} \\ &= e^{-t}\{\mathbf{u}_2 + t(A + I_2)\mathbf{u}_2\} \\ &= e^{-t}\left\{\begin{bmatrix} 1 \\ 0 \end{bmatrix} + t\begin{bmatrix} 2 & -1 \\ 4 & -2 \end{bmatrix}\begin{bmatrix} 1 \\ 0 \end{bmatrix}\right\} = e^{-t}\begin{bmatrix} 2t+1 \\ 4t \end{bmatrix} \end{aligned}$$

따라서 일반해는

$$\mathbf{x}(t) = c_1 e^{-t}\begin{bmatrix} 1 \\ 2 \end{bmatrix} + c_2 e^{-t}\begin{bmatrix} 2t+1 \\ 4t \end{bmatrix}$$

일반화된 고유벡터를 이용하여 n차 선형미분방정식 $\mathbf{x}' = A\mathbf{x}$의 기본해집합을 구하여 과정을 정리하면 다음과 같다.

(i) 특성다항식을 일차식으로 인수분해한다.

$$p(\lambda)=\det(A-\lambda I_n)=(\lambda-\lambda_1)^{n_1}\cdots(\lambda-\lambda_l)^{n_l},\ n_1+n_2+\cdots n_l=n$$

여기서 지수 n_k는 λ_k의 중복도(multiplicity)를 나타낸다.

(ii) k번째 고유값 $\lambda_k(1\le k\le l)$에 대응하는 고유벡터 $\mathbf{u}_1$과 $m+1$ $(1\le m\le n_k-1)$번째 일반화된 고유벡터 $\mathbf{u}_m$을 찾는다.

(iii) 고유벡터를 이용하여 $\lambda=\lambda_k$에 대응하는 첫 번째 해

$$\mathbf{x}_1=e^{\lambda_k}\mathbf{u}_1$$

를 구하고, 그 다음 $\lambda=\lambda_k$에 대응하는 일반화된 고유벡터를 이용하여 n_k-1개의 해

$$e^{At}\mathbf{u}_m=e^{\lambda_k t}\left\{\mathbf{u}_m+t(A-\lambda_k I_n)\mathbf{u}_m+\cdots+\frac{t^m}{m!}(A-\lambda_k I_n)^m\mathbf{u}_m\right\}$$
$$(m=2,\ 3,\ \cdots,\ n_k)\tag{7}$$

를 구한다.

예제 4.3 다음 미분방정식의 일반해를 구하여라.

$$\mathbf{x}'=A\mathbf{x},\ A=\begin{bmatrix}1&0&0\\1&3&0\\0&1&1\end{bmatrix}$$

• **풀이** • A의 특성방정식

$$p(\lambda)=\det(A-\lambda I_3)=\begin{bmatrix}1-\lambda&0&0\\1&3-\lambda&0\\0&1&1-\lambda\end{bmatrix}=-(\lambda-1)^2(\lambda-3)=0$$

이므로, A의 고유값는 중복도 2인 $\lambda=1$과 중복도 1인 $\lambda=3$이다.

먼저 $\lambda=1$에 대한 고유벡터와 일반화된 고유벡터를 구하자. $\lambda=1$과 A를

$$(A-\lambda I_3)\mathbf{u}=0$$

에 대입하면

$$\begin{bmatrix} 0 & 0 & 0 \\ 1 & 2 & 0 \\ 0 & 1 & 0 \end{bmatrix} \begin{bmatrix} u_1 \\ u_2 \\ u_3 \end{bmatrix} = \begin{bmatrix} 0 \\ 0 \\ 0 \end{bmatrix} \quad \text{또는} \quad u_1 + 2u_2 = 0,\ u_2 = 0$$

이 식을 풀면 $u_1 = u_2 = 0$, $u_3 = s$ (0이 아닌 임의의 수)이다. $s = 1$로 놓으면 $\lambda_1 = 1$에 대응하는 고유벡터 $\mathbf{u}_1$은

$$\mathbf{u}_1 = \begin{bmatrix} 0 \\ 0 \\ 1 \end{bmatrix}$$

이므로, 첫 번째 해는

$$\mathbf{x}_1 = e^t \mathbf{u}_1 = e^t \begin{bmatrix} 0 \\ 0 \\ 1 \end{bmatrix} = \begin{bmatrix} 0 \\ 0 \\ e^t \end{bmatrix}$$

일차독립인 두 번째 해를 구하기 위해 다음 방정식을 푼다.

$$(A - \lambda_1 I_3)^2 \mathbf{u} = \mathbf{0}$$

$\lambda_1 = 1$과 A를 위의 식에 대입하면

$$(A - I_3)^2 \mathbf{u} = \begin{bmatrix} 0 & 0 & 0 \\ 2 & 4 & 0 \\ 1 & 2 & 0 \end{bmatrix} \begin{bmatrix} u_1 \\ u_2 \\ u_3 \end{bmatrix} = \begin{bmatrix} 0 \\ 0 \\ 0 \end{bmatrix}$$

또는

$$2u_1 + 4u_2 = 0$$

이를 풀면, 동시에 0이 아닌 임의의 s와 v에 대하여

$$u_2 = s,\ u_1 = -2u_2 = -2s,\ u_3 = v$$

$s = 1$ 및 $v = 0$을 택하면 일반화된 고유벡터는

$$\mathbf{u}_2 = \begin{bmatrix} -2 \\ 1 \\ 0 \end{bmatrix}$$

$(A - I_3)^2 \mathbf{u}_2 = 0$이므로 식 (7)로부터 두 번째 일차독립인 해

$$\begin{aligned} \mathbf{x}_2(t) &= e^{At} \mathbf{u}_2 = e^t \mathbf{u}_2 + t(A - I_3)\mathbf{u}_2 \\ &= e^t \begin{bmatrix} -2 \\ 1 \\ 0 \end{bmatrix} + te^t \begin{bmatrix} 0 & 0 & 0 \\ 1 & 2 & 0 \\ 0 & 1 & 0 \end{bmatrix} \begin{bmatrix} -2 \\ 1 \\ 0 \end{bmatrix} \end{aligned}$$

$$= e^{t}\begin{bmatrix}-2\\1\\0\end{bmatrix} + te^{t}\begin{bmatrix}0\\0\\1\end{bmatrix} = \begin{bmatrix}-2e^{t}\\e^{t}\\te^{t}\end{bmatrix}$$

고유값 $\lambda = 3$에 대해서는 $(A-3I_3)\mathbf{u} = \mathbf{0}$을 푼다. 즉

$$\begin{bmatrix}-2 & 0 & 0\\1 & 0 & 0\\0 & 1 & -2\end{bmatrix}\begin{bmatrix}u_1\\u_2\\u_3\end{bmatrix} = \begin{bmatrix}0\\0\\0\end{bmatrix} \quad \text{또는 } u_1 = 0,\ u_2 - 2u_3 = 0$$

이를 풀면, 0이 아닌 s에 대하여

$$u_1 = 0,\ u_2 = 2s,\ u_3 = s$$

$s = 1$로 놓으면

$$\mathbf{u}_2 = \begin{bmatrix}0\\2\\1\end{bmatrix}$$

세 번째 일차독립인 해는

$$\mathbf{x}_3(t) = e^{3t}\mathbf{u}_3 = e^{3t}\begin{bmatrix}0\\2\\1\end{bmatrix} = \begin{bmatrix}0\\2e^{3t}\\e^{3t}\end{bmatrix}$$

따라서 구하는 일반해는

$$\mathbf{x}(t) = c_1\begin{bmatrix}0\\0\\e^{t}\end{bmatrix} + c_2\begin{bmatrix}-2e^{t}\\e^{t}\\te^{t}\end{bmatrix} + c_3\begin{bmatrix}0\\2e^{3t}\\e^{3t}\end{bmatrix}$$

$X' = AX$에 대한 두 개의 기본행렬 $\Phi(t)$와 e^{At}을 발견하였다.
다음 정리는 기본행렬 사이의 관계를 설명한다.

정리 4.3 기본행렬의 관계
$X(t)$와 $Y(t)$가 $\mathbf{x}' = A\mathbf{x}$에 대한 두 개의 기본행렬이면, $X(t) = Y(t)C$를 만족하는 상수행렬 C가 존재한다.

증명•• $\mathbf{x}_1(t), \cdots, \mathbf{x}_n(t)$는 $X(t)$의 열벡터라 하고 $\mathbf{y}_1(t), \cdots, \mathbf{y}_n(t)$는 $Y(t)$의 열벡터라고 하자. $\{\mathbf{y}_1(t), \cdots, \mathbf{y}_n(t)\}$는 $\mathbf{x}' = A\mathbf{x}$의 기본해집합이고, 임의의 j에 대하여 $\mathbf{x}_j(t)$도 $\mathbf{x}' = A\mathbf{x}$의 해이므로

$$\mathbf{x}_j(t) = c_{1j}\mathbf{y}_1(t) + \cdots + c_{nj}\mathbf{y}_n(t),\ j = 1, \cdots, n \tag{8}$$

을 만족하는 상수 c_{1j}, c_{2j}, $\cdots$, c_{nj}가 존재한다. 식 (8)을 행렬로 표기하면

$$X(t) = Y(t)C$$

여기서 $C = [c_{ij}]_{1 \le i,j \le n}$이다. ◐

정리 4.4 **기본행렬과 행렬지수함수의 관계**

$$e^{At} = \Phi(t)\Phi(0)^{-1}$$

증명•• 정리 4.3으로부터 모든 t에 대하여

$$e^{At} = \Phi(t)\,C \tag{9}$$

를 만족하는 행렬 C가 존재한다. 식 (9)에서 $t=0$이라 하면

$$I_n = \Phi(0)\,C$$

이 식의 양변에 $\Phi(0)^{-1}$를 곱하면

$$C = \Phi(0)^{-1}$$

따라서

$$e^{At} = \Phi(t)C = \Phi(t)\Phi(0)^{-1}$$

◐

예제 4.4 $A = \begin{bmatrix} 1 & 0 & 0 \\ 1 & 3 & 0 \\ 0 & 1 & 1 \end{bmatrix}$ 일 때 행렬지수함수 e^{At}를 구하여라.

• 풀이 • 예제 4.3으로부터 기본행렬은

$$\Phi(t) = \begin{bmatrix} 0 & -2e^t & 0 \\ 0 & e^t & 2e^{3t} \\ e^t & te^t & e^{3t} \end{bmatrix}$$

또한

$$\Phi(0) = \begin{bmatrix} 0 & -2 & 0 \\ 0 & 1 & 2 \\ 1 & 0 & 1 \end{bmatrix}, \quad \Phi(0)^{-1} = \begin{bmatrix} -\frac{1}{4} & -\frac{1}{2} & 1 \\ -\frac{1}{2} & 0 & 0 \\ \frac{1}{4} & \frac{1}{2} & 0 \end{bmatrix}$$

정리 4.4로부터

$$e^{At} = \Phi(t)\Phi(0)^{-1} = \begin{bmatrix} 0 & -2e^t & 0 \\ 0 & e^t & 2e^{3t} \\ e^t & te^t & e^{3t} \end{bmatrix} \begin{bmatrix} -\frac{1}{4} & -\frac{1}{2} & 1 \\ -\frac{1}{2} & 0 & 0 \\ \frac{1}{4} & \frac{1}{2} & 0 \end{bmatrix}$$

$$= \begin{bmatrix} e^t & 0 & 0 \\ -\frac{1}{2}e^t + \frac{1}{2}e^{3t} & e^{3t} & 0 \\ -\frac{1}{4}e^t - \frac{1}{2}te^t + \frac{1}{4}e^{3t} & -\frac{1}{2}e^t + \frac{1}{2}e^{3t} & e^t \end{bmatrix}$$

정리 4.4를 이용하면 n차 선형미분방정식

$$\mathbf{x}' = A\mathbf{x} + \mathbf{g}(t)$$
$$\mathbf{x}(t_0) = \mathbf{x}_0$$

에 의해 기술되는 초기값문제의 해는 다음과 같이 표현할 수 있다.

$$\mathbf{x}(t) = e^{A(t-t_0)}\mathbf{x}_0 + \int_{t_0}^{t} e^{A(t-s)}\mathbf{g}(s)ds \tag{10}$$

참고 | 식 (10)은 1계 선형미분방정식

$$x' = ax + g(t), \ \ x(t_0) = x_0$$

의 해의 공식

$$x(t) = e^{a(t-t_0)}x_0 + \int_{t_0}^{t} e^{a(t-s)}g(s)ds$$

과 유사하다.

예제 4.5 다음 초기값문제의 해를 구하여라.

$$\mathbf{x}' = A\mathbf{x} + \mathbf{g}(t)$$
$$\mathbf{x}_0 = 0$$

단, $A = \begin{bmatrix} 1 & 0 & 0 \\ 1 & 3 & 0 \\ 0 & 1 & 1 \end{bmatrix}$이고 $\mathbf{g}(t) = \begin{bmatrix} 0 \\ 0 \\ t \end{bmatrix}$이다.

• **풀이** • 행렬지수함수 e^{At}를 이용하여 해를 구하여 보자. 예제 4.4로부터

$$e^{At}=\begin{bmatrix} e^{t} & 0 & 0 \\ -\frac{1}{2}e^{t}+\frac{1}{2}e^{3t} & e^{3t} & 0 \\ -\frac{1}{4}e^{t}-\frac{1}{2}te^{t}+\frac{1}{4}e^{3t} & -\frac{1}{2}e^{t}+\frac{1}{2}e^{3t} & e^{t} \end{bmatrix}$$

식 (10)의 피적분함수는

$$e^{A(t-s)}\mathbf{g}(s)=\begin{bmatrix} e^{t-s} & 0 & 0 \\ -\frac{1}{2}e^{t-s}+\frac{1}{2}e^{3(t-s)} & e^{3(t-s)} & 0 \\ -\frac{1}{4}e^{(t-s)}-\frac{1}{2}(t-s)e^{t-s}+\frac{1}{4}e^{3(t-s)} & -\frac{1}{2}e^{t-s}+\frac{1}{2}e^{3(t-s)} & e^{t-s} \end{bmatrix}\begin{bmatrix} 0 \\ 0 \\ s \end{bmatrix}$$

$$=\begin{bmatrix} 0 \\ 0 \\ e^{t-s}s \end{bmatrix}$$

식 (10)으로부터 초기값문제의 해는 다음과 같다.

$$\mathbf{x}(t)=\int_0^t e^{A(t-s)}\mathbf{g}(s)ds=\int_0^t \begin{bmatrix} 0 \\ 0 \\ s\,e^{t-s} \end{bmatrix} ds$$

$$=\begin{bmatrix} \int_0^t 0\,ds \\ \int_0^t 0\,ds \\ \int_0^t s\,e^{t-s}\,ds \end{bmatrix}=\begin{bmatrix} 0 \\ 0 \\ e^{t}-t-1 \end{bmatrix}$$

마지막으로 행렬지수함수의 유용한 응용을 설명한다. 연립미분방정식

$$\frac{dx_1}{dt}=ax_1, \quad \frac{dx_2}{dt}=cx_2 \tag{11}$$

은 상대방의 종속변수를 포함하고 있지 않으므로 독자적으로 풀 수 있다. 즉 일반해는

$$x_1(t)=c_1e^{at}, \quad x_2(t)=c_2e^{ct}$$

그러나 다음 연립미분방정식의 경우에는 사정이 다르다.

$$\frac{dx_1}{dt}=ax_1+bx_2, \quad \frac{dx_2}{dt}=cx_1+dx_2 \tag{12}$$

미분연산자를 이용하여 한 변수를 소거하거나 행렬해법을 이용하여 해를 구할 수도 있다. 그러나 여기서는 식 (12)를 간단한 변수치환을 통하여 식 (11)과 같은 형태로 바꾸는 방법을 설명한다. 이 방법은 연립미분방정식으로 구성된 제어시스템의 해석에 매우 중요하게 사용된다.

다음 n원차 미분방정식의 기본해집합을 구하자.

$$\mathbf{x}' = A\mathbf{x} \tag{13}$$

먼저 상수행렬 A는 n개의 서로 다른 고유값 λ_k, $k=1, 2, \cdots, n$와 각 고유값에 대응하는 고유벡터 $\mathbf{u}_k$, $k=1, 2, \cdots, n$을 갖는다고 가정하자. 그러면 다음 등식을 얻는다.

$$P^{-1}AP = D$$

여기서 $P = [\mathbf{u}_1 \mathbf{u}_2 \cdots \mathbf{u}_n]$이고 $\Lambda = \mathrm{diag}(\lambda_1, \lambda_2, \cdots, \lambda_n)$이다.
변수변환 $\mathbf{x} = P\mathbf{y}$를 식 (13)에 대입하면

$$P\mathbf{y}' = AP\mathbf{y}$$

양변에 P^{-1}를 곱하면

$$\mathbf{y}' = P^{-1}AP\mathbf{y} \text{ 또는 } \mathbf{y}' = \Lambda\mathbf{y} \tag{14}$$

Λ는 대각행렬이므로 식 (11)과 같은 형태의 연립방정식이다. 따라서 식 (14)의 성분별 일반해는 다음과 같다.

$$y_k = c_k e^{\lambda_k t}, \ k=1, 2, \cdots, n$$

단, c_k는 임의의 상수이다. $\mathbf{y}$를 $\mathbf{x} = P\mathbf{y}$에 대입하면

$$\mathbf{x} = c_1 e^{\lambda_1 t}\mathbf{u}_1 + c_2 e^{\lambda_2 t}\mathbf{u}_2 + \cdots + c_n e^{\lambda_n t}\mathbf{u}_n$$

예제 4.6 다음 연립미분방정식을 변수변환을 실시하여 식 (14)의 형태로 고쳐라.

$$\frac{dx_1}{dt} = 5x_1 + 6x_2$$

$$\frac{dx_2}{dt} = -3x_1 - 4x_2$$

• **풀이** • $A=\begin{bmatrix} 5 & 6 \\ -3 & -4 \end{bmatrix}$의 고유값과 고유벡터는 다음과 같다.

$$(\lambda_1, \mathbf{u}_1)=\left(2, \begin{bmatrix} -2 \\ 1 \end{bmatrix}\right) \text{ 및 } (\lambda_2, \mathbf{u}_2)=\left(-1, \begin{bmatrix} -1 \\ 1 \end{bmatrix}\right)$$

대각화행렬과 그에 대한 역행렬은

$$P=\begin{bmatrix} -2 & -1 \\ 1 & 1 \end{bmatrix} \text{ 및 } P^{-1}=\begin{bmatrix} -1 & -1 \\ 1 & 2 \end{bmatrix}$$

마지막으로

$$P^{-1}AP=\begin{bmatrix} -1 & -1 \\ 1 & 2 \end{bmatrix}\begin{bmatrix} 5 & 6 \\ -3 & -4 \end{bmatrix}\begin{bmatrix} -2 & -1 \\ 1 & 1 \end{bmatrix}=\begin{bmatrix} 2 & 0 \\ 0 & -1 \end{bmatrix}$$

을 식 (14)에 대입하면

$$\mathbf{y}'=\begin{bmatrix} 2 & 0 \\ 0 & -1 \end{bmatrix}\mathbf{y}$$

예제 4.8 $A=\begin{bmatrix} a & -b \\ b & a \end{bmatrix}$일 때, e^A를 구하여라.

• **풀이** • A 의 고유값는 $\lambda=a+ib$, $\overline{\lambda}=a-ib$이고 대응하는 고유벡터는

$$\begin{bmatrix} 1 \\ -i \end{bmatrix} \text{ 및 } \begin{bmatrix} 1 \\ i \end{bmatrix}$$

$$P=\begin{bmatrix} 1 & 1 \\ -i & i \end{bmatrix}$$

로 놓으면

$$P^{-1}AP=\begin{bmatrix} \lambda & 0 \\ 0 & \overline{\lambda} \end{bmatrix}$$

$$\exp(P^{-1}AP)=\begin{bmatrix} \exp(\lambda) & 0 \\ 0 & \exp(\overline{\lambda}) \end{bmatrix}=\begin{bmatrix} \exp(\lambda) & 0 \\ 0 & \overline{\exp(\lambda)} \end{bmatrix}$$

그러므로

$$\begin{aligned}\exp(A)&=P\exp(P^{-1}AP)P^{-1}=P\begin{bmatrix} \exp(\lambda) & 0 \\ 0 & \overline{\exp(\lambda)} \end{bmatrix}P^{-1}\\&=e^aP\begin{bmatrix} e^{ib} & 0 \\ 0 & e^{-ib} \end{bmatrix}P^{-1}=e^a\begin{bmatrix} \cos b & -\sin b \\ \sin b & \cos b \end{bmatrix}\end{aligned}$$

참고 | A의 고유값이 $\lambda=\alpha+i\beta$이고 $\overline{\lambda}=\alpha-i\beta$일 때, 실행렬의 범위에서 표준화하면 $P^{-1}AP=\begin{bmatrix} \alpha & -\beta \\ \beta & \alpha \end{bmatrix}$이 된다.

3.5 선형연립미분방정식의 안정성

다음 n차 벡터미분방정식의 중요한 현상을 살펴보자.

$$\mathrm{x}' = A\mathrm{x}, \ \mathrm{x} \in \mathrm{R}^n \tag{1}$$

시간 t가 증가함에 따라 벡터함수 $\mathrm{x} = \mathrm{x}(t)$는 R^n공간에서 곡선을 결정한다. 예를 들어, 평면 벡터함수에 의해 결정되는 3가지 유형의 평면곡선을 살펴보자.

벡터함수 $\mathrm{x}(t) = (\cos t, \sin t)$, $t \geq 0$는 반지름이 1인 원을 결정하고, 원은 $(1, 0)$에서 출발하여 반시계방향으로 회전하는 방향성을 갖는다(그림 5.1).

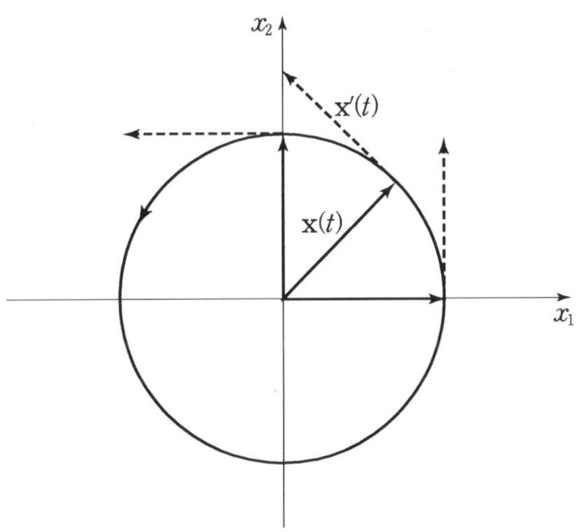

그림 5.1 무한히 회전하는 원을 결정하는 벡터함수

벡터함수 $\mathrm{x}(t) = (e^{-0.1t}\cos t, e^{-0.1t}\sin t)$, $t \geq 0$는 나선을 결정하고, $(1, 0)$에서 출발하여 반시계방향으로 회전하고 원점으로 수렴한다(그림 5.2).

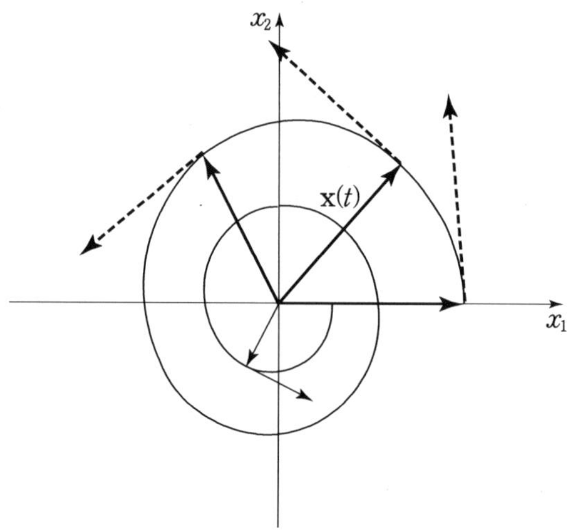

그림 5.2 원점으로 수렴하는 나선을 결정하는 벡터함수

벡터함수 $\mathrm{x}(t)=(e^{0.1t}\cos t,\, e^{0.1t}\sin t)$, $t \geq 0$ 는 나선을 결정하고, (1, 0)에서 출발하여 반시계방향으로 회전하여 원점으로부터 멀어져 무한으로 발산한다(그림 5.3).

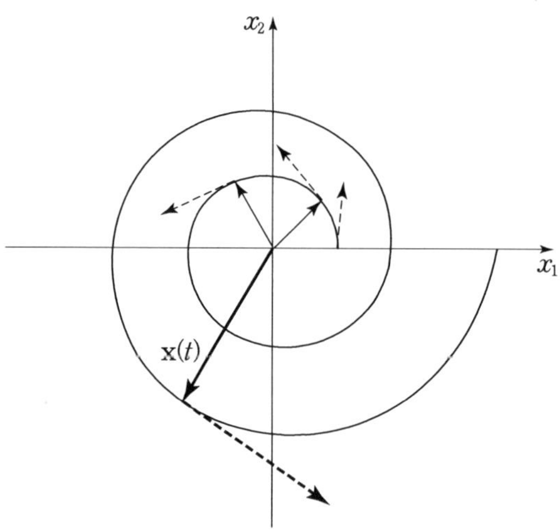

그림 5.3 발산하는 나선을 결정하는 벡터함수

그림 5.1 ~ 5.3과 같이 2차원 미분방정식의 일반해는 세 가지 유형의 방향성을 갖는 운동곡선(물론, 직선운동도 있다)이다. 무엇에 의해 이러한 방향성이 결정되는지를 발견하는 일은 매우 가치가 있다. 곧바로 고유값에 의해 결정된다는 결론을 얻을 수 있다.

원의 곡선을 그리는 벡터 $\mathrm{x}(t)=(\cos t,\, \sin t)$를 식 (1)에 대입하면 행렬 A를 얻을 수 있다. 실제로, t에 대한 항등식

$$\begin{bmatrix} -\cos t \\ \sin t \end{bmatrix} = \begin{bmatrix} a & b \\ c & d \end{bmatrix} \begin{bmatrix} \cos t \\ \sin t \end{bmatrix}$$

을 풀면

$$a = 0,\ b = -1,\ c = 1,\ d = 0$$

따라서 행렬 A는 다음과 같다.

$$A = \begin{bmatrix} 0 & -1 \\ 1 & 0 \end{bmatrix}$$

A의 고유값는 $\lambda = \pm\, i$이다. 고유값의 실수부가 0이므로 곡선은 원점을 한없이 맴돈다.

유사하게 $\mathrm{x}(t) = (e^{-0.1t}\cos t,\ e^{-0.1t}\sin t)$일 때, 행렬 A의 두 고유값의 실수 부분은 음수임을 알 수 있다. 따라서 곡선은 원점으로 수렴한다. $\mathrm{x}(t) = (e^{0.1t}\cos t,\ e^{0.1t}\sin t)$일 때, 행렬 A의 두 고유값의 실수 부분은 양수이다. 따라서 곡선은 원점으로부터 멀어져 발산한다. A의 고유값 가운데 단 하나의 고유값의 실수부가 0이거나 양수인 경우는 어떠한 방향성을 얻을 수 있는지 생각해 보라.

이와 같이 n차 벡터미분방정식 (1)에 의해 결정되는 공간곡선의 방향성은 행렬 A의 고유값에 의해 결정된다. 즉, 고유값의 실수부의 부호에 따라 원점으로 수렴하기도 하고, 원점 주위를 회전하기도 하며, 원점에서 멀어져 발산하기도 한다. 여기서 원점에 대한 언급이 자주 등장한다. 원점은 $\mathrm{x} = 0$의 해로써 에너지가 영인 상태를 나타내는 중요한 요소이다. $\mathrm{x} = 0$을 자명해(trivial solution)라고 한다. 그리고 $A\mathrm{x} = 0$를 만족하는 x를 평형해(equilibrium solutions)라 한다. 물론, A의 요소에 따라 자명해가 아닌 해가 존재할 수 있다. 고유벡터를 상상해 보라. 여기서는 자명해에 대한 안정성 개념을 다룬다.

(1)의 해 $\mathrm{x}(t)$가 원점에 수렴하는 경우 $\mathrm{x} = 0$는 점근적 안정(asymptotically stable)이라 하고, $\mathrm{x} = 0$의 근방에 머무르는 경우 $\mathrm{x} = 0$는 안정(stable)이라 하고, 발산하는 경우 $\mathrm{x} = 0$는 불안정(stable)이라 한다.

정리 5.1

(i) A의 고유값 중 실수부가 양이 아니면 $\mathrm{x} = 0$는 안정이다.

(ii) A의 고유값의 실수부가 모두 음이면 $\mathrm{x} = 0$는 점근적 안정이다.

(iii) A의 고유값 가운데 적어도 하나의 실수부가 양이면 $\mathrm{x} = 0$는 불안정이다.

$n=2$인 경우 $\mathrm{x}' = A\mathrm{x}$를 연립미분방정식으로 나타내면

$$\frac{dx}{dt} = ax + by$$

$$\frac{dy}{dt} = cx + dy$$

이 연립방정식의 평형점은

$$ax + by = 0$$

$$cx + dy = 0$$

을 만족하는 점 $(x,\ y)$이다. $ad - bc \neq 0$일 때 $(0,\ 0)$이 유일한 평형점이고, $ad - bc = 0$일 때 다수의 평형점을 가질 수 있다.

예제 5.1 임의의 실수 a에 대하여 시스템

$$\frac{dx}{dt} = ax + (a-1)y$$

$$\frac{dy}{dt} = (a+1)x + ay$$

의 안정성을 결정하고, 몇 개의 a값에 대하여 그 위상도*를 그려라.

• 풀이 • 계수행렬은

$$A = \begin{bmatrix} a & a-1 \\ a+1 & a \end{bmatrix}$$

이므로, 특성방정식

$$\det(A - \lambda I) = \begin{vmatrix} a-\lambda & a-1 \\ a+1 & a-\lambda \end{vmatrix} = \lambda^2 - 2a\lambda + 1 = 0$$

의 해는

$$\lambda = a \pm \sqrt{a^2 - 1}$$

경우 1) $a^2 - 1 = 0$

$a = \pm 1$이다. $a = 1$이면 $\lambda = 1$(중근)이므로 평형점 $(0, 0)$은 불안정이고, $a = -1$이면 $\lambda = -1$(중근)이므로 $(0, 0)$은 점근적 안정이다.

경우 2) $a^2 - 1 > 0$

* $(x(t),\ y(t))$를 좌표평면에 나타낸 곡선을 말한다.

$a > 1$ 또는 $a < -1$이다. $a > 1$이면 $\lambda_1 = a + \sqrt{a^2 - 1} > 0$이므로 평형점 $(0, 0)$은 불안정이이다. $a < -1$이면 $\lambda_1 = a + \sqrt{a^2 - 1} < 0$이고 $\lambda_2 = a - \sqrt{a^2 - 1} < 0$이므로 평형점 $(0, 0)$은 점근적 안정이다.

경우 3) $a^2 - 1 < 0$

$-1 < a < 1$이다. 근호 안이 음수이므로 고유값는 복소수이다.

$-1 < a < 0$이면, 고유값의 실수부는 음수이므로 $(0,\ 0)$은 점근적 안정이다.

$0 < a < 1$이면, 고유값의 실수부는 양수이므로 $(0,\ 0)$은 불안정이다.

$a = 0$이면, 고유값의 실수부는 0이므로 $(0,\ 0)$은 안정이다.

적절한 a의 값에 대응하는 위상도를 그려보자.

$a = 1$이면, 경우 1에 의해 $(0,0)$은 불안정이다. 이를 확인하기 위해 해곡선을 그려보자. 해곡선을 그리기 위해서는 먼저 일반해를 구해야 한다. 소거법 또는 행렬해법을 이용하여 일반해를 구하면

$$x = c_1 e^t, \quad y = (2c_1 t + c_2) e^t$$

을 얻는다. t를 소거하면

$$y = \left(2c_1 \ln \frac{x}{c_1} + c_2\right) \frac{x}{c_1}$$

해곡선(그림 5.4)과 벡터장으로부터 모든 그래프는 원점에서 멀어짐을 알 수 있다.

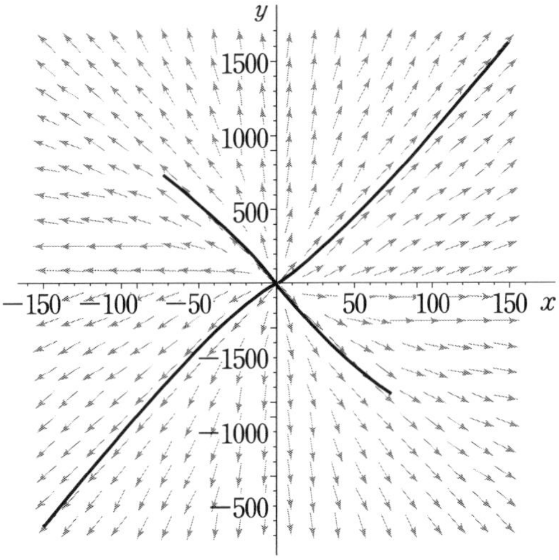

그림 5.4 불안정

$a=-2$이면, 경우 2)에 의해 $(0,0)$은 점근적 안정이다. 일반해는

$$x=c_1e^{(-2+\sqrt{3})t}+c_2e^{(-2-\sqrt{3})t}$$
$$y=-\frac{\sqrt{3}}{3}\left(c_1e^{(-2+\sqrt{3})t}-c_2e^{(-2-\sqrt{3})t}\right)$$

이다. t를 소거할 수 있지만, x, y와 대한 방정식이 복잡하므로, 매개변수함수 그래프를 이용하여 해곡선을 그린다.

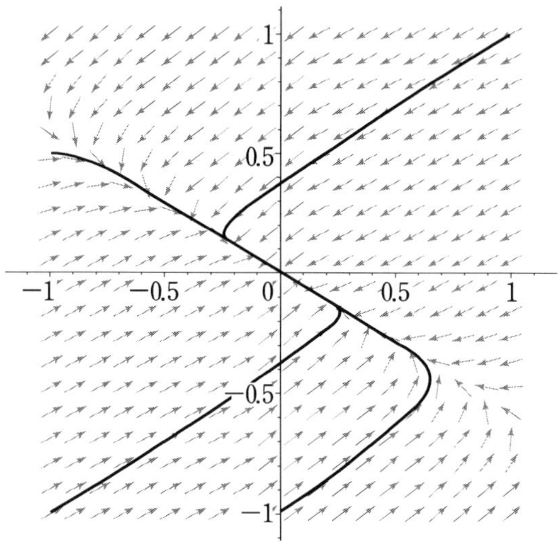

그림 5.5 점근적 안정

해곡선과 벡터장으로부터 모든 그래프는 원점으로 향하게 됨을 관찰할 수 있다. $a=0$이면 경우 3)에 의해 $(0,\ 0)$은 안정이다. 일반해를 구하면

$$x=c_1\sin t+c_2\cos t$$
$$y=-c_1\cos t+c_2\sin t$$

t를 소거하면

$$x^2+y^2=c_1^2+c_2^2=r^2$$

원의 방정식을 얻는다.

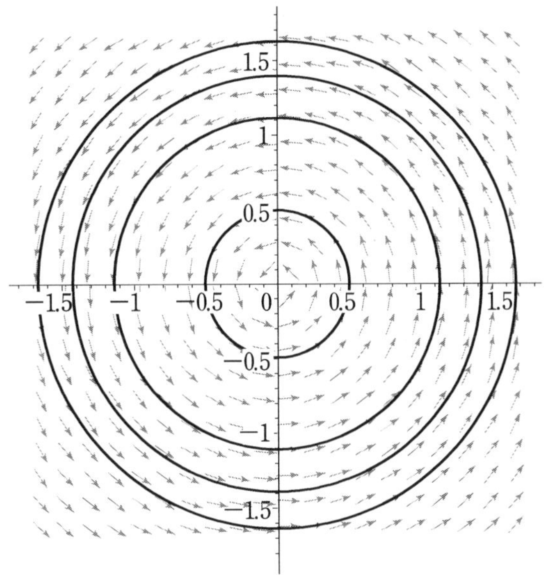

그림 5.6 안정

$n=3$인 경우 $\mathrm{x}'=A\mathrm{x}$에 의해 생성되는 공간곡선에 대하여 살펴보자. 실행렬 A의 고유값 가운데 하나는 반드시 실수임을 알자. 따라서 고유값는 모두 실수이거나 한 쌍의 공액복소수를 가질 수 있다. 이들 고유값에서 가장 중요한 성분은 고유값의 실수부에 대한 부호임을 잘 알고 있다. 각각의 경우에 따른 예제를 통하여 공간곡선의 성질을 살펴보자.

예제 5.2 행렬 A의 고유값을 0이 아닌 서로 다른 실수 a, b 및 c라고 하자. 고유값이 모두 다르므로 $\mathrm{x}'=A\mathrm{x}$에 변수치환 $\mathrm{y}=P\mathrm{x}$을 적용하면, 식 (14)로부터 다음 식을 얻는다.

$$\mathrm{y}'=D\mathrm{y}=\begin{bmatrix} a & 0 & 0 \\ 0 & b & 0 \\ 0 & 0 & c \end{bmatrix}\mathrm{y}$$

이를 풀면

$$\mathrm{y}(t)=\begin{bmatrix} e^{at} & 0 & 0 \\ 0 & e^{bt} & 0 \\ 0 & 0 & e^{ct} \end{bmatrix}\mathrm{y}(0)$$

이제 고유값의 부호에 의해 $\mathrm{y}=0$의 안정성을 완전히 분석할 수 있다. 다음과 같이 4가지의 경우로 나눌 수 있다.
경우 1) 모두 음수이면 점근적 안정

경우 2) 모두 양수이면 불안정

경우 3) 두 개만 양수이면 불안정

경우 4) 한 개만 양수이면 불안정

경우 3)과 4)는 둘 다 불안정이지만 이를 세밀하게 분석하면 흥미로운 점을 관측할 수 있다(조건적 안정이라는 새로운 개념을 정의할 수 있다). 그림 5.7은 점근적 안정과 불안정을 나타내는 공간곡선들이다.

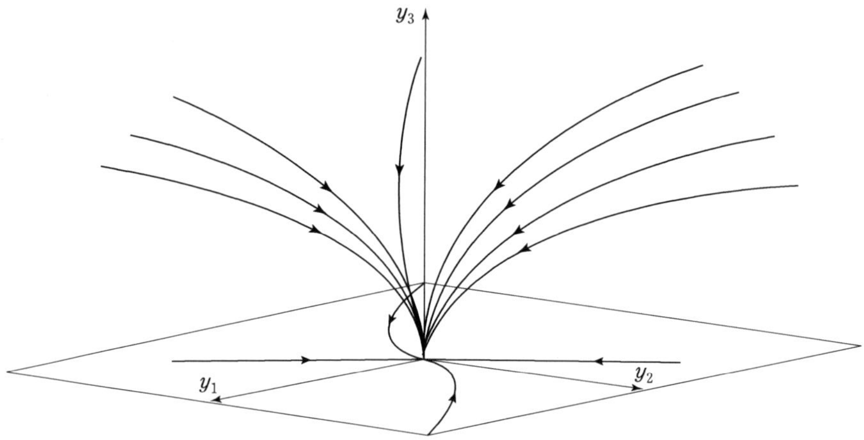

그림 5.7 점근적 안정(경우 1)

예제 5.3 A의 고유값 중에서 하나의 실근을 $a \neq 0$이라 하고 한 쌍의 공액복소수를 $b \pm ic$라 하자.

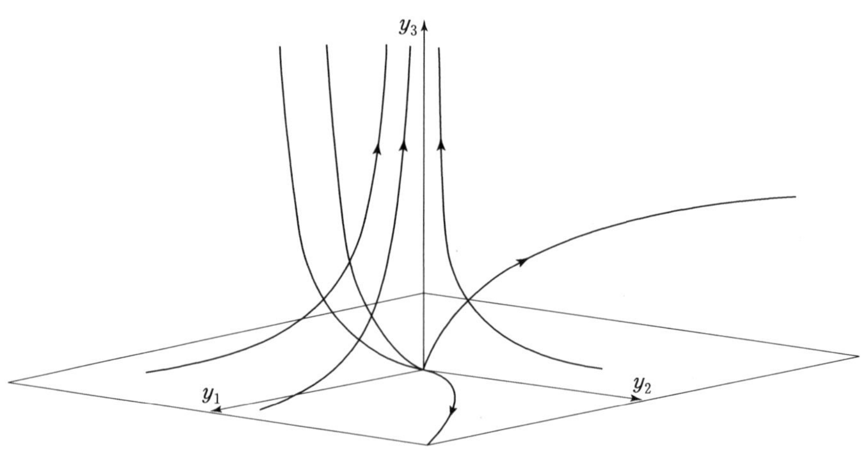

그림 5.8 불안정(경우 2)

그러면

$$P^{-1}AP = \begin{bmatrix} a & 0 & 0 \\ 0 & b & -c \\ 0 & c & b \end{bmatrix}$$

이므로 $\mathbf{x}' = A\mathbf{x}$에 변수치환 $\mathbf{y} = P\mathbf{x}$를 대입하면 다음 방정식을 얻는다.

$$\begin{aligned} y_1' &= a y_1 \\ y_2' &= b y_2 - c y_3 \\ y_3' &= c y_2 + b y_3 \end{aligned}$$

따라서 해는 다음과 같다.

$$y_1(t) = y_1(0) e^{at}$$

$$\begin{bmatrix} y_2(t) \\ y_3(t) \end{bmatrix} = e^{bt} \begin{bmatrix} \cos ct & -\sin ct \\ \sin ct & \cos ct \end{bmatrix} \begin{bmatrix} y_2(0) \\ y_3(0) \end{bmatrix}$$

다소 복잡하지만, 고유값 a와 b의 부호에 의해 $\mathbf{y} = 0$의 안정성을 완전히 분석할 수 있다.

$b = 0$일 때

경우 1) $a < 0$이면 안정(점근적 안정은 아님)

경우 2) $a > 0$이면 불안정

$b \neq 0$일 때

경우 3) $a < 0$이면 $b < 0$이면 점근적 안정

경우 4) $a > 0$ 또는 $b > 0$이면 불안정

그림 5.9는 안정을 나타내는 공간곡선들이다. 경우 2의 그래프는 방향만 바꾸면 된다.

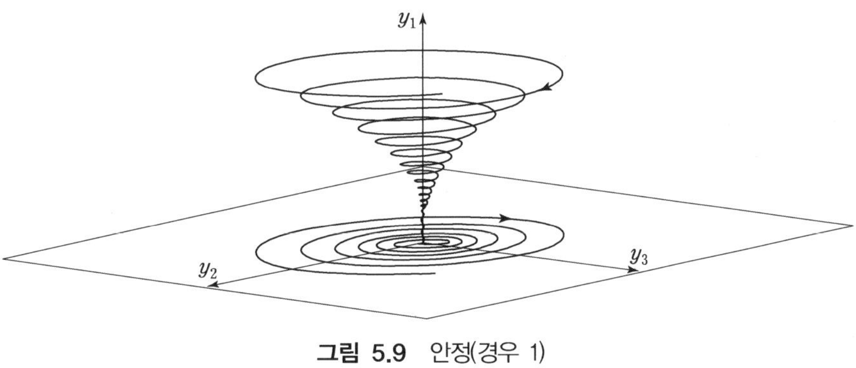

그림 5.9 안정(경우 1)

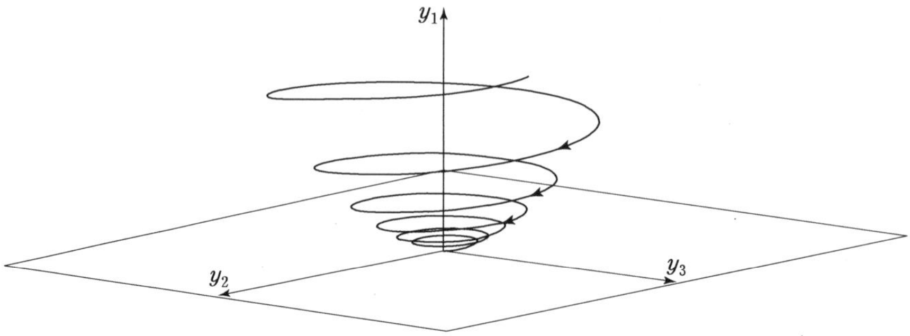

그림 5.10 점근적 안정(경우 3)

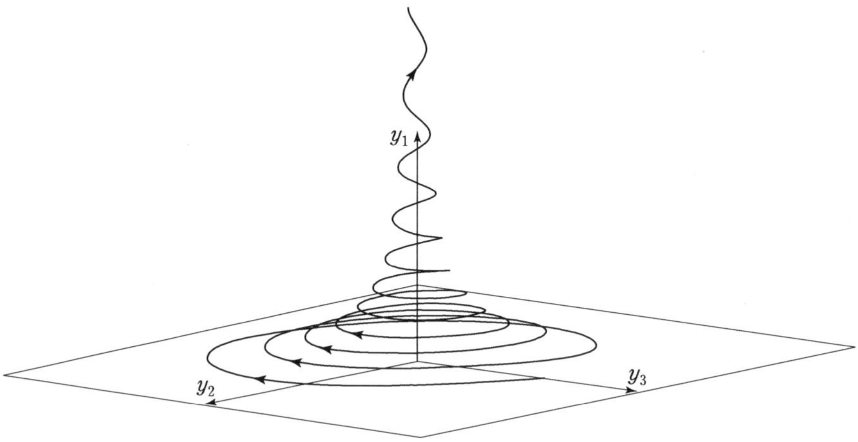

그림 5.11 불안정(경우 4)

감쇠장치를 가진 아래의 용수철-댐프-질량모델의 진동현상을 안정성의 개념과 연관시켜 설명한다.

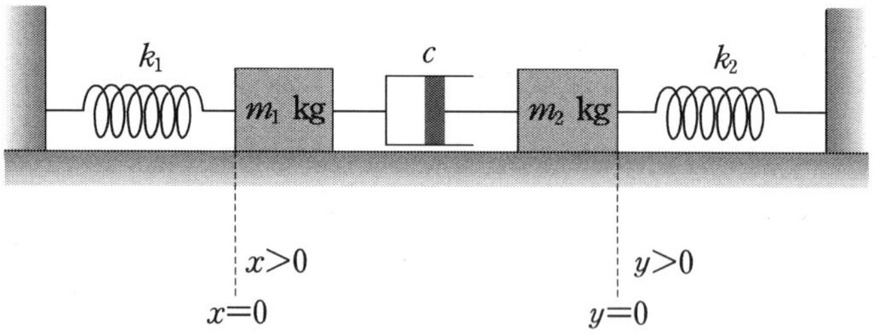

그림 5.12 감쇠장치를 가진 스프링–질량 모델

2절 응용에서 변위 x와 y에 대한 운동방정식은 다음과 같이 주어졌다.

$$m_1 x'' + cx' + k_1 x - cy' = 0$$

$$m_2 y'' - cx' + cy' + k_2 y = 0$$

벡터방정식으로 나타내기 위해

$$x_1 = x,\ x_2 = x',\ x_3 = y,\ x_4 = y'$$

라 놓으면 다음과 같은 연립방정식을 얻는다.

$$\begin{aligned} x_1' &= x_2 \\ x_2' &= -\frac{k_1}{m_1}x_1 - \frac{c}{m_1}x_2 + \frac{c}{m_1}x_4 \\ x_3' &= x_4 \\ x_4' &= \frac{c}{m_2}x_2 - \frac{k_2}{m_2}x_3 - \frac{c}{m_2}x_4 \end{aligned}$$

행렬 A와 벡터 x를 다음과 같이 놓으면

$$\mathrm{x} = \begin{bmatrix} x_1 \\ x_2 \\ x_3 \\ x_4 \end{bmatrix},\ A = \begin{bmatrix} 0 & 1 & 0 & 0 \\ -\frac{k_1}{m_1} & -\frac{c}{m_1} & 0 & \frac{c}{m_1} \\ 0 & 0 & 0 & 1 \\ 0 & \frac{c}{m_2} & -\frac{k_2}{m_2} & -\frac{c}{m_2} \end{bmatrix}$$

A가 상수행렬인 다음 4차원 벡터미분방정식을 얻는다.

$$\mathrm{x}' = A\mathrm{x} \tag{15}$$

A의 고유값을 구하기 위해서는 4차 특성방정식 $p(\lambda) = \det(A - \lambda I_4) = 0$의 근을 구해야 하지만, 그리 단순한 문제가 아니다. 실제로,

$$\det(A - \lambda I_4) = \begin{vmatrix} -\lambda & 1 & 0 & 0 \\ -\frac{k_1}{m_1} & -\frac{c}{m_1} - \lambda & 0 & \frac{c}{m_1} \\ 0 & 0 & -\lambda & 1 \\ 0 & \frac{c}{m_2} & -\frac{k_2}{m_2} & -\frac{c}{m_2} - \lambda \end{vmatrix} \tag{16}$$

$$= \frac{1}{m_1 m_2}\left[m_1 m_2 \lambda^4 + c(m_1 + m_2)\lambda^3 + (m_1 k_2 + m_2 k_1)\lambda^2 + c(k_1 + k_2)\lambda + k_1 k_2\right] = 0$$

의 근을 계산하는 것은 단순하지 않다. 그래서 근을 구하는 대신 실근과 복소근의 개수 및 부호(복소근은 실수부의 부호)만을 조사하기도 한다. 이러한 정보를 얻는 방법으로 루스(Routh)

법, 허위츠(Hurwitz)법 및 니나드·치파트(Lienard·Chipart)법이 있다. 실근의 개수와 부호는 매우 쉽게 결정할 수 있다. 도전해 보기 바란다.

감쇠력을 갖지 않는 경우($c=0$)인 경우 A는

$$A = \begin{bmatrix} 0 & 1 & 0 & 0 \\ -\dfrac{k_1}{m_1} & 0 & 0 & 0 \\ 0 & 0 & 0 & 1 \\ 0 & 0 & -\dfrac{k_2}{m_2} & 0 \end{bmatrix}$$

(좌상단 블록: A_1, 우하단 블록: A_2)

와 같은 블록 대각행렬이 된다. 이 경우 고유값는 각 블록의 고유값과 같다. 실제로

$$\begin{aligned} \det(A-\lambda I_4) &= \frac{1}{m_1 m_2}\left[m_1 m_2 \lambda^4 + (m_1 k_2 + m_2 k_1)\lambda^2 + k_1 k_2\right] \\ &= \frac{1}{m_1 m_2}(m_1\lambda^2 + k_1)(m_2\lambda^2 + k_2) \end{aligned}$$

블록에 대해서

$$\det(A_1 - \lambda I_2) = \frac{1}{m_1}(m_1\lambda^2 + k_1)$$

$$\det(A_2 - \lambda I_2) = \frac{1}{m_2}(m_2\lambda^2 + k_2)$$

따라서 고유값은 같다. 그리고 고유값

$$\pm\sqrt{\frac{k_1}{m_1}}\,i,\ \pm\sqrt{\frac{k_2}{m_2}}\,i$$

이므로 모두 순허수이다. 따라서 진동은 감소도 증가도 하지 않는다. 따라서 식 (15)의 평형점 $\mathrm{x}=0$는 안정이다. $c \neq 0$일 때, 식 (15)의 평형점 $\mathrm{x}=0$는 점근적 안정이다.

$m_1 = m_2 = 1\text{kg},\ k_1 = 1\text{N}-\text{m},\ k_2 = 2\text{N}-\text{m}$이고 $c = 1/2\,\text{kg/sec}$일 때 A의 고유값을 구하여 보자. 이 값들을 식 (16)에 대입하면

$$p(\lambda) = \lambda^4 + \lambda^3 + 3\lambda^2 + 1.5\,\lambda + 2$$

계산기를 이용하여 $p(\lambda)=0$을 풀면

$$
\begin{aligned}
&-0.09937592911613-1.242037749087i\\
&-0.4006240708840-1.061940417962i\\
&-0.09937592911613+1.242037749087i\\
&-0.4006240708840+1.061940417962i
\end{aligned}
$$

와 같은 실수부가 모두 음인 4개의 어림 복소수근을 얻는다. 따라서 식 (15)의 평형점 $\mathbf{x}=0$는 점근적 안정이다. 즉, 변위와 속도 모두 0으로 수렴한다.

마지막으로 안정성에 대한 약간의 정보를 독자에게 남기면서 이 절을 마무리한다. 안정성에 대한 개념은 동차 선형미분방정식

$$\mathbf{x}'=A\mathbf{x}$$

보다 비동차 벡터미분방정식

$$\mathbf{x}'=A\mathbf{x}+\mathbf{g}(t)$$

에 더욱 유효한 개념이고, 비동차 선형미분방정식

$$\mathbf{x}'=A\mathbf{x}+\mathbf{g}(t)$$

보다 비선형미분방정식

$$\mathbf{x}'=\mathbf{f}(\mathbf{x},t)$$

에 더욱 유효하게 사용할 수 있는 개념이다. 아래로 내려오면서 안정성에 대한 이론은 더욱 더 복잡하다. 그리고 서로 연관성이 있으며, 마지막 식은 테일러급수 전개를 통하여 선형화시켜 위의 이론들을 활용한다.

연 습 문 제

1 **[연산자법]** 다음 연립미분방정식의 일반해를 구하여라.

(1) $\dfrac{dx}{dt} = 3x - 4y$
$\dfrac{dy}{dt} = 2x - 3y$

(2) $(D+1)x - (D+1)y = e^t$
$(D-1)x + (2D+1)y = 5$

(3) $2x' + y' - x - y = e^{-t}$
$x' + y' + 2x + y = e^t$

(4) $(D^2-1)x + 5y = e^t$
$2x + (D^2+2)y = 0$

(5) $\dfrac{dx}{dt} = x + 2y - z$
$\dfrac{dy}{dt} = x + z$
$\dfrac{dz}{dt} = 4x - 4y + 5z$

2 다음 미분방정식을 행렬미분방정식 $\mathrm{x}' = A\mathrm{x} + \mathrm{g}(t)$ 의 모양으로 나타내어라.

(1) $\dfrac{dx}{dt} = 3x - y + t^2$
$\dfrac{dy}{dt} = -x + 2y + e^t$

(2) $\dfrac{dx}{dt} = t^2x - y - z + t$
$\dfrac{dy}{dt} = e^t z + 5$
$\dfrac{dz}{dt} = tx - y + 3z - e^t$

(3) $x' - y' + 2x - 3y = \sin t$
$-2x' + 3y' - 5x + 2y = e^{-t}$

(4) $2y'' + 3y' + 4y = e^{-t}$

(5) $y^{(4)} - y^{(3)} + 7y = \cos t,\ y(0) = y'(0) = 1,\ y''(0) = 0,\ y^{(3)}(0) = 2$

3 주어진 행렬미분방정식을 연립미분방정식으로 고쳐라.

(1) $\mathrm{x}' = \begin{bmatrix} 2 & 1 \\ -1 & 3 \end{bmatrix}\mathrm{x}$

(2) $\mathrm{x}' = \begin{bmatrix} 2 & 0 \\ 0 & 3 \end{bmatrix}\mathrm{x} + e^t\begin{bmatrix} t \\ 1 \end{bmatrix}$

(3) $\mathrm{x}' = \begin{bmatrix} 1 & 0 & 1 \\ -1 & 2 & 5 \\ 0 & 5 & 1 \end{bmatrix}\mathrm{x} + e^t\begin{bmatrix} 1 \\ 0 \\ 0 \end{bmatrix} + t\begin{bmatrix} 0 \\ 1 \\ 0 \end{bmatrix}$

(4) $\mathrm{x}' = \begin{bmatrix} 1 & 1 & 0 & 1 \\ 1 & 2 & 2 & 5 \\ 2 & 1 & 0 & 3 \\ 0 & 0 & 5 & 1 \end{bmatrix} \mathrm{x} + e^{t} \begin{bmatrix} 1 \\ 2 \\ 0 \\ 1 \end{bmatrix} + \begin{bmatrix} 0 \\ \sin t \\ 1 \\ te^{-t} \end{bmatrix}$

(5) $\mathrm{x}' = \begin{bmatrix} 1 & 1 & e^{-t} \\ t^2 & \sin t & 5 \\ t & 5 & 1 \end{bmatrix} \mathrm{x} + e^{-t} \begin{bmatrix} 1 \\ 0 \\ t \end{bmatrix}$

4 다음 행렬 A의 고유값과 고유벡터를 구하여라.

(1) $A = \begin{bmatrix} -4 & 2 \\ 2 & -1 \end{bmatrix}$ (2) $A = \begin{bmatrix} 1 & 0 & 0 \\ 2 & 3 & 1 \\ 0 & 2 & 4 \end{bmatrix}$

(3) $A = \begin{bmatrix} 0 & -1 \\ 1 & 0 \end{bmatrix}$ (4) $A = \begin{bmatrix} 1 & 2 & -1 \\ 0 & 1 & 1 \\ 0 & -1 & 1 \end{bmatrix}$

(5) $A = \begin{bmatrix} -4 & 2 & 0 & 0 \\ 2 & -1 & 0 & 0 \\ 0 & 0 & 2 & 1 \\ 0 & 0 & -1 & 3 \end{bmatrix}$

5 주어진 행렬 A에 대한 미분방정식 $\mathrm{x}' = A\mathrm{x}$의 일반해 및 기본행렬을 구하여라.

(1) $A = \begin{bmatrix} -4 & 2 \\ 2 & -1 \end{bmatrix}$ (2) $A = \begin{bmatrix} 1 & 2 & -1 \\ 0 & 1 & 1 \\ 0 & -1 & 1 \end{bmatrix}$

(3) $A = \begin{bmatrix} 0 & 1 & 0 \\ 0 & 0 & 1 \\ 8 & -14 & 7 \end{bmatrix}$ (4) $A = \begin{bmatrix} 0 & 1 \\ -1 & 0 \end{bmatrix}$

(5) $A = \begin{bmatrix} 0 & 1 & 0 \\ 0 & 0 & 1 \\ 1 & -1 & 1 \end{bmatrix}$

6 주어진 초기치문제의 해를 구하여라.

(1) $\mathrm{x}' = \begin{bmatrix} 6 & -3 \\ 2 & 1 \end{bmatrix} \mathrm{x}, \quad \mathrm{x}(0) = \begin{bmatrix} -10 \\ -6 \end{bmatrix}$

(2) $\mathrm{x}' = \begin{bmatrix} 0 & 1 & 1 \\ 1 & 0 & 1 \\ 1 & 1 & 0 \end{bmatrix} \mathrm{x}, \quad \mathrm{x}(0) = \begin{bmatrix} -1 \\ 4 \\ 0 \end{bmatrix}$

7 미정계수법을 사용하여, 주어진 행렬 A와 $\mathrm{g}(t)$에 대한 미분방정식 $\mathrm{x}' = A\mathrm{x} + \mathrm{g}(t)$의 일반해를 구하여라.

(1) $A=\begin{bmatrix}1 & 1\\ 4 & 1\end{bmatrix}$, $\mathrm{g}(t)=\begin{bmatrix}-t-1\\ -4t-2\end{bmatrix}$

(2) $A=\begin{bmatrix}1 & 1\\ 0 & 2\end{bmatrix}$, $\mathrm{g}(t)=e^{-2t}\begin{bmatrix}t\\ 3\end{bmatrix}$

(3) $A=\begin{bmatrix}0 & 1\\ 2 & 0\end{bmatrix}$, $\mathrm{g}(t)=\begin{bmatrix}\sin t\\ t\end{bmatrix}$

(4) $A=\begin{bmatrix}1 & -2 & 2\\ -2 & 1 & 2\\ 2 & 2 & 1\end{bmatrix}$, $\mathrm{g}(t)=\begin{bmatrix}2e^t\\ 4e^t\\ -2e^t\end{bmatrix}$

(5) $A=\begin{bmatrix}1 & -2 & 2\\ -2 & 1 & 2\\ 2 & 2 & 1\end{bmatrix}$, $g(t)=\begin{bmatrix}-9\\ 0\\ -18\end{bmatrix}$

8 매개변수변화법을 사용하여, 주어진 행렬 A와 $\mathrm{g}(t)$에 대한 미분방정식 $\mathrm{x}'=A\mathrm{x}+\mathrm{g}(t)$의 일반해를 구하여라.

(1) $A=\begin{bmatrix}0 & 1\\ 2 & 0\end{bmatrix}$, $\mathrm{g}(t)=\begin{bmatrix}\sin t\\ t\end{bmatrix}$

(2) $A=\begin{bmatrix}2 & 1\\ -3 & -2\end{bmatrix}$, $\mathrm{g}(t)=\begin{bmatrix}2e^t\\ 4e^t\end{bmatrix}$

(3) $A=\begin{bmatrix}1 & 1\\ 0 & 2\end{bmatrix}$, $\mathrm{g}(t)=e^{-2t}\begin{bmatrix}t\\ 3\end{bmatrix}$

(4) $A=\begin{bmatrix}0 & 2\\ -1 & 3\end{bmatrix}$, $\mathrm{g}(t)=\begin{bmatrix}e^t\\ -e^t\end{bmatrix}$

(5) $A=\begin{bmatrix}1 & -2 & 2\\ -2 & 1 & 2\\ 2 & 2 & 1\end{bmatrix}$, $g(t)=\begin{bmatrix}-9\\ 0\\ -18\end{bmatrix}$

9 다음 초기치문제의 해를 구하여라.

$$\mathrm{x}'=A\mathrm{x}+\mathrm{g}(t),\ \mathrm{x}(0)=\mathrm{x}_0$$

(1) $A=\begin{bmatrix}0 & 1\\ 2 & 0\end{bmatrix}$, $\mathrm{g}(t)=\begin{bmatrix}\sin t\\ t\end{bmatrix}$, $\mathrm{x}_0=\begin{bmatrix}1\\ 0\end{bmatrix}$

(2) $A=\begin{bmatrix}2 & 1\\ -3 & -2\end{bmatrix}$, $\mathrm{g}(t)=\begin{bmatrix}2e^t\\ 4e^t\end{bmatrix}$, $\mathrm{x}_0=\begin{bmatrix}0\\ 1\end{bmatrix}$

(3) $A=\begin{bmatrix}1 & 1\\ 0 & 2\end{bmatrix}$, $\mathrm{g}(t)=e^{-2t}\begin{bmatrix}t\\ 3\end{bmatrix}$, $\mathrm{x}_0=\begin{bmatrix}1\\ 0\end{bmatrix}$

(4) $A=\begin{bmatrix}0 & 2\\ -1 & 3\end{bmatrix}$, $\mathrm{g}(t)=\begin{bmatrix}e^t\\ -e^t\end{bmatrix}$, $\mathrm{x}_0=\begin{bmatrix}0\\ 1\end{bmatrix}$

(5) $A=\begin{bmatrix} 1 & -2 & 2 \\ -2 & 1 & 2 \\ 2 & 2 & 1 \end{bmatrix}$, $g(t)=\begin{bmatrix} -9 \\ 0 \\ -18 \end{bmatrix}$, $\mathrm{x}_0=\begin{bmatrix} 0 \\ 0 \\ 0 \end{bmatrix}$

10 **[일반화된 고유벡터]** 주어진 행렬 A에 대한 미분방정식 $\mathrm{x}'=A\mathrm{x}$의 일반해를 구하여라.

(1) $A=\begin{bmatrix} 2 & 1 \\ 0 & 2 \end{bmatrix}$

(2) $A=\begin{bmatrix} -\frac{5}{2} & \frac{1}{2} \\ -\frac{1}{2} & -\frac{3}{2} \end{bmatrix}$

(3) $A=\begin{bmatrix} \frac{7}{2} & -\frac{1}{2} \\ \frac{1}{2} & \frac{5}{2} \end{bmatrix}$

(4) $A=\begin{bmatrix} 1 & 2 & 2 \\ 0 & 1 & 2 \\ 0 & 0 & -1 \end{bmatrix}$

(5) $A=\begin{bmatrix} 1 & 2 & 1 & 1 \\ 0 & 2 & 3 & 1 \\ 0 & 0 & 2 & 2 \\ 0 & 0 & 0 & 1 \end{bmatrix}$

11 다음 연립방정식의 안정성을 판단하고, 위상도를 그려라.

$$\frac{dx}{dt}=ax+by$$
$$\frac{dy}{dt}=cx+dy$$

(1) $a=2,\ b=-1,\ c=1,\ d=-3$

(2) $a=2,\ b=-2,\ c=1,\ d=4$

(3) $a=2,\ b=3,\ c=4,\ d=3$

3장 응용문제

1 변수 $\lambda\in(-\infty,\ \infty)$에 대하여 $t\to+\infty$일 때, 연립미분방정식

$$\frac{dx}{dt}=-x+\lambda y$$
$$\frac{dy}{dt}=x-y$$

의 해의 극한값을 구하여라.

2 **[군비경쟁]** 두 나라의 국방 군비경쟁을 나타내는 미분방정식은 변수 x, y를 사용한 연립미분방정식으로 기술된다고 하자.

$$\frac{dx}{dt} = 2y - x + a,\ \ x(0) = 1$$

$$\frac{dy}{dt} = 4x - 3y + b,\ \ y(0) = 4$$

단, a, b는 신뢰도(또는 불신도)의 크기를 나타내는 상수이다.
이 때, $t \to \infty$일 때 $x(t)$, $y(t) \to 0$이면 군비감축, $t \to \infty$일 때 $x(t)$, $y(t) \to K$(상수)이면 군비경쟁균형, $t \to \infty$일 때 $x(t)$, $y(t) \to \infty$이면 군비확장이라고 한다. 위 모델이 군비감축, 군비경쟁균형, 혹은 군비확장인지 결정하라.

3

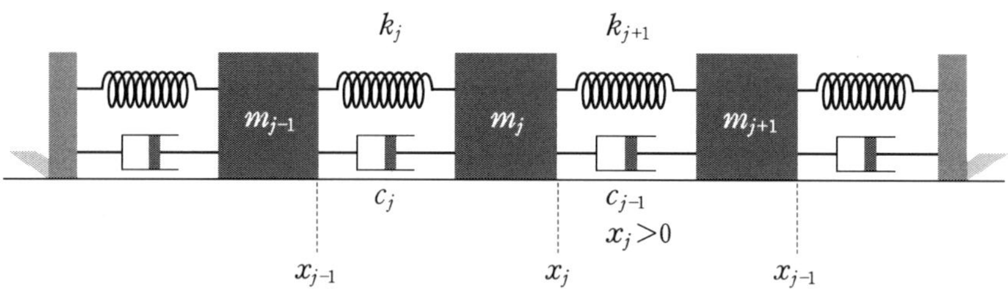

m_j ($j = 1, 2, 3, \cdots, N$)에 대한 운동방정식을 유도하여 보자.

$m_j x_j'' = k_j(x_{j-1} - x_j) + c_j(x_{j-1} - x_j)' - k_{j+1}(x_j - x_{j+1}) - c_{j+1}(x_j - x_{j+1})'$

또는

$m_j x_j'' + (c_j + c_{j+1})x_j' + (k_j + k_{j+1})x_j = c_j x_{j-1}' + c_{j+1}x_{j+1}' + k_j x_{j-1} + k_{j+1}x_{j+1}$

예로, $N = 2$인 경우

$$m_1 x_1'' + (c_1 + c_2)x_1' + (k_1 + k_2)x_1 = c_1 x_0' + c_2 x_2' + k_1 x_0 + k_2 x_2$$
$$m_2 x_2'' + (c_2 + c_3)x_2' + (k_2 + k_3)x_2 = c_2 x_1' + c_3 x_3' + k_2 x_1 + k_3 x_3$$

왼쪽은 벽면에 고정되어 있고, 오른쪽은 자유롭게 움직일 수 있도록 설치되어 있다고 하면, $c_3 = k_3 = 0$이다. 물론 $x_0 = 0$이므로 다음 식을 얻는다.

$$m_1 x_1'' + (c_1 + c_2)x_1' + (k_1 + k_2)x_1 = c_2 x_2' + k_2 x_2$$
$$m_2 x_2'' + c_2 x_2' + k_2 x_2 = c_2 x_1' + k_2 x_1$$

(1)

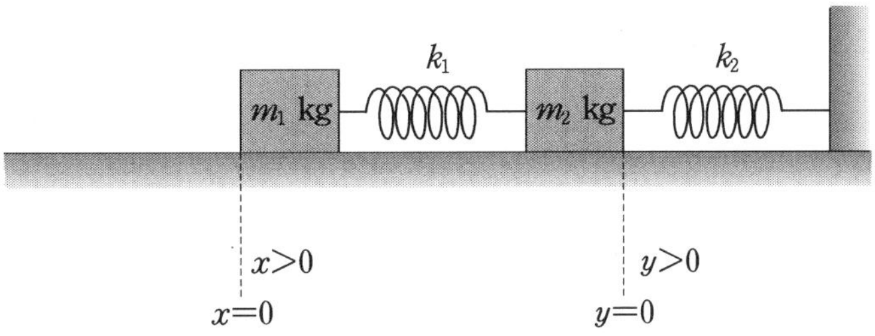

(2)

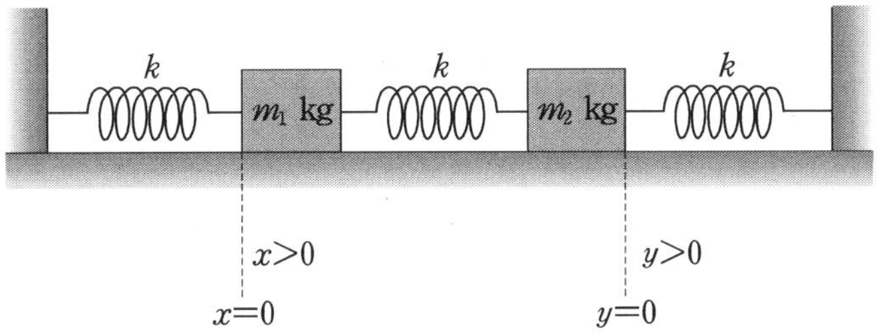

(3)

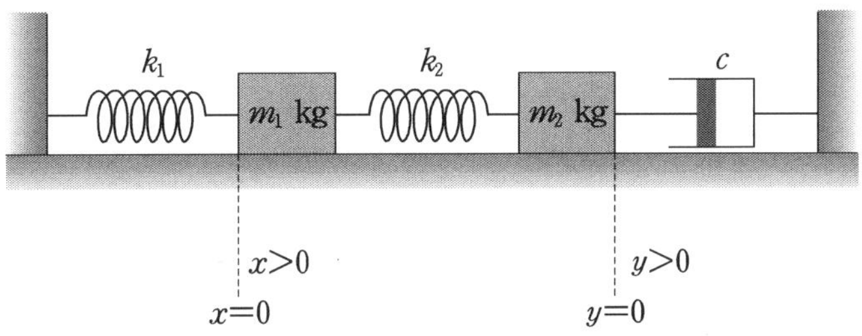

4 그림과 같이 용수철에 의해 연결된 동일한 진자쌍에서 매우 작은 변위의 운동모델은 시스템

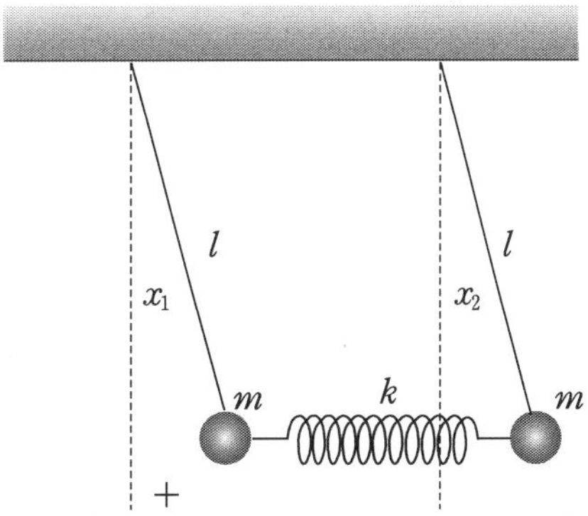

$$m x_1'' = -\frac{mg}{l} x_1 - k(x_1 - x_2)$$

$$m x_2'' = -\frac{mg}{l} x_2 + k(x_1 - x_2)$$

에 의해 주어진다. 이 시스템의 두 정상 주파수를 결정하라.

5 RLC네트워크의 각 분기에 흐르는 전류에 대하여 구하여라.

(1)

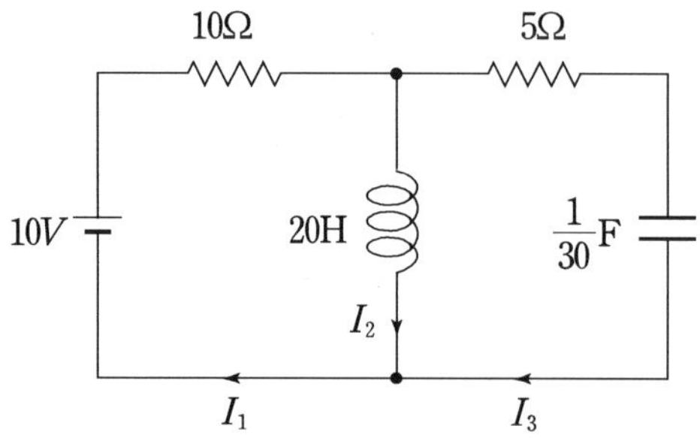

(2)

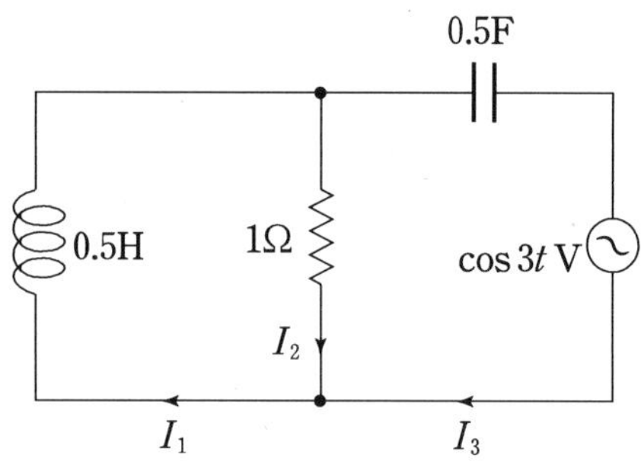

(3)

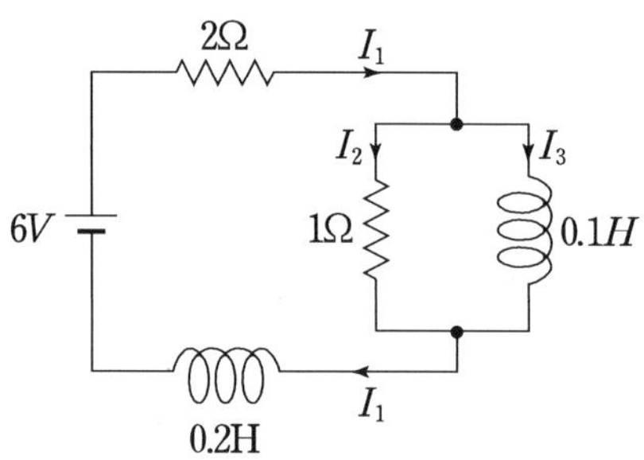

$$4I_2' + 52q_1 = 10$$

$$13I_3 + 52q_1 = 10$$

$$I_1 = I_2 + I_3$$

초기조건은 $q_1(0) = 0$, $I_1(0) = 0$이다. I_1, I_2, I_3를 구하여라.

힌트 처음 두 식을 미분하고 I_1을 소거한 후, $x_1 = I_2$, $x_2 = I_2'$, $x_3 = I_3$로 두어 행렬미분방정식으로 바꾸어라.

제 4 장

라플라스 변환

4.1 라플라스변환

라플라스변환*은 지금까지 배운 미분방정식의 해법과는 달리 적분이라는 변환을 통하여 미분방정식 또는 적분방정식의 해를 구하는 새로운 방법이다. 이 방법은 풀기 까다로운 미적분방정식의 해를 풀기 쉬운 대수방정식으로 고쳐 해를 구할 수 있다는 데 큰 주목을 받았다. 이후 수학, 물리학, 광학, 전기·전자공학, 제어공학, 신호해석 및 확률이론에서 나타나는 응용문제들을 해결할 수 있는 도구로 발전되어 왔다. 또한 미분방정식의 이론적인 연구에도 지대한 공헌을 하고 있다. 라플라스변환의 장점을 간단하게 언급하면 이전의 해법으로 풀기에 매우 번거로웠던 문제를 매우 간단하게 풀 수 있다. 예를 들어, 외력이 불연속적으로 작용하는 초기값문제의 해를 2장에서 구한 방법을 이용하여 구하는 것은 매우 번거롭지만 라플라스변환을 이용하면 더 함축적이면서도 편리하게 구할 수 있다. 더 나아가 라플라스변환은 지금까지 배운 방법으로 풀기 힘든 충격을 외력으로 갖는 미분방정식의 해도 쉽게 구할 수 있게 해준다. 마지막으로 입출력이 시간변수의 함수로 표현되는 시간영역의 현상을, 입출력이 주파수변수의 함수로 간주된 주파수 영역의 현상으로 일대일 대응시키는, 중간자 역할을 한다. 이러한 대응으로 미적분방정식을 주파수 영역에서 해석할 수 있다.

정의 1.1 $f(t)$는 정의역이 $[0, \infty)$이고 실수값을 갖는 함수라 하자. $f(t)$에 대한 이상적분

$$F(s) = \int_0^{\infty} f(t) e^{-st}\, dt, \quad s \in \mathrm{R}$$

의 값이 존재할 때, $F(s)$를 $f(t)$에 대한 라플라스변환(Laplace Transform)이라 한다. 라플라스변환을

$$F[s] = L[f(t)](s) \quad \text{또는} \quad F = L[f]$$

와 같이 표현한다. 라플라스변환의 주된 특징은 t변수(주로 시간변수를 나타냄)함수를 변환하면 s변수(주로 주파수 변수를 나타냄)의 함수로 바뀐다는 점이다.

---

* 라플라스(Pierre Simon, Marquis de Laplace 1749~1827) : 해석학 및 천문학에 뛰어난 업적을 달성한 프랑스출신 수학자 및 천문학자.

라플라스변환의 정의를 명확하게 할 필요가 있다. 정의 1.1에서 정의된 라플라스변환은 두 가지 측면에서 정적분의 개념과 차이가 있다. 즉, 정적분의 개념을 더욱 폭넓게 활용하기 위해 정적분의 개념을 확장한다. 이 확장의 개념을 이상적분(improper integral)이라 한다. 첫째는 불연속에 관련된 이상적분의 개념을 포함하고 있다. 미분적분학에서 $g(t)$가 폐구간 $[a, b]$에서 연속이면 정적분

$$\int_a^b g(t)dt$$

의 값이 항상 존재한다고 알고 있다. 그리고 $g(t)$가 구간 $[a, b]$에서 불연속이 되는 점을 포함하고 있는 경우 정적분의 개념을 확장한다. 즉, 함수 $g(t)$가 $c \in (a, b)$에서 불연속이라고 하면 정적분은 다음과 같은 의미로 확장한다.

$$\int_a^b g(t)dt = \lim_{u \to c^-} \int_a^u g(t)\,dt + \lim_{v \to c^+} \int_v^b g(t)\,dt \tag{1}$$

여러 개의 불연속점을 갖는 함수에 대한 정적분도 위와 같은 형태로 확장할 수 있다. 물론, 이러한 이상적분은 그 극한값을 가질 때 의미를 갖는다. 일반적으로 폐구간에서 정의된 함수가 유한개의 불연속점을 갖고, 각 불연속인 점에서 함수의 좌·우극한값을 가지면, 그 함수에 대한 정적분의 값은 존재한다. 예를 들어, $g(t)$는 $c \in (a, b)$에서 불연속이고 동시에

$$\lim_{u \to c^-} g(t) \quad \text{및} \quad \lim_{v \to c^+} g(t) \tag{2}$$

가 존재하면, 이상적분 (1)의 값은 존재한다. 폐구간 또는 개구간에서 유한개의 불연속점을 갖고, 모든 불연속점에서 좌·우극한값(끝점에서는 한 방향 극한만 가지면 됨)을 가지는 함수를 조각적 연속(piecewise continuous)이라 한다.

이상을 요약하면 폐구간 또는 개구간에서 정의된 조각적 연속함수에 대한 정적분은 항상 존재한다는 결론을 얻을 수 있다.

두 번째는 적분상한 때문에 발생하는 이상적분이다. 따라서 상한에 관한 이상적분은 다음과 같이 정의하다.

$$\int_0^\infty f(t)e^{-st}dt = \lim_{N \to \infty} \int_0^N f(t)e^{-st}dt \tag{3}$$

라플라스변환에 대한 여러 가지 유용한 정보를 이끌어 내기 위해서는 라플라스변환의 존재성을 보장해 주어야 한다. 다음 정리는 라플라스변환의 존재성을 보장하는 $f(t)$에 대한 정보를 제공한다.

정리 1.1 함수 $f(t)$는 조건 (i)과 (ii)를 만족한다고 가정하자.

(i) $f(t)$는 $[0, \infty)$에서 조각적 연속함수이다.

(ii) 모든 $t \geq T$에 대하여 $|f(t)| \leq Me^{\alpha t}$을 만족하는 T, α, M가 존재한다.

그러면 모든 $s > \alpha$에 대하여 $F(s)$는 존재한다.
조건 (i)과 (ii)를 만족하는 $f(t)$를 지수적 차수 α를 갖는 함수라 한다.

증명•• N을 임의의 양의 상수라 하고 $T=0$라 두자. 조건 (i)에 의해 $f(t)e^{-st}$는 조각적 연속이므로 정적분

$$\int_0^N f(t)e^{-st}\,dt \tag{4}$$

는 존재한다. 조건 (ii)를 사용하여 식 (4)를 평가하면

$$\begin{aligned}\left|\int_0^N f(t)e^{-st}\,dt\right| &\leq \int_0^N |f(t)e^{-st}|\,dt \leq M\int_0^N e^{\alpha t}e^{-st}\,dt \\ &= M\int_0^N e^{-(s-\alpha)t}\,dt = \frac{M}{s-\alpha}\left[1-e^{-(s-\alpha)N}\right] \quad (s>\alpha)\end{aligned} \tag{5}$$

식 (5)의 양변에 $N\to\infty$를 취하면

$$\lim_{N\to\infty}\left|\int_0^N f(t)e^{-st}\,dt\right| \leq \frac{M}{s-\alpha}\lim_{N\to\infty}\left[1-e^{-(s-\alpha)N}\right] = \frac{M}{s-\alpha}$$

이므로 식 (4)는 수렴하고

$$\lim_{N\to\infty}\int_0^N f(t)e^{-st}\,dt = \int_0^\infty f(t)e^{-st}\,dt$$

를 만족한다. ⊂

라플라스변환에서 s를 실수 영역에서 정의하고 있지만, 복소수 영역으로 확장할 수 있다. 실제로 $s\in\mathrm{C}$일 때 $|e^{i\,\mathrm{Im}(s)}|=1$이므로 $f(t)$가 조건 (i)과 (ii)를 만족한다고 하면, $\mathrm{Re}(s) > \alpha$인 s에 대하여 $f(t)$에 대한 라플라스변환은 존재한다.

이상적분은 $[0, \infty)$에서 정의되어 있으므로, 특별한 언급이 없는 한 $t<0$에 대하여 $f(t)=0$이라고 간주한다. 예를 들어, 라플라스변환에서 $f(t)=1$의 의미는

$$f(t)=\begin{cases}1, & t \geq 0\\ 0, & t < 0\end{cases}$$

과 같다. $f(t)$ 의 그래프는 다음과 같다.

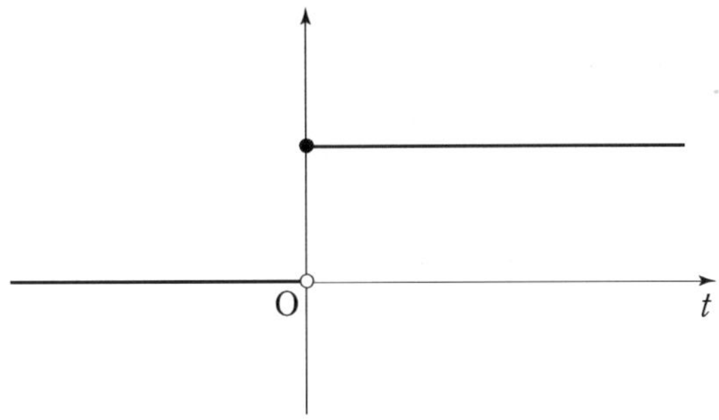

지금부터 초등함수에 대한 라플라스변환을 구한다. 아래 예제에서 다루는 함수에 대한 라플라스변환의 존재성은 체크할 필요가 없다. 물론 조건 (i)과 (ii)는 성립하지만, 그에 앞서 라플라스변환을 직접 계산할 수 있기 때문이다. 단지, 조건은 변환을 직접 계산할 수 없을 때 또는 라플라스변환에 대한 이론적 결론을 유도할 때 필요하다.

예제 1.1 $f(t)=1$ 에 대한 라플라스변환을 구하여라.

• **풀이** • 라플라스변환의 정의로부터

$$F(s)=\int_0^{\infty} e^{-st}\,dt=\lim_{N\to\infty}\int_0^{N} e^{-st}\,dt=\lim_{N\to\infty}\left[-\frac{1}{s}e^{-st}\right]_0^N$$
$$=\lim_{N\to\infty}\left(-\frac{1}{s}e^{-Ns}+\frac{1}{s}e^{0}\right)=\frac{1}{s}\quad (s>0)$$

따라서

$$L[1](s)=\frac{1}{s}\quad (s>0)$$

예제 1.2 $f(t)=t$ 에 대한 라플라스변환을 구하여라.

• **풀이** • 라플라스변환의 정의로부터

$$L[t](s)=\int_0^{\infty} te^{-st}\,dt=\lim_{N\to\infty}\int_0^{N} te^{-st}\,dt$$

$$= \lim_{N\to\infty}\left[-\frac{1}{s}te^{-st}-\frac{1}{s^2}e^{-st}\right]_0^N$$

$$= \lim_{N\to\infty}\left[-\frac{1}{s}Ne^{-Ns}+0-\frac{1}{s^2}e^{-Ns}+\frac{1}{s^2}\right]$$

$$= \frac{1}{s^2} \quad (s>0)$$

따라서

$$L[t](s)=\frac{1}{s^2}\ (s>0)$$

예제 1.3 $f(t)=e^{at}$ 에 대한 라플라스변환을 구하여라.

• **풀이** • 라플라스변환의 정의로부터

$$L[e^t](s)=\int_0^\infty e^{at}e^{-st}dt=\int_0^\infty e^{-(s-a)t}dt$$

$$= \frac{1}{s-a}\ (s>a)$$

따라서

$$L[e^{at}](s)=\frac{1}{s-a}\ (s>a)$$

예제 1.4 $f(t)=\sin at$ 에 대한 라플라스변환을 구하여라.

• **풀이** • 라플라스변환의 정의로부터

$$L[\sin at](s)=\int_0^\infty \sin at\, e^{-st}dt=\lim_{N\to\infty}\int_0^N \sin at\, e^{-st}dt$$

$$= \lim_{N\to\infty}\left[-\frac{a}{s^2+a^2}e^{-st}\cos at-\frac{s}{s^2+a^2}e^{-st}\sin at\right]_0^N$$

$$= \lim_{N\to\infty}\left[-\frac{a}{s^2+a^2}(e^{-Ns}\cos aN-1)-\frac{s}{s^2+a^2}e^{-Ns}\sin aN\right]$$

$$= \frac{a}{s^2+a^2}\ (s>0)$$

따라서

$$L[\sin at](s) = \frac{a}{s^2 + a^2} \ (s > 0)$$

예제 1.4와 유사한 방법으로 다음 식을 얻는다.

$$L[\cos at](s) = \frac{s}{s^2 + a^2} \ (s > 0)$$

예제 1.5 다음 조각적 연속함수의 라플라스변환을 구하여라.

$$f(t) = \begin{cases} 2, & 0 \le t < 5 \\ 0, & 5 \le t < 10 \\ e^{4t}, & 10 \le t \end{cases}$$

• 풀이 • 적분상한뿐만 아니라, 점 $5, 10$에서 불연속이므로 2종류의 이상적분의 개념이 포함되어 있다.

$$\begin{aligned} F(s) &= \int_0^\infty f(t)e^{-st}\,dt = \int_0^5 f(t)e^{-st}\,dt + \int_5^{10} f(t)e^{-st}dt \\ &\quad + \int_{10}^\infty f(t)e^{-st}\,dt \\ &= \lim_{a \to 5-}\int_0^a f(t)e^{-st}\,dt + \lim_{b \to 10-}\int_5^b f(t)e^{-st}\,dt \\ &\quad + \lim_{c \to \infty}\int_{10}^c f(t)e^{-st}\,dt \\ &= \lim_{a \to 5-}\int_0^a 2e^{-st}\,dt + \lim_{b \to 10-}\int_5^b 0e^{-st}\,dt \\ &\quad + \lim_{c \to \infty}\int_{10}^c e^{4t}e^{-st}\,dt \\ &= 2\lim_{a \to 5-}\left[-\frac{1}{s}e^{-st}\right]_0^a + \lim_{c \to \infty}\left[\frac{1}{4-s}e^{(4-s)t}\right]_{10}^c \\ &= -\frac{2}{s}\lim_{a \to 5-}[e^{-sa} - 1] + \frac{1}{4-s}\lim_{c \to \infty}[e^{(4-s)c} - e^{10(4-s)}] \\ &= -\frac{2}{s}(e^{-5s} - 1) - \frac{1}{4-s}e^{10(4-s)} \quad (s > 4\text{일 때}) \end{aligned}$$

정리하면

$$F(s) = \frac{2}{s} - \frac{2e^{-5s}}{s} + e^{40}\frac{e^{-10s}}{s-4} \quad (s > 4)$$

참고 | 불연속에서 도약이 발생하는 경우, 불연속점의 영향은 라플라스변환에서 지수함수로 반영된다. 지수함수에서 -5, -10은 불연속점의 영향으로 나타난 것이다.

예제 1.2와 같은 방법으로 다항식 t^n (n는 음이 아닌 정수)에 대한 라플라스변환은

$$L[t^n](s) = \frac{n!}{s^{n+1}} \quad (s > 0)$$

임을 쉽게 보일 수 있다. n이 실수일 경우 라플라스변환을 구할 수 있는지 살펴보자. 이것은 다음 질문에 대한 답을 요구한다.

$$f(t) = \sqrt{t} \text{ 의 라플라스변환은 } L[f(t)](s) = \frac{\frac{1}{2}!}{s^{1+1/2}} \text{ 인가?}$$

이를 받아들이기 위해서는 $1/2$에 대한 계승(!)의 의미를 부여해야 한다. 그러기 위해서는 계승(!)의 개념을 유리수로 확장해야 한다. 실제로 !의 개념을 실수로 확장할 수 있다.

정의 1.2 양이 아닌 정수를 제외한 실수 x에 대하여

$$\Gamma(x) = \int_0^\infty e^{-u} u^{x-1} du$$

와 같이 정의된 함수를 감마함수(Gamma function)라 한다.

감마함수의 정의 및 부분적분법으로부터

$$\begin{aligned}\Gamma(x+1) &= \int_0^\infty e^{-u} u^x du = \int_0^\infty u^x d(-e^{-u}) \\ &= [-u^x e^{-u}]_{u=0}^{u=\infty} + \int_0^\infty x u^{x-1} e^{-u} du \\ &= x\int_0^\infty u^{x-1} e^{-u} du = x\Gamma(x)\end{aligned}$$

따라서 실수 x에 대한 계승의 개념을 얻는다.

$$\Gamma(x+1) = x\Gamma(x)$$

특히, $x = n$이 양의 정수일 때 $\Gamma(n+1) = n!$이다. 실제로

$$\Gamma(n+1) = n\Gamma(n) = n(n-1)\Gamma(n-2) = \cdots = n(n-1)(n-2)\cdots 1\,\Gamma(1)$$

여기서

$$\Gamma(1) = \int_0^{\infty} e^{-u}\,du = \left[-e^{-u}\right]_0^{\infty} = 1$$

이므로

$$\Gamma(n+1) = n(n-1)(n-2)\cdots 1 = n! \qquad (6)$$

식 (6)으로부터 감마함수는 계승(!)을 확장한 함수라는 것을 알 수 있다.

예제 1.6 $f(t) = \sqrt{t}$ 의 라플라스변환을 구하여라.

● **풀이** ● 라플라스변환의 정의로부터

① $$L[\sqrt{t}](s) = \int_0^{\infty} \sqrt{t}\, e^{-st}\,dt = \int_0^{\infty} t^{1/2} e^{-st}\,dt$$

식 ①에서 $u = st$로 치환하여 식 (2)를 적용하면

$$L[\sqrt{t}](s) = \int_0^{\infty} t^{1/2} e^{-st}\,dt = \frac{1}{s\sqrt{s}}\int_0^{\infty} u^{1/2} e^{-u}\,du$$
$$= \frac{1}{s^{1+1/2}}\Gamma\left(1+\frac{1}{2}\right) = \frac{1}{s^{3/2}} \times \frac{1}{2}\Gamma\left(\frac{1}{2}\right)$$

$\Gamma(1/2) = \sqrt{\pi}$ (아래를 참조하라)이므로

$$L[\sqrt{t}](s) = \frac{\sqrt{\pi}}{2s^{3/2}}$$

참고 | 극좌표에 대한 이중적분을 이용하여 $\Gamma(1/2) = \sqrt{\pi}$ 을 구할 수 있다.

$$\Gamma\left(\frac{1}{2}\right) = \int_0^{\infty} e^{-u} u^{-1/2}\,du$$

$\sqrt{u} = x$ 로 치환하면 $1/\sqrt{u}\,du = 2\,dx$ 이므로 이를 대입하면

$$\Gamma\left(\frac{1}{2}\right) = 2\int_0^\infty e^{-x^2}\,dx$$

직각좌표와 극좌표의 이중적분에 대한 성질로부터

$$\begin{aligned} I^2 &= \int_0^\infty e^{-x^2}dx \int_0^\infty e^{-y^2}dy = \int_0^\infty\int_0^\infty e^{-(x^2+y^2)}\,dx\,dy \\ &= \int_0^{\pi/2}\int_0^\infty e^{-r^2} r\,dr\,d\theta = \int_0^{\pi/2} d\theta \int_0^\infty e^{-r^2} r\,dr \\ &= \frac{\pi}{4} \end{aligned}$$

따라서

$$I = \int_0^\infty e^{-x^2}dx = \frac{\sqrt{\pi}}{2}$$

이고

$$\Gamma\left(\frac{1}{2}\right) = 2\int_0^\infty e^{-x^2}dx = 2\times\frac{\sqrt{\pi}}{2} = \sqrt{\pi}$$

감마함수를 사용하여 t^a (a는 실수)에 대한 라플라스변환은

$$L[t^a](s) = \frac{\Gamma(a+1)}{s^{a+1}} \quad (s > 0)$$

임을 쉽게 보일 수 있다.

참고 | $f(t) = t^a$, $a < 0$일 때 $f(t)$는 조각적 연속이 아님에도 불구하고 이 함수에 대한 라플라스 변환이 존재한다.

라플라스변환은 적분으로 정의되어 있으므로 라플라스변환은 선형변환이다. 이를 라플라스변환의 선형성질이라 한다.

정리 1.2 라플라스변환의 선형성질

함수 $f(t)$와 $g(t)$가 라플라스변환의 존재 조건 (i)과 (ii)를 만족하면, 다음 선형 성질을 만족한다.

$$L[c_1 f(t) + c_2 g(t)](s) = c_1 L[f(t)](s) + c_2 L[g(t)](s) \quad (s > \alpha)$$

단, c_1와 c_2는 임의의 상수이다.

증명·· 적분의 선형성질로부터 쉽게 보일 수 있다.

예제 1.7 $f(t) = \cosh at$ 의 라플라스변환을 구하여라.

● 풀이 ● 라플라스변환의 선형성질로부터

$$L[\cosh at](s) = L\left[\frac{e^{at} + e^{-at}}{2}\right] = \frac{1}{2}L[e^{at}] + \frac{1}{2}L[e^{-at}]$$

예제 1.3으로부터

$$L[\cosh at](s) = \frac{1}{2}\frac{1}{s-a} + \frac{1}{2}\frac{1}{s+a} \quad (s > |a|)$$

따라서

$$L[\cosh at](s) = \frac{s}{s^2 - a^2} \quad (s > |a|)$$

을 얻는다.

예제 1.7과 같은 방법으로 다음 식을 얻을 수 있다.

$$L[\sinh at](s) = \frac{a}{s^2 - a^2} \quad (s > |a|)$$

지금까지 구한 초등함수에 대한 라플라스변환을 정리한 것을 라플라스변환표라 한다. 변환표의 오른쪽 칸은 이후에 배울 내용들로 함께 정리해 둔 것이다.

기본 변환		응용 변환	
함수	라플라스변환	함수	라플라스변환
1	$\frac{1}{s}$	$f'(t)$	$sF(s) - f(0)$
e^{at}	$\frac{1}{s-a}$	$f''(t)$	$s^2F(s) - sf(0) - f'(0)$
t^n	$\frac{n!}{s^{n+1}}$(n는 양의 정수)	$e^{at}f(t)$	$F(s-a)$
t^a	$\frac{\Gamma(a+1)}{s^{a+1}}$($a$는 실수)	$t^n f(t)$	$(-1)^n \frac{d^n F(s)}{ds^n}$

$\sin at$	$\frac{a}{s^2+a^2}$	$\int_0^t f(\tau)\,d\tau$	$\frac{1}{s}F(s)$
$\cos bt$	$\frac{s}{s^2+b^2}$	$u(t-a)f(t-a)$	$e^{-as}F(s)$
$\sinh at$	$\frac{a}{s^2-a^2}$	$u(t-a)f(t)$	$e^{-as}L[f(t+a)](s)$
$\cosh bt$	$\frac{s}{s^2-b^2}$	$f*g$	$F(s)\,G(s)$
		$\delta(t-a)$	e^{-as}

표 1.1 라플라스변환표(Table of Laplace Transform)

예제 1.8 함수 $f(t)=3-\frac{1}{6}t^3+4e^{3t}+\frac{1}{3}\sin 3t$ 의 라플라스변환을 구하여라.

• 풀이 • 라플라스변환의 선형성질과 표 1.1로부터

$$\begin{aligned} L[f(t)](s) &= L[3-\frac{1}{6}t^3+4e^{3t}+\frac{1}{3}\sin 3t](s) \\ &= 3L[1](s)+\left(-\frac{1}{6}\right)L[t^3](s)+4L[e^{3t}](s) \\ &\quad +\frac{1}{3}L[\sin 3t](s) \\ &= \frac{3}{s}+\left(-\frac{1}{6}\right)\frac{3!}{s^{3+1}}+4\frac{1}{s-3}+\frac{1}{3}\frac{3}{s^2+9} \\ &= \frac{3}{s}-\frac{1}{s^4}+\frac{4}{s-3}+\frac{1}{s^2+9} \quad (s>3) \end{aligned}$$

이다.

지금부터 $f(t)$는 라플라스변환이 존재할 조건 (i)과 (ii)를 항상 만족한다고 가정한다. 여기서는 초등함수들의 곱으로 만들어진 함수에 대한 라플라스변환을 간단하게 구할 수 있는 성질을 살펴본다.

때때로 어떤 함수에 지수함수가 곱해져 있는 함수를 라플라스변환으로 바꾸어야 하는 때가 자주 발생한다. 변환은 매우 간단하게 구할 수 있으며, 이를 주파수 이동성질이라 한다.

정리 1.3 **주파수이동성질**

$L[f(t)](s)=F(s)$ 라 하면 다음 등식이 성립한다.

$$L[e^{at}f(t)](s)=F(s-a)\quad (s>a+\alpha)$$

증명•• 지수함수의 성질로부터

$$\begin{aligned} L[e^{at}f(t)](s) &= \int_0^\infty e^{-st}e^{at}f(t)\,dt \\ &= \int_0^\infty e^{-(s-a)t}f(t)\,dt = L[f(t)](s-a)\quad (s>a+\alpha) \end{aligned}$$

를 얻는다.

예제 1.9 함수 $f(t)=e^{at}\cos bt$ 의 라플라스변환을 구하여라.

• 풀이 • 표 1.1에 의해

$$L[\cos bt]=\frac{s}{s^2+b^2}$$

주파수 이동성질(정리 1.3)에 의해

$$L[f(t)](s)=\frac{s-a}{(s-a)^2+b^2}\quad (s>a)$$

이제 미분에 대한 라플라스변환을 살펴보자. 다음 정리의 결과를 사용하여 미분방정식을 대수방정식으로 바꿀 수 있다.

정리 1.4 **미분에 대한 라플라스변환**

$f(t)$, $f'(t)$는 조건 (i)과 (ii)를 만족한다고 가정하자.

(i) $f(t)$, $f'(t)$는 $[0,\infty)$에서 정의된 조각적 연속함수이고

(ii) α_1, α_2, M_1, M_2, T가 존재하여 $t\geq T$에 대하여

$$|f(t)|\leq M_1e^{\alpha_1 t} \text{ 및 } |f'(t)|\leq M_2e^{\alpha_2 t}$$

을 만족한다고 하자. 그러면 $s>\max\{\alpha,\alpha_1\}$에 대하여 다음 등식이 성립한다.

$$L[f'(t)](s)=s\,L[f(t)](s)-f(0)$$

참고 | $f(t)$가 0에서 연속이 아닌 경우 $f(0)$는 $f(0+)=\lim_{h\to 0^+} f(h)$로 바뀐다.

증명•• 조건 (i)과 (ii)에 의해 $L[f(t)](s)$ $(s>\alpha_1)$ 및 $L[f'(t)](s)$ $(s>\alpha_2)$는 존재한다. 부분적분에 의해

$$\begin{aligned} L[f'(t)](s) &= \int_0^\infty e^{-st} f'(t)\,dt = \lim_{N\to\infty} \int_0^N e^{-st} f'(t)dt \qquad (7)\\ &= \lim_{N\to\infty}\left[e^{-st} f(t)\Big|_0^N + s\int_0^N e^{-st} f(t)dt \right] \\ &= \lim_{N\to\infty}\left[e^{-sN} f(N) - f(0) + s\int_0^N e^{-st} f(t)dt \right] \\ &= \lim_{N\to\infty} [e^{-sN} f(N)] - f(0) + sL[f(t)](s) \end{aligned}$$

$f(t)$에 대한 조건 (ii)에 의해

$$|e^{-sN} f(N)| \le e^{-sN} M e^{\alpha_1 N} = Me^{-N(s-\alpha_1)}$$

이므로, $s>\alpha_1$에 대하여

$$0 \le \lim_{N\to\infty} |e^{-sN} f(N)| \le M \lim_{N\to\infty} |e^{-(s-\alpha)N}| = 0 \qquad (8)$$

식 (8)의 결과를 식 (7)에 적용하면 정리의 결과를 얻는다. ⊂

정리 1.4를 고계도함수로 확장할 수 있다. 2계 도함수에 대하여

$$\begin{aligned} L[f''(t)](s) &= s\,L[f'(t)](s) - f'(0) \\ &= s\,\{sL[f(t)](s) - f(0)\} - f'(0) \\ &= s^2 L[f(t)](s) - s\,f(0) - f'(0) \end{aligned}$$

n계 도함수에 대하여

$$L[f^{(n)}(t)](s) = s^n L[f(t)](s) - s^{n-1} f(0) - s^{n-2} f'(0) - \cdots - f^{(n-1)}(0) \qquad (9)$$

고계 도함수에 대한 라플라스변환 (9)가 의미를 갖기 위해서는, 즉 이상적분이 존재할 조건을 제공해야 하다. $n=2$인 경우 정리 1.4의 조건에 다음 조건을 추가하면 된다.

$f''(t)$는 $[0, \infty)$에서 조각적 연속함수이고, 모든 $t\ge T$에 대하여 $|f''(t)| \le M_2 e^{\alpha_2 t}$을 만족하는 α_3, M_3와 T가 존재한다.

예제 1.10 다음 초기값문제를 만족하는 x 대한 라플라스변환을 구하여라.

$$x'' + 2x' + x = \sin t$$
$$x(0) = 0,\ x'(0) = 0$$

• 풀이 • $L[x(t)](s) = X(s)$라 놓고 L을 미분방정식에 작용시키면

$$L[x'' + 2x' + x](s) = L[\sin t](s)$$

라플라스변환의 선형성질과 표 1.1로부터

$$L[x''] + 2L[x'] + L[x](s) = L[\sin t](s)$$
$$s^2X - s\,x(0) - x'(0) + 2[sX - x(0)] + X = \frac{1}{s^2+1}$$

초기값를 대입하여 X에 대하여 풀면

$$(s^2 + 2s + 1)X = \frac{1}{s^2+1}$$
$$X = \frac{1}{(s^2+2s+1)(s^2+1)}$$

을 얻는다.

예제 1.10으로부터 상수계수를 갖는 미분방정식에 라플라스변환을 적용하면 대수방정식이 만들어진다. 이 대수방정식의 해에 L의 역함수를 작용시켜 미분방정식의 해를 구한다.

다음 정리는 $f(t)$에 t^n이 곱해져 있는 함수에 대한 라플라스변환을 구하는 방법을 설명한다.

정리 1.5 $L[f(t)](s) = F(s)$라 하면 $s > \alpha$에 대하여 다음 등식이 성립한다.

$$L[tf(t)](s) = -\frac{dF(s)}{ds}$$

증명•• 함수 $f(t)$의 가정 때문에 미분과 이상적분의 순서를 바꿀 수 있다.

$$\frac{dF}{ds}(s) = \int_0^\infty \frac{d}{ds}(e^{-st})f(t)\,dt$$
$$= -\int_0^\infty e^{-st}\{tf(t)\}\,dt = -L[tf(t)](s)$$

수학적 귀납법을 이용하여 다음 식을 증명할 수 있다.

$$L[t^n f(t)](s) = (-1)^n \frac{d^n F(s)}{ds^n} \quad (s > \alpha)$$

예제 1.11 $f(t) = t\cos t$에 대한 라플라스변환을 구하여라.

• **풀이** • 정리 1.5로부터

$$L[t\cos t] = (-1)\frac{d}{ds}L[\cos t] = -\frac{d}{ds}\frac{s}{s^2+1} = \frac{s^2-1}{(s^2+1)^2}$$

예제 1.12 $g(t) = t^2 \sin t$에 대한 라플라스변환을 구하여라.

• **풀이** • 정리 1.5로부터

$$L[t^2\sin t] = (-1)^2\frac{d^2}{ds^2}L[\sin t] = \frac{d^2}{ds^2}\frac{1}{s^2+1} = \frac{6s^2-2}{(s^2+1)^3}$$

적분에 대한 라플라스변환을 다음 정리에 의해 구할 수 있다.

정리 1.6 적분에 대한 라플라스변환

$L[f(t)](s) = F(s)$라 하면 $s > \alpha$에 대하여 다음 등식이 성립한다.

$$L\left[\int_0^t f(\tau)\,d\tau\right](s) = \frac{1}{s}F(s)$$

증명•• $g(t) = \int_0^t f(\tau)\,d\tau$ 라고 정의하면 $g(0) = 0$ 이고 미분적분학의 기본정리에 의해 $g'(t) = f(t)$이다. 정리 1.4에 의해

$$L[g'(t)](s) = sL[g(t)](s) - g(0)$$

$$L[f(t)](s) = sL[g(t)](s)$$

따라서

$$L\left[\int_0^t f(\tau)\,d\tau\right](s) = \frac{1}{s}L[f(t)](s)$$

를 얻는다. ◐

예제 1.13 LC 전기회로 인가되는 전압을 $E(t) = 100\cos 60\pi t\,[V]$라 할 때, 폐루프에 흐르는 전류 $I = I(t)$는 다음 미분방정식에 의해 기술된다고 하자.

$$L\frac{dI}{dt} + \frac{1}{C}\int_0^t I(\tau)\,d\tau = E(t)$$

초기전류 $I(0) = 0$일 때, 전류 $J(s) = L[I(t)](s)$을 구하여라.

• **풀이** • 라플라스변환을 주어진 방정식의 양변에 작용하고 미분과 적분에 대한 라플라스변환을 적용하면

$$sL\,[J(s) - I(0)] + \frac{1}{Cs}J(s) = \frac{100\,s}{s^2 + 60^2\pi^2}$$

초기값을 대입하여 $J(s)$를 구하면

$$LsJ(s) + \frac{1}{Cs}J(s) = \frac{100\,s}{s^2 + 60^2\pi^2}$$

$$\left(Ls + \frac{1}{Cs}\right)J(s) = \frac{100\,s}{s^2 + 60^2\pi^2}$$

$$J(s) = \frac{100\,Cs^2}{(LCs^2 + 1)(s^2 + 60^2\pi^2)}$$ ◐

다음 정리로부터 고주파수에 대한 스펙트럼분포는 거의 0에 가깝다는 사실을 알 수 있다.

정리 1.7 $L[f(t)](s) = F(s)$라 하면

$$\lim_{s\to\infty} F(s) = 0$$

이 성립한다.

증명•• 조건 (ii)를 사용하여 평가하면

$$|F(s)| \le \int_0^\infty e^{-st}|f(t)|\,dt \le M\int_0^\infty e^{-t(s-\alpha)}\,dt = \frac{M}{s-\alpha}$$

양변에 $s\to\infty$를 취하면

$$0 \le \lim_{s \to \infty} |F(s)| \le \lim_{s \to \infty} \frac{M}{s-\alpha} = 0$$

이로부터 정리는 증명되었다. ◖

정리 1.7을 사용하여 조금 복잡한 함수에 대한 라플라스변환을 구하여 보자.

예제 1.14 $f(t) = \dfrac{1-\cos 2t}{t}$의 라플라스변환을 구하여라.

• 풀이 • $tf(t) = 1-\cos 2t$에 라플라스변환을 취하면

① $$L[tf(t)](s) = L[1-\cos 2t](s)$$

표 1.1을 이용하여

② $$-\frac{dF}{ds} = \frac{1}{s} - \frac{s}{s^2+4}$$

식 ②를 구간 $[s, \infty)$에서 적분하면

$$\int_s^\infty -\frac{dF}{d\nu}\,d\nu = \int_s^\infty \left(\frac{1}{\nu} - \frac{\nu}{\nu^2+4}\right) d\nu$$

③ $$\begin{aligned} F(s) - \lim_{s\to\infty} F(s) &= \int_s^\infty \left(\frac{1}{\nu} - \frac{\nu}{\nu^2+4}\right) d\nu \\ &= \lim_{N\to\infty} \left[\ln \nu - \frac{1}{2}\ln(\nu^2+4)\right]_s^N \\ &= \lim_{N\to\infty} \ln \frac{N}{\sqrt{N^2+1}} - \ln \frac{s}{\sqrt{s^2+4}} \\ &= \ln 1 + \ln \frac{\sqrt{s^2+4}}{s} \end{aligned}$$

$F(\infty) = 0$을 적용하면

$$F(s) = \ln \frac{\sqrt{s^2+4}}{s}$$

와 같은 결과를 얻는다. ◖

예제 1.14의 식 ③으로부터 매우 중요한 식을 유추할 수 있다.

$$L\left[\frac{f(t)}{t}\right](s) = \int_s^\infty L[f(t)](\sigma)\,d\sigma$$

4.2 라플라스역변환

정의 1.1 $F(s) = L[f(t)](s)$일 때 $f(t)$를 $F(s)$에 대한 라플라스역변환(Laplace inverse transform)이라 한다. 이를 다음과 같이 표현한다.

$$L^{-1}[F(s)](t) = f(t) \quad \text{또는} \quad L^{-1}[F] = f$$

기본함수에 대한 라플라스역변환을 구하는 방법은 라플라스변환표(1.1절 표 1.1)에서 반대 방향으로 생각하면 된다. 예를 들어

$$L[t](s) = \frac{1}{s^2} \text{이므로 } L^{-1}\left[\frac{1}{s^2}\right](t) = t\text{이다}$$

예제 2.1 $F(s) = \dfrac{6}{s^4}$에 대한 라플라스역변환을 구하여라.

• **풀이** • 라플라스변환표에 의해

$$L[t^3](s) = \frac{3!}{s^{3+1}} = \frac{6}{s^4}$$

이므로

$$L^{-1}\left[\frac{6}{s^4}\right](t) = t^3$$

4.1절 정리 1.3으로부터 다음 등식을 얻는다.

$$L^{-1}[F(s-a)](t) = e^{at}f(t) = e^{at}L^{-1}[F(s)](t) \tag{1}$$

예제 2.2 $F(s) = \dfrac{s-1}{s^2-2s+5}$에 대한 라플라스역변환을 구하여라.

• **풀이** • $F(s) = \dfrac{s-1}{s^2-2s+5}$에 직접적으로 대응하는 함수가 보이지 않으므로, 라플라스

변환표를 사용할 수 있도록 $F(s)$를 적절히 고쳐야 한다. 분모를 완전제곱으로 고치면

$$F(s)=\frac{s-1}{s^2-2s+5}=\frac{s-1}{(s-1)^2+2^2}$$

주파수 영역에서 이동이 있으므로 식 (1)을 이용하여 역변환을 구하면

$$L^{-1}[F(s)](t)=L^{-1}\left[\frac{s-1}{(s-1)^2+2^2}\right](t)=e^t\cos 2t$$

라플라스변환은 선형이므로 그 역변환도 선형이다.

정리 2.1 라플라스역변환의 선형성

임의의 c_1, c_2상수에 대하여

$$L^{-1}[c_1F(s)+c_2G(s)](t)=c_1L^{-1}[F(s)](t)+c_2L^{-1}[G(s)](t)$$

가 성립한다.

증명•• 자명하다.

예제 2.3 다음 라플라스역변환을 구하여라.

$$L^{-1}\left[\frac{5}{s-2}-\frac{6s}{s^2+4}+\frac{7}{2s^2-8}\right](t)$$

• 풀이 • 라플라스역변환의 선형성과 라플라스변환표에 의해

$$5L^{-1}\left[\frac{1}{s-2}\right](t)-6L^{-1}\left[\frac{s}{s^2+2^2}\right](t)+\frac{7}{4}L^{-1}\left[\frac{2}{s^2-2^2}\right](t)$$

$$=5e^{2t}-6\cos 2t+\frac{7}{4}\sinh 2t$$

예제 2.4 $F(s)=\dfrac{5}{(s+2)^4}$의 라플라스역변환을 구하여라.

• 풀이 • 식 (1)과 라플라스변환표에 의해

$$L^{-1}[F(s)] = 5e^{-2t} L^{-1}\left[\frac{1}{s^4}\right](t)$$

$$= \frac{5}{3!} e^{-2t} L^{-1}\left[\frac{3!}{s^{3+1}}\right](t)$$

$$= \frac{5}{6} e^{-2t} t^3$$

예제들에서 경험하였듯이 역변환을 위해서는 약간의 조작이 필요하다. 특히, 라플라스변환을 이용하여 미분방정식의 해를 구할 경우 이러한 조작은 더욱더 필요하다. 역변환에 대한 기법을 구체적으로 다루기 전에 예를 통하여 조작의 필요성을 살펴보자.

예제 2.5 다음 초기값문제의 해를 구하여라.

① $$x'' + 5x' + 6x = e^t,\ x = x(t)$$
$$x(0) = 1,\ x'(0) = 0$$

• 풀이 • $X(s) = L[x(t)](s)$ 라 놓고 식 ①에 라플라스변환을 작용시키면

$$L[x''] + 5L[x'] + 6L[x] = L[e^t]$$

미분에 대한 라플라스변환식에 의해

② $$s^2 X - s\,x(0) - x'(0) + 5[s\,X - x(0)] + 6X = \frac{1}{s-1}$$

초기조건을 식 ②에 대입하여 정리하면

$$(s^2 + 5s + 6)X = s + 5 + \frac{1}{s-1}$$

X 를 구하면

③ $$X = \frac{s+5}{s^2+5s+6} + \frac{1}{(s-1)(s^2+5s+6)}$$

식 ③을 부분분수로 나타내면

④ $$X = -\frac{7}{4}\frac{1}{s+3} + \frac{8}{3}\frac{1}{s+2} + \frac{1}{12}\frac{1}{s-1}$$

식 ④에 라플라스역변환을 작용시키면

$$x(t) = -\frac{7}{4}L^{-1}\left[\frac{1}{s+3}\right] + \frac{8}{3}L^{-1}\left[\frac{1}{s+2}\right] + \frac{1}{12}L^{-1}\left[\frac{1}{s-1}\right]$$

$$=-\frac{7}{4}e^{-3t}+\frac{8}{3}e^{-2t}+\frac{1}{12}e^{t}$$

이 $x(t)$는 초기값문제의 유일한 해이다. ⊂

예제 2.5에서 역변환을 구하기 위해 식 ③을 식 ④와 같은 부분분수로 고쳤다. 상수 계수를 갖는 미분방정정식을 라플라스변환하면 식 ③과 같이 분모의 차수가 분자의 차수보다 높은 유리식으로 나타난다. 즉

$$F(s)=\frac{Q(s)}{P(s)},\ Q(s)\text{의 차수} < P(s)\text{의 차수}$$

유리함수에 대한 라플라스역변환은 $P(s)$의 인수분해에 달렸다. 이론적으로 정수계수를 갖는 다항식은 일차식과 이차식의 곱으로 인수분해할 수 있다. 따라서 $P(s)$를 가능한 데까지 인수분해한다. $P(s)$에 포함되어 있는 인수의 종류를 살핀 후 $F(s)$를 아래와 같이 부분분수로 고치면 된다.

$P(s)$에 포함되어 있는 인수	인수에 대응하는 부분분수
$as+b$	$\frac{A}{as+b}$
$(as+b)^k$	$\frac{A_1}{as+b}+\frac{A_2}{(as+b)^2}+\cdots+\frac{A_k}{(as+b)^k}$
as^2+bs+c	$\frac{As+B}{as^2+bs+c}$
$(as^2+bs+c)^k$	$\frac{A_1s+B_1}{as^2+bs+c}+\frac{A_2s+B_2}{(as^2+bs+c)^2}+\cdots+\frac{A_ks+B_k}{(as^2+bs+c)^k}$

예제 2.6 다음 $F(s)$의 라플라스역변환을 구하여라.

$$F(s)=\frac{s^2+1}{(s-1)(s+2)(s-3)}$$

• **풀이** • $F(s)$의 분모가 일차식으로 인수분해되어 있다. 따라서 부분분수의 형태는

① $$\frac{s^2+1}{(s-1)(s+2)(s-3)}=\frac{A}{s-1}+\frac{B}{s+2}+\frac{C}{s-3}$$

항등식을 만족하는 계수 A, B와 C를 결정하기 위해 식 ①의 우변을 통분한다.

② $$\frac{s^2+1}{(s-1)(s+2)(s-3)} = \frac{A(s+2)(s-3)+B(s-1)(s-3)+C(s-1)(s+2)}{(s-1)(s+2)(s-3)}$$

식 ②의 분자는 서로 같아야 하므로 다음과 같은 s에 대한 항등식을 얻는다.

③ $$s^2+1 = A(s+2)(s-3)+B(s-1)(s-3)+C(s-1)(s+2)$$

식 ③의 계수를 결정하는 두 가지 방법이 있다. 식 ③의 우변을 전개하여 다항식의 계수를 비교하는 방법과 효과적인 수의 대입을 이용하는 방법이다.

방법 1

식 ③의 우변을 전개하여 내림차순으로 정리하면

④ $$s^2+1 = (A+B+C)s^2+(-A-4B+C)s+(-6A+3B-3C)$$

식 ④는 항등식이므로 대응하는 각 계수는 같아야 한다. 즉

⑤ $$A+B+C=1,\ -A-4B+C=0,\ -6A+3B-3C=1$$

3원일차연립방정식(풀이 생략) ⑤의 해는

$$A=-\frac{1}{3},\ B=\frac{1}{3},\ C=1$$

방법 2

계수 A를 결정하기 위해 식 ③에 $s=1$을 대입하면

$$2=-6A \ \text{ 또는 } \ A=-\frac{1}{3}$$

계수 B를 결정하기 위해 식 ③에 $s=-2$을 대입하면

$$5=15B \ \text{ 또는 } \ B=\frac{1}{3}$$

계수 C를 결정하기 위해 식 ③에 $s=3$을 대입하면

$$10=10C \ \text{ 또는 } \ C=1$$

따라서

$$F(s)=-\frac{1}{3}\frac{1}{s-1}+\frac{1}{3}\frac{1}{s+2}+\frac{1}{s-3}$$

그 역변환은

$$f(t) = L^{-1}[F(s)](t) = -\frac{1}{3}e^{t} + \frac{1}{3}e^{-2t} + e^{3t}$$

예제 2.7 다음 $G(s)$의 라플라스역변환을 구하여라.

$$G(s) = \frac{s^2+1}{(s^2+2s+2)(s^2+4s+8)}$$

• **풀이** • $G(s)$의 분모가 이차식으로 인수분해된다. 따라서 부분분수의 형태는

① $$\frac{s^2+1}{(s^2+2s+2)(s^2+4s+8)} = \frac{As+B}{s^2+2s+2} + \frac{Cs+D}{s^2+4s+8}$$

항등식을 만족하는 계수 A, B, C, D를 결정하기 위해 식 ①의 우변을 통분하자.

② $$\frac{s^2+1}{(s^2+2s+2)(s^2+4s+8)} = \frac{(As+B)(s^2+4s+8)+(Cs+D)(s^2+2s+2)}{(s^2+2s+2)(s^2+4s+8)}$$

식 ②의 분자는 서로 같아야 하므로 다음과 같은 항등식을 얻는다.

③ $$s^2+1 = (As+B)(s^2+4s+8)+(Cs+D)(s^2+2s+2)$$

식 ③의 우변을 전개하여 내림차순으로 정리하면

④ $$s^2+1 = (A+C)s^3 + (4A+B+2C+D)s^2 + (8A+4B+2C+2D)s + 8B+2D$$

식 ④는 항등식이므로 대응하는 각 계수는 같아야 한다. 즉

⑤ $A+C=0,\ 4A+B+2C+D=1,\ 8A+4B+2C+2D=0$
$8B+2D=1$

식 ⑤의 해(풀이 생략)는

$$A = -\frac{1}{2},\ B = -\frac{1}{2},\ C = \frac{1}{2},\ D = \frac{5}{2}$$

이 값을 식 ①에 대입하면

$$G(s) = -\frac{1}{2}\frac{s+1}{s^2+2s+2} + \frac{1}{2}\frac{s+5}{s^2+4s+8}$$

마지막으로 분모를 완전제곱하여 역변환을 할 수 있는 형태로 바꾸면

$$G(s)=-\frac{1}{2}\frac{s+1}{(s+1)^2+1}+\frac{1}{2}\frac{s+5}{(s+2)^2+4}$$

$$=-\frac{1}{2}\frac{s+1}{(s+1)^2+1^2}+\frac{1}{2}\frac{s+2}{(s+2)^2+2^2}+\frac{3}{4}\frac{2}{(s+2)^2+2^2}$$

역변환하면

$$g(t)=L^{-1}[G(s)](t)$$

$$=-\frac{1}{2}e^{-t}\cos t+\frac{1}{2}e^{-2t}\cos 2t+\frac{3}{4}e^{-2t}\sin 2t$$

를 얻는다.

예제 2.6과 예제 2.7에서 라플라스역변환을 계산하기 위해서는 연립방정식(식 ⑤)을 풀어야 한다. 연립방정식의 해법으로 가우스 소거법(Gauss elimination)과 같은 유용한 방법이 있지만 미지수의 수가 증가하면 손으로 풀기에는 너무 계산양이 많다. 다행히, 컴퓨터대수체계(CAS)로 개발된 Maple이나 Mathematica와 같은 프로그램을 이용하면 연립방정식의 해는 쉽게 구할 수 있다.

예제 2.8 다음 유리함수를 부분분수로 나타내어라.

$$\frac{s^3-2s+3}{(s+1)(2s-1)^3(s^2+1)(s^2-s+1)^2}$$

단, 미지수는 계산하지 않는다.

● 풀이 ● 분모가 일차식과 이차식의 곱으로 표현되어 있으므로 경우 3에 해당된다. 따라서 부분분수의 형태는

$$\frac{A}{s+1}+\frac{B}{2s-1}+\frac{C}{(2s-1)^2}+\frac{D}{(2s-1)^3}+\frac{Es+F}{s^2+1}$$

$$+\frac{Gs+H}{(s^2-s+1)}+\frac{Is+J}{(s^2-s+1)^2}$$

이다.

예제 2.8을 Maple을 이용하여 부분분수로 나타내면 다음과 같다.

```
convert( (s^3-2*s+3)/(s+1)/(2*s-1)^3/(s^2+1)/(s^2-s+1) parfrac, s);
```

$$-\frac{2}{243(s+1)}-\frac{4288}{30375(2s-1)}+\frac{-6+33s}{125(s^2+1)}+\frac{21-5g}{27(s^2-s+1)}+\frac{272}{135(2s-1)^3}$$

$$-41922025(2s-1)^2+\frac{-2s+2}{9(s^2-s+1)^2}$$

4.3 응용 : 미분방정식

스프링-질량-댐퍼 모델에서 질량의 변위 및 RLC 회로모델에서 전하 또는 전류의 변화는 상수계수를 갖는 2계 선형미분방정식

$$ax'' + bx' + cx = f(t), \quad b^2 - 4ac \neq 0 \tag{1}$$

에 의해 기술됨을 알고 있다. 이 절에서는 라플라스변환을 이용하여 식 (1)의 해를 구하여 보자. 문제를 간단하게 하기 위해 초기조건은 모두 0 으로 놓는다. 즉

$$x(0) = x'(0) = 0$$

$L[x](s) = X(s)$와 $L[f(t)](s) = F(s)$라 놓고 식 (1)의 양변에 L을 작용하면

$$L[ax'' + bx' + cx] = L[f(t)]$$
$$aL[x''] + bL[x'] + cL[x] = L[f(t)]$$

미분에 대한 라플라스변환을 적용하면

$$a[s^2X - sx(0) - x'(0)] + b[sX - x(0)] + cX = F$$

이 결과에 초기조건을 대입하면 다음 식을 얻는다.

$$(as^2 + bs + c)X = F$$

$H(s) := \dfrac{1}{as^2 + bs + c}$라 놓으면(나중에 전달함수로 불리게 되는 중요한 함수)

$$X = HF \text{ 또는 } X(s) = H(s)F(s) \tag{2}$$

식 (2)에 라플라스역변환을 작용하면 초기값문제의 해는 다음과 같다.

$$x(t) = L^{-1}[X](t) = L^{-1}[HF](t) \tag{3}$$

예제 3.1 $F(s) = 1$일 때(4.6절에서 배우게 될 충격함수에 대한 라플라스변환은 1이다) $D = b^3 - 4ac > 0$일 때 식 (3)을 만족하는 $x(t)$를 구하여라.

• **풀이** • $F(s)=1$이므로

$$x(t)=L^{-1}[H](t)=L^{-1}\left[\frac{1}{as^2+bs+c}\right](t)$$

$D=b^2-4ac>0$이므로

$$as^2+bs+c=a(s-s_1)(s-s_2)$$

와 같이 인수분해할 수 있다. 따라서 다음과 같은 부분분수를 얻는다.

$$\frac{1}{as^2+bs+c}=\frac{A}{s-s_1}+\frac{B}{s-s_2}$$

단, 계수 A, B는 a, b, c의 값이 주어졌을 때, s에 대한 항등식을 만족하도록 결정되어야 하는 상수들이다. 따라서 구하는 해는 다음과 같다.

$$x(t)=L^{-1}\left[\frac{A}{s-s_1}+\frac{B}{s-s_2}\right](t)\ =Ae^{s_1t}+Be^{s_2t}$$

예제 3.2 $f(t)=F_0\cos\omega t$이고 $D=b^2-4ac<0$일 때, 식 (3)을 만족하는 $x(t)$를 구하여라.

• **풀이** • $f(t)=F_0\cos\omega t$에 대한 라플라스변환은

$$F(s)=F_0\frac{s}{s^2+\omega^2}$$

이므로

$$x(t)=L^{-1}[HF](t)=L^{-1}\left[\frac{F_0 s}{(as^2+bs+c)(s^2+\omega^2)}\right](t)$$

$D<0$이므로

$$\frac{F_0 s}{(as^2+bs+c)(s^2+\omega^2)}=\frac{A(s+\alpha)+B\beta}{(s+\alpha)^2+\beta^2}+\frac{Cs+D\omega}{s^2+\omega^2}$$

와 같은 부분분수 형태로 고칠 수 있다. 단, 계수 A, B, C, D는 a, b, c의 값이 주어졌을 때, s에 대한 항등식을 만족하도록 결정되어야 하는 상수들이다. 따라서 구하는 해는

$$\begin{aligned}x(t)&=L^{-1}\left[\frac{A(s+\alpha)+B\beta}{(s+\alpha)^2+\beta^2}+\frac{Cs+D\omega}{s^2+\omega^2}\right](t)\\&=Ae^{-\alpha t}\cos\beta t+Be^{-\alpha t}\sin\beta t+C\cos\omega t+D\sin\omega t\end{aligned}$$

참고 | 예제 3.1과 예제 3.2로부터 해 $x(t)$는 $(HF)(s)$의 극(분모가 0이 되는 s의 값)에 의해 결정된다는 것을 관찰할 수 있다. 즉, 역변환을 구하기 위해 부분분수(이 부분이 매우 귀찮게 여겨짐)로 바꾸지 않고, 극의 관찰만으로 해를 분석할 수 있다. 이를 주파수해석이라 한다.

예제 3.3 다음 초기값문제의 해를 구하여라.

$$y'' - 3y' + 2y = \cos t,\ y = y(t)$$
$$y(0) = 0,\ y'(0) = 1$$

● 풀이 ● $Y(s) = L[y(t)](s)$라 놓고 L을 방정식의 양변에 작용시키면

$$L[y'' - 3y' + 2y] = L[\cos t]$$

L의 선형성에 의해

$$L[y''] - 3L[y'] + 2L[y] = L[\cos t]$$

라플라스변환표에 의해

$$s^2 Y - s\,y(0) - y'(0) - 3[s\,Y - y(0)] + 2\,Y = \frac{s}{s^2+1}$$

초기조건을 대입하면

$$s^2 Y - 1 - 3s\,Y + 2\,Y = \frac{s}{s^2+1}$$

Y에 대하여 풀면

$$Y = \frac{1}{s^2 - 3s + 2} + \frac{s}{(s^2 - 3s + 2)(s^2+1)}$$

Y를 부분분수로 나타내면

$$Y = -\frac{3}{2}\frac{1}{s-1} + \frac{7}{5}\frac{1}{s-2} + \frac{1}{10}\frac{s}{s^2+1} - \frac{3}{10}\frac{1}{s^2+1}$$

Y에 L^{-1}을 작용시켜 L^{-1}의 선형성을 이용하면

$$L^{-1}[Y] = -\frac{3}{2}L^{-1}\left[\frac{1}{s-1}\right] + \frac{7}{5}L^{-1}\left[\frac{1}{s-2}\right] + \frac{1}{10}L^{-1}\left[\frac{s}{s^2+1}\right] - \frac{3}{10}L^{-1}\left[\frac{1}{s^2+1}\right]$$

라플라스변환표에 의해 초기값문제의 해는

$$y(t) = -\frac{3}{2}e^{t} + \frac{7}{5}e^{2t} + \frac{1}{10}\cos t - \frac{3}{10}\sin t$$

라플라스변환은 연립미분방정식에도 적용할 수 있다.

예제 3.4 연립미분방정식으로 구성된 다음 초기값문제를 풀어라.

$$x' = 2x - 3y + e^{2t}$$
$$y' = x - 2y + 1$$
$$x(0) = -1,\ y(0) = 0$$

• 풀이 • $X(s) = L[x(t)](s)$, $Y(s) = L[y(t)](s)$라 놓고 L을 연립미분방정식의 양변에 작용시키면

$$sX - x(0) = 2X - 3Y + \frac{1}{s-2}$$
$$sY - y(0) = X - 2Y + \frac{1}{s}$$

초기조건을 대입하여 정리하면

$$(s-2)X + 3Y = -1 + \frac{1}{s-2}$$
$$X - (s+2)Y = -\frac{1}{s}$$

X, Y에 대하여 풀면

$$X = \frac{-s^3 + s^2 + 3s + 6}{s(s^2-1)(s-2)}$$
$$Y = \frac{-s+4}{s(s^2-1)(s-2)}$$

X, Y를 부분분수로 나타내면

$$X = -\frac{9}{2}\frac{1}{s-1} - \frac{5}{6}\frac{1}{s+1} + \frac{4}{3}\frac{1}{s-2} + \frac{3}{s}$$
$$Y = -\frac{3}{2}\frac{1}{s-1} - \frac{5}{6}\frac{1}{s+1} + \frac{1}{3}\frac{1}{s-2} + \frac{2}{s}$$

X, Y에 L^{-1}을 작용하면

$$x(t) = -\frac{9}{2}e^{t} - \frac{5}{6}e^{-t} + \frac{4}{3}e^{2t} + 3$$

$$y(t) = -\frac{3}{2}e^{t} - \frac{5}{6}e^{-t} + \frac{1}{3}e^{2t} + 2$$

를 얻는다. ◖

라플라스변환을 이용하여 행렬지수함수를 구할 수 있다. 이를 위해 다음 행렬미분방정식(해가 행렬인 경우)을 생각하자.

$$\mathrm{x}' = A\mathrm{x}\,,\ \ \mathrm{x}(0) = I_n \tag{11}$$

여기서 A, $X = X(t)$는 $n \times n$ 행렬이고, I_n는 $n \times n$ 단위행렬이다.

e^{At}는 초기값문제 (11)를 만족하므로, 즉

$$\frac{d}{dt}e^{At} = Ae^{At},\ \ e^{A0} = I_n$$

이므로 (11)의 유일한 해는 $X = e^{At}$이다.

이제 $L[\mathrm{x}](s) = Y(s) = Y$라 놓고, 식 (11)에 라플라스변환을 작용시켜 정리하면

$$\begin{aligned} L[X'](s) &= AL[X](s) \\ sY - X(0) &= AY \\ (sI_n - A)Y &= I_n \end{aligned} \tag{12}$$

(주파수)변수 s가 A의 고유값이 되지 않도록 선택하자. 그러면 $\det(sI_n - A) \neq 0$이므로 $sI_n - A$는 역행렬을 가진다. 식 (12)의 양변에 $(sI_n - A)^{-1}$를 곱하면

$$Y = (sI_n - A)^{-1}I_n = (sI_n - A)^{-1} \tag{13}$$

식 (13)에 라플라스역변환을 작용시키면

$$X = L^{-1}[Y(s)](t) = L^{-1}[(sI_n - A)^{-1}](t)$$

초기값문제의 해의 유일성에 의해 다음 등식을 얻는다.

$$e^{At} = L^{-1}[(sI_n - A)^{-1}](t) \tag{14}$$

식 (14)는 $sI_n - A$의 역행렬을 구한 다음 라플라스역변환을 작용시켜 행렬지수함수를 구할 수 있다는 것을 의미한다.

주의 | 라플라스변환을 이용하여 행렬지수함수를 구할 때, 행렬에 미분과 적분을 시행하였음을 주의하라. 행렬에 대한 미분과 적분의 개념은 행렬의 각 성분에 대한 미분과 적분으로 이해하면 된다.

예제 3.5 다음 행렬 A 에 대한 행렬지수함수 e^{At}를 라플라스변환을 이용하여 구하여라.

$$A = \begin{bmatrix} 1 & 0 & 0 \\ 1 & 3 & 0 \\ 0 & 1 & 1 \end{bmatrix}$$

● **풀이** ● s 는 A 의 고유값이 아니라고 하자.

$$sI_3 - A = \begin{bmatrix} s & 0 & 0 \\ 0 & s & 0 \\ 0 & 0 & s \end{bmatrix} - \begin{bmatrix} 1 & 0 & 0 \\ 1 & 3 & 0 \\ 0 & 1 & 1 \end{bmatrix} = \begin{bmatrix} s-1 & 0 & 0 \\ -1 & s-3 & 0 \\ 0 & -1 & s-1 \end{bmatrix}$$

$sI_3 - A$ 의 역행렬을 가우스소거법을 이용하여 구하자.

$$\begin{bmatrix} s-1 & 0 & 0 & : 1\,0\,0 \\ -1 & s-3 & 0 & : 0\,1\,0 \\ 0 & -1 & s-1 & : 0\,0\,1 \end{bmatrix} \xrightarrow{\text{1행을 } s-1\text{로 나누면}}$$

$$\begin{bmatrix} 1 & 0 & 0 & : \frac{1}{s-1} & 0 & 0 \\ -1 & s-3 & 0 & : 0 & 1 & 0 \\ 0 & -1 & s-1 & : 0 & 0 & 1 \end{bmatrix}$$

$$\xrightarrow[\text{1행을 2행에 더하면}]{} \begin{bmatrix} 1 & 0 & 0 & : \frac{1}{s-1} & 0 & 0 \\ 0 & s-3 & 0 & : \frac{1}{s-1} & 1 & 0 \\ 0 & -1 & s-1 & : 0 & 0 & 1 \end{bmatrix}$$

$$\begin{bmatrix} 1 & 0 & 0 & : \frac{1}{s-1} & 0 & 0 \\ 0 & 1 & 0 & : \frac{1}{(s-1)(s-3)} & \frac{1}{s-3} & 0 \\ 0 & -1 & s-1 & : 0 & 0 & 1 \end{bmatrix}$$

$$\xrightarrow[\text{2행을 } s-3\text{으로 나누면}]{} \begin{bmatrix} 1 & 0 & 0 & : \frac{1}{s-1} & 0 & 0 \\ 0 & 1 & 0 & : \frac{1}{(s-1)(s-3)} & \frac{1}{s-3} & 0 \\ 0 & -1 & s-1 & : 0 & 0 & 1 \end{bmatrix}$$

$$\xrightarrow[\text{2행을 3행에 더하면}]{} \begin{bmatrix} 1 & 0 & 0 & : \frac{1}{s-1} & 0 & 0 \\ 0 & 1 & 0 & : \frac{1}{(s-1)(s-3)} & \frac{1}{s-3} & 0 \\ 0 & 0 & s-1 & : \frac{1}{(s-1)(s-3)} & \frac{1}{s-3} & 1 \end{bmatrix}$$

$$\xrightarrow{\text{3행을 } s-1\text{으로 나누면}} \begin{bmatrix} \frac{1}{s-1} & 0 & 0 \\ \frac{1}{(s-1)(s-3)} & \frac{1}{s-3} & 0 \\ \frac{1}{(s-1)^2(s-3)} & \frac{1}{(s-1)(s-3)} & \frac{1}{s-1} \end{bmatrix}$$

따라서

$$(sI-A)^{-1} = \begin{bmatrix} \frac{1}{s-1} & 0 & 0 \\ \frac{1}{(s-1)(s-3)} & \frac{1}{s-3} & 0 \\ \frac{1}{(s-1)^2(s-3)} & \frac{1}{(s-1)(s-3)} & \frac{1}{s-1} \end{bmatrix}$$

$$= \begin{bmatrix} \frac{1}{s-1} & 0 & 0 \\ \frac{-1}{2(s-1)} + \frac{1}{2(s-3)} & \frac{1}{s-3} & 0 \\ \frac{-1}{4(s-1)} + \frac{-1}{(s-1)^2} + \frac{1}{4(s-3)} & \frac{-1}{2(s-1)} + \frac{1}{2(s-3)} & \frac{1}{s-1} \end{bmatrix}$$

마지막으로 라플라스역변환을 구하면

$$L^{-1}[(sI_3-A)^{-1}](t) = \begin{bmatrix} e^t & 0 & 0 \\ -\frac{1}{2}e^t + \frac{1}{2}e^{3t} & e^{3t} & 0 \\ -\frac{1}{4}e^t - \frac{1}{2}te^t + \frac{1}{4}e^{3t} & -\frac{1}{2}e^t + \frac{1}{2}e^{3t} & e^t \end{bmatrix}$$

이것은 3.4절 예제 4.4의 결과와 일치한다. ◖

예제 3.6 변수계수를 갖는 미분방정식으로 구성된 다음 초기값문제를 풀어라.

$$y'' + 2ty' - 4y = 1, \; y = y(t)$$
$$y(0) = y'(0) = 0$$

• 풀이 • $Y(s) = L[y(t)](s)$라 놓고 L을 방정식의 양변에 작용시켜 정리하면

$$L[y''] + 2L[ty'] - 4L[y] = L[1]$$
$$s^2 Y - sy(0) - y'(0) - 2\frac{d}{ds}[sY - y(0)] - 4Y = \frac{1}{s}$$

초기조건을 대입하여 Y에 대하여 풀면 다음과 같은 1계 선형미분방정식을 얻는다.

$$s^2 Y - 2Y - 2s\frac{dY}{ds} - 4Y = \frac{1}{s}$$

①
$$\frac{dY}{ds} + \left(\frac{3}{s} - \frac{s}{2}\right) Y = -\frac{1}{2s^2}$$

이것은 변수계수를 갖는 미분방정식을 라플라스변환으로 구할 때 나타나는 일반적인 현상이다. 식 ①에 대한 적분인자는

$$\mu(s) = e^{\int (3/s - s/2)\, ds} = e^{\ln s^3 - s^2/4} = s^3 e^{-s^2/4}$$

적분인자 μ를 식 ①에 곱하면

$$\frac{d}{ds}[\mu Y] = -\frac{1}{2s^2}\mu = -\frac{1}{2s^2} s^3 e^{-s^2/4} = -\frac{s}{2} e^{-s^2/4}$$

적분하여 Y에 대하여 풀면

$$s^3 e^{-s^2/4} Y = -\int \frac{s}{2} e^{-s^2/4} ds = e^{-s^2/4} + C$$

②
$$Y = \frac{1}{s^3} + C\frac{e^{s^2/4}}{s^3}$$

아무런 조건도 없이 식 ②의 역변환을 구할 수 없다. 다행히 1.1절의 정리 1.7에 의해 $s \to \infty$ 일 때 $F(s) \to 0$ 임을 알고 있다. 이 사실을 식 ②에 적용하면 $C = 0$이 되어야 한다. 따라서

$$Y = \frac{1}{s^3}$$

을 얻고, 여기에 라플라스역변환을 작용시키면

$$y(t) = L^{-1}\left[\frac{1}{s^3}\right](t) = \frac{1}{2}t^2$$

함수 $y = t^2/2$가 초기값문제의 해가 됨을 쉽게 검증할 수 있다.

• **별해** • 때때로 직관적인 사고는 우리의 흥미를 자극한다. 예제 3.3을 제2장에서 구한 방법을 이용하여 풀어보자.

먼저 동차방정식 $y'' + 2ty' - 4y = 0$의 기본해집합을 구하자. 계수는 1차 다항식과 상수로 구성되어 있으므로, 해의 형태로

$$y_1 = At^2 + Bt + C$$

와 같은 시험함수를 도입한다. y를 $y'' + 2ty' - 4y = 0$에 대입하면 t에 대한 항

등식을 얻는다.

$$(At^2+Bt+C)''+2t(At^2+Bt+C)'-4(At^2+Bt+C)=0$$

이 식을 미분한 후 정리하여 풀면

$$2A+2t(2At+B)-4(At^2+Bt+C)=0$$
$$-2Bt+2A-4C=0$$
$$B=0,\ A=\frac{1}{2}C$$

$C=1$이라 놓으면 동차방정식의 자명하지 않은 해 $y_1=\frac{1}{2}t^2+1$을 하나 구할 수 있다.

계수축소법(제2장 1.2절)을 이용하면 두 번째 해는

$$y_2=(t^2/2+1)\int_0^t \frac{e^{-\int 2\tau d\tau}}{(\tau^2/2+1)^2}d\tau=(t^2/2+1)\int_0^t \frac{e^{-\tau^2}}{(\tau^2/2+1)^2}d\tau$$

특수해는 $g(t)=1$이므로 $y_p=-\frac{1}{4}$임을 쉽게 알 수 있다. 따라서 일반해는

$$y=(t^2/2+1)\left(c_1+c_2\int_0^t \frac{e^{-\tau^2}}{(\tau^2/2+1)^2}d\tau\right)-\frac{1}{4}$$

$y(0)=0$을 대입하면

$$y(0)=c_1-\frac{1}{4}=0 \text{ 또는 } c_1=\frac{1}{4}$$

$y'(0)=0$을

$$y'=2t\left(c_1+c_2\int_0^t \frac{e^{-\tau^2}}{(\tau^2/2+1)^2}d\tau\right)+c_2(t^2/2+1)\frac{e^{-t^2}}{(t^2/2+1)^2}$$

에 대입하면

$$y'(0)=c_2=0$$

따라서 초기값문제의 해는

$$y(t)=\frac{1}{4}(t^2/2+1)-\frac{1}{4}=\frac{t^2}{2}$$

참고 | $c_2=0$가 되도록 초기조건이 주어졌으므로 초기값문제의 해를 초등함수로 나타낼 수 있다. 만약 $c_2\neq 0$인 초기조건이 주어졌다면 라플라스변환으로 초기값문제의 해를 깔끔하게 구할 수 있는지 체크해 보라.

4.4 불연속 함수와 주기함수에 대한 라플라스변환

그림 4.1과 같은 RLC전기회로에서 전류 $I = I(t)$는

$$L\frac{dI}{dt} + RI + \frac{1}{C}\int_0^t I(\tau)d\tau = E(t)$$

에 의해 기술된다고 하자. 외력 $E = E(t)$가 미분가능한 함수이면 양변을 t에 대하여 미분하여 적분을 제거할 수 있다. 즉

$$LI'' + RI' + (1/C)I = E'(t)$$

이것은 2계선형미분방정식이므로 2장의 해법을 이용하여 일반해를 구할 수 있다.

반면 $E(t)$가 불연속으로 주어지는 경우도 있다. 예를 들어, 그림과 같이 구형파형 함수로 주어지는 경우 구형파형 함수는 불연속 함수이므로, 전류 I에 대한 미분방정식으로 고쳐 풀이하는 것은 어렵다(완전히 불가능한 것은 아님).

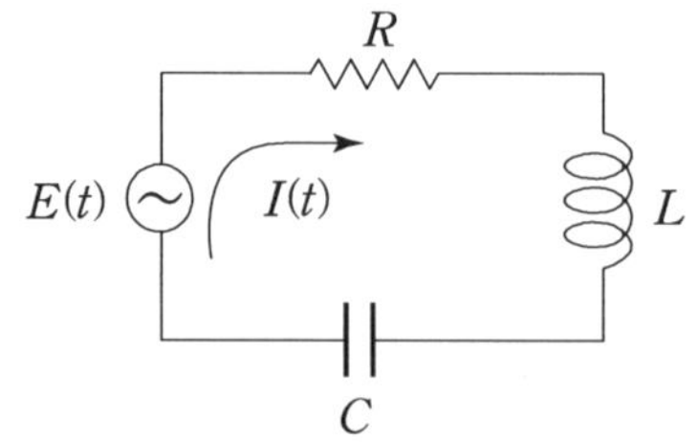

그림 4.1 불연속 외력을 갖는 RLC회로

따라서

$$I = \frac{dq}{dt}$$

를 이용하여 q에 대한 미분방정식

$$L\frac{d^2q}{dt^2} + R\frac{dq}{dt} + \frac{1}{C}q = E(t)$$

로 고칠 수 있고, 전하 q는 2장의 해법을 이용하여 구할 수 있지만, 불연속을 고려하여 해를 구해야 하고, 최종적으로 q를 미분하여 전류 I를 구해야 하므로 매우 불편하다. 라플라스변환을 이용하면 이런 불편한 점을 깨끗하게 일소할 수 있다. 여기서는 불연속함수 및 주기함수의 라플라스변환을 다룬다.

불연속함수에 대한 라플라스변환을 매우 규칙적으로 구할 수 있다. 즉, 단위계단함수(unit step function)

$$u(t) = \begin{cases} 1, & t \geq 0 \\ 0, & t < 0 \end{cases}$$

을 이용하여 모든 불연속함수를 표현할 수 있다. 그림 4.2는 점 a에서 도약을 갖는 단위계단함수 $u(t-a)$와 그 그래프이다.

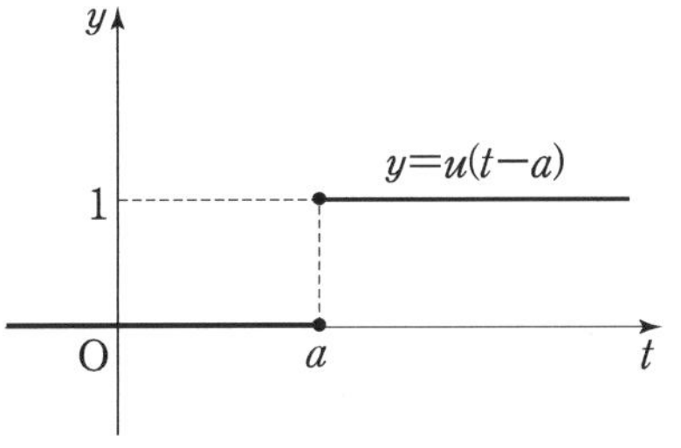

그림 4.2 $t=a$에 도약을 갖는 단위계단함수

$u(t-a)$에 대한 라플라스변환을 구하여 보자.

$$\begin{aligned} L[u(t-a)](s) &= \int_0^{\infty} e^{-st} u(t-a)\,dt = \int_a^{\infty} e^{-st}\,dt \\ &= \left[\frac{e^{-st}}{-s}\right]_{t=a}^{t=\infty} = \frac{e^{-as}}{s} \quad (s>0) \end{aligned}$$

이므로, 다음 등식을 얻는다.

$$L[u(t-a)](s) = \frac{e^{-as}}{s} \quad (s>0)$$

$$L^{-1}\left[\frac{e^{-as}}{s}\right](t) = u(t-a) \quad (s>0)$$

예제 4.1 함수 $E(t)$를 단위계단함수를 이용하여 표현하고 그리고 라플라스변환을 구하여라.

$$E(t)=\begin{cases}0, & 0\le t<1\\ 1, & 1\le t<2\\ 0, & t\ge 2\end{cases}$$

● 풀이 ● $E(t)=u(t-1)-u(t-2)$이다.

따라서 $E(t)$에 대한 라플라스변환은

$$L[E(t)](s)=L[u(t-1)](s)-L[u(t-2)](s)$$

$$=\frac{e^{-s}}{s}-\frac{e^{-2s}}{s}=\frac{1}{s}[e^{-s}-s^{-2s}]$$

함수 $f(t-a)u(t-a)$는 함수 $f(t)$를 $t=a$까지 지연한다는 것을 의미한다. 그림 4.3은 이 지연함수의 그래프를 나타낸 것이다.

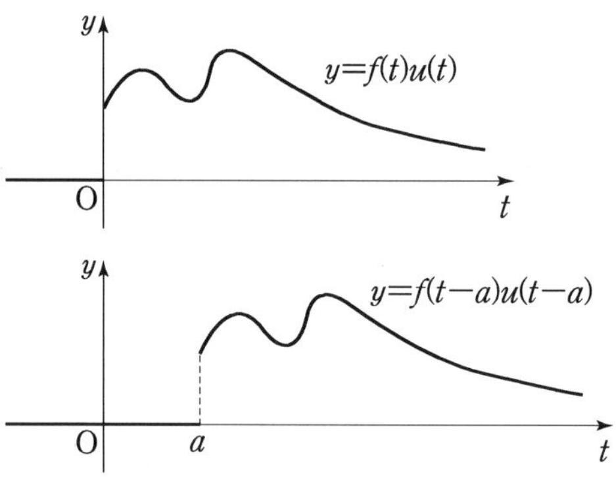

그림 4.3 지연함수

정리 4.1 $L[f(t)](s)=F(s)$라 하자. 그러면 다음 등식이 성립한다.

$$L[f(t-a)u(t-a)]=e^{-as}F(s)$$

$$L^{-1}[e^{-as}F(s)]=u(t-a)f(t-a)=u(t)f(t)\big|_{t\to t-a}$$

증명•• $L[f(t-a)u(t-a)](s)=\int_0^{\infty}e^{-st}f(t-a)u(t-a)\,dt=\int_a^{\infty}e^{-st}f(t-a)\,dt$

$v=t-a$로 치환하여 정리하면

$$\int_a^{\infty} e^{-st} f(t-a)\,dt = \int_0^{\infty} e^{-s(v+a)} f(v)\,dv$$

$$= e^{-sa}\int_0^{\infty} e^{-sv} f(v)\,dv = e^{-sa} L[f(t)](s)$$

따라서

$$\int [f(t-a)u(t-a)](s) = e^{-sa}\int [f(t)](s)$$

예제 4.2 $f(t) = e^{-(t-1)}u(t-1)$의 라플라스변환을 구하여라.

• 풀이 • $f(t)$의 그래프는 $y = e^{-(t-1)}$의 그래프를 오른쪽으로 1만큼 이동한 것이다.

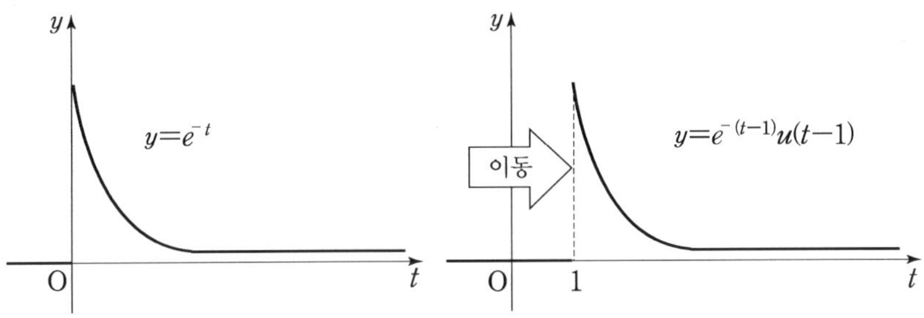

그림 4.4 $y = f(t)$의 그래프

$L[e^{-t}](s) = \dfrac{1}{s+1}$이므로, 정리 4.1에 의해

$$L[e^{-(t-1)}u(t-1)](s) = \frac{1}{s+1}e^{-s}$$

종종 $f(t)u(t-a)$에 대한 라플라스변환을 필요로 한다. 이것에 대한 라플라스변환을 구하기 위해서는 정리 4.1을 이용할 수 있도록 $f(t)$를 바꾸어야 하는 불편함을 감수해야 한다. 이런 불편 없이 바로 변환할 수 있는 공식을 유도한다.

정리 4.2 $L[f(t)](s) = F(s)$라 하자. 그러면 다음 등식이 성립한다.

$$L[f(t)u(t-a)](s) = e^{-as} L[f(t+a)](s)$$

증명•• $f(t)=g(t-a)$라 놓으면 정리 4.1에 의해

$$L[f(t)u(t-a)](s)=L[g(t-a)u(t-a)](s)=L[g(t)]e^{-as}$$

한편, $g(t)=f(t+a)$이므로

$$L[f(t)u(t-a)](s)=L[f(t+a)]e^{-as}$$

이다. ◖

예제 4.3 함수 $f(t)=t^3u(t-1)$의 라플라스변환을 구하여라.

• 풀이 • 두 가지 방법으로 라플라스변환을 구할 수 있다.

[정리 4.1을 이용하는 방법]
주어진 함수를 정리 4.1을 이용할 수 있는 형태로 바꾼다.

① $$t^3=(t-1)^3+A(t-1)^2+B(t-1)+C$$

라 놓자. 항등식을 만족하는 계수 A, B와 C를 구하기 위해 미분과 수치대입법을 이용한다. 식 ①에서 $t=1$을 대입하면 $C=1$이다. 식 ①을 t에 대하여 미분하면

② $$3t^2=3(t-1)^2+2A(t-1)+B$$

$t=1$을 대입하면 $B=3$이다. 식 ②을 t에 대하여 미분하면

$$6t=6(t-1)+2A$$

$t=1$을 대입하면 $A=3$이다. 계수의 값을 식 ①에 대입하면

$$t^3=(t-1)^3+3(t-1)^2+3(t-1)+1$$

L의 선형성과 정리 4.1로부터

$$\begin{aligned}L[t^3u(t-1)]&=L[(t-1)^3u(t-1)]+3L[(t-1)^2u(t-1)]\\&\quad+3L[(t-1)u(t-1)]+L[u(t-1)]\\&=e^{-s}L[t^3]+3e^{-s}L[t^2]+3e^{-s}L[t]+e^{-s}L[1]\\&=e^{-s}\frac{3!}{s^4}+3e^{-s}\frac{2!}{s^3}+3e^{-s}\frac{1}{s^2}+e^{-s}\frac{1}{s}\\&=e^{-s}\left(\frac{6}{s^4}+\frac{6}{s^3}+\frac{3}{s^2}+\frac{1}{s}\right)\end{aligned}$$

[정리 4.2를 이용하는 방법]

$$L[t^3 u(t-1)] = e^{-s} L[(t+1)^3] = e^{-s} L[t^3 + 3t^2 + 3t + 1]$$
$$= e^{-s}\left[\frac{6}{s^4} + \frac{6}{s^3} + \frac{3}{s^2} + \frac{1}{s}\right]$$

정리 4.1과 정리 4.2를 이용하면 불연속 함수에 대한 라플라스변환을 쉽게 구할 수 있다. 이제 예제를 통하여 이를 살펴보자.

예제 4.4 $f(t)$의 라플라스변환을 구하여라.

$$f(t) = \begin{cases} 3, & 0 \le t < 1 \\ -1, & 1 \le t < 2 \\ 5, & 2 \le t \end{cases}$$

• 풀이 • $f(t)$의 그래프는 다음과 같다.

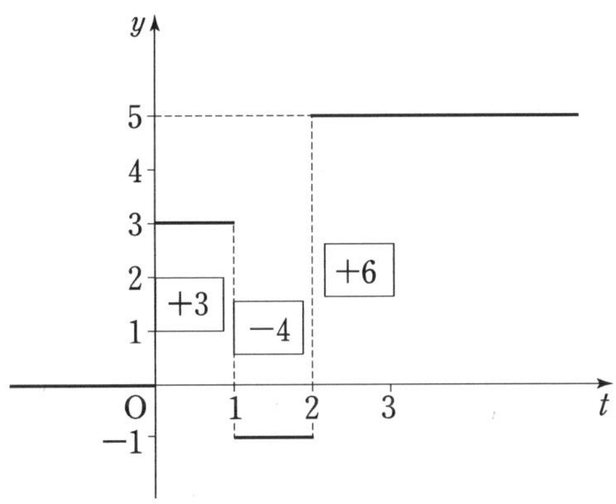

그림 4.5 구간별 상수로 정의된 함수

구간별 상수로 정의된 함수는 증감만을 파악하여 헤아려 도약이 발생하는 곳에 대응하는 계단함수를 곱해주면 된다. $0, 1, 2$에서 도약하므로 $u(t)$, $u(t-1)$와 $u(t-2)$가 필요하고, 0에서 3만큼 올라가고, 1에서 -4만큼 내려가고, 2에서 6만큼 올라간다. 따라서

$$f(t) = 3u(t) + (-4)u(t-1) + 6u(t-2)$$

라플라스변환은 다음과 같다.

$$L[f(t)](s) = \frac{3}{s} - \frac{4e^{-s}}{s} + \frac{6e^{-2s}}{s}$$

구간별 상수가 아닌 함수인 경우는 약간 주의를 요한다. 즉, 구간이 바뀌면 이전의 함수는 사라지고 그 구간에 해당하는 함수가 나타날 수 있도록 해야 한다. 다음 예제를 통하여 이를 확실히 이해하라.

예제 4.5 함수 $f(t)$의 라플라스변환을 구하여라.

$$f(t)=\begin{cases} t+1, & 0\le t<1 \\ -2t+3, & 1\le t<3 \\ 0, & t\ge 3 \end{cases}$$

• 풀이 • 구간 $[0,1)$에서는 $t+1$이고, 구간 $[1,3)$에서는 $-2t+3$만 표현해야 한다. 따라서 계단함수를 이용할 때 전단계의 함수는 지워버려야 한다는 점을 주의하면 계단함수를 이용하여 $f(t)$를 쉽게 표현할 수 있다.

나타남　　나타남

$$f(t)=(t+1)+[(-2t+3)-(t+1)]u(t-1)+[0-(-2t+3)]u(t-3)$$

시작　　지움　　지움

$$f(t)=(t+1)+(-3t+2)u(t-1)+(2t-3)u(t-3)$$

정리 4.2를 사용하여 라플라스변환하면

$$\begin{aligned} L[f(t)] &= L[t+1]+L[(-3t+2)u(t-1)]+L[(2t-3)u(t-3)] \\ &= \frac{1}{s^2}+\frac{1}{s}+e^{-s}L[-3(t+1)+2]+e^{-3s}L[2(t+3)-3] \\ &= \frac{1}{s^2}+\frac{1}{s}+e^{-s}\left(\frac{-3}{s^2}-\frac{1}{s}\right)+e^{-3s}\left(\frac{2}{s^2}+\frac{3}{s}\right) \end{aligned}$$

이다.

예제 4.6 $F(s)$의 라플라스역변환을 구하여라.

$$F(s)=\frac{e^{-\pi s}}{s^2+1}$$

• 풀이 •

$$L^{-1}\left[\frac{1}{s^2+1}\right]=\sin t$$

이므로

$$f(t) = L^{-1}\left[\frac{e^{-\pi s}}{s^2+1}\right] = u(t-\pi)\sin(t-\pi)$$

조각함수로 나타내면

$$f(t) = \begin{cases} 0, & 0 \le t < \pi \\ -\sin t, & \pi \le t \end{cases}$$

그래프는 다음과 같다.

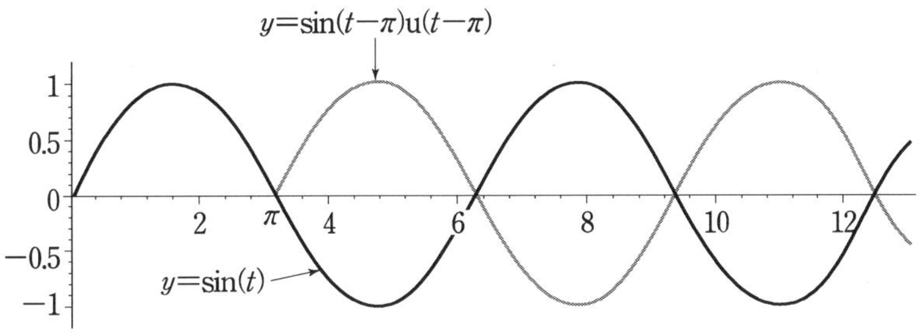

그림 4.6 $\sin(\pi - t)u(\pi - t)$의 그래프

이제 주기함수에 대한 라플라스변환을 살펴본다. 주기적인 입력을 갖는 문제를 풀이할 때 매우 유용하게 사용할 수 있다.

정리 4.3 주기 T를 갖는 주기함수 $f(t)$에 대한 라플라스변환은

$$L[f(t)](s) = \frac{L[f_T(t)](s)}{1-e^{-sT}} = \frac{\int_0^T e^{-st} f(t)dt}{1-e^{-sT}}$$

에 의해 주어진다. 단, $f_T(t) = \begin{cases} f(t), & 0 \le t < T \\ 0, & t \ge T \end{cases}$ 이다.

증명•• 라플라스변환에 대한 아이디어는 그림 4.7로부터 쉽게 얻을 수 있다.

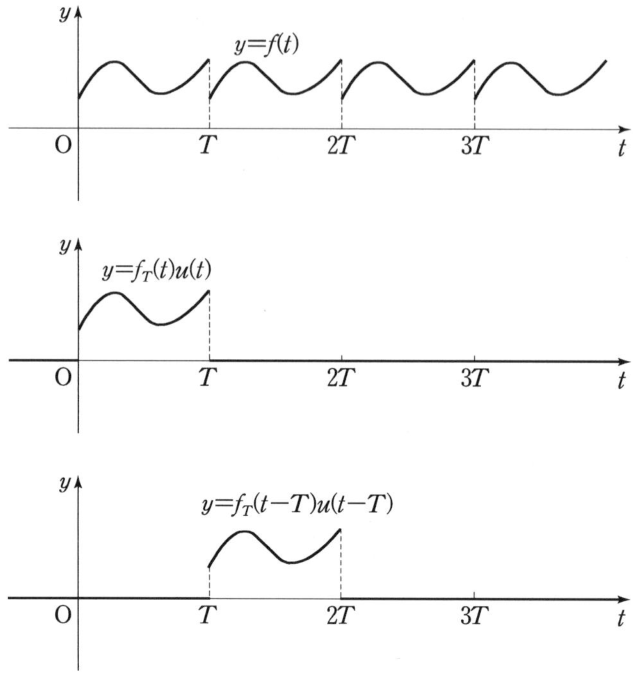

그림 4.7 $f_T(t)$의 그래프

첫 번째 작업은 계단함수를 이용하여 불연속 함수를 표현하는 것이다. 이때 일반적인 함수와 달리 하나의 함수를 평행이동하여 각 구간별 함수를 모두 정의할 수 있다. 즉, $y = f_T(t)u(t)$라는 기저함수를 정의한 다음 이 함수를 평행이동하면 각 구간의 함수는, 예를 들어 두 번째 구간에서 정의되는 함수는

$$y = f_T(t-T)u(t-T)$$

이다. 이러한 조각함수를 이용하면

$$f(t) = f_T(t)u(t) + f_T(t-T)u(t-T) + f_T(t-2T)$$
$$u(t-2T) + f_T(t-3T)u(t-3T) + \cdots$$

정리 4.1을 이용하면

$$\begin{aligned} L[f(t)] &= L[f_T(t)] + L[f_T(t-T)u(t-T)] \\ &\quad + L[f_T(t-2T)u(t-2T)] + \cdots \\ &= L[f_T(t)] + e^{-Ts}L[f_T(t)] + e^{-2Ts}L[f_T(t)] \\ &\quad + e^{-3Ts}L[f_T(t)] + \cdots \\ &= L[f_T(t)]\left(1 + e^{-Ts} + e^{-2Ts} + e^{-3Ts} + \cdots\right) \end{aligned} \tag{3}$$

식 (3)의 마지막 항에서 괄호 안의 합은 첫째 항이 1이고 공비가 e^{-Ts}인 무한등비 급수이므로 합은 $s>0$에 대하여 $1/(1-e^{-sT})$이다. ⊂

예제 4.7 그림 4.8과 같은 구형파의 라플라스변환을 구하여라.

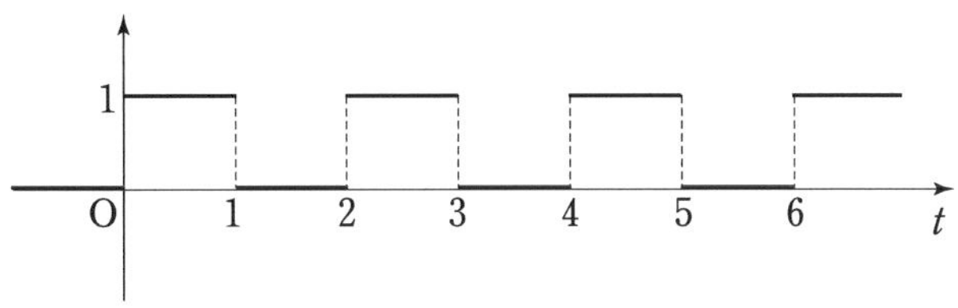

그림 4.8 주기구형파

• 풀이 • $T=2$이고 $f_2(t)=1-u(t-1)$이다.

$$L[f_2(t)](s)=L[1-u(t-1)](s)=\frac{1}{s}-\frac{1}{s}e^{-s}$$

이므로, 정리 4.3에 의해

$$L[f(t)](s)=\frac{\frac{1}{s}(1-e^{-s})}{1-e^{-2s}}=\frac{1}{s(1+e^{-s})}$$

⊂

예제 4.8 그림 4.9와 같은 단위게이트함수(unit gate function)를 전위로 갖는 RLC 전기회로의 전류의 흐름을 살펴보자. RLC 전기회로에서 전류 $I=I(t)$는

$$L\frac{dI}{dt}+RI+\frac{1}{C}\int_0^t I(\tau)d\tau=E(t)$$

에 의해 주어진다고 하자. $L=1, R=2, C=0.1$이고, $I(0)=0,\ E(t)=u(t-1)-u(t-2)$일 때, 전류 I를 구하여 보자.

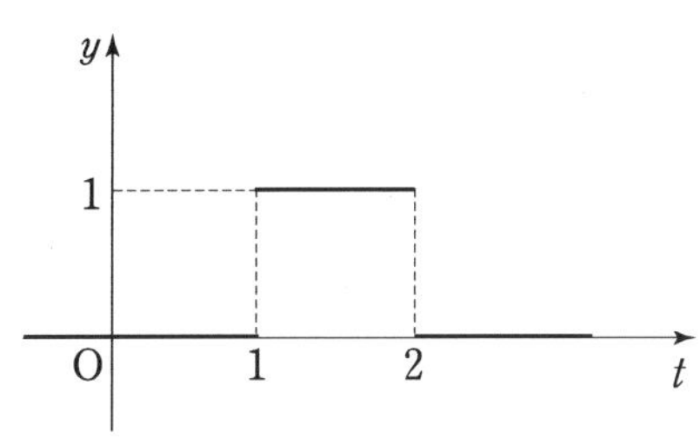

그림 4.9 단위펄스파

$J(s)=L[I(t)](s)$ 라 놓고 방정식에 L을 작용시키면

$$L[I']+2L[I]+10L\left[\int_0^t I(\tau)d\tau\right]=L[u(t-1)-u(t-2)]$$

라플라스변환표에 의해

$$sJ+2J+\frac{10}{s}J=\frac{1}{s}(e^{-s}-e^{-2s})$$

$$(s^2+2s+10)J=e^{-s}-e^{-2s}$$

$$J=\frac{1}{(s^2+2s+10)}(e^{-s}-e^{-2s})$$

J의 유리함수 부분을 부분분수로 나타내면

$$Q(s)=\frac{1}{s^2+2s+10}=\frac{1}{3}\frac{3}{(s+1)^2+3^2}$$

이므로

$$q(t)=L^{-1}[Q]=\frac{1}{3}e^{-t}\sin 3t$$

따라서 구하는 전류는

$$I(t)=L^{-1}[J(s)](t)=q(t-1)u(t-1)-q(t-2)u(t-2)$$

그림 4.10은 $I(t)$의 그래프를 나타낸 것이다.

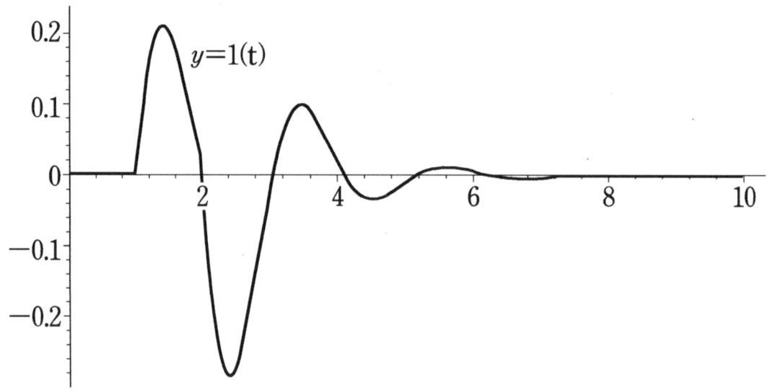

그림 4.10 단위펄스파 입력에 대한 반응

$I(t)$의 그래프로부터 $0\le t<1$에서는 전류가 흐르지 않으며, $t=8$ 이후에는 회로에 전류가 거의 흐르지 않는다는 것을 관찰할 수 있다.

4.5 합성곱

초기조건이 0이고 입력함수가 g인 상수계수를 갖는 1계 선형미분방정식

$$ay' + by = g(t), \quad y(0) = 0 \tag{1}$$

의 해는

$$y(t) = \int_0^t \frac{1}{a} e^{-\frac{b}{a}(t-\tau)} g(\tau)\, d\tau \tag{2}$$

$L[y](s) = Y(s)$이고 $L[g](s) = G(s)$라 하고 라플라스변환을 이용하여 식 (1)의 해를 구하여 보자. 식 (1)의 양변에 라플라스변환을 적용시키면

$$(as+b)\, Y(s) = G(s)$$

이 식을 $Y(s)$에 대하여 풀면

$$Y(s) = H(s)\, G(s)$$

여기서

$$H(s) = \frac{1}{as+b}$$

이 함수를 상수계수를 갖는 1계 선형미분방정식에 대한 전달함수(transfer function)라 한다. $Y(s)$에 라플라스역변환을 적용하면

$$y(t) = L^{-1}[Y(s)](t) = L^{-1}[H(s)\, G(s)](t) \tag{3}$$

초기값문제의 해는 유일하므로 식 (2)와 식 (3)은 같아야 한다. 즉

$$L^{-1}[H(s)\, G(s)](t) = \int_0^t \frac{1}{a} e^{-\frac{b}{a}(t-\tau)} g(\tau)\, d\tau$$

또는

$$H(s)\,G(s) = L\left[\int_0^t \frac{1}{a} e^{-\frac{b}{a}(t-\tau)} g(\tau)\,d\tau\right](s) \tag{4}$$

$h(t) = L^{-1}[H(s)](t) = \frac{1}{a} e^{-\frac{b}{a}t}$ 이므로, 식 (4)는

$$H(s)G(s) = L\left[\int_0^t h(t-\tau)g(\tau)\,d\tau\right](s) \tag{5}$$

와 같이 쓸 수 있다. 식 (5)는 상수계수를 갖고 초기조건이 모두 0인 고계선형미분방정식으로 쉽게 확장될 수 있다. 더 나아가 식 (5)의 대괄호 안의 적분은 중요한 의미를 갖는다.

> **참고** 상수계수를 갖는 2계 선형미분방정식 $ay'' + by' + cy = g(t)$에 대한 전달함수는
> $$H(s) = \frac{1}{as^2 + bs + c}$$
> 그 역변환 $h(t) = L^{-1}[H(s)](t)$를 충격반응함수라 한다.

식 (5)의 적분부분을 특별한 기호를 도입하여 정의한다.

정의 5.1 다음과 같이 정의된 적분을 f와 g에 대한 합성곱(convolution)이라 한다.

$$(f * g)(t) = \int_0^t f(t-\tau)g(\tau)\,d\tau$$

연산자 $*$는 집합 상에서 정의된 연산과 마찬가지로 다음 법칙을 만족한다.

교환법칙 $f * g = g * f$

결합법칙 $(f * g) * h = f * (g * h)$

분배법칙 $(f + g) * h = f * h + g * h$

예제 5.1 함수 $f(t) = e^t$와 $g(t) = \sin t$의 합성곱을 구하여라.

• 풀이 • 부분적분에 의해

$$(f * g)(t) = \int_0^t e^{t-\tau} \sin\tau\,d\tau = e^t \int_0^t e^{-\tau} \sin\tau\,d\tau$$

$$= e^t\left[-\frac{1}{2}e^{-\tau}\cos\tau - \frac{1}{2}e^{-\tau}\sin\tau\right]_0^t$$
$$= -\frac{1}{2}(\cos t + \sin t) + \frac{1}{2}e^t$$

단일 함수에 대한 합성곱의 계산은 단순하지만, 조각적 연속함수에 대한 합성곱은 구간 때문에 주의를 기울여야 한다.

예제 5.2 식 (4)를 이용하여 초기값문제

$$y' + 2y = g(t),\ y(0) = 0$$
$$g(t) = \begin{cases} 1, & 0 \le t < 1 \\ 0, & t < 0,\ t \ge 1 \end{cases}$$

의 해를 구하여라.

• 풀이 • $h(t) = e^{-2t}$ 이므로 식 (4)에 의해

$$y(t) = \int_0^t h(t-\tau)g(\tau)\,d\tau = \int_0^t e^{-2(t-\tau)}g(\tau)\,d\tau$$

세 가지 경우로 나누어 적분을 계산한다.

$t < 0$일 때

$$y(t) = 0$$

$0 \le t < 1$일 때

$$y(t) = \int_0^t e^{-2(t-\tau)}\,d\tau = \frac{1}{2}(1 - e^{-2t})$$

$t \ge 1$일 때

$$y(t) = \int_0^t e^{-2(t-\tau)}g(\tau)\,d\tau = \int_0^1 e^{-2(t-\tau)}\,d\tau$$
$$= \frac{1}{2}(1 - e^{-2})e^{-2(t-1)}$$

정리하면 다음 결과를 얻는다.

$$y(t)=\begin{cases}0, & t<0\\ \dfrac{1}{2}(1-e^{-2t}), & 0\le t<1\\ \dfrac{1}{2}(1-e^{-2})e^{-2(t-1)}, & t\ge 1\end{cases}$$

그림 5.1은 입력 $g(t)$가 부가되었을 때 충격반응함수 $h(t)$의 영향으로 나타난 응답곡선 $y(t)$의 그래프를 나타낸 것이다.

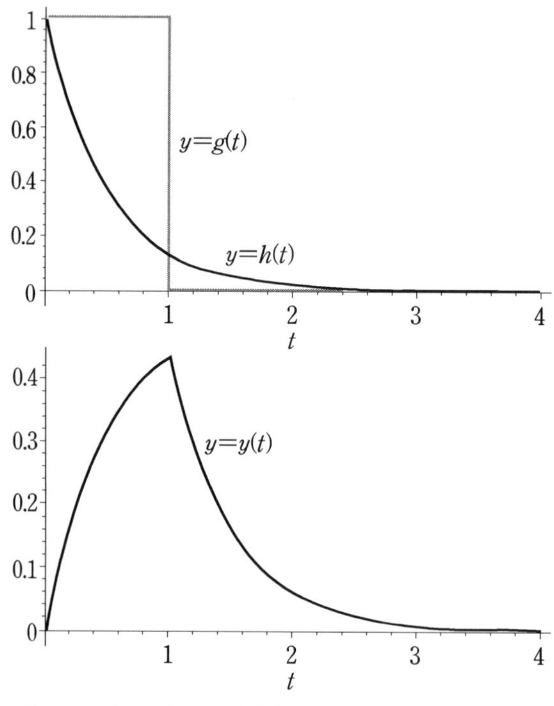

그림 5.1 충격반응함수 $h(t)$의 영향으로 나타난 응답곡선

이제 식 (5)가 일반적으로 성립한다는 것을 보인다.

정리 5.1 합성곱에 대한 라플라스변환 및 역변환

$L[f(t)](s)=F(s)$이고 $L[g(t)](s)=G(s)$라 하면

$$L[(f*g)(t)](s)=F(s)\,G(s) \quad \text{및} \quad L^{-1}[F(s)\,G(s)](t)=(f*g)(t)$$

가 성립한다.

증명•• 중적분을 통하여 쉽게 증명할 수 있다.

$$\begin{aligned} L[f * g] &= \int_0^\infty e^{-st}(f * g)(t)\,dt = \int_0^\infty e^{-st}\left[\int_0^t f(t-\tau)g(\tau)\,d\tau\right]dt \\ &= \int_0^\infty e^{-st}\left[\int_0^\infty f(t-\tau)g(\tau)u(t-\tau)\,d\tau\right]dt \\ &= \int_0^\infty \int_0^\infty e^{-st} f(t-\tau)g(\tau)u(t-\tau)\,dt\,d\tau \\ &= \int_0^\infty \left[\int_0^\infty e^{-st} f(t-\tau)u(t-\tau)\,dt\right]g(\tau)\,d\tau \\ &= \int_0^\infty e^{-\tau s}F(s)g(\tau)\,d\tau = F(s)\int_0^\infty e^{-\tau s}g(\tau)\,d\tau \\ &= F(s)\,G(s) \end{aligned}$$

예제 5.3 함수 $f(t) = e^t$ 와 $g(t) = \sin t$ 의 합성곱을 라플라스변환을 이용하여 구하여라.

• 풀이 • 정리 5.1에 의해

$$L[f * g](s) = \frac{1}{s-1}\frac{1}{s^2+1}$$

부분분수로 나타내면

$$L[f * g](s) = \frac{1}{2}\frac{1}{s-1} - \frac{1}{2}\frac{s}{s^2+1} - \frac{1}{2}\frac{1}{s^2+1}$$

정리 5.1에 의해

$$(f * g)(t) = \frac{1}{2}e^t - \frac{1}{2}(\cos t + \sin t)$$

예제 5.1의 결과와 같다.

예제 5.4 다음 적분을 계산하라.

$$y(t) = \int_0^t e^{-2(t-\tau)}g(\tau)\,d\tau, \quad g(t) = \begin{cases} 1, & 0 \le t < 1 \\ 0, & t < 0,\ t \ge 1 \end{cases}$$

• 풀이 • 합성곱의 정의에 의해

$$y(t) = e^{-2t} * g(t)$$

$g(t)=1-u(t-1)$이므로

$$L[y](s)=\frac{1}{s+2}\left(\frac{1}{s}-\frac{1}{s}e^{-s}\right)=\frac{1}{s(s+2)}(1-e^{-s})$$

부분분수로 표현하면

$$L[y](s)=\frac{1}{2}\left(\frac{1}{s}-\frac{1}{s+2}\right)(1-e^{-s})$$

역변환하면

$$y(t)=\frac{1}{2}(1-e^{-2t})-\frac{1}{2}(1-e^{-2(t-1)})u(t-1)$$

조건식으로 정리하면 예제 5.2의 결과와 같다.

예제 5.5 다음 역변환을 구하여라.

$$L^{-1}\left[\frac{1}{(s^2+1)^2}\right](t)$$

• 풀이 • 이미 부분분수로 정리되어 있으므로 부분분수를 이용하여 그 역변환을 구할 수 없다. 정리 5.1을 이용한다.

$$\frac{1}{(s^2+1)^2}=\frac{1}{s^2+1}\,\frac{1}{s^2+1}$$

이고

$$L^{-1}\left[\frac{1}{s^2+1}\right](t)=\sin t$$

이므로, 정리 5.1에 의해

$$\begin{aligned}L^{-1}\left[\frac{1}{(s^2+1)^2}\right](t)&=\sin t*\sin t\\&=\int_0^t\sin(t-\tau)\sin\tau\,d\tau\\&=\int_0^t-\frac{1}{2}[\cos t-\cos(t-2\tau)]\,d\tau\\&=\frac{1}{2}\sin t-\frac{1}{2}t\cos t\end{aligned}$$

정리 5.1은 미분적분방정식의 해를 구하는데도 매우 유용하다.

예제 5.6 다음 미분적분방정식으로 구성된 초기값문제의 해를 구하여라.

$$\frac{dy}{dt} = 1 - \int_0^t y(t-v)e^{-2v}\,dv, \quad y(0) = 1$$

• 풀이 • 주어진 미적분방정식에서 적분의 부분을 y와 e^{-2t}의 합성곱으로 고치면

① $$y' = 1 - y * e^{-2t}$$

$Y(s) = L[y](s)$라 놓고, 식 ①의 양변에 L을 작용시키면

$$L[y'] = L[1 - y * e^{-2t}]$$

$$sY - y(0) = \frac{1}{s} - Y\frac{1}{s+2}$$

$y(0) = 1$을 대입하여 Y에 대하여 풀면

$$\left[s + \frac{1}{s+2}\right]Y = \frac{1}{s} + 1$$

$$Y = \frac{s+2}{s^2+2s+1}\,\frac{s+1}{s} = \frac{s+2}{s(s+1)} = 2\frac{1}{s} - \frac{1}{s+1}$$

Y에 역변환을 작용시키면

$$y(t) = L^{-1}[Y](t) = 2 - e^{-t}$$

따라서 미분적분방정식의 해는 $y = 2 - e^{-t}$이다.

초기값문제의 해를 구하는 방법은 일반해를 구한 후 초기조건을 사용하여 일반해에 포함되어 있는 상수를 결정하는 순이다. 이 경우 일반해에 포함되어 있는 상수를 결정하기 위해 일반해 전부를 미분해야 하는 불편한 점이 발생한다. 충격반응함수를 이용하여 이 과정을 약간 단순화할 수 있다.

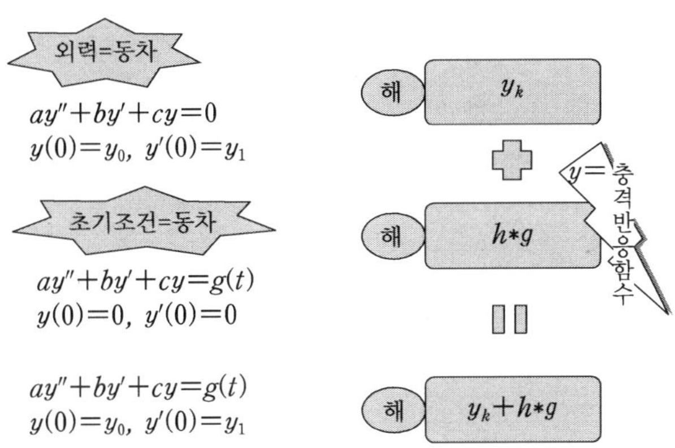

초기값문제는 외력이 동차인 경우의 해와 초기조건이 동차인 경우의 해를 구하여 합하면 된다는 것을 의미한다.

예제 5.7 다음 초기값문제의 해를 $g(t)$를 포함하는 식으로 표현하여라.

$$5x'' + 14x' + 98x = g(t),\ x = x(t)$$
$$x(0) = \frac{1}{2},\ x'(0) = -\frac{1}{10}$$

• **풀이** • 먼저 동차방정식

$$5x'' + 14x' + 98x = 0$$
$$x(0) = \frac{1}{2},\ x'(0) = -\frac{1}{10}$$

의 해 x_k를 구하면

$$x_k = e^{-\frac{7}{5}t}\left(\frac{1}{2}\cos\frac{21}{5}t + \frac{1}{7}\sin\frac{21}{5}t\right)$$

충격반응함수 h는

$$h = L^{-1}\left[\frac{1}{5s^2 + 14s + 98}\right](t) = \frac{1}{21}e^{-\frac{7}{5}t}\sin\frac{21}{5}t$$

따라서 초기값문제의 해는

$$\begin{aligned} x &= x_k + (h * g)(t) \\ &= e^{-\frac{7}{5}t}\left(\frac{1}{2}\cos\frac{21}{5}t + \frac{1}{7}\sin\frac{21}{5}t\right) \\ &\quad + \frac{1}{21}\int_0^t e^{-\frac{7}{5}(t-\tau)}\sin\frac{21}{5}(t-\tau)\,g(\tau)\,d\tau \end{aligned}$$

이 공식을 사용하여 입력 $g(t)$에 대한 반응 $x(t)$를 구할 수 있다.

review $\int_0^1 t^{314}(1-t)^{271}dt$ 의 값

$\int_0^1 t^{314}(1-t)^{271}\,dt$ 의 값을 구하여 보자. 여러분이라면 어떻게 풀까? 혹시, 이항전개공식

$$(x+y)^n = \sum_{r=0}^{n} {}_nC_r\, x^{n-r}\, y^r$$

을 이용하여 적분하려고 하지 않을지 매우 염려가 된다. 이 적분값을 라플라스변환을 이용하여 구하여 보자.

$$h(t) = \int_0^t \tau^{314}(t-\tau)^{271}\,d\tau = t^{314} * t^{271}$$

라 놓으면

$$\int_0^1 \tau^{314}(1-\tau)^{271}\,d\tau = h(1)$$

합성곱에 대한 라플라스변환으로부터

$$\begin{aligned} L[h] &= L[t^{324} * t^{271}] = L[t^{314}]\ L[t^{271}] \\ &= \frac{314!}{s^{315}}\frac{271!}{s^{272}} = \frac{314!\ 271!}{s^{587}} \end{aligned}$$

역변환하면

$$h(t) = L^{-1}[\frac{314!\ 271!}{s^{587}}] = \frac{314!\ 271!}{587!} L^{-1}\left[\frac{587!}{s^{586+1}}\right] = \frac{314!\ 271!}{587!} t^{587}$$

따라서

$$h(1) = \frac{324!\ 271!}{587!}$$

즉

$$\int_0^1 t^{314}(1-t)^{271}dt = \frac{324!\ 271!}{587!}$$

4.6 충격함수

공학적인 실험에서 충격적인 힘을 모델화하여 실험을 해야 하는 경우가 종종 있다. 충격의 사전적인 의미는 물체에 갑자기 큰 힘(운동량의 변화)이 가해지는 일로, 이 일은 순간적인 시간에 발생한다. 이러한 힘을 모델링하기 위해 $f_\epsilon(t)$를 도입한다.

$$f_\epsilon(t) = \begin{cases} \dfrac{1}{\epsilon}, & 0 \le t < \epsilon \\ 0, & \text{그 외} \end{cases}$$

그리고 $I(\epsilon)$을 다음과 같이 정의한다.

$$I(\epsilon) = \int_0^\infty f_\epsilon(t)\,dt = \int_0^\epsilon f_\epsilon(t)\,dt = \epsilon \times \frac{1}{\epsilon} = 1$$

그림 6.1은 $f_\epsilon(t)$의 그래프와 $I(\epsilon)$을 나타낸 것이다.

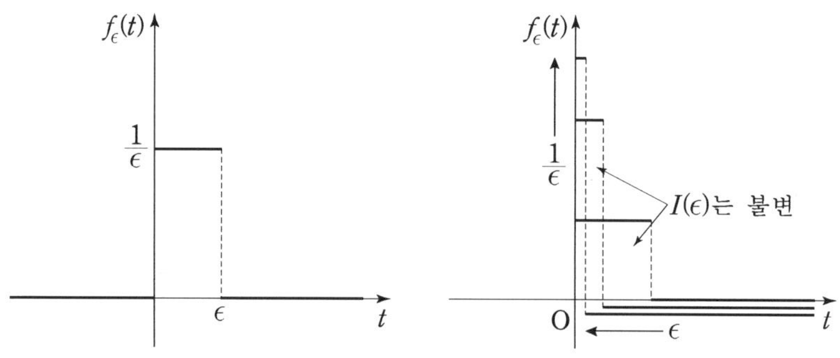

그림 6.1 $g_\epsilon(t)$와 $I(\epsilon)$

$f_\epsilon(t) = F = m\dfrac{dv}{dt}$로 주어지면 $I(\epsilon)$은 운동량을 나타낸다. $f_\epsilon(t)$의 정의로부터

$$I(\epsilon) = 1,\ \epsilon > 0 \tag{1}$$

및

$$\lim_{\epsilon \to 0} f_\epsilon(t) = \begin{cases} \infty, & t = 0 \\ 0, & t \ne 0 \end{cases} \tag{2}$$

여기서 일반적인 함수의 개념에서 극한 (2)는 정당화 될 수 없음을 주의해야 한다. 식 (2)에서 극한값을 $\delta(t)$라 두자. 그러면

$$\delta(t) = \begin{cases} \infty, & t = 0 \\ 0, & t \neq 0 \end{cases} \tag{3}$$

식 (1)과 식 (3)로부터 형식적으로 다음 등식을 얻는다.

$$\int_0^{\infty} \delta(t)\,dt = 1 \tag{4}$$

식 (3)과 식 (4)를 만족하는 함수 δ를 충격함수 또는 델타함수(delta function)라 한다. 식 (4)를 임의의 함수 g에 대하여 다음과 같이 일반화할 수 있다.

$$\int_0^{\infty} \delta(t-a)\,g(t)\,dt = g(a),\ a > 0 \tag{5}$$

여기서 $\delta(t-a)$는 $\delta(t)$를 a만큼 평행이동한 것이다. 식 (5)를 이용하여 델타함수에 대한 라플라스변환을 구할 수 있다. 식 (5)에서 $g(t) = e^{-st}$라 놓으면

$$L[\delta(t-a)](s) = e^{-as}$$

특히, $a = 0$일 때

$$L[\delta(t)](s) = 1$$

참고 | 일반적인 초등함수에 대한 라플라스변환 $F(s)$는

$$\lim_{s \to \infty} F(s) = 0$$

을 만족하지만, 델타함수는 이러한 성질을 만족하지 않는다는 것을 알 수 있다. 이를 근거로 델타함수는 초등함수 영역에 속하지 않는 함수라고 생각할 수 있다. 실제로, 델타함수는 분포(distribution)라는 개념에 속하는 함수이다. 슈바르츠*는 분포에 대한 수학적 개념을 확립하였다.

델타함수의 존재가 밝혀지지 않았다면 충격 외력을 갖는 시스템을 기술하여 해를 구하는 과정은 간단하지 않다는 사실을 쉽게 확인할 수 있다. 다음 예제를 보라.

---

* 슈바르츠(Hermann Amandus Schwarz), 1843～1921 : 독일의 수학자. 1867년 할레 대학, 1869년 취리히 대학, 1875년 괴팅겐 대학의 교수를 역임하고, 1892년 베를린 대학 교수가 되었다. 편미분방정식의 해석적 이론 연구에서는 '슈바르츠의 함수'를 논하고, 변분법에서는 리만의 존재정리의 증명에 성공하였다.

예제 6.1 각 ϵ에 대응하는 다음 초기값문제의 해를 구하라.

$$x'' + x = f_\epsilon(t),\ x(0) = 0,\ x'(0) = 0$$

단,

$$f_\epsilon(t) = \begin{cases} \dfrac{1}{\epsilon},\ 0 \le t < \epsilon \\ 0,\ \ t \ge \epsilon \end{cases}$$

그리고 각 ϵ에 대응하는 해를 $x_\epsilon(t)$라 할 때, $\lim\limits_{\epsilon \to 0^+} x_\epsilon(t)$를 구하여라.

• 풀이 • 미분방정식은 $m = 1, c = 0, k = 1$인 용수철-댐퍼-질량 모델에서 질량에 외력 $f_\epsilon(t)$가 작용할 때 질량의 진동을 묘사한 것으로 간주할 수 있다. 그리고 $\epsilon \to 0^+$일 때 모델에 충격이 작용한 것으로 간주할 수 있다. 해 x는 ϵ에 의존하므로 해를 $x_\epsilon = x_\epsilon(t)$라 표기하자.

$X_\epsilon = L[x_\epsilon]$라 놓자.

$$f_n(t) = \frac{1}{\epsilon}\,[1 - u(t-\epsilon)]$$

이므로

$$L[f_\epsilon(t)](s) = \frac{1}{\epsilon s}(1 - e^{-\epsilon s})$$

라플라스변환 L을 미분방정식의 양변에 작용시키면

$$L[x_\epsilon''] + L[x_\epsilon] = L[f_\epsilon(t)]$$

$$(s^2 + 1)X_\epsilon = \frac{1}{\epsilon s}(1 - e^{-\epsilon s})$$

X_ϵ를 구하면

$$\begin{aligned} X_\epsilon &= \frac{1}{\epsilon s(s^2+1)}(1 - e^{-\epsilon s}) \\ &= \frac{1}{\epsilon}\left(\frac{1}{s} - \frac{s}{s^2+1}\right)(1 - e^{-\epsilon s}) \end{aligned}$$

L^{-1}를 작용시키면

$$\begin{aligned} x_\epsilon &= \frac{1}{\epsilon}(1 - \cos t) - \frac{1}{\epsilon}[1 - \cos(t-\epsilon)]u(t-\epsilon) \\ &= \begin{cases} \dfrac{1}{\epsilon}(1 - \cos t), & 0 \le t < \epsilon \\ \dfrac{1}{\epsilon}\cos(t-\epsilon) - \dfrac{1}{\epsilon}\cos t, & t \ge \epsilon \end{cases} \end{aligned}$$

$\epsilon \to 0^+$로 놓으면서 해의 행동을 분석해 보자. 그림 6.2로부터 ϵ이 0에 가까워지면 $x_\epsilon(t)$는 $\sin t$에 가까워짐을 알 수 있다.

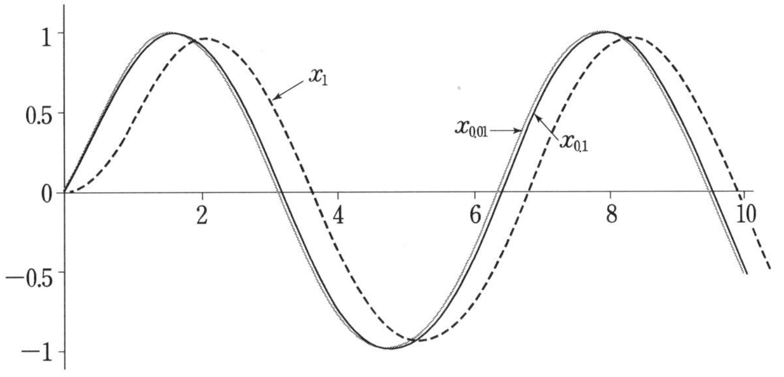

그림 6.2 $x_\epsilon(t)$의 그래프

실제로, $t=0$일 때 $\epsilon^{-1}(1-\cos 0)=0$이므로 $x_\epsilon(0)=0$이다. 따라서

$$x(0)=\lim_{\epsilon\to 0^+} x_\epsilon(0)=0$$

$t \geq \epsilon$일 때

$$\begin{aligned} x(t) &= \lim_{\epsilon\to 0} x_\epsilon = \lim_{\epsilon\to 0}\frac{\cos(t-\epsilon)-\cos t}{\epsilon} \\ &= -\lim_{\epsilon\to 0}\frac{\cos(t-\epsilon)-\cos t}{-\epsilon} = \sin t \end{aligned}$$

참고 | 예제 6.1은, 무감쇠 용수철-댐퍼-질량 모델에서 정지상태에 있는 질량이 시각 $t=0$에서 충격을 받았을 때 질량의 운동상태로 해석할 수 있다.

예제 6.2 예제 6.1에서 $\epsilon \to 0$일 때 모델을 형식적(formally)으로 구현하면

① $$x''+x=\delta(t),\quad x(0)=x'(0)=0$$

과 같다. 이 초기값문제의 해를 구하여라.

• 풀이 • $X(s)=L[x](s)$라 놓고, 식 ①에 L을 작용시키면

$$L[x'']+L[x]=L[\delta(t)]$$

$$(s^2+1)X=1$$

X에 대하여 풀면

$$X = \frac{1}{s^2+1}$$

역변환 L^{-1}을 작용시키면

$$x(t) = L^{-1}[X](t) = \sin t$$

이것은 극한의 의미로 구한 결과와 동일하다. 충격함수의 도입으로 시스템의 표현 및 해를 구하는 과정이 명료하고 간단해졌음을 알 수 있다. ◐

주의 | 여기서 형식적이라는 말의 뜻은 지금까지 배워온 함수적 등식이 성립하지 않는다는 것이다. 초함수적인 의미에서 등식이 성립함을 의미한다.

예제 6.3 다음 형식적인 초기값문제의 해를 구하여라.

$$y'' + y = \delta(t-\pi),\ y = y(t)$$
$$y(0) = y'(0) = 0$$

• 풀이 • 초기조건이 0이므로 $t=\pi$까지는 진동을 하지 않으며, 그 후 충격을 받아 진동이 나타난다. 이를 확인하여 보자. $Y(s) = L[y](s)$라 놓고, 주어진 방정식에 L을 작용시키면

$$L[y''] + L[y] = L[\delta(t-\pi)]$$
$$(s^2+1)Y = e^{-\pi s}$$

Y에 대하여 풀면

$$Y = \frac{1}{s^2+1}e^{-\pi s}$$

역변환 L^{-1}을 작용시키면

$$\begin{aligned} y = L^{-1}[Y](t) &= \sin(t-\pi)u(t-\pi) \\ &= \begin{cases} 0, & 0 \le t < \pi \\ -\sin t, & t \ge \pi \end{cases} \end{aligned}$$

를 얻는다. 그림 6.3은 $y(t)$의 응답을 나타낸 그래프이다.

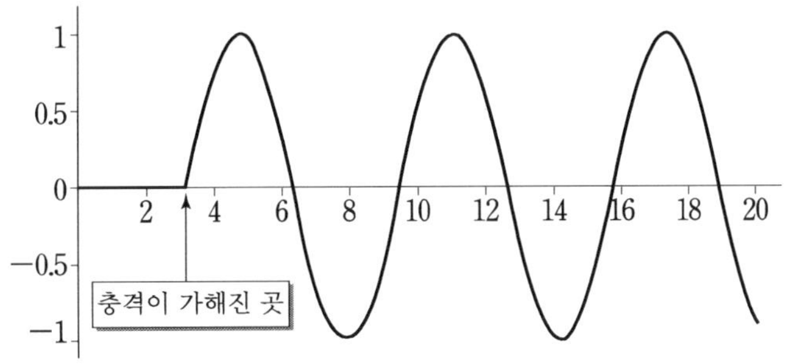

그림 6.3 충격을 받은 시스템의 응답

예제 6.4 다음 형식적인 초기값문제의 해를 구하여라.

$$y'' + y = \delta(t-\pi) + \delta(t-2\pi),\ y = y(t)$$
$$y(0) = y'(0) = 0$$

• **풀이** • $Y(s) = L[y](s)$라 놓고, 방정식에 L을 작용시키면

$$L[y''] + L[y] = L[\delta(t-\pi)] + L[\delta(t-2\pi)]$$
$$(s^2+1)Y = e^{-\pi s} + e^{-2\pi s}$$

Y에 대하여 풀면

$$Y = \frac{1}{s^2+1}[e^{-\pi s} + e^{-2\pi s}]$$

역변환 L^{-1}을 작용시키면

$$y = L^{-1}[Y](t) = \sin(t-\pi)u(t-\pi) + \sin(t-2\pi)u(t-2\pi)$$
$$= \begin{cases} 0, & 0 \le t < \pi \\ -\sin t, & \pi \le t < 2\pi \\ 0, & t \ge 2\pi \end{cases}$$

그림 6.4는 $y(t)$의 응답을 나타낸 그래프이다.

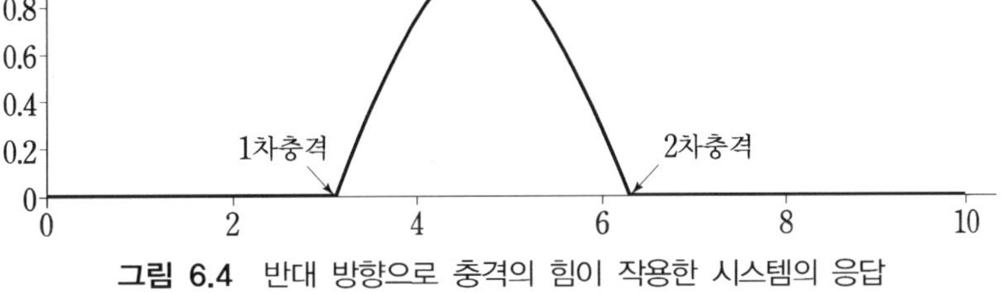

그림 6.4 반대 방향으로 충격의 힘이 작용한 시스템의 응답

예제 6.4는 진동하는 반대방향으로 힘이 작용하여 진동이 멈추어 버린 현상을 나타낸다. 진동과 같은 방향으로 힘이 작용하면 진동 폭은 더욱더 커진다. 예로 예제 6.4에서 $f(t)=\delta(t-\pi)+\delta(t-4)$인 경우 응답은

$$y=\sin(t-\pi)u(t-\pi)+\sin(t-4)u(t-4)$$

이에 대한 그래프는 그림 6.5와 같다.

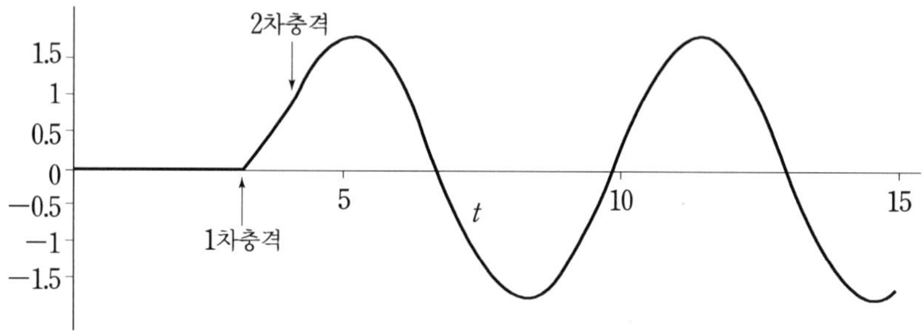

그림 6.5 같은 방향으로 충격이 작용한 시스템의 응답

이제 전달함수

$$H(s)=\frac{1}{as^2+bs+c} \tag{7}$$

의 역변환 $h(t)=L^{-1}[H(s)](t)$가 충격반응함수(impulse response function)라는 이름이 붙어진 이유를 명확하게 설명할 수 있다. 외력이 충격함수로 주어질 때 응답은 충격에 대한 반응으로 간주할 수 있다. 즉

$$ay''+by'+cy=\delta(t),\ y=y(t)$$
$$y(0)=y'(0)=0$$

의 응답을 충격에 대한 반응으로 자연스럽게 받아들일 수 있다. $L[y](s)=Y(s)$라 놓고, 방정식에 라플라스변환 L을 작용시키면

$$(as^2+bs+c)Y(s)=1$$

이므로

$$Y(s)=\frac{1}{as^2+bs+c}=H(s) \tag{8}$$

역변환을 취하면 $y(t)=h(t)$이다. 이러한 이유로 $h(t)$를 충격반응함수라 한다.

초기조건이 주어진 미분방정식의 해를 구하는 초기값문제를 전진 문제(forward problems)라고 한다. 예를 들어,

$$mx'' + cx' + kx = f(t), \quad x(0) = x_0, \; x'(0) = x_1 \tag{9}$$

에서 m, c, k, f, x_0, x_1 의 값이 주어지면 해를 구하기 편리한 도구를 이용하여 해를 구한다. 반면 식 (9)로 표현되는 스프링-질량-댐퍼모델에서 관측장비를 통하여 유용한 관측자료를 얻었다고 하자. 이때 이 자료를 이용하여 변수 m, c, k, x_0, x_1 및 $f(t)$의 값을 알고자 하는 경우가 있다. 이러한 종류의 문제를 후진문제(backward problem or inverse problems)라 한다.

충격반응함수 (7)을 이용하여 간단한 역문제(inverse problem)를 풀어보자.

예제 6.5 감쇠력을 가진 스프링-질량-댐퍼모델에서 $f(t) = \delta(t)$라는 입력을 가하여 질량의 변위에 대한 다음 같은 관측 자료를 얻었다.

$$x(t) = e^{-2t}\sin 3t$$

이 때 m, c와 k의 값을 구하여라.

• 풀이 • $x(t) = e^{-2t}\sin 3t$ 에 라플라스변환을 작용하면

$$X(s) = \frac{3}{(s+2)^2+9} = \frac{3}{s^2+4s+13}$$

식 (8)로부터

$$X(s) = \frac{1}{ms^2+cs+k} = \frac{3}{3ms^2+3cs+3k}$$

두 식은 같아야 하므로

$$m = \frac{1}{3}, \; c = \frac{4}{3}, \; k = \frac{13}{3}$$

연 습 문 제

1 라플라스변환의 정의를 사용하여 다음 함수의 라플라스변환을 구하여라.

(1) $f(t) = t$

(2) $f(t) = \sin 5t$

(3) $f(t) = e^{3t}\sin 5t$

(4) $g(t) = \begin{cases} \sin t, & 0 \le t < \pi \\ t, & t \ge \pi \end{cases}$

2 라플라스변환표를 이용하여 다음 라플라스변환을 구하여라.

(1) $L[t^5](s)$

(2) $L[3\sin 2t](s)$

(3) $L[5\sin 2t - 3e^{-2t}](s)$

(4) $L[5\sin 2t - 3e^{-2t} + 3t^2](s)$

(5) $L[t^{-1/2} + t^3](s)$

(6) $L[e^{-t}t^{-3/2}](s)$

(7) $L[e^{-3t}\sin 2t](s)$

(8) $L[e^{2t}\cos 0.5t - 5 - \sinh 2t](s)$

(9) $L[t\cos 3t](s)$

(10) $L[t^2 e^{-3t}](s)$

(11) $L[t\sin 3t\cos 3t](s)$

(12) $L[te^{-t}\sin 2t](s)$

(13) $L[(t-1)^2 + te^{-t}\cos 2t](s)$

(14) $L[t^2\cos 3t](s)$

(15) $L\left[\dfrac{e^t - e^{-t}}{t}\right](s)$

3 주어진 함수의 라플라스역변환을 구하여라.

(1) $\dfrac{2}{s^5}$

(2) $\dfrac{6}{(s-1)^5}$

(3) $\dfrac{s}{2s^2+4}$

(4) $\dfrac{2s+16}{s^2+4s+13}$

(5) $\dfrac{s^2+1}{s(s-1)(s-2)}$

(6) $\dfrac{3s+4}{(s-1)(s+1)}$

(7) $\dfrac{3s+4}{(s-1)(s+1)^2}$

(8) $\dfrac{3s^2+s+4}{s^2(2s+1)(s^2+4)}$

(9) $F(s) = \ln\left(\dfrac{s+2}{s-5}\right)$

(10) $F(s) = \ln\left(\dfrac{s^2+9}{s^2+1}\right)$

힌트 (9)–(10)의 힌트 : $L^{-1}\left[\dfrac{d^nF}{ds^n}\right](t) = (-t)^n f(t)$

4 라플라스변환을 사용하여 다음 초기치문제의 해를 구하여라. 단, $y=y(t)$이다.

(1) $y''+5y'+6y=1,\ \ y(0)=1,\ y'(0)=0$

(2) $4y''+4y'+y=t,\ \ y(0)=0,\ y'(0)=1$

(3) $y''+4y'+5y=0,\ \ y(0)=1,\ y'(0)=-1$

(4) $y''+y'+5y=e^{-2t},\ \ y(0)=0,\ y'(0)=0$

(5) $y''+3y'+2y=e^{-2t}\sin t,\ \ y(0)=0,\ y'(0)=0$

(6) $y''+7y'+10y=9\cos t+7\sin t,\ \ y(0)=5,\ y'(0)=-4$

(7) $y''+4y'=\sin t\ ,\ \ y(0)=y'(0)=0$

(8) $y''+5y'+4y=\cos t\ ,\ \ y(0)=y'(0)=1$

(9) $y''+4y'=2\sin t+3te^{t},\ \ y(0)=y'(0)=0$

(10) $y'''+y''+3y'-5y=16e^{-t},\ y(0)=0,\ y'(0)=2,\ y''(0)=-4$

5 다음 함수를 단위계단 함수를 이용하여 표현하라.

(1) $f(t)=\begin{cases} 1, & t<1 \\ -2, & 1\le t<2 \\ 3, & 2\le t<3 \\ -4, & t\ge 3 \end{cases}$

(2) $f(t)=\begin{cases} |t|, & 0\le t<5 \\ 1, & t\ge 5 \end{cases}$

(3) $f(t)=\begin{cases} 2, & t<\pi \\ t, & \pi\le t<3\pi \\ \sin t, & t\ge 3\pi \end{cases}$

(4) $f(t)=\begin{cases} 1, & 0\le t<1 \\ -1, & 1\le t<2 \\ 1, & 2\le t<3 \\ -1, & t\ge 3 \end{cases}$

(5)

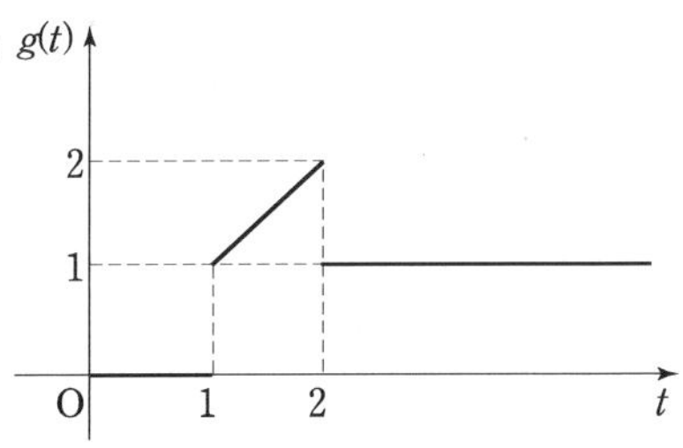

(6)

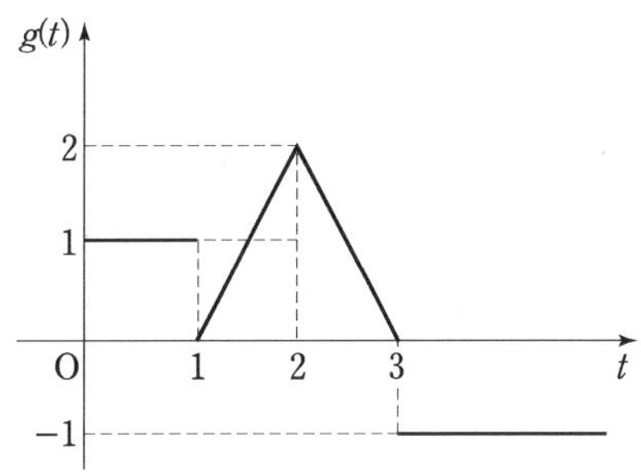

6 다음 함수를 조건문 함수로 표기하고, 그 그래프를 그려라.

(1) $f(t)=u(t-2)-u(t-3)$

(2) $f(t)=3u(t-2)-2u(t-3)$

(3) $f(t)=(t-2)^2u(t-2)-\sin(t-\pi)\,u(t-\pi)$

(4) $f(t)=t^2u(t-2)-\sin t\,u(t-\pi)$

(5) $f(t) = u(t) - tu(t-1) + (t-1-\sin t)u(t-2)$

7 다음 함수의 라플라스변환을 구하여라.

(1) $f(t) = u(t-2) - u(t-3)$

(2) $f(t) = 3u(t-2) - 2u(t-3)$

(3) $f(t) = (t-2)^2 u(t-2) - \sin(t-\pi)\,u(t-\pi)$

(4) $f(t) = t^2 u(t-2) - \sin t\, u(t-\pi)$

(5) $f(t) = u(t) - tu(t-1) + (t-1-\sin t)u(t-2)$

8 다음 함수의 라플라스역변환을 구하여라.

(1) $\dfrac{e^{-2s}}{s-1}$

(2) $\dfrac{3e^{-2s} - e^{-4s}}{s+\pi}$

(3) $\dfrac{se^{-3s}}{s^2+4s+5}$

(4) $\dfrac{s+e^{-3s}}{(s+1)(s+2)}$

(5) $\dfrac{1}{s^2(s^2+1)}$

(6) $\dfrac{s}{(s^2+1)^2}$

9 다음 주기함수의 라플라스변환을 구하여라.

(1) $f(t) = t,\ 0 \le t < 3,\ f(t+3) = f(t)$

(2) $f(t) = t - [t]$

(3) $f(t) = u(t) - u(t-1) - u(t-2),\ f(t+3) = f(t)$

(4)
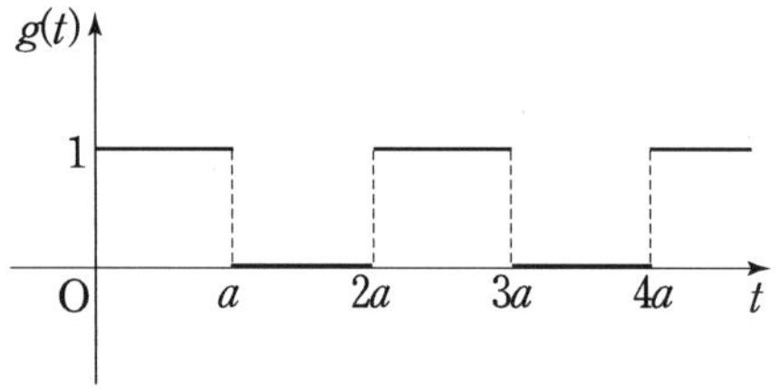

(5)
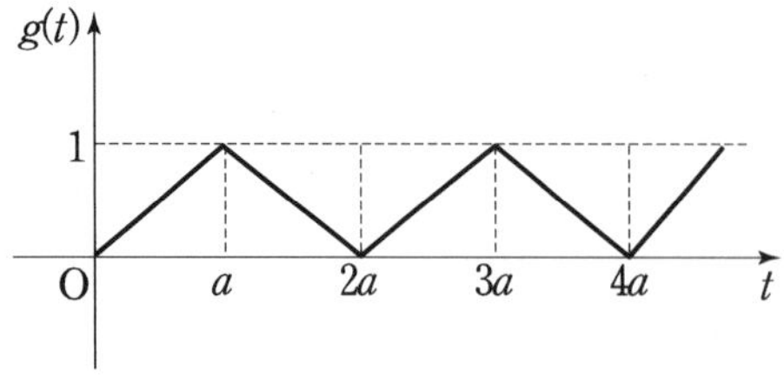

10 다음 미분방정식의 해를 구하여라. 단, $y = y(t)$이다.

(1) $y'' + 5y' + 6y = u(t-1),\ \ y(0) = 1,\ y'(0) = 1$

(2) $y'' + 4y' + 5y = u(t-1) - u(t-2),\ \ y(0) = 0,\ y'(0) = 0$

(3) $y'' + y' + y = e^{-2t}u(t-1),\ \ y(0) = 1,\ y'(0) = 0$

(4) $y'' - y' + y = \cos t\, u(t-\pi),\ \ y(0) = 0,\ y'(0) = 1$

(5) $y'' + 4y' + 4y = \begin{cases} 1, & t < 2 \\ 2, & t \geq 2 \end{cases},\ y(0) = 0,\ y'(0) = 1$

11 다음 적분방정식 또는 미분적분방정식을 풀어라.

(1) $y(t) + 3\int_0^t y(v)e^{-2(t-v)}\,dv = 2t$

(2) $y(t) + 3\int_0^t y(v)e^{-2(t-v)}\,dv = u(t-2)$

(3) $y(t) + 3\int_0^t y(v)\sin 2(t-v)\,dv = t$

(4) $y'(t) + y(t) - \int_0^t y(v)\sin(t-v)\,dv = -\sin t,\ y(0) = 1$

(5) $y'(t) + y(t) + \int_0^t y(v)\cos(t-v)\,dv = \sin t\, u(t-\pi),\ y(0) = 0$

4장 충격외력을 갖는 미분방정식 문제

1 다음 함수의 라플라스변환을 구하여라.

(1) $f(t) = \delta(t-1) + \delta(t-2)$

(2) $f(t) = 3\delta(t-1) + 2\delta(t-2)$

(3) $f(t) = -u(t-1) + \delta(t-3)$

(4) $g(t) = \delta(t-1)\cos t$

(5) $g(t) = \delta(t-\pi)\cos t + u(t-\pi)\cos t$

2 다음 형식적인 초기치문제의 해를 구하고 그 그래프를 그려라.

(1) $w'' + w = \delta(t-\pi),\ w(0) = 0,\ w'(0) = 0$

(2) $y'' + 2y' + 3y = 2\delta(t-1) + \delta(t-2),\ y(0) = 0,\ y'(0) = 0$

(3) $y'' + y = u(t-\pi) + \delta(t-2\pi),\ y(0) = 0,\ y'(0) = 0$

(4) $y'' + 4y' + 8y = \delta(t),\ y(0) = 0,\ y'(0) = 0$

(5) $y'' + 4y' + 8y = \delta(t-2),\ y(0) = 1,\ y'(0) = 0$

4장 응용문제

1 용수철에 붙어 있는 물체가 평형점 아래 1cm 지점에 위치해 있다가 가만히 놓아 진동을 시킨다. $\pi/2$초 후에 큰 망치로 용수철에 매달려 있는 물체를 때렸다. 이와 같은 상황을 나타내는 미분방정식이

$$\frac{d^2x}{dt^2} + 9x = -3\delta\left(t - \frac{\pi}{2}\right),\ x(0) = 1,\ \frac{dx}{dt}(0) = 0$$

와 같이 기술된다고 하자. 단, $x = x(t)$는 t초에서의 평형점으로부터 물체까지의 거리이다. 물체의 진동 방정식을 구하고 그 그림을 그려라.

2 왼쪽은 지지대에 고정되어 있고 오른쪽은 자유롭게 움직일 수 있는 길이 $2l$인 빔이 있다. 지지대로부터 거리 x인 빔의 수직변위는 $y = y(x)$로 표기한다. 빔에 작용하는 일정한 힘 F가 지지대로부터 빔의 3/4지점에 집중되어 있다고 할 때, 변위는 다음 형적인 경계치문제(BVP)를 만족한다고 한다.

$$EIy'''' = F\delta\left(x - \frac{3}{4}l\right)$$

$$y(0) = y'(0) = y''(2l) = y'''(2l) = 0$$

여기서 탄성계수 E와 관성상수 I는 상수라고 가정한다. 이 때 $y(x)$를 구하여라.

힌트 $y''(0) = A,\ y'''(0) = B$로 놓고 형식적인 초기치문제를 푼 다음 경계조건 $y''(2l) = y'''(2l) = 0$을 사용하여 $A,\ B$를 구한다.

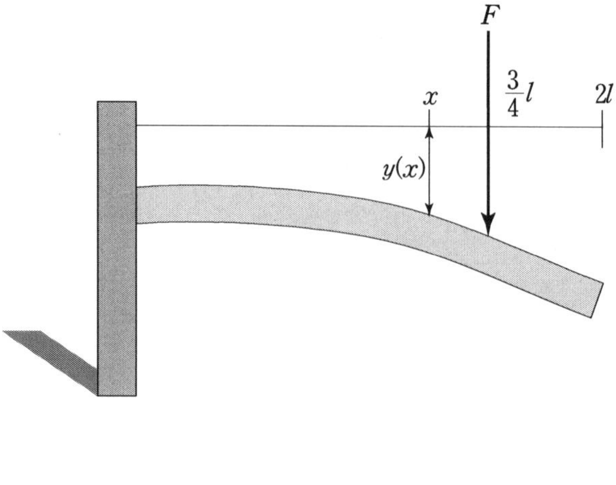

3 다음 RLC 직렬회로에 관한 초기치문제에서 전류 $I = I(t)$를 구하고, $0 \le 0 < \pi$ 에서 그 그래프를 그려라.

$$I' + 2I + 2\int_0^t I(s)\,ds = g(t),\ I(0) = 10$$

단, $g(t) = \begin{cases} 20, & 0 < t < 3\pi \\ 0, & 3\pi \le t < 4\pi \\ 20, & 4\pi \le t \end{cases}$

4 다음 식을 증명하여라.

(1) $L[t^n](s) = \dfrac{n!}{s^{n+1}}\ (s > 0)$

(2) $L[f^{(n)}(t)](s) = s^n L[f(t)](s) - s^{n-1}f(0) - s^{n-2}f'(0) - \cdots f^{(n-1)}(0)$

5 다음 함수의 라플라스변환을 구하여라.

(a) $f_1(t) = \begin{cases} 0, & t = 2 \\ t, & t \ne 2 \end{cases}$

(b) $f_2(t) = \begin{cases} 5, & t = 1 \\ 2, & t = 6 \\ t, & t \ne 1, 6 \end{cases}$

(c) $f_3(t) = t$

(d) $\dfrac{1}{s^2}$의 역변환을 구하여라. 왜 그렇게 생각하는가.

제5장

멱급수 해법

5.1 배경

직렬 RLC전기회로에서 전하 q는 상수계수를 갖는 2계 선형미분방정식

$$Lq'' + Rq' + \frac{1}{C}q = E(t),\ q = q(t)$$

로 기술하였다. 그러나 저항기의 저항은 온도에 따라 변화하는 특성이 있으므로 시간에 따라 변하는 가변저항으로 간주할 수 있다. 즉, $R = R(t)$를 t의 함수로 간주한다. 이 경우 전위 q는 어떻게 구할 수 있을까? 다음과 같은 조건을 갖는 문제의 해를 구하여 보자.

$$L = 0.1,\ C = 2,\ E(t) = 0,\ R(t) = 1 + 0.1t,\ q(0) = 10,\ q'(0) = 0$$

즉, 다음 초기값문제의 해를 구하여 보자.

$$\begin{gathered} 0.1q'' + (1 + 0.1t)q' + 0.5q = 0 \\ q(0) = 10,\ q'(0) = 0 \end{gathered} \tag{1}$$

식 (1)의 하나의 해를 구할 수 있으면 계수감소법을 사용하여 일차독립인 두 번째 해를 구할 수 있다. 계수가 다항식이므로 다음과 같은 시험함수

$$q(t) = At^2 + Bt + C$$

를 식 (1)에 대입하여 $q(t)$를 구할 수 있다. 즉

$$\begin{gathered} (At^2 + Bt + C)'' + (10 + t)(At^2 + Bt + C)' + 5(At^2 + Bt + C) = 0 \\ 7At^2 + (20A + 6B)t + 2A + 10B + 5C = 0 \end{gathered}$$

위의 식은 t에 관한 항등식이므로, 항등식을 풀면 $A = B = C = 0$이다. 우리가 도입한 시험함수는 해에 대한 정보를 제공해 주지 않는다. 따라서 첫 번째 시도는 실패이다. 두 번째 시도로 라플라스변환을 이용하여 보자. $L[q(t)](s) = Q(s)$라 놓고, 식 (1)에 L을 작용시키면

$$s^2Q - q(0)s - q'(0) + 10sQ - 10q(0) - \frac{d}{ds}[sQ - q(0)] + 5Q = 0$$

$$\frac{dQ}{ds} - \left(s + 10 + \frac{4}{s}\right)Q = -10 - \frac{100}{s} \tag{2}$$

식 (2)는 1계 선형미분방정식이다. 적분인자

$$\mu(s) = e^{-\int\left(s+10+\frac{4}{s}\right)ds} = \frac{1}{s^4}e^{-s^2/2-10s}$$

을 식 (2)에 곱하면

$$\frac{d}{ds}[\mu(s)Q] = -10\left(1 + \frac{10}{s}\right)\frac{1}{s^4}e^{-s^2/2-10s}$$

이를 적분하면

$$Q = -\frac{10}{\mu(s)}\left[\int\left(1+\frac{10}{s}\right)\frac{1}{s^4}e^{-s^2/2-10s}ds + C\right]$$

단순한 적분법으로 위의 적분을 계산할 수 없다. 따라서 라플라스변환을 이용한 두 번째 시도도 용이하지 않다. 두 가지 방법 모두 쉽지 않으므로 해석적인 방법으로 해를 구한다는 것은 거의 불가능하다. 그림 1.1은 $R=1$인 경우와 $R=1+0.1t$인 경우에 대응하는 $q(t)$의 그래프를 나타낸 것이다. 두 그래프의 모양은 거의 유사하다. 따라서 회로의 성질을 파악할 때 시간에 따른 저항의 변화를 무시해도 큰 무리는 없다. 하지만 전하량의 크기에는 분명히 차이가 있음을 알 수 있다.

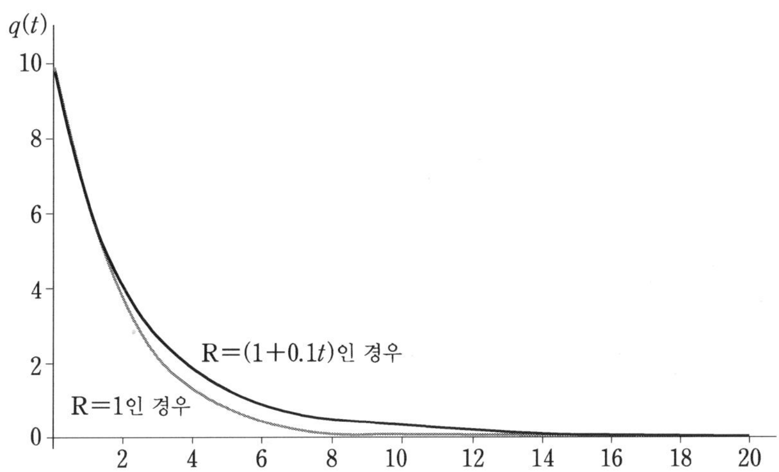

그림 1.1 $q(t)$의 그래프

$R=1+0.1t$일 때의 그래프는 이 장에서 배울 멱급수 해를 이용하여 그린 것이다. 물론 수

치적인 방법으로 근사해를 구하는 것도 가능하다. 참고로 그림 1.2는 4차 룽게-쿠타법으로 구한 수치해의 그래프와 멱급수 해의 그래프를 한 좌표축에 그린 것이다. 두 그래프가 겹쳐져 시각적으로 차이를 거의 인식할 수 없다.

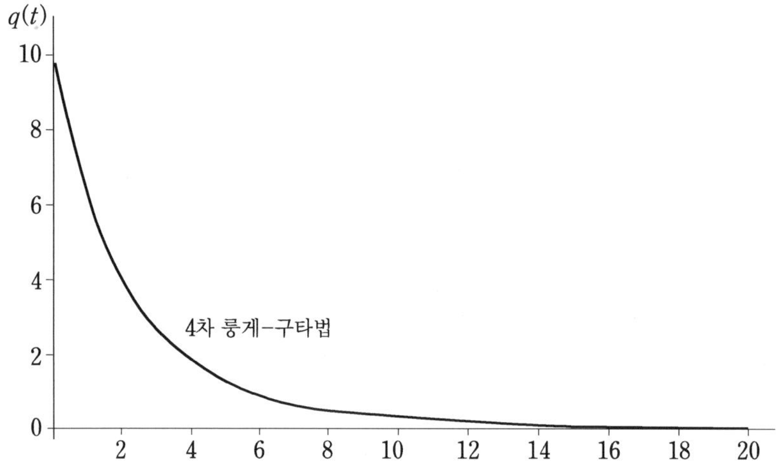

그림 1.2 $q(t)$에 대한 근사 해

수치처리에 큰 문제가 발생하지 않는 미분방정식은 수치적인 방법을 이용하여도 비교적 좋은 근사해를 얻을 수 있다. 그러나 수치처리에 큰 문제를 일으킬 수 있는 방정식도 있다. 이러한 것은 특이점을 포함하고 있는 미분방정식에서 나타난다. 예를 들어,

$$xy'' + 2y' + xy = 0 \tag{3}$$

$$y(0) = a,\ y'(0) = b \tag{4}$$

을 생각하자. 변수계수를 갖는 미분방정식 (3)은 1900년초 독일의 천체물리학자 엠덴(Robert Emden)이 지구의 가스층에 있는 구름의 온도변화를 연구하던 중 직면한 문제이다. (3)의 일차독립인 두 해는

$$y_1 = \frac{\sin x}{x},\ y_2 = \frac{\cos x}{x}$$

따라서 (3)의 일반해는

$$y = c_1 \frac{\sin x}{x} + c_2 \frac{\cos x}{x}$$

일반해에 포함되어 있는 $\frac{\cos x}{x}$이라는 항 때문에 $x=0$을 대입할 수 없다. 그러나 $b=0$인

경우,

$$y = a\frac{\sin x}{x}$$

는 초기값문제 (3)~(4)의 해가 된다. 한 개의 해가 두 개의 초기조건을 다 만족한 경우이다. $b \neq 0$인 경우에는 사정이 다르다. 일반해로부터 초기값문제의 해를 구할 수 없다. $x=0$ 근방의 문제로 바꾸어서 문제를 다루어 보자. 초기조건을 다음과 같이 바꾼다.

$$y(0.1) = 1,\ y'(0.1) = 1 \tag{5}$$

초기값문제 (3)~(5)는 다음과 같은 유일한 해를 갖는다.

$$y = 0.1(11\cos 0.1 + \sin 0.1)\frac{\sin x}{x} - 0.1(11\sin 0.1 - \cos 0.1)\frac{\cos x}{x}$$

이 함수의 그래프는 다음과 같다.

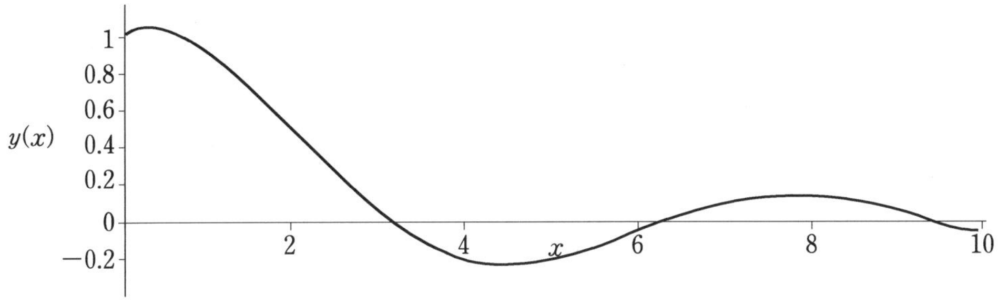

그림 1.3 해의 그래프

초기값문제 (3)~(5)의 근사해에 대한 그래프를 그리면 다음과 같다.

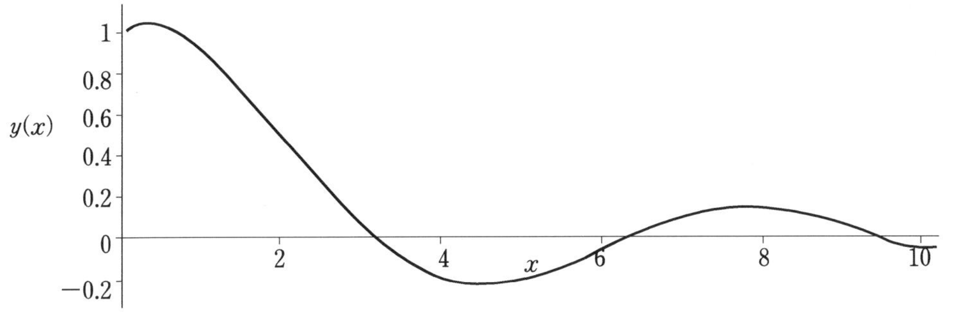

그림 1.4 근사해의 그래프

두 그래프가 거의 유사해보이지만 차이점이 있다. 바로 $x=0.1$ 근방에서 근사해가 잘 나타나지 않는다. 그 이유를 간단하게 살펴보자.

근사해를 구하기 위해서는 식 (3)을 $\mathbf{x}' = f(t, \mathbf{x})$와 같은 형태로 바꾸어야 한다. $x_1 = y$, $x_2 = y'$라 놓으면 2계 선형미분방정식은 연립방정식

$$x_1' = x_2$$

$$x_2' = -x_1 - \frac{2}{x}x_2$$

로 바뀌고 또한 초기조건은

$$x_1(0.1) = 1, \quad x_2(0.1) = 1$$

$x_0 = 0.1$에서 값을 다음 단계에 이용하기 위해서는

$$-x_1 - \frac{2}{x}x_2$$

의 값을 계산해야 한다. $x_2(0.1) = b$라 했을 때, $b = 0$이거나 b가 매우 적을 때는 큰 문제가 없지만, b가 큰 값을 가질 때는 수치처리에 약간의 문제가 발생할 수 있다. 이러한 이유 때문에 0.1 근방의 근사해가 표시되지 않았다.

멱급수 해법을 배우는 또 다른 목적은 신호의 재구성에 필요한 유용한 기저함수들을 생성한다는 점이다. 미분방정식에 대한 상급 교재에는 기저함수에 대한 내용을 매우 자세하게 다루고 있지만, 여기서는 기저함수를 만드는 과정에 대해 자세히 다루지 않고 개략적인 개념만을 설명한다. 자세한 내용은 고급 미분방정식 서적을 참고하기 바란다.

5.2 해석적 함수

매끄러운 함수는 멱급수로 표현할 수 있다. 예를 들어, 지수함수는

$$e^x = 1 + x + \frac{1}{2!}x^2 + \frac{1}{3!}x^3 + \cdots = \sum_{n=0}^{\infty} \frac{1}{n!}x^n \tag{1}$$

삼각함수는

$$\sin x = x - \frac{1}{3!}x^3 + \frac{1}{5!}x^5 - \frac{1}{7!}x^7 - \cdots = \sum_{n=0}^{\infty} \frac{(-1)^n x^{2n+1}}{(2n+1)!}$$

및

$$\cos x = 1 - \frac{1}{2!}x^2 + \frac{1}{4!}x^4 - \frac{1}{6!}x^6 - \cdots = \sum_{n=1}^{\infty} \frac{(-1)^n x^{2n}}{(2n)!}$$

과 같이 표현할 수 있다. 멱급수에 대한 정확한 정의는 다음과 같다. 무한급수

$$\sum_{n=0}^{\infty} a_n (x - x_0)^n \tag{2}$$

을 x_0를 중심으로 한 멱급수(power series)라고 한다. 멱급수는 x의 값에 따라 수렴할 수도 있고 발산할 수도 있다. 따라서 멱급수가 수렴하는 x의 집합(수렴구간이라고 함)을 결정할 필요가 있다. 수렴구간은 비판정법(ratio test)을 이용하여 쉽게 결정할 수 있다. 즉

$$L = \lim_{n\to\infty} \left| \frac{a_{n+1}}{a_n} \right|$$

일 때, $|x - x_0| < 1/L$을 만족하는 모든 x에 대하여 멱급수는 수렴한다. 그러나 $|x - x_0| = 1/L$인 경우, 멱급수의 수렴성은 다른 판정법을 이용하여 판정해야 한다. $R = 1/L$을 멱급수 (2)에 대한 수렴반경이라 한다. 예를 들어, 기하급수

$$1 + x + x^2 + x^3 + \cdots = \sum_{n=0}^{\infty} x^n \tag{3}$$

는

$$L = \lim_{n \to \infty} \left| \frac{a_{n+1}}{a_n} \right| = \lim_{n \to \infty} \left| \frac{x^{n+1}}{x^n} \right| = |x| < 1$$

을 만족하는 x에 대하여 수렴하므로 수렴반경 $R = \dfrac{1}{L} = 1$이다.

따라서 급수 (3)은 $-1 < x < 1$에 속하는 모든 x에 대하여 수렴한다. 그리고 기하급수의 합의 공식으로부터 급수 (3)은 함수는 $1/(1-x)$에 수렴한다. 즉, 다음 등식을 얻는다.

$$1 + x + x^2 + x^3 + \cdots = \sum_{n=0}^{\infty} x^n = \frac{1}{1-x}, \quad -1 < x < 1$$

함수를 멱급수로 표현하는 것은 매우 중요하다.

정의 2.1 x_0을 포함하는 개구간에서 함수 $f(x)$가 양의 수렴반경을 갖는 멱급수로 표현할 수 있을 때, $f(x)$를 x_0에서 실 해석적(real analytic)이라 한다. 지금부터 간단히 해석적이라 한다.

지수함수 $f(x) = e^x$는 모든 x_0에서 해석적이다. 실제로, 지수법칙과 식 (1)을 이용하면

$$\begin{aligned} f(x) &= e^x = e^{x - x_0 + x_0} = e^{x_0} e^{x - x_0} \\ &= e^{x_0} \sum_{n=0}^{\infty} \frac{1}{n!} (x - x_0)^n \end{aligned}$$

이항정리를 이용하여 $f(x) = x^n$도 x_0에서 해석적임을 보일 수 있다. 실제로

$$f(x) = x^n = (x - x_0 + x_0)^n = \sum_{k=0}^{n} {}_nC_k (x - x_0)^k x_0^{n-k}$$

이므로 0이 되는 몇 개의 항을 제외하고는 모두 $x - x_0$의 멱승의 항으로 표현된다. 이러한 사실로부터 n차 함수

$$f(x) = a_n x^n + a_{n-1} x^{n-1} + \cdots + a_1 x + a_0$$

는 x_0에서 해석적이며, 유리함수 $Q(x)/P(x)$도 분모가 0이 아닌 모든 x_0에서 해석적이다.

선형 및 비선형 미분방정식의 해를 구하는 데 멱급수를 사용할 수 있다.

예제 2.1 다음 반데어폴 방정식(van der Pol equation)

$$y'' + (0.1)(y^2 - 1)y' + y = 0,\ y(0) = 1,\ y'(0) = 0$$

의 해를 테일러급수로 표현하라.

● 풀이 ● $x_0 = 0$이므로 미분방정식의 해로 다음과 같은 매클로린급수를 생각한다.

$$y(x) = \sum_{n=0}^{\infty} \frac{y^{(n)}(0)}{n!} x^n$$

$y^{(n)}(0)$의 값만 구하면 된다. 초기조건 $y(0) = 1$ 및 $y'(0) = 0$을 사용하면

$$\begin{aligned} y''(0) &= -(0.1)[y(0)^2 - 1]y'(0) - y(0) \\ &= -1 \end{aligned}$$

미분방정식을 x에 대하여 미분하면

$$y''' = -(0.1)(y^2 - 1)y'' - 2(0.1)y(y')^2 - y'$$

$x = 0$을 대입하면

$$\begin{aligned} y'''(0) &= -(0.1)[y(0)^2 - 1)]y''(0) - 2(0.1)y(0)[y'(0)]^2 - y'(0) \\ &= 0 \end{aligned}$$

이러한 방법으로 계속하면

$$\begin{aligned} y^{(4)}(0) &= 1 \\ y^{(5)}(0) &= -0.6 \\ &\vdots \end{aligned}$$

따라서 반데어폴 방정식으로 구성된 초기값문제에 대한 급수해는

$$\begin{aligned} y(x) &= y(0) + y'(0)x + \frac{y''(0)}{2}x^2 + \frac{y'''(0)}{3!}x^3 + \frac{y^{(4)}(0)}{4!}x^4 + \frac{y^{(5)}(0)}{5!}x^5 + \cdots \\ &= 1 - \frac{1}{2}x^2 + \frac{1}{4!}x^4 - \frac{0.6}{5!}x^5 + \cdots \end{aligned}$$

이다.

예제 2.1의 급수해를 Maple을 이용하여 구하면 다음과 같다.

$Order := 10$

$$10$$

$$eq := \frac{d^2}{dx^2}\, y(x) + 0.1\cdot\left(y(x)^2 - 1\right)\cdot\frac{d}{dx}\, y(x) + y(x) = 0$$

$$\frac{d^2}{dx^2}\, y(x) + 0.1\ \left(y(x)^2\right)\ \left(\frac{d}{dx}\, y(x)\right) + y(x) = 0$$

$$\frac{d^2}{dx^2}\, y(x) + 0.1\ \left(y(x)^2 - 1\right)\ \left(\frac{d}{dx}\, y(x)\right) + y(x) = 0$$

$ini := D(y)(0) = 0,\ y(0) = 1$

$$D(y) = 0,\ y(0) = 1$$

$sol := dsolve(\{eq,\ ini\},\ y(x),\ type='series')$

$$y(x) = 1 - \frac{1}{2}x^2 + \frac{1}{24}x^4 - \frac{1}{200}x^5 - \frac{1}{720}x^6 + \frac{11}{8400}x^7 - \frac{19}{504000}x^8 - \frac{17}{100800}x^9 + O\left(x^{10}\right)$$

$p := convert(rhs(sol),\ polynom)$

$$1 - \frac{1}{2}x^2 + \frac{1}{24}x^4 - \frac{1}{200}x^5 - \frac{1}{720}x^6 + \frac{11}{8400}x^7 - \frac{19}{504000}x^8 - \frac{17}{100800}x^9$$

5.3 멱급수 해법

이 절에서는 다항함수를 계수로 갖는 다음 선형미분방정식의 멱급수 해를 구하는 방법에 대해 알아본다.

$$a_2(x)y'' + a_1(x)y' + a_0(x)y = 0,\ y = y(x) \tag{1}$$

식 (1)을 표준형으로 고치면

$$y'' + p(x)y' + q(x)y = 0$$

여기서 $p(x) = a_1(x)/a_2(x)$이고 $q(x) = a_0(x)/a_2(x)$이다. 멱급수 해법은 $p(x)$와 $q(x)$의 해석적 성질에 달려 있다.

정의 3.1 $p(x)$, $q(x)$가 모두 x_0에서 해석적일 때, 점 x_0를 보통점(ordinary points)이라 하고, 보통점이 아닐 때 특이점(singular points)이라 한다.

5.2절에서 유리함수 $Q(x)/P(x)$는 분모가 0이 아닌 모든 점에서 해석적이므로 $P(x) \neq 0$을 만족하는 모든 x는 보통점이다. 보통점의 범주를 좀더 확장하자. 즉, 다음 방정식을 고려하자.

$$xy'' + \frac{x}{x-1}y' + \sin x\, y = 0$$

은 표준형으로 고치면

$$y'' + \frac{x}{x(x-1)}y' + \frac{\sin x}{x}y = 0$$

이므로

$$p(x) = \frac{x}{x(1-x)},\ q(x) = \frac{\sin x}{x}$$

이다. $p(x), q(x)$의 분모와 분자는 모두 해석적 함수이므로 분모가 0이 아닌 점은 모두 보통점이다. 즉, 얼핏 보기에 $x=0, 1$을 제외한 모든 점은 보통점이다. $x=1$은 특이점이다. 그러나 $x=0$는 확실치 않다. $p(x)$가 $x=0$에서 정의되어 있지 않지만 $x=0$에서의 값을 다음과 같이 정의하면 $p(x)$는 $x=0$에서 해석적이다.

$$p(0)=\lim_{x\to 0}p(x)=\lim_{x\to 0}\frac{x}{x(1-x)}=\lim_{x\to 0}\frac{1}{(1-x)}=1$$

이러한 정의를 통하여 다음 등식을 얻는다.

$$p(x)=\frac{1}{1-x}$$

$q(x)$는 $x=0$에서 정의되지 않지만, $x=0$에서의 값을 다음과 같이 정의하면 $q(x)$는 $x=0$에서 해석적이다.

$$q(0)=\lim_{x\to 0}q(x)=\lim_{x\to 0}\frac{\sin x}{x}=1$$

위의 정의를 통하여 다음 등식을 얻는다.

$$q(x)=\frac{\sin x}{x}=\frac{x-\dfrac{x^3}{3!}+\dfrac{x^5}{5!}-\cdots}{x}=1-\frac{x^2}{3!}+\frac{x^4}{5!}-\cdots$$

보통점이 아니지만 극한으로 함수의 값을 정의하여 주어진 함수를 급수로 전개할 수 있는 경우, 그 점을 제거 가능한 특이점(removable singular points)이라 하고, 그 점은 보통점에 포함시켜도 된다.

멱급수 해법은 보통점일 때와 특이점일 때를 구분지어 식 (1)의 일반해를 구한다. 보통점에서 멱급수 해법은 비교적 간단하지만, 특이점에서는 멱급수로 해를 표현할 수 없으므로 급수의 개념을 확장한다.

x_0가 식 (1)의 보통점인 경우, 식 (1)의 해석적인 해(멱급수 해)의 존재성에 대한 결과부터 언급해 둔다.

정리 1.4 멱급수 해

x_0를 식 (1)의 보통점이라 하자. 그러면 식 (1)은

$$y=\sum_{n=0}^{\infty}a_n(x-x_0)^n$$

과 같은 형태의 일차독립인 두 개의 급수해를 갖는다.

급수해의 개념을 이해하기 위해 간단한 미분방정식의 급수해를 구하여 보자.

예제 3.1 다음 미분방정식의 일반해를 멱급수 해법으로 구하여라.

$$y' + 2xy = 0, \ y = y(x)$$

● 풀이 ● y의 계수 $2x$는 모든 점에서 해석적이므로 $x=0$는 보통점이다. 따라서

$$y = \sum_{n=0}^{\infty} a_n x^n$$

과 같은 급수해를 생각한다. 급수를 미분하면

$$y' = \sum_{n=1}^{\infty} n a_n x^{n-1}$$

y와 y'를 주어진 방정식에 대입하면

$$\sum_{n=1}^{\infty} n a_n x^{n-1} + 2x \sum_{n=0}^{\infty} a_n x^n = 0$$

이 식은 x에 대한 항등식이다. 모든 항을 다 나열할 수 없으므로 계수를 효과적으로 나타낼 수 있도록 합의 기호를 잘 조절해야 한다. 이것이 급수해를 구하는 키포인트이다.

$$\sum_{n=1}^{\infty} n a_n x^{n-1} + \sum_{n=0}^{\infty} 2a_n x^{n+1} = 0 \quad \sum_{n=1}^{\infty} n a_n x^{n-1} + \sum_{k=2}^{\infty} 2a_{k-2} x^{k-1} = 0$$

$$a_1 + \sum_{n=2}^{\infty} n a_n x^{n-1} + \sum_{k=2}^{\infty} 2a_{k-2} x^{k-1} = 0$$

$$a_1 + \sum_{n=2}^{\infty} (n a_n + 2a_{n-2}) x^{n-1} = 0$$

모든 계수는 0이 되어야 하므로

$$a_1 = 0$$

$$na_n + 2a_{n-2} = 0, \ n = 2, 3, 4, \cdots$$

또는

$$a_1 = 0$$

$$a_n = -\frac{2}{n} a_{n-2}, \ n = 2, 3, 4, \cdots$$

먼저 $a_1 = 0$이므로 홀수계수에 대하여

> 같게 만든다.
>
> $\sum_{n=1}^{\infty} na_n x^{(n-1)} + \sum_{n=0}^{\infty} 2a_n x^{(n+1)} = 0$
>
> n+1=k−1로 치환
>
> $\sum_{n=1}^{\infty} na_n x^{n-1} + \sum_{k=2}^{\infty} 2a_{(k-2)} x^{(k+1)} = 0$
>
> 같게 만든다.
>
> $a_1 + \sum_{n=2}^{\infty} na_n x^{n-1} + \sum_{k=2}^{\infty} 2a_{k-2} x^{k-1} = 0$
>
> 항별로 묶는다
>
> $a_1 + \sum_{n=2}^{\infty} (na_n + 2a_{n-2}) x^{n-1} = 0$

$a_{2n-1}=0,\ n=1,2,\cdots$ 이다. 짝수계수 a_{2n}은 점화식으로부터 쉽게 계산할 수 있다.

$$\begin{aligned} a_{2n} &= -\frac{2}{2n}a_{2(n-1)} = -\frac{1}{n}a_{2(n-1)} = (-1)^2\frac{1}{n}\frac{1}{n-1}a_{2(n-2)} \\ &= (-1)^3\frac{1}{n}\frac{1}{n-1}\frac{1}{n-2}a_{2(n-3)} = (-1)^n\frac{1}{n}\frac{1}{n-1}\frac{1}{n-2}\cdots\frac{1}{1}a_0 \\ &= \frac{(-1)^n}{n!}a_0 \end{aligned}$$

홀수계수와 짝수계수를 y에 대입하면

$$\begin{aligned} y &= \sum_{n=0}^{\infty} a_n x^n = \sum_{n=0}^{\infty} a_{2n}x^{2n} + \sum_{n=1}^{\infty} a_{2n-1}x^{2n-1} \\ &= a_0\sum_{n=0}^{\infty}\frac{(-1)^n}{n!}x^{2n} \end{aligned}$$

이 급수가 구하는 일반해이다. 여기서 a_0는 임의의 상수이다.

참고 | 예제 3.1에서 구한 급수는 $y=a_0e^{-x^2}$의 매클로린급수와 같다. 주어진 미분방정식을 변수분리해법으로 풀면 일반해는 $y=a_0e^{-x^2}$이다.

예제 3.1에서 a_{2n}의 형태를 점화식으로부터 쉽게 유도해내었지만, 일반적으로 단순한 형태로 정리되지 않는다. 더 나아가 수렴하는 함수를 발견하는 것은 더욱더 힘들 수 있다.

예제 3.2 다음 미분방정식의 일반해를 급수해법으로 구하여라.

$$(x^2+1)y''-xy'+y=0,\ y=y(x)$$

• 풀이 • $p(x)=-\dfrac{x}{x^2+1}$와 $q(x)=\dfrac{1}{x^2+1}$은 $x=0$에서 해석적이므로, $x=0$는 보통점이다. 따라서 일반해의 형태로 다음과 같은 급수를 도입한다.

$$y=\sum_{n=0}^{\infty}a_nx^n$$

이 급수를 주어진 방정식에 대입하여 정리하면

$$(x^2+1)\sum_{n=2}^{\infty}n(n-1)a_nx^{n-2}-x\sum_{n=1}^{\infty}na_nx^{n-1}+\sum_{n=0}^{\infty}a_nx^n=0$$

$$\sum_{n=2}^{\infty} n(n-1)a_n x^n + \sum_{n=2}^{\infty} n(n-1)a_n x^{n-2} - \sum_{n=1}^{\infty} na_n x^n + \sum_{n=0}^{\infty} a_n x^n = 0$$

두 번째 항의 차수를 다른 항의 차수와 같도록 하면

$$\sum_{n=2}^{\infty} n(n-1)a_n x^n + \sum_{k=0}^{\infty} (k+1)(k+2)a_{k+2} x^k - \sum_{n=1}^{\infty} na_n x^n + \sum_{n=0}^{\infty} a_n x^n = 0$$

급수의 시작되는 인덱스를 맞추고 이들을 더하면

$$2a_2 + 6a_3 x - a_1 x + a_0 + a_1 x + \sum_{n=2}^{\infty} n(n-1)a_n x^n$$

$$+ \sum_{k=2}^{\infty} (k+1)(k+2)a_{k+2} x^k - \sum_{n=2}^{\infty} na_n x^n + \sum_{n=2}^{\infty} a_n x^n = 0$$

$$6a_3 x + 2a_2 + a_0 + \sum_{n=2}^{\infty} \left[n(n-1)a_n \right.$$

$$\left. + (n+1)(n+2)a_{n+2} - na_n + a_n \right] x^n = 0$$

$$6a_3 x + 2a_2 + a_0 + \sum_{n=2}^{\infty} \left[(n-1)^2 a_n \right.$$

$$\left. + (n+1)(n+2)a_{n+2} \right] x^n = 0$$

위의 식은 x에 대한 항등식이므로, 모든 계수가 0이 되어야 한다. 즉

$$a_3 = 0,\ 2a_2 + a_0 = 0$$

$$(n-1)^2 a_n + (n+1)(n+2)a_{n+2} = 0,\ n = 2, 3, 4, \cdots$$

정리하면

$$a_2 = -\frac{1}{2}a_0,\ a_3 = 0$$

$$a_{n+2} = -\frac{(n-1)^2}{(n+1)(n+2)}a_n,\ n = 2,\ 3,\ 4,\ \cdots$$

$a_3 = 0$이므로 a_1을 제외한 홀수 항은 $a_{2n+1} = 0,\ n = 1,\ 2,\ 3, \cdots$이다. 짝수 항은

$$a_{2(n+1)} = -\frac{(2n-1)^2}{(2n+1)(2n+2)}a_{2n},\ n = 1,\ 2,\ 3, \cdots$$

$n = 1$일 때

$$a_4 = -\frac{1}{12}a_2 = \frac{1}{24}a_0$$

$n=2$일 때

$$a_6=-\frac{9}{30}a_4=-\frac{1}{80}a_0$$

$n=3$일 때

$$a_8=\frac{5}{896}a_0$$

…

구한 계수를 y 에 대입하면

$$\begin{aligned} y &= \sum_{n=0}^{\infty} a_n x^n = \sum_{n=0}^{\infty} a_{2n} x^{2n} + a_1 x + \sum_{n=1}^{\infty} a_{2n+1} x^{2n+1} \\ &= a_0 + a_1 x - \frac{1}{2}a_0 x^2 + \frac{1}{24}a_0 x^4 - \frac{1}{80}a_0 x^6 + \frac{5}{896}a_0 x^8 - \cdots \\ &= a_1 x + a_0\left(1 - \frac{1}{2}x^2 + \frac{1}{24}x^4 - \frac{1}{80}x^6 + \frac{5}{896}x^8 - \cdots\right) \end{aligned}$$

여기서 a_0와 a_1은 임의의 상수이다.

예제 3.3 예제 3.2에서 일반해에서 급수 부분이 수렴하는 함수를 구하여라.

• 풀이 • 예제 3.2에서 $y_1 = x$ 는 주어진 방정식 하나의 해이고, 무한급수는 y_1에 일차독립인 해이다. 계수축소법으로부터

$$y_2(x)=y_1(x)\int\frac{e^{-\int p(x)\,dx}}{[y_1(x)]^2}dx$$

$y_1=x$를 위의 식에 대입하여 y_2를 구할 수 있다. 즉

$$\begin{aligned} y_2(x) &= x\int\frac{e^{-\int -\frac{x}{x^2+1}dx}}{x^2}dx \\ &= x\int\frac{e^{(1/2)\ln(x^2+1)}}{x^2}dx = x\int\frac{\sqrt{x^2+1}}{x^2}dx \\ &= -\sqrt{x^2+1}+x\,\mathrm{arcsinh}\,x \end{aligned}$$

이러한 결과로부터

$$-\sqrt{x^2+1}+x\,\mathrm{arcsinh}\,x=-1+\frac{1}{2}x^2-\frac{1}{24}x^4+\frac{1}{80}x^6-\frac{5}{896}x^8+\cdots$$

등식이 성립하는 x의 구간, 즉 수렴구간을 구하여 보자. 계수의 관계식

$$a_{2(n+1)} = -\frac{(2n-1)^2}{(2n+1)(2n+2)} a_{2n}$$

으로부터

$$L = \lim_{n\to\infty}\left|\frac{a_{n+1}}{a_n}\right| = \lim_{n\to\infty}\left|\frac{a_{2(n+1)}}{a_{2n}}\right| = \lim_{n\to\infty}\frac{(2n-1)^2}{(2n+1)(2n+2)} = 1$$

이므로 급수는 $(-1,1)$에서 수렴한다. 그리고 $x=\pm 1$에 대해서도 수렴하므로 수렴구간은 $[-1,1]$이다. 그림 3.1은 급수와 수렴함수에 대한 그래프를 그린 것이다.

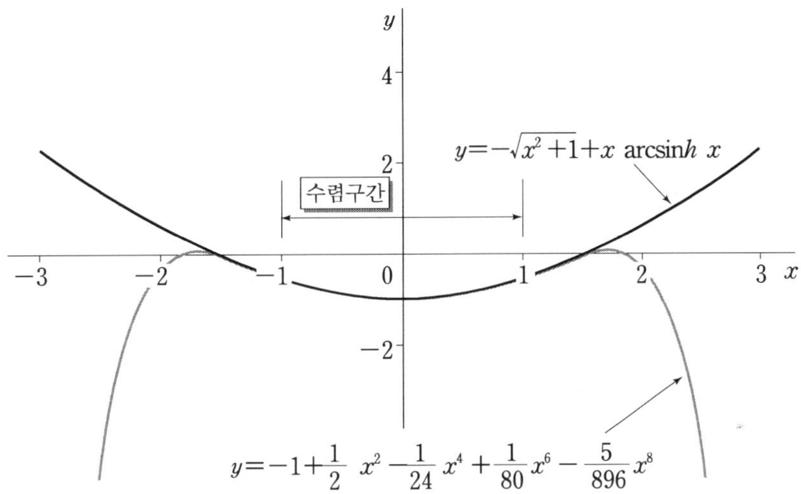

그림 3.1 급수와 수렴함수에 대한 그래프

참고 | $y = c_1 x + c_2 (x \operatorname{arcsinh} x - \sqrt{x^2+1})$은 예제 3.2의 해라고 주장할 수 있는지를 판단하여 보아라.

$x = x_0$가 보통점인 아닌 경우 식 (1)의 해를 x_0를 중심으로 한 멱급수로 구할 수 없는 경우도 있다. 예를 들어,

$$xy' - y = 0$$

에서 $x = 0$는 보통점이 아니다.

$$y = \sum_{n=0}^{\infty} a_n x^n$$

을 식에 대입하여 정리하면

$$a_0 + \sum_{n=1}^{\infty}(n+1)a_n x^n = 0$$

계수를 비교하면

$$a_n = 0,\ n = 0,\ 1,\ 2,\ \cdots$$

따라서 $y=0$가 되어 의미가 있는 해를 얻지 못한다.

> **정리 3.2** $(x-x_0)p(x)$와 $(x-x_0)^2 q(x)$가 모두 x_0에서 해석적일 때 점 x_0를 정칙특이점(regular singular points)이라 하고, 그렇지 않은 x_0를 비정칙특이점이라 한다.

예를 들어

$$(x^2-1)y'' + (x+1)y' - y = 0$$

에서

$$(x-1)p(x) = (x-1)\frac{x+1}{(x-1)(x+1)} = 1$$

$$(x-1)^2 q(x) = (x-1)^2\frac{1}{(x-1)^2} = 1$$

$x=1$은 정칙특이점이다.

$x_0=0$인 정칙특이점을 갖는 경우, 프로베니우스(George Frobenius, 1847-1917)는 코시-오일러방정식의 해의 형태가 x^r인 것에 아이디어를 얻어

$$y = x^r\sum_{n=0}^{\infty}a_n x^n$$

과 같은 급수를 도입하여 정칙특이점을 갖는 미분방정식의 해를 구하였다.

정의 3.3 실수 r에 대하여

$$(x-x_0)^r \sum_{n=0}^{\infty} a_n (x-x_0)^n \tag{2}$$

를 $x=x_0$을 중심으로 한 프로베니우스 급수(Frobenius series)라 한다.

식 (2)에서 나타난 r은 특별한 의미를 갖는다. 식 (2)를 식 (1)에 대입하여 정리하면 r은

$$r(r-1)+p_0 r+q_0=0 \tag{3}$$

을 만족한다. 단,

$$p_0=\lim_{x\to x_0}(x-x_0)p(x),\ \ q_0=\lim_{x\to x_0}(x-x_0)^2 p(x)$$

x_0이 정칙특이점일 때, 식 (3)을 식 (1)에 대한 x_0의 지표방정식(index equation)이라 하고, 지표방정식의 근을 지표라 한다.

예제 3.3 다음 미분방정식에서 $x=0$에서 지표방정식과 지표를 구하여라.

$$(x+2)x^2 y''-xy'+(x+1)y=0,\ \ x>0$$

• 풀이 • $p(x)=\dfrac{-x}{x^2(x+2)}=-\dfrac{1}{x(x+2)}$이고 $q(x)=\dfrac{x+1}{x^2(x+2)}$이다.

$xp(x)=-\dfrac{1}{x+2}$, $x^2q(x)=\dfrac{x+1}{x+2}$이므로, $x=0$은 주어진 방정식의 정칙특이점이다. 또한

$$p_0=\lim_{x\to 0}xp(x)=-\lim_{x\to 1}\frac{1}{x+2}=-\frac{1}{2}$$

$$q_0=\lim_{x\to 0}x^2q(x)=\lim_{x\to 0}\frac{x+1}{x+2}=\frac{1}{2}$$

이므로, 지표방정식은

$$r(r-1)-\frac{1}{2}r+\frac{1}{2}=0 \ \text{ 또는 } \ 2r^2-3r+1=0$$

지표는 $r_1=1$과 $r_2=1/2$이다.

정리 3.2 x_0는 식 (1)의 정칙특이점이라 하고, $r=r_1$을 x_0의 지표방정식의 근이라 하면, 식 (1)은

$$y=(x-x_0)^{r_1}\sum_{n=0}^{\infty}a_n(x-x_0)^n$$

과 같은 형태의 급수해를 적어도 하나 갖는다.

프로베니우스 정리는 해를 하나만 보장하고 있다. 만일 이 급수를 통하여 해를 두 개 구할 수 없는 경우에는, 계수감소법을 통하여 또 하나의 해를 구할 수 있다. 해의 개수는 지표방정식의 근의 형태에 달려 있다.

정리 3.3 x_0는 $y''+p(x)y'+q(x)y=0$의 정칙특이점이라 하고 r_1과 r_2를 이 점에서 지표방정식의 지표라 하자. 여기서 $r_1 \geq r_2$ 또는 $Re(r_1) \geq Re(r_2)$이다.

(i) r_1-r_2가 정수가 아니면, 다음과 같은 형태를 갖는 두 개의 일차독립인 해가 존재한다.

$$y_1(x)=\sum_{n=0}^{\infty}a_n(x-x_0)^{n+r_1},\ a_0\neq 0$$

(ii) $r_1=r_2$이면, 두 개의 일차독립인 해의 형태는 다음과 같다.

$$y_1(x)=\sum_{n=0}^{\infty}a_n(x-x_0)^{n+r_1},\ a_0\neq 0$$

$$y_2(x)=y_1(x)\ln(x-x_0)+\sum_{n=0}^{\infty}b_n(x-x_0)^{n+r_2},\ b_0\neq 0$$

(iii) r_1-r_2가 양의 정수이면, 두 개의 일차독립인 해의 형태는 다음과 같다.

$$y_1(x)=\sum_{n=0}^{\infty}a_n(x-x_0)^{n+r_1},\ a_0\neq 0$$

$$y_2(x)=cy_1(x)\ln(x-x_0)+\sum_{n=0}^{\infty}b_n(x-x_0)^{n+r_2},\ b_0\neq 0$$

단, c는 임의의 상수이다.

$$y_2(x)=\sum_{n=0}^{\infty}b_n(x-x_0)^{n+r_2},\ b_0\neq 0$$

예제 3.5 다음 미분방정식의 해를 정칙특이점 $x_0=0$의 급수해로 구하여라.

① $$(x+2)x^2y'' - xy' + (1+x)y = 0, \quad x > 0$$

풀이 예제 3.4로부터, 지표가 $r_1 = 1$, $r_2 = 1/2$이므로

$$r_1 - r_2 = 1 - \frac{1}{2} = \frac{1}{2}$$

경우 (i)에 해당하므로 r_1과 r_2를 대입하여 정리하는 쪽이 편하지만, 여기서는 지수방정식이 나타난 이유를 알아보기 위해 다음과 같은 급수를 이용한다.

$$y = \sum_{n=0}^{\infty} a_n x^{n+r}$$

이라 놓고, y와

$$y' = \sum_{n=0}^{\infty} (n+r)a_n x^{n+r-1}$$

$$y'' = \sum_{n=0}^{\infty} (n+r)(n+r-1)a_n x^{n+r-2}$$

을 방정식 ①에 대입하면

$$(x+2)x^2 \sum_{n=0}^{\infty} (n+r)(n+r-1)a_n x^{n+r-2} - x\sum_{n=0}^{\infty} (n+r)a_n x^{n+r-1}$$

$$+ (1+x)\sum_{n=0}^{\infty} a_n x^{n+r} = 0$$

r이 정수라는 보장이 없으므로 급수의 인덱스를 줄일 수 없음을 유의하라.

$$\sum_{n=0}^{\infty} (n+r)(n+r-1)a_n x^{n+r+1} + \sum_{n=0}^{\infty} 2(n+r)(n+r-1)a_n x^{n+r}$$

$$- \sum_{n=0}^{\infty} (n+r)a_n x^{n+r} + \sum_{n=0}^{\infty} a_n x^{n+r} + \sum_{n=0}^{\infty} a_n x^{n+r+1} = 0$$

모든 지수를 $k+r$로 바꾸면

$$\sum_{k=1}^{\infty} (k+r-1)(k+r-2)a_{k-1}x^{k+r} + \sum_{n=0}^{\infty} 2(n+r)(n+r-1)a_n x^{n+r}$$

$$- \sum_{n=0}^{\infty} (n+r)a_n x^{n+r} + \sum_{n=0}^{\infty} a_n x^{n+r} + \sum_{k=1}^{\infty} a_{k-1} x^{k+r} = 0$$

인덱스의 시작을 $k=1$에 맞추면

$$
\begin{aligned}
&2r(r-1)a_0x^r - ra_0x^r + a_0x^r \\
&+ \sum_{k=1}^{\infty}(k+r-1)(k+r-2)a_{k-1}x^{k+r} \\
&+ \sum_{n=1}^{\infty}2(n+r)(n+r-1)a_nx^{n+r} \\
&- \sum_{n=1}^{\infty}(n+r)a_nx^{n+r} + \sum_{n=1}^{\infty}a_nx^{n+r} + \sum_{k=1}^{\infty}a_{k-1}x^{k+r} = 0
\end{aligned}
$$

정리하면

$$
\begin{aligned}
&[2r(r-1)-r+1]\,a_0x^r + \sum_{n=1}^{\infty}\{[(n+r-1)(n+r-2)+1]a_{n-1} \\
&\qquad + [2(n+r)(n+r-1)-(n+r)+1]a_n\}x^{k+r} = 0
\end{aligned}
$$

위의 식은 모든 $x>0$에 대하여 성립한다. 따라서 모든 계수는 0이 되어야 한다. 즉

② $$[2r(r-1)-r+1]\,a_0 = 0$$

③ $$[(n+r-1)(n+r-2)+1]a_{n-1} + [2(n+r)(n+r-1) - (n+r)+1]a_n = 0,\ n = 1,\ 2,\ 3,\ \cdots.$$

$a_0=0$이면 모든 계수가 0이 되어 의미가 없으므로 $a_0 \neq 0$이라 가정한다. 그러면 식 ②는

$$2r(r-1)-r+1 = 0 \ \text{ 또는 } \ 2r^2-3r+1=0$$

이는 예제 3.4에서 구한 지표방정식과 같다. 그리고 지표는 $r_1=1$과 $r_2=1/2$이다. 이제 이 지표에 대응하는 급수해 y_1과 y_2를 구하자. 먼저 y_1을 구하기 위해 $r_1=1$을 식 ③에 대입하여 정리하면

$$(n^2-n+1)a_{n-1} + n(2n+1)a_n = 0$$

또는

④ $$a_n = -\frac{n^2-n+1}{n(2n+1)}a_{n-1},\ n=1,\ 2,\ 3,\ \cdots$$

식 ④에 $n=1,2,3,\cdots$을 차례로 대입하면

$$a_1 = -\frac{1}{3}a_0$$

$$a_2 = -\frac{3}{10}a_1 = \frac{1}{10}a_0$$

$$a_3 = -\frac{1}{3}a_2 = -\frac{1}{30}a_0 \ \cdots$$

$r_1 = 1$과 a_n의 값을 식 ①에 대입하면

$$y_1(x) = a_0\left(x - \frac{1}{3}x^2 + \frac{1}{10}x^3 - \frac{1}{30}x^4 + \cdots\right)$$

y_2를 구하기 위해 $r_2 = 1/2$을 식 ③에 대입하여 정리하면

$$\left(n^2 - 2n + \frac{7}{4}\right)b_{n-1} + (2n^2 - n)b_n = 0$$

또는

④ $$b_n = -\frac{n^2 - 2n + 7/4}{n(2n-1)}b_{n-1}, \ n = 1, 2, 3, \cdots$$

$r_2 = 1$과 b_n의 값을 식 ①에 대입하면

$$y_2(x) = b_0\left(x^{1/2} - \frac{3}{4}x^{3/2} + \frac{7}{32}x^{7/2} - \frac{133}{1920}x^{9/2} + \cdots\right)$$

따라서 구하는 급수해는

$$y_1(x) = a_0\left(x - \frac{1}{3}x^2 + \frac{1}{10}x^3 - \frac{1}{30}x^4 + \cdots\right)$$
$$+ b_0\left(x^{1/2} - \frac{3}{4}x^{3/2} + \frac{7}{32}x^{7/2} - \frac{133}{1920}x^{9/2} + \cdots\right)$$

단, a_0, b_0는 임의의 상수이다.

5.4 변수계수를 갖는 중요한 미분방정식들

변수계수를 갖는 2계 선형미분방정식들 가운데 특별히 중요한 의미를 갖는 것들이 있다. 이 절에서는 그 가운데 르장드르방정식*과 베셀방정식을 다룬다.

미분방정식

$$(1-x^2)y''-2xy'+n(n+1)y=0\,,\ \ y=y(x)$$

을 르장드르방정식(Legendre differential equation)이라 한다. 단, n는 임의의 실수이다.

예제 4.1 르장드르방정식의 일차독립인 두 해를 구하여라.

• 풀이 • 계수 $p(x)=-2x/(1-x^2)$와 $q(x)=n(n+1)/(1-x^2)$은 $x=0$에서 해석적이다. 따라서 르장드르방정식의 해는 다음과 같은 멱급수

$$y=\sum_{m=0}^{\infty}a_m x^m$$

으로 표현할 수 있다. 이 급수를 르장드르방정식에 대입하면

$$(1-x^2)\sum_{m=2}^{\infty}m(m-1)a_m x^{m-2}-2x\sum_{m=1}^{\infty}m\,a_m x^{m-1}$$
$$+n(n+1)\sum_{m=0}^{\infty}a_m x^m=0$$

급수 앞에 있는 다항식을 급수에 곱하여 차수별로 정리하면

$$2a_2+n(n+1)a_0+6a_3+[-2+n(n+1)]a_1x$$
$$+\sum_{m=2}^{\infty}(m+1)(m+2)a_{m+2}+[-m(m-1)$$
$$-2m+n(n+1)]a_m x^m=0$$

이 식은 x에 대한 항등식이므로 모든 계수는 0이 되어야 한다.

---

* 르장드르(Adrien Marie Legendre, 1752 ~ 1883) : 라그랑주, 라플라스와 함께 19세기 3대 수학자로 꼽히는 프랑스 수학자이다.

$$2a_2 + n(n+1)a_0 = 0$$

$$6a_3 + [-2 + n(n+1)]a_1 = 0$$

$$a_{s+2} = -\frac{(n-s)(n+s+1)}{(s+2)(s+1)}a_s, \quad s = 0,\ 1,\ 2,\ \cdots$$

위의 재귀공식은 a_{s+2}와 a_s에 의해 결정되므로 정해지지 않는 두 개의 미지수가 있다(반드시 이렇게 되어야 한다). 재귀공식을 이용하여 계수를 정하면

$$a_2 = -\frac{n(n+1)}{2!}a_0 \qquad a_3 = -\frac{(n-1)(n+2)}{3!}a_1$$

$$a_4 = -\frac{(n-2)(n+3)}{4 \cdot 3}a_2 = \frac{(n-2)n(n+1)(n+3)}{4!}a_0 \qquad a_5 = -\frac{(n-3)(n+4)}{5 \cdot 4}a_3 = \frac{(n-3)(n-1)(n+2)(n+4)}{5!}a_1$$

$\cdots$

여기서 a_0와 a_1은 임의의 상수이다. 이러한 계수들의 관계로부터 급수해는 다음과 같이 a_0와 a_1을 포함하는 항으로 나눌 수 있다.

$$y(x) = a_0 y_1(x) + a_1 y_2(x)$$

단,

$$y_1(x) = 1 - \frac{n(n+1)}{2!}x^2 + \frac{(n-2)n(n+1)(n+3)}{4!}x^4 - \cdots$$

및

$$y_2(x) = x - \frac{(n-1)(n+2)}{3!}x^3 + \frac{(n-3)(n-1)(n+2)(n+4)}{5!}x^5 - \cdots$$

두 급수의 수렴구간은 $-1 < x < 1$이다.

응용에서 n은 음이 아닌 정수가 많으므로 지금부터 n을 음이 아닌 정수라 하자. 이 경우 재귀공식으로부터 $s = n$인 경우 $a_{n+2} = a_{n+4} = \cdots = 0$이다. 따라서 n이 짝수인 경우 y_1은 n차 다항식이고 n이 홀수인 경우 y_2는 n차 다항식이다. 이러한 다항식에 상수배한 다항식을 르장드르다항식이라 한다. 이에 대하여 좀더 자세하게 살펴보자. 마지막 재귀공식을 a_s에 대하여 풀면

$$a_s = -\frac{(s+2)(s+1)}{(n-s)(n+s+1)}a_{s+2} \qquad (s \le n-2)$$

이 식으로부터 다항식에서 가장 높은 차수의 계수 a_n(임의의 값으로 간주)을 이용하여 그 이

하의 모든 계수를 나타낼 수 있다. 여기서 a_n은 다음과 같이 선택한다.

$$a_0 = 1 \text{ 및 } a_n = \frac{(2n)!}{2^n (n!)^2} = \frac{1 \cdot 3 \cdot 5 \cdots (2n-1)}{n!}$$

이렇게 선택하는 이유는 $x=1$에서 다항식의 값이 1이 되도록 하기 위해서이다. 이렇게 선택된 a_n와 재귀공식으로부터

$$\begin{aligned} a_{n-2} &= -\frac{n(n-1)}{2(2n-1)} a_n \\ &= -\frac{n(n-1)(2n)!}{2(2n-1)2^n (n!)^2} \\ &= -\frac{n(n-1)2n(2n-1)(2n-2)!}{2(2n-1)2^n n(n-1)! n(n-1)(n-2)!} \\ &= -\frac{(2n-2)!}{2^n (n-1)!(n-2)!} \end{aligned}$$

유사하게

$$\begin{aligned} a_{n-4} &= -\frac{(n-2)(n-3)}{4(2n-3)} a_{n-2} \\ &= \frac{(2n-4)!}{2^n 2!(n-2)!(n-4)!} \end{aligned}$$

일반적으로 $n-2m \geq 0$일 때

$$a_{n-2m} = (-1)^m \frac{(2n-2m)!}{2^n m!(n-m)!(n-2m)!}$$

이러한 계수를 대입한 다항식을 $P_n(x)$라 놓으면

$$P_n(x) = \sum_{m=0}^{[\frac{n}{2}]} (-1)^m \frac{(2n-2m)!}{2^n m!(n-m)!(n-2m)!} x^{n-2m}$$

이 n차 다항식 $P_n(x)$을 르장드르다항식(Legendre polynomial)이라 한다.

$P_n(x)$가 르장드르분방정식의 해가 됨은 자명하다. 그림 5.1은 르장드르다항식 $P_n(x), n=0,\ 1,\ 2,\ 3,\ 4,\ 5$의 그래프를 나타낸 것이다. $P_0(x)$의 그래프는 $(0,\ 1)$을 지나는 직선이며 $P_1(x)$의 그래프는 원점을 지나는 직선이고 n이 커질수록 진동을 많이 한다.

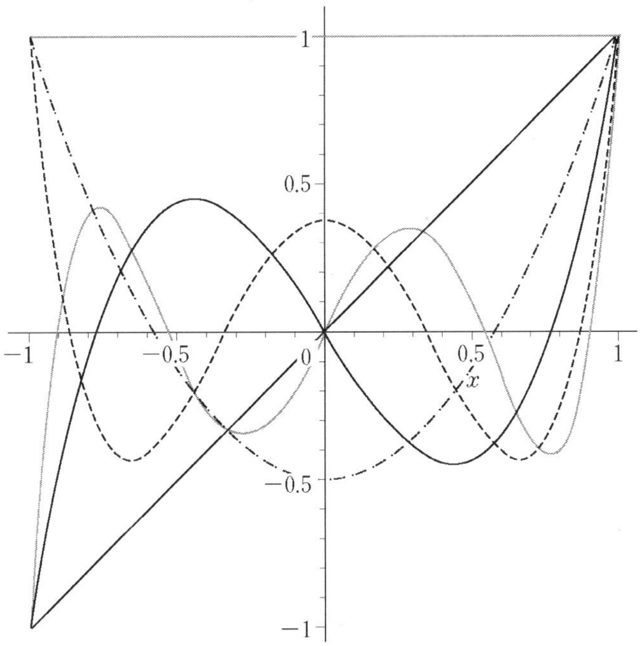

그림 5.1 $P_n(x), n=0,\ 1,\ 2,\ 3,\ 4,\ 5$의 그래프

> **정의 4.1** 함수의 집합 $\{\Phi_n(x)\}$가
>
> $$\int_a^b \Phi_m(x)\Phi_n(x)\,dx = 0 \quad (m \neq n)$$
>
> 을 만족할 때, $\{\Phi_n(x)\}$는 $[a,\ b]$에서 직교한다고 한다. 그리고 $\{\Phi_n(x)\}$을 $[a,\ b]$에서 직교함수집합(the set of orthogonal functions)이라 한다.

직교함수의 성질은 학문의 전 분야에 걸쳐 매우 중요하게 사용된다.

> **정리 4.1** 르장드르 다항식 $\{P_n(x)\}$은 $[-1,\ 1]$에서 다음과 같은 성질을 만족한다.
>
> $$\int_{-1}^{1} P_m(x)P_n(x)\,dx = \begin{cases} 0, & m \neq n \\ \dfrac{2}{2n+1}, & m = n \end{cases}$$
>
> 즉, $\{P_n(x)\}$는 $[-1, 1]$에서 직교한다고 한다.

증명•• $P_m(x)$와 $P_n(x)$는 르장드르방정식의 해이므로

$$[(1-x^2)P_m'(x)]' + m(m+1)P_m(x) = 0$$

및

$$[(1-x^2)P_n'(x)]' + n(n+1)P_n(x) = 0$$

을 만족한다. 첫 번째 식에 $P_n(x)$, 두 번째 식에 $-P_m(x)$를 곱하여 더하면

$$[(1-x^2)P_m'(x)]'P_n(x) - [(1-x^2)P_n'(x)]'P_m(x) + m(m+1)P_m(x)P_n(x) - n(n+1)P_n(x)P_m(x) = 0$$

또는

$$[(1-x^2)P_m'(x)P_n(x) - (1-x^2)P_n'(x)P_m(x)]' + [m(m+1) - n(n+1)]P_n(x)P_m(x) = 0$$

양변을 $[-1,\ 1]$에서 적분하면

$$\int_{-1}^{1} [(1-x^2)P_m'(x)P_n(x) - (1-x^2)P_n'(x)P_m(x)]'dx + [m(m+1) - n(n+1)]\int_{-1}^{1} P_n(x)P_m(x)dx = 0$$

첫 번째 적분은 $1-x^2$ 때문에 적분 값은 0이다. 따라서 $m \neq n$에 대하여

$$\int_{-1}^{1} P_n(x)P_m(x)dx = 0$$

이 성립한다. ◖

르장드르다항식은 다음 등식을 이용하여 구할 수 있다.

$$P_n(x) = \frac{1}{2^n n!}\frac{d^n}{dx^n}(x^2-1)^n$$

이 등식을 로드리게스공식(Rodrigues's formula)이라 한다.
다음 정리는 직교성질을 갖는 장점을 보여준다.

정리 4.2 르장드르급수

등식

$$f(x) = \sum_{n=0}^{\infty} c_n P_n(x), \ -1 \le x \le 1$$

이 성립하면, 무한급수의 계수는

$$c_n = \frac{2n+1}{2} \int_{-1}^{1} f(x) P_n(x) dx, \ n = 0, \ 1, \ 2, \ \cdots$$

에 의해 주어진다.

정리 4.3에 의해 표현되는 급수를 르장드르급수(Legendre series)라 한다.

증명•• 임의의 k에 대하여 양변에 $P_k(x)$를 곱하여 $[-1, 1]$에서 적분하면

$$\int_{-1}^{1} f(x) P_k(x) dx = \sum_{n=0}^{\infty} c_n \int_{-1}^{1} P_n(x) P_k(x) dx$$

$[-1, 1]$에서 르장드르 다항식의 직교성질에 의해

$$\int_{-1}^{1} f(x) P_k(x) dx = c_k \frac{2}{2k+1}$$

이므로

$$c_k = \frac{2k+1}{2} \int_{-1}^{1} f(x) P_k(x) dx$$

예제 4.2 함수 $f(x) = |x|, -1 \le x \le 1$을 르장드르급수로 전개하여라.

• 풀이 • Maple을 이용하여 풀이한다. 왼쪽에는 있는 부분은 Maple 워크시트에 입력한 것이고 가운데는 입력에 대한 출력이다.

$f := x \to |x|$

$$x \to |x|$$

$P := n \to \frac{1}{2^n \cdot n!} \frac{d^n}{dx^n} (x^2 - 1)^n$

$$n \rightarrow \frac{\frac{\partial^n}{\partial x^n}\left(x^2-1\right)^n}{2^n\, n!}$$

$P(0) := 1$

$$1$$

$$c := n \rightarrow \frac{2 \cdot n + 1}{2} \cdot \int_{-1}^{1} f(x) \cdot P(n)\, dx$$

$$n \rightarrow \left(n + \frac{1}{2}\right)\left(\int_{-1}^{1} f(x)\; P(n)\, dx\right)$$

$$sumf := n \rightarrow c(0) \cdot P(0) + \sum_{k=1}^{n} c(k) \cdot P(k)$$

$$n \rightarrow c(0)\; P(0) + \sum_{k=1}^{n} c(k)\; P(k)$$

$sumf(3)$

$$\frac{3}{16} + \frac{15}{16}\, x^2$$

```
plot([|x|, sumf(3), sumf(10)], x=-1..1, colour=[blue, black, red])
```

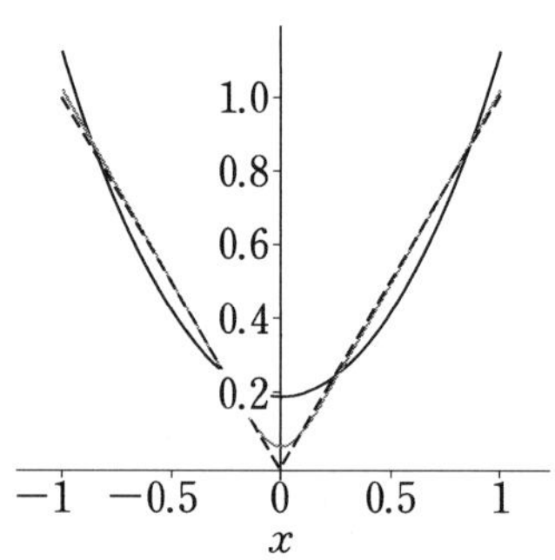

그림 5.2 $n = 3, 10$일 때 부분합의 그래프

미분방정식

$$x^2 y'' + x y' + (x^2 - \nu^2) y = 0,\ y = y(x)$$

을 베셀*방정식(Bessel differential equation)이라 한다. 단 $\nu \geq 0$인 매개변수이다.

* 베셀(Friedrich Wilhelm Bessel, 1784~1846) : 독일의 천문학자 및 수학자이다.

예제 4.2 베셀방정식의 일차독립인 두 개의 해를 구하여라.

풀이 $x=0$는 정칙특이점이므로

$$y=\sum_{n=0}^{\infty} a_n x^{n+r}$$

과 같은 해를 적어도 하나는 갖는다. 급수를 베셀방정식에 대입하여 정리하면

$$x^2 y''+xy'+(x^2-\nu^2)y=\sum_{n=0}^{\infty} a_n(n+r)(n+r-1)x^{n+r}$$

$$+\sum_{n=0}^{\infty} a_n(n+r)x^{n+r}+\sum_{n=0}^{\infty} a_n x^{n+r+2}-\nu^2\sum_{n=0}^{\infty} a_n x^{n+r}$$

$$=a_0(r^2-r+r-\nu^2)x^r+x^r\sum_{n=1}^{\infty} a_n[(n+r)(n+r-1)$$

$$+(n+r)-\nu^2]x^n+x^r\sum_{n=0}^{\infty} a_n x^{n+2}$$

$$=a_0(r^2-\nu^2)x^r+x^r\sum_{n=1}^{\infty} a_n[(n+r)^2-\nu^2]x^n+x^r\sum_{n=0}^{\infty} a_n x^{n+2}$$

가장 낮은 차수는 x^r이므로 방정식 $r^2-\nu^2=0$을 얻고, 또한 근은 $r_1=\nu$, $r_2=-\nu$이다. $r_1=\nu$일 때 식 (1)은

$$x^\nu\sum_{n=1}^{\infty} a_n n(n+2\nu)x^n+x^\nu\sum_{n=0}^{\infty} a_n x^{n+2}$$

$$=x^\nu\left[(1+2\nu)a_1x+\sum_{n=2}^{\infty} a_n n(n+2\nu)x^n+\sum_{n=0}^{\infty} a_n x^{n+2}\right]$$

$$=x^\nu\left[(1+2\nu)a_1x+\sum_{k=0}^{\infty}[(k+2)(k+2+2\nu)a_{k+2}+a_k]x^{k+2}\right]=0$$

모든 계수가 0이 되어야 하므로

$$(1+2\nu)a_1=0$$

$$(k+2)(k+2+2\nu)a_{k+2}+a_k=0$$

또는

$$a_{k+2}=-\frac{1}{(k+2)(k+2+2\nu)}a_k\ ,\ k=0,1,\ 2,\ \cdots$$

$a_1=0$으로 선택하면 $a_3=a_5=a_7=\cdots=0$이고

$k=2n$, $(n=1,\ 2,\ 3,\ \cdots)$에 대해서

$$a_{2(n+1)}=-\frac{1}{2^2(n+1)(n+1+\nu)}a_{2n}\ ,\ n=1,\ 2,\ 3,\ \cdots$$

또는

$$a_{2n}=-\frac{1}{2^2n(n+\nu)}a_{2(n-1)}\ ,\ n=1,\ 2,\ 3,\ \cdots$$

즉

$$\begin{aligned}a_{2n}&=(-1)^2\frac{1}{2^2n(n+\nu)}\frac{1}{2^2(n-1)(n-1+\nu)}a_{2(n-2)}\\&=(-1)^3\frac{1}{2^2n(n+\nu)}\frac{1}{2^2(n-1)(n-1+\nu)}\\&=(-1)^n\frac{1}{2^2n(n+\nu)}\frac{1}{2^2(n-1)(n-1+\nu)}\\&\quad\cdots\frac{1}{2^2\,2(2+\nu)}\frac{1}{2^2\,1(1+\nu)}a_0\\&=\frac{(-1)^n}{2^{2n}n!(1+\nu)(2+\nu)\cdots(n+\nu)}a_0,\ n=1,2,3,\cdots\end{aligned}$$

감마함수의 성질 $\Gamma(1+\alpha)=\alpha\Gamma(\alpha)$로부터

$$\begin{aligned}\Gamma(1+\nu+n)&=(\nu+n)\Gamma(\nu+n)\\&=(\nu+n)(\nu+n-1)\Gamma(\nu+n-1)\\&=(\nu+n)(\nu+n-1)(\nu+n-2)\Gamma(\nu+n-2)\cdots(\nu+1)\Gamma(\nu+1)\end{aligned}$$

이 식을 식 (2)에 대입하면

$$a_{2n}=\frac{(-1)^n\Gamma(\nu+1)}{2^{2n}n!\,\Gamma(1+\nu+n)}a_0,\ n=1,\ 2,\ 3,\ \cdots$$

$a_0=\dfrac{1}{2^\nu\Gamma(1+\nu)}$로 선택하면

$$a_{2n}=\frac{(-1)^n}{2^{2n+\nu}n!\,\Gamma(1+\nu+n)},\ n=0,1,2,3,\cdots$$

따라서 급수해는

$$\begin{aligned}y&=\sum_{n=0}^{\infty}a_{2n}x^{2n+\nu}=\sum_{n=0}^{\infty}\frac{(-1)^n}{2^{2n+\nu}n!\,\Gamma(1+\nu+n)}x^{2n+\nu}\\&=\sum_{n=0}^{\infty}\frac{(-1)^n}{n!\,\Gamma(1+\nu+n)}\left(\frac{x}{2}\right)^{2n+\nu}\end{aligned}$$

이 급수해를 $J_\nu(x)$로 표기한다. 즉

$$J_\nu(x)=\sum_{n=0}^{\infty}\frac{(-1)^n}{n!\,\Gamma(1+\nu+n)}\left(\frac{x}{2}\right)^{2n+\nu}$$

만약 $\nu \geq 0$이면 급수는 구간 $[0\ \infty)$에서 수렴한다.
같은 방법으로 $r_2=-\nu$에 대한 다음과 같은 급수해를 얻을 수 있다.

$$J_{-\nu}(x)=\sum_{n=0}^{\infty}\frac{(-1)^n}{n!\,\Gamma(1-\nu+n)}\left(\frac{x}{2}\right)^{2n-\nu}$$

$J_\nu(x)$와 $J_{-\nu}(x)$를 각각 ν차와 $-\nu$차수를 갖는 1종 베셀함수(Bessel functions of the first kind)라 한다. 만약 $r_1-r_2=2\nu$가 정수가 아니면 프로베니우스 방법에 의해 $J_\nu(x)$와 $J_{-\nu}(x)$는 $(0,\ \infty)$에서 일차독립이다. 이 경우 구간 $(0,\ \infty)$에서 베셀방정식의 일반해는

$$y=c_1 J_\nu(x)+c_2 J_{-\nu}(x)$$

이다. ν가 정수인 경우, $\nu=m$을 음이 아닌 정수라 하자. $J_{-m}(x)$와 $J_m(x)$는 일차종속이 된다. 이 경우 $J_\nu(x)$는 해이지만, 양이 아닌 정수에 대해 감마함수는 정의되지 않으므로 $J_{-\nu}(x)$는 정의되지 않지만, $k=0,-1,-2,\cdots$에 대하여, $1/\Gamma(k)=0$이므로

$$\begin{aligned}J_{-m}(x)&=\sum_{n=0}^{\infty}\frac{(-1)^n}{n!\,\Gamma(1-m+n)}\left(\frac{x}{2}\right)^{2n-m}\\&=\sum_{n=m}^{\infty}\frac{(-1)^n}{n!\,\Gamma(1-m+n)}\left(\frac{x}{2}\right)^{2n-m}\end{aligned}$$

간단한 비교에 의해

$$J_{-m}(x)=(-1)^m J_m(x)$$

이므로, $J_{-m}(x)$와 $J_m(x)$는 일차종속이다. $J_m(x)$에 일차독립인 해를 만들어 보자.
ν가 정수가 아닌 경우, 베셀방정식의 해는

$$Y_\nu(x)=\frac{\cos(\nu\pi)J_\nu(x)-J_{-\nu}(x)}{\sin\nu\pi},\quad \nu\text{는 정수가 아님.}$$

$Y_\nu(x)$를 2종 ν차 베셀함수라 하며 $J_\nu(x)$와 $Y_\nu(x)$는 일차독립이다. 이 경우 구간 $(0,\infty)$에서 베셀방정식의 일반해는

$$y=c_1 J_\nu(x)+c_2 Y_\nu(x)$$

이다. ν는 정수이면 $Y_\nu(x)$의 분모와 분자가 동시에 0이다. 음이 아닌 정수 m에

대하여 극한

$$Y_m(x) = \lim_{\nu \to m} \frac{\cos(\nu x) J_\nu(x) - J_{-\nu}(x)}{\sin \nu x}, \quad x > 0$$

은 존재하고 $Y_m(x)$는 베셀방정식의 해가 된다. 더 나아가 $J_m(x)$와 $Y_m(x)$는 일차독립이다. $Y_m(x)$를 $N_m(x)$로 표기하고 노이만(Neumann)함수라 한다. 그림 5.3은 $J_0(x)$, $J_1(x)$, $Y_0(x)$와 $Y_1(x)$의 그래프이다.

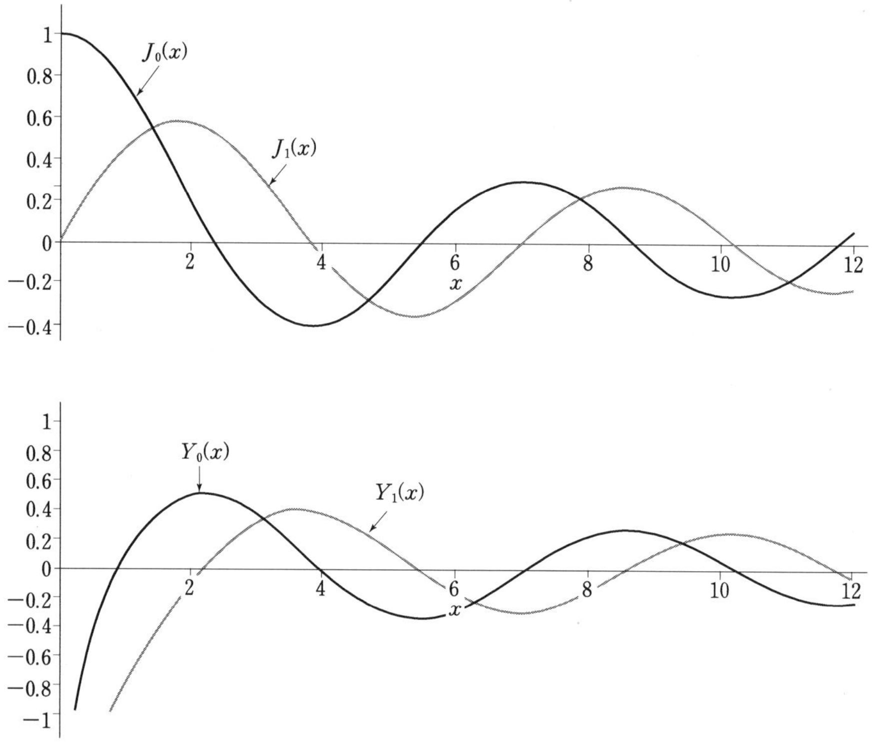

그림 5.3 $J_0(x)$이고 $J_1(x)$일 때 부분합의 그래프

예제 4.3 다음 미분방정식의 일반해를 구하여라.

$$x^2 y'' + x y' + (x^2 - 1/4) y = 0, \quad x > 0$$

• **풀이** • $\nu^2 = 1/4$이므로 $r_1 = 1/2$이고 $r_2 = -1/2$이다.

$$r_1 - r_2 = \frac{1}{2} - \left(-\frac{1}{2}\right) = \frac{1}{4}$$

는 정수가 아니므로 구간 $(0, \infty)$에서 베셀방정식의 일반해는

$$y = c_1 J_{1/2}(x) + c_2 J_{-1/2}(x)$$

예제 4.4 다음 미분방정식의 일반해를 구하여라.

$$x^2 y'' + xy' + (x^2 - 9)y = 0,\ x > 0$$

• **풀이** • $\nu^2 = 9$이므로 $r_1 = 3$이고 $r_2 = -3$이다.

$$r_1 - r_2 = 3 - (-3) = 6$$

은 정수이므로 구간 $(0,\ \infty)$에서 베셀방정식의 일반해는

$$y = c_1 J_3(x) + c_2 Y_3(x)$$

예제 4.5 감쇠력을 갖지 않는 노화된 스프링의 변위 $x = x(t)$가

$$mx'' + ke^{-\alpha t}x = 0,\ \alpha > 0$$

에 의해 기술된다고 하자. 이 방정식의 일반해를 구하여라.

• **풀이** • $s = \dfrac{2}{\alpha}\sqrt{\dfrac{k}{m}}\, e^{-\frac{\alpha t}{2}}$와 같이 변수를 치환하면

$$\frac{dx}{dt} = \frac{ds}{dt}\frac{dx}{ds} = \frac{2}{\alpha}\sqrt{\frac{k}{m}}\,\frac{-\alpha}{2}e^{-\frac{\alpha t}{2}}\frac{dx}{ds} = -\sqrt{\frac{k}{m}}\,e^{-\frac{\alpha t}{2}}\frac{dx}{ds}$$

$$\begin{aligned}\frac{d^2x}{dt^2} &= -\sqrt{\frac{k}{m}}\,\frac{d}{dt}\left(e^{-\frac{\alpha t}{2}}\frac{dx}{ds}\right)\\ &= \frac{\alpha}{2}\sqrt{\frac{k}{m}}\,e^{-\frac{\alpha t}{2}}\frac{dx}{ds} - \sqrt{\frac{k}{m}}\,e^{-\frac{\alpha t}{2}}\frac{d}{dt}\left(\frac{dx}{ds}\right)\\ &= s\frac{dx}{ds} - \sqrt{\frac{k}{m}}\,e^{-\frac{\alpha t}{2}}\frac{ds}{dt}\frac{d^2x}{ds^2}\end{aligned}$$

이것을 노화스프링에 대한 방정식에 대입하면

$$s^2\frac{d^2x}{ds^2} + s\frac{dx}{ds} + s^2 x = 0$$

으로 변환된다. 이 방정식은 $\nu = 0$인 베셀방정식이므로 구간 $(0, \infty)$에서 일반해는

$$y = c_1 J_0\left(\frac{2}{\alpha}\sqrt{\frac{k}{m}}\,e^{-\frac{\alpha t}{2}}\right) + c_2 Y_0\left(\frac{2}{\alpha}\sqrt{\frac{k}{m}}\,e^{-\frac{\alpha t}{2}}\right)$$

연 습 문 제

1 주어진 미분방정식의 모든 특이점을 찾아라.

(1) $(x+1)y''-x^2y'+3y=0,\ y=y(x)$

(2) $(\sin x)y''+(\cos x)y=0,\ y=y(x)$

2 $x=0$의 근방에서 다음 미분방정식의 일반해를 멱급수의 형태로 구하여라.

(1) $y''-x^2y'-xy=0,\ y=y(x)$

(2) $(x^2+1)y''-xy'+y=0,\ y=y(x)$

3 다음 미분방정식에서 x_0 근방에서의 멱급수 해를 적어도 4개의 0이 아닌 항들로 표현하라.

(1) $(x^2-2x)y''+2y=0,\ x_0=1,\ y=y(x)$

(2) $x^2y''-y'+y=0,\ x_0=2,\ y=y(x)$

4 다음 초기값문제의 멱급수 해를 적어도 4개의 0이 아닌 항들로 표현하라.

(1) $(x^2+1)y''-e^xy'+y=0,\ y(0)=1,\ y'(0)=1$

(2) $y''-e^{2x}y'+(\cos x)y=0,\ y(0)=-1,\ y'(0)=1$

5 주어진 방정식의 특이점이 정칙인지 비정칙인지 구분하라.

(1) $(t^2-t-2)x''+(t^2-4)x'-tx=0,\ x=x(t)$

(2) $(x^2-x)y''+(x+2)y'+3y=0,\ y=y(x)$

6 주어진 특이점의 지표방정식과 지수를 구하여라.

(1) $(t^2-t-2)x''+(t^2-4)x'-tx=0,\ t=2,\ x=x(t)$

(2) $\theta^3y''+\theta(\sin\theta)y'-(\tan\theta)y=0,\ \theta=0,\ y=y(\theta)$

7 프로베니우스방법을 사용하여 다음 미분방정식의 일반해를 $x=0$ 근방의 멱급수로 나타내어라.

(1) $4x^2y'' + 2x^2y' - (x+3)y = 0,\ y = y(x)$

(2) $\theta w'' - w' - \theta w = 0,\ w = w(\theta)$

(3) $t(t+1)y'' + (t+5)y' - 4y = 0,\ y = y(t)$

(4) $6x^3y''' + 13x^2y'' - (x^2+3x)y' - xy = 0,\ y = y(x)$

8 1종 또는 2종 베셀함수를 사용하여 다음 미분방정식의 일반해를 표현하라.

(1) $4x^2y'' + 4xy' + (4x^2 - 1)y = 0,\ y = y(x)$

(2) $9t^2x'' + 9tx' + (9t^2 - 4)x = 0,\ x = x(t)$

5장 응용문제

1 **[가변스프링]** 용수철이 가열되면 용수철상수의 크기는 줄어든다. 시간 t에서의 용수철상수가 $k(t) = 6 - t\,\mathrm{N/m}$이 되도록 가열된다고 가정하자. 외부의 힘을 받지 않는 용수철-질량 시스템에서 질량은 $m = 2\,\mathrm{kg}$, 감쇠상수는 $b = 1\,\mathrm{N-sec/m}$, 초기조건은 $x(0) = 3\,\mathrm{m}$, $x'(0) = 0\,\mathrm{m/sec}$라 하면 변위 $x(t)$에 관한 초기값문제는 다음과 같다.

$$2x'' + x' + (6-t)x = 0,\ x(0) = 3,\ x'(0) = 0$$

변위에 대한 $t = 0$에서의 멱급수전개에서 적어도 0이 아닌 4개의 항을 구하여라.

2 **[노화스프링]** 용수철은 시간이 자남에 따라 용수철상수의 값이 작아진다. 문제 19에서 $k(t) = e^{-t}$이라고 할 때, 변위에 대한 $t = 0$에서의 멱급수전개에서 적어도 0이 아닌 4개의 항을 구하여라.

3 Taylor 급수를 사용하여 다음 미분방정식의 급수해를 0이 아닌 처음 세 개의 항을 구하여라.

(1) $\theta' = \sin\theta + \sin t,\ \theta(0) = 0,\ \theta = \theta(t)$

(2) $x'' + (x')^3 = \sin t,\ x(0) = 0,\ x'(0) = 0,\ x = x(t)$

제6장

푸리에급수

6.1 푸리에급수

테일러급수(Taylor's series)란 '일차독립인 성질을 갖는 다항식들'의 집합

$$\{1,\ x,\ x^2,\ \cdots,\ x^n,\ \cdots\}$$

을 이용하여 매우 매끄러운 함수(무한히 미분가능한 함수) $f(x)$를

$$f(x) = \sum_{n=0}^{\infty} \frac{f^{(n)}(0)}{n!} x^n \tag{1}$$

과 같은 급수로 나타낸 것이다. 이와 유사한 르장드르급수(Legendre's series)는 '직교성질을 만족하는 다항식들'의 집합

$$\{P_n(x) \mid n = 0,\ 1,\ 2,\ 3,\ \cdots\}$$

을 이용하여 매끄러운 함수 $f(x)$를

$$f(x) = \sum_{n=0}^{\infty} \left[\frac{2n+1}{2} \int_{-1}^{1} f(x) P_n(x)\, dx \right] P_n(x) \tag{2}$$

와 같은 급수로 나타낸 것이다. 두 급수는 매끄러운 함수에 대해서는 비교적 좋은 수렴성(부분합이 수렴하는 성질)을 보이지만, 꺾인점이 있거나 불연속점이 있는 함수에 대해서는 그렇지 못하다. 특히, 자연적인 신호를 함수로 나타내어야 하는 경우에는 더욱더 적합하지 않다. 예를 들어, 음성, 영상, 지진과 통계적인 현상은 시간에 따른 변화가 매우 거칠므로 식 (1) 또는 식 (2)로 표현하는 것이 불가능하다. 다행히 이러한 불규칙적인 신호를 표현할 수 있는 새로운 급수가 존재한다. 이것이 이 절에서 배울 푸리에급수이다. 푸리에급수는 '직교성질을 만족하는 사인파형함수들'의 집합

$$\left\{\cos\frac{m\pi x}{L},\ \sin\frac{n\pi x}{L} : m, n \text{은 정수}\right\}$$

을 이용하여 함수를 무한급수로 표현하는 것을 말한다. 푸리에급수*는 프랑스 수학자 푸리

* 당시 성질이 좋은 몇몇 함수들이 삼각급수(푸리에급수의 다른 이름)로 표현할 수 있음이 이미 알려져 있어 새로운 개념은 아니지만, 푸리에는 $[-\pi,\ \pi]$에서 정의된 임의의 함수를 삼각급수로 나타낼 수 있다고 주장했다. 이러

에(Joseph B.J. Baron Fourier, 1768~1830)가 열전도 현상을 해결할 때, 임의의 함수는 사인파형 삼각함수의 무한결합으로 표현할 수 있다는 착상에서 비롯되었다. 이렇게 발견된 푸리에급수는 자연과학, 공학 등 여러 분야에서 다양하게 사용되고 있다. 예를 들어, 회로해석에서 사인파형 입력(이상적인 입력, 왜곡이 없는 입력)을 갖는 RLC전자회로의 전류는 2장에서 배운 방법을 이용하여 쉽게 구할 수 있다. 그러나 실제적인 상황에서는 입력은 사인파형과는 조금 다른 왜곡된 형태로 표현되기 때문에 전류를 정확히 계산하기 어렵다. 이 경우 푸리에급수를 이용하면 더 정확한 전류를 계산할 수 있다. 건물의 외부에서 작용하는 풍력이나 땅의 진동에 의한 힘이 건물의 진동에 어떤 영향을 끼칠 수 있는지를 분석하기 위해서는 이러한 외력의 힘을 함수로 표현할 수 있어야 하는데, 이는 푸리에급수를 통해서 가능하다.

이제 푸리에급수를 정의하자.

정의 1.1 $f(x)$는 주기 $2L$을 갖는 함수이고 또한 구간 $(-L, L)$에서 조각적 연속인 함수라 하자. 함수 $f(x)$를 삼각급수

$$\frac{a_0}{2}+\sum_{n=1}^{\infty}\left(a_n\cos\frac{n\pi x}{L}+b_n\sin\frac{n\pi x}{L}\right)$$

로 표현할 수 있을 때, 이 급수를 주기 $2L$을 갖는 함수 $f(x)$에 대한 푸리에급수(Fourier series)라 하고, a_n과 b_n을 $f(x)$에 대한 푸리에급수의 계수(Fourier coefficients)라 한다

참고 | 조각적 연속함수의 정의로부터 $f(x)$가 불연속인 점에서의 함수값은 왼쪽극한 또는 오른쪽극한으로 주어짐을 주의하라.

보조정리 1.1 음이 아닌 정수 m과 n에 대하여 다음과 같은 성질을 만족한다.

$$\int_{-L}^{L}\cos\frac{m\pi x}{L}\cos\frac{n\pi x}{L}\,dx=\int_{-L}^{L}\sin\frac{m\pi x}{L}\sin\frac{n\pi x}{L}\,dx=\begin{cases}0, & m\neq n\\ L, & m=n\end{cases}$$

$$\int_{-L}^{L}\cos\frac{m\pi x}{L}\sin\frac{n\pi x}{L}\,dx=0,\ m\text{과 } n\text{은 동시에 } 0\text{이 아님}$$

$$\int_{-L}^{L}\cos\frac{m\pi x}{L}\,dx=\int_{-L}^{L}\sin\frac{m\pi x}{L}\,dx=0,\ m\neq 0$$

한 푸리에의 주장은 받아들여지지 않았고, 라그랑주, 라플라스와 르장드르가 심사한 삼각급수에 대한 논문은 게재 불가 판정을 받았다. 푸리에는 1811년의 열전도 문제에 대한 수정된 논문을 제출하여 1812년에 대상을 받았다. 상은 받았지만 엄밀성 부족으로 논문으로 게재되지 못하였다.

보조정리 1.1을 만족하는 사인파형 함수족

$$\left\{\cos\frac{m\pi x}{L},\ \sin\frac{n\pi x}{L} : m,\ n\text{은 정수}\right\}$$

을 구간 $[-L, L]$에서 직교삼각함수족이라 한다. 여기서 직교라는 것을 판단하는 잣대는 적분이다.

> **정리 1.1** 주기 $2L$를 갖고 $(-L, L)$에서 조각적 연속인 함수 $f(x)$가 등식
>
> $$f(x) = \frac{a_0}{2} + \sum_{n=1}^{\infty}\left(a_n\cos\frac{n\pi x}{L} + b_n\sin\frac{n\pi x}{L}\right) \tag{3}$$
>
> 를 만족한다고 가정하자. 그러면 a_n과 b_n은
>
> $$a_n = \frac{1}{L}\int_{-L}^{L} f(x)\cos\frac{n\pi x}{L}\,dx,\quad n = 0,\ 1,\ 2,\ 3,\ \cdots \tag{4}$$
>
> $$b_n = \frac{1}{L}\int_{-L}^{L} f(x)\sin\frac{n\pi x}{L}\,dx,\quad n = 1,\ 2,\ 3,\ \cdots \tag{5}$$
>
> 으로 결정된다.

증명•• 계수 a_n과 b_n은 보조정리 1.1에서 얻어진 사인파형 함수들의 직교성질을 이용하여 구할 수 있다. 먼저 a_0를 구하자. 식 (3)의 양변을 구간 $(-L, L)$에서 적분하면

$$\int_{-L}^{L} f(x)dx = \int_{-L}^{L}\frac{a_0}{2}dx + \sum_{n=1}^{\infty}\left(a_n\int_{-L}^{L}\cos\frac{n\pi x}{L}\,dx + b_n\int_{-L}^{L}\sin\frac{n\pi x}{L}\,dx\right)$$

보조정리 1.1로부터 무한급수부분은 0이 되므로

$$\int_{-L}^{L} f(x)dx = 2L\times\frac{a_0}{2} = L\,a_0$$

또는

$$a_0 = \frac{1}{L}\int_{-L}^{L} f(x)dx$$

$a_n(n \geq 1)$을 구하자. 임의의 m에 대하여 식 (3)의 양변에 $\cos\dfrac{m\pi x}{L}$를 곱하여 구간

$[-L, L]$에 대하여 적분하면

$$\int_{-L}^{L} f(x)\cos\frac{m\pi x}{L}\,dx = \int_{-L}^{L}\frac{a_0}{2}\cos\frac{m\pi x}{L}\,dx$$
$$+\sum_{n=1}^{\infty}\left(a_n\int_{-L}^{L}\cos\frac{n\pi x}{L}\cos\frac{m\pi x}{L}\,dx + b_n\int_{-L}^{L}\sin\frac{n\pi x}{L}\cos\frac{m\pi x}{L}\,dx\right)$$

보조정리 1.1로부터 무한급수의 두 번째 항이 0이 되므로

$$\int_{-L}^{L} f(x)\cos\frac{m\pi x}{L}\,dx = \sum_{n=1}^{\infty} a_n\int_{-L}^{L}\cos\frac{n\pi x}{L}\cos\frac{m\pi x}{L}\,dx$$
$$= L a_m$$

또는

$$a_m = \frac{1}{L}\int_{-L}^{L} f(x)\cos\frac{m\pi x}{L}\,dx,\ m = 1,\ 2,\ 3,\ \cdots$$

마지막으로 $b_n (n \ge 0)$을 구하자. 임의의 m에 대하여 식 (3)의 양변에 $\sin\frac{m\pi x}{L}$를 곱하여 구간 $[-L, L]$에 대하여 적분하면

$$\int_{-L}^{L} f(x)\sin\frac{m\pi x}{L}\,dx = \int_{-L}^{L}\frac{a_0}{2}\sin\frac{m\pi x}{L}\,dx$$
$$+\sum_{n=1}^{\infty}\left(a_n\int_{-L}^{L}\cos\frac{n\pi x}{L}\sin\frac{m\pi x}{L}\,dx + b_n\int_{-L}^{L}\sin\frac{n\pi x}{L}\sin\frac{m\pi x}{L}\,dx\right)$$

보조정리 1.1로부터

$$\int_{-L}^{L} f(x)\sin\frac{m\pi x}{L}\,dx = \sum_{n=1}^{\infty} b_n\int_{-L}^{L}\sin\frac{n\pi x}{L}\sin\frac{m\pi x}{L}\,dx$$
$$= L b_m$$

또는

$$b_m = \frac{1}{L}\int_{-L}^{L} f(x)\sin\frac{m\pi x}{L}\,dx,\ m = 1,\ 2,\ 3,\ \cdots$$

예제 1.1 다음 함수에 대한 푸리에급수를 구하여라.

$$f(x) = x,\ -\pi < x < \pi,\ f(x+2\pi) = f(x)$$

• 풀이 • $2\pi = 2L$이므로 $L = \pi$이다. 계수 a_0는

$$a_0 = \frac{1}{\pi}\int_{-\pi}^{\pi} x\,dx = \frac{1}{\pi}\left[\frac{x^2}{2}\right]_{-\pi}^{\pi} = 0$$

계수 a_n은

$$\begin{aligned} a_n &= \frac{1}{\pi}\int_{-\pi}^{\pi} x\cos nx\ dx \\ &= \frac{1}{\pi}\left[x\,\frac{\sin nx}{n}\right]_{-\pi}^{\pi} - \frac{1}{\pi}\int_{-\pi}^{\pi}\frac{\sin nx}{n}dx \\ &= \frac{1}{n\pi}\left[\frac{\cos nx}{n}\right]_{-\pi}^{\pi} = 0 \end{aligned}$$

계수 b_n은

$$\begin{aligned} b_n &= \frac{1}{\pi}\int_{-\pi}^{\pi} x\sin nx\ dx \\ &= \frac{1}{\pi}\left[-x\,\frac{\cos\ nx}{n}\right]_{-\pi}^{\pi} + \frac{1}{\pi}\int_{-\pi}^{\pi}\frac{\cos nx}{n}dx \\ &= -\frac{2}{n}\cos n\pi + \frac{1}{n\pi}\left[\frac{\sin nx}{n}\right]_{-\pi}^{\pi} = (-1)^{n+1}\frac{2}{n} \end{aligned}$$

따라서 $f(x)$에 대한 푸리에급수는

① $$\begin{aligned} f(x) &= \sum_{n=1}^{\infty}(-1)^{n+1}\frac{2}{n}\sin nx \\ &= 2\left(\sin x - \frac{1}{2}\sin 2x + \frac{1}{3}\sin 3x - \cdots\right) \end{aligned}$$

참고 | 위의 등식 ①에서 등호의 성립 여부는 언급되지 않았음에 주의하라.

예제 1.2 함수 $f(x)$의 푸리에급수를 구하라.

$$f(x) = \begin{cases} -1, & -\pi < x < 0 \\ 1, & 0 < x < \pi \end{cases},\quad f(x+2\pi) = f(x)$$

• 풀이 • $2\pi = 2L$ 이므로 $L = \pi$ 이다. 계수 a_0는

$$\begin{aligned} a_0 &= \frac{1}{\pi}\int_{-\pi}^{\pi} f(x)\,dx = \frac{1}{\pi}\int_{0}^{\pi} f(x)\,dx + \frac{1}{\pi}\int_{-\pi}^{0} f(x)\,dx \\ &= \frac{1}{\pi}\int_{0}^{\pi} 1\,dx + \frac{1}{\pi}\int_{-\pi}^{0}(-1)\,dx \end{aligned}$$

$$= -\frac{1}{\pi} + \frac{1}{\pi} = 0$$

계수 a_n은

$$\begin{aligned} a_n &= \frac{1}{\pi}\int_{-\pi}^{\pi} f(x)\cos nx\ dx \\ &= \frac{1}{\pi}\left[\int_0^{\pi} \cos nx\ dx + \int_{-\pi}^{0}(-1)\cos nx\ dx\right] \\ &= \frac{1}{\pi}\left[\frac{\sin nx}{n}\bigg|_0^{\pi} + (-1)\frac{\sin nx}{n}\bigg|_{-\pi}^{0}\right] = 0 \end{aligned}$$

계수 b_n은

$$\begin{aligned} b_n &= \frac{1}{\pi}\int_{-\pi}^{\pi} f(x)\sin nx\, dx \\ &= \frac{1}{\pi}\left[\int_0^{\pi} \sin nx\ dx + \int_{-\pi}^{0}(-1)\sin nx\ dx\right] \\ &= \frac{1}{\pi}\left[(-1)\frac{\cos nx}{n}\bigg|_0^{\pi} + \frac{\cos nx}{n}\bigg|_{-\pi}^{0}\right] \\ &= \frac{2}{n\pi}(1-\cos n\pi) = \frac{2}{n\pi}[1-(-1)^n] \\ &= \begin{cases} \dfrac{4}{n\pi}, & n \text{ 은 홀수} \\ 0, & n \text{ 은 짝수} \end{cases} \end{aligned}$$

$f(x)$에 대한 푸리에계수는 $a_0 = a_n = 0$이고

$$b_1 = \frac{4}{\pi},\quad b_2 = 0,\quad b_3 = \frac{4}{3\pi},\quad b_4 = 0,\quad b_5 = \frac{4}{5\pi},\ \cdots$$

따라서 $f(x)$의 푸리에급수는

① $$f(x) = \frac{4}{\pi}\left(\sin x + \frac{1}{3}\sin 3x + \frac{1}{5}\sin 5x + \cdots\right)$$

예제 1.1과 예제 1.2를 통하여 함수 $f(x)$에 대한 푸리에급수는 무한급수라는 사실을 관찰할 수 있다. 무한급수를 활용할 때, 무한개 항을 사용할 수 없으므로 부분합(partial sums)의 개념을 도입한다. 예제 1.2의 결과를 이용하여, 주어진 함수 $f(x)$와 그 푸리에급수의 수렴성 여부를 부분합의 개념을 이용하여 살펴보자. 예제 1.2의 식 ①에서 첫째항부터 제n 항까지의 부분합을 $S_n(x)$라고 표기하면

$$S_1 = \frac{4}{\pi}\sin x$$

$$S_2 = \frac{4}{\pi}\left(\sin x + \frac{1}{3}\sin 3x\right)$$

$$\cdots$$

$$S_n(x) = \frac{4}{\pi}\sum_{k=1}^{n}\frac{1}{2k-1}\sin((2k-1)x)$$

$S_n(x)$를 이용하여 $R_n(x)$를

$$R_n(x) = f(x) - S_n(x)$$

와 같이 정의하고 이를 나머지라 한다. 급수의 수렴성이라는 뜻은

$$\lim_{n\to\infty} R_n(x) = 0$$

의 성립 여부를 조사하는 것이다. 수렴성에 대한 증명은 정리 1.2를 보라. 그림 1.1은 $n=1,\ 2,\ 5,\ 20$에 대응하는 $S_n(x)$, $-\pi < x < \pi$의 그래프를 나타낸 것이다.

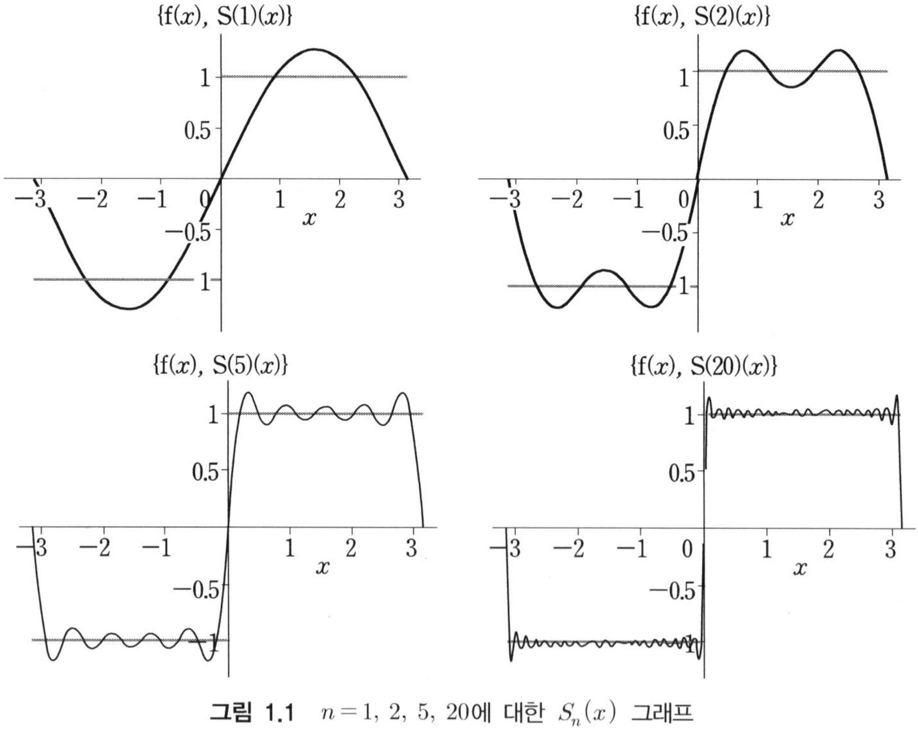

그림 1.1 $n=1,\ 2,\ 5,\ 20$에 대한 $S_n(x)$ 그래프

위의 부분합의 그래프를 통하여 임의의 함수에 대한 푸리에급수가 갖는 중요한 성질을 유추할 수 있다.

(i) 항의 수가 증가하면 할수록 부분합은 주어진 함수에 더 가까이 접근한다.
(ii) 불연속인 점을 제외한 곳에서는 부분합은 주어진 함수에 수렴한다.
(iii) 불연속이 되는 점 $x=0,\ \pm\pi$에서 푸리에급수의 모든 부분합은 0이다.
(iv) 불연속인 점에서 부분합의 그래프는 진동한다. 이를 기브스(Gibbs)의 효과라 한다.

주기함수의 합은 주기함수이다. 이러한 사실은 그림 1.2를 통해서도 확인할 수 있다.

```
> S:=n->sum(4/Pi*sin((2*k-1)*x)/(2*k-1),k=1..n);
```

$$S := n \to \sum_{k=1}^{n}\left(\frac{4\sin(2k-1)x}{\pi(2k-1)}\right)$$

```
> plot(S(100),x=-20..20);
```

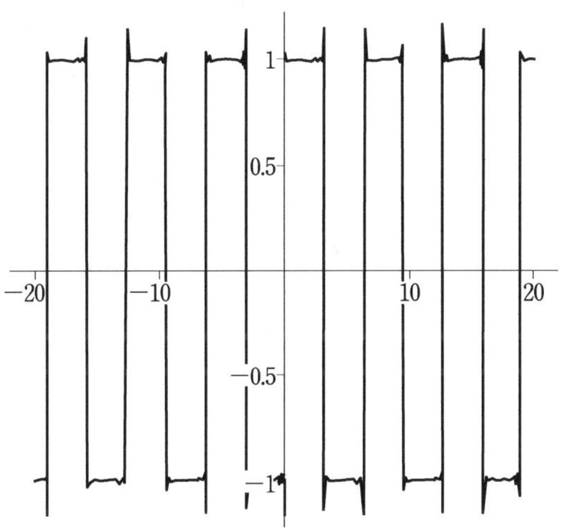

그림 1.2 $f(x)$에 대한 유한 푸리에급수의 그래프

급수 예제 1.2의 ①을 통하여 예제 1.2의 함수를 분석할 수 있는 또 하나의 개념을 도출할 수 있다. 즉

$$f(x) = \frac{4}{\pi}\sin x + \frac{4}{3\pi}\sin 3x + \frac{4}{5\pi}\sin 5x + \cdots \tag{6}$$

에서 $f(x)$는 주기가 다른 삼각함수

$$\sin x,\ \sin 3x,\ \sin 5x,\ \cdots$$

에 상수배한 무한합으로 표현되어 있음을 관찰할 수 있다. 여기서 각 삼각함수에 곱해져 있는 상수들, 즉, 푸리에 계수들을 $f(x)$에 대한 스펙트럼(spectrums)이라 한다.

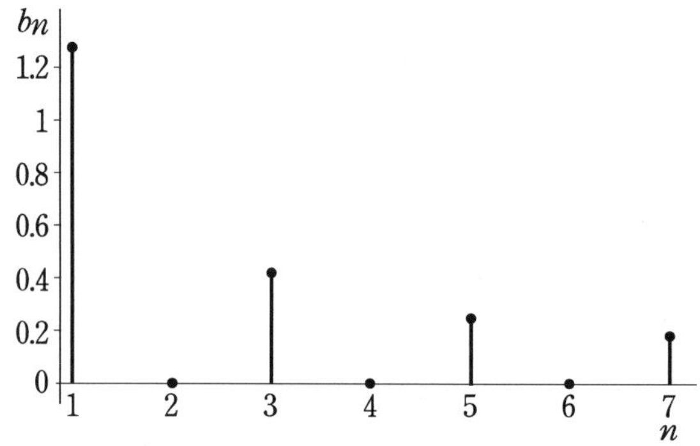

그림 1.3 $f(x)$에 대한 스펙트럼

그림 1.3은 식 (6)에 대한 스펙트럼은 좌표평면에 그린 것이다. 그림 1.3으로부터 n이 짝수인 경우 스펙트럼이 0이므로 $f(x)$는 짝수에 해당하는 신호는 포함하지 않는다. 즉,

$$\sin 2x,\ \sin 4x,\ \sin 6x,\ \cdots$$

과 같은 신호는 포함하지 않는다.

n이 증가하면 스펙트럼은 감소하는 특징을 지닌다. 즉, 고주파 부분은 소멸된다. 고주파란 기본 주파수와 비교하여 진동수가 많은 것을 말한다.

식 (6)를 다른 측면에서 보면, 그림 1.4와 같이 주어진 신호는 기본신호들(파장, 진폭, 위상이 다른 사인파형 곡선들)로 분해할 수 있음을 나타낸다.

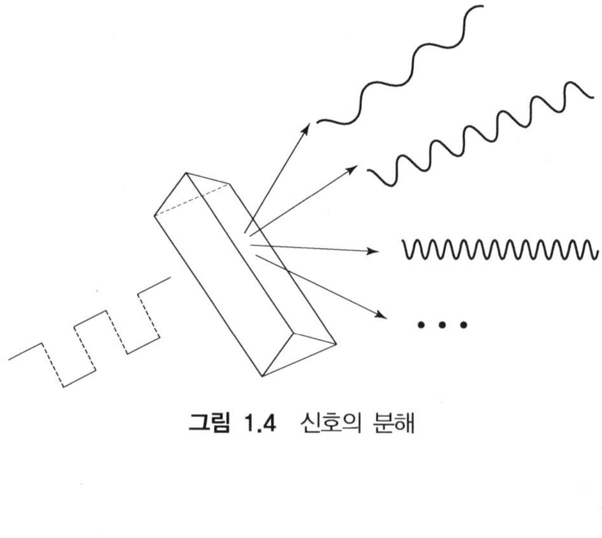

그림 1.4 신호의 분해

삼각함수의 덧셈공식을 이용하면 푸리에급수를 조화함수의 무한 합으로 표현할 수 있다.

$$f(x) = \frac{a_0}{2} + \sum_{n=1}^{\infty} (a_n \cos nx + b_n \sin nx)$$

$$= \frac{a_0}{2} + \sum_{n=1}^{\infty} A_n \cos (nx - \phi_n)$$

$$\text{단, } A_n = \sqrt{a_n^2 + b_n^2}, \ \tan \phi_n = \frac{b_n}{a_n}.$$

이 때 a_0와 A_n을 $f(x)$에 대한 스펙트럼이라 하고, ϕ_n을 위상차라고 한다.

정리 1.2 **푸리에급수의 수렴**

함수 $f(x)$는 $(-L, L)$에서 조각적 연속이고, 주기 $2L$를 갖는다고 하자. 그리고 점 $x \in (-L, L)$에서 $f_+'(x)$와 $f_-'(x)$가 존재한다고 가정하자. 그러면 점 x에서 $f(x)$의 푸리에급수는

$$\frac{f(x+0) + f(x-0)}{2}$$

에 수렴한다. 즉

$$\frac{a_0}{2} + \sum_{n=1}^{\infty} \left(a_n \cos \frac{n\pi x}{L} + b_n \sin \frac{n\pi x}{L} \right) = \frac{1}{2} \{ f(x+0) + f(x-0) \}$$

여기서 $f(x+0) = \lim_{h \to 0} f(x+h)$이고, $f(x-0) = \lim_{h \to 0+} f(x-h)$이다.

증명•• 부록 C를 참조하라.

참고 | $f(x)$가 x에서 연속이면 다음 등식이 성립한다.

$$f(x) = \frac{a_0}{2} + \sum_{n=1}^{\infty} \left(a_n \cos \frac{n\pi x}{L} + b_n \sin \frac{n\pi x}{L} \right)$$

예제 1.3 예제 1.2에서 구한 푸리에급수가 $[-\pi, \pi]$에서 수렴하는 곳을 결정하여라.

• 풀이 • $f(x)$는 주기함수이므로 $[-\pi, \pi]$에서 수렴성만 조사하면 된다. $f(x)$는 $[-\pi, \pi]$는 $x = 0, \pm\pi$를 제외한 모든 점에서 연속이므로, 급수는 $(-\pi, 0)$에서는 -1 그리고 $(0, \pi)$에서는 1에 수렴한다. 불연속점에서는 왼쪽 및 오른쪽 극한값의 평균

에 수렴하므로, 급수는 $x=0, \pm\pi$에서는 0에 수렴한다. 이를 정리하면

① $\frac{4}{\pi}\sum_{n=1}^{\infty}\frac{1}{2n-1}\sin[(2n-1)x]=\begin{cases}-1, & -\pi<x<0\\ 1, & 0<x<\pi\\ 0, & x=0, \pm\pi\end{cases}$

를 얻는다.

History π의 근사값

종종 푸리에급수를 통하여 무한급수의 합을 정확하게 표현할 수 있다. 실제로 예제 1.3의 식 ①에 $x=\pi/2$를 대입하면

$$1=\frac{4}{\pi}\left(1-\frac{1}{3}+\frac{1}{5}-\frac{1}{7}+\cdots\right)$$

또는

$$1-\frac{1}{3}+\frac{1}{5}-\frac{1}{7}+\cdots=\frac{\pi}{4} \tag{1}$$

를 얻는다. 식 (1)은 1673년 라이프니츠(Leibniz)에 의해 얻어진 유명한 공식으로 π의 값을 급수로 표현할 수 있음을 보여준다. 급수 (1)을 사용하여 π의 값을 근사할 수 있다. 실제로

$$4\left(1-\frac{1}{3}+\frac{1}{5}-\frac{1}{7}+\frac{1}{9}\right)\approx 3.283738486$$

$$4\left(1-\frac{1}{3}+\frac{1}{5}-\frac{1}{7}+\frac{1}{9}-\cdots+\frac{1}{201}\right)\approx 3.15149340$$

$$4\left(1-\frac{1}{3}+\frac{1}{5}-\frac{1}{7}+\frac{1}{9}-\cdots+\frac{1}{2001}\right)\approx 3.142591654$$

이 급수는 수렴속도가 늦어 π의 값을 계산하는데 사용하지 않는다. 즉, 1000개의 항을 더했는데 소수점 아래 두 자리까지만 정확하다. 그러나 π의 값을 급수로 계산할 수 있는 계기를 제공했다. 식 (1)은 테일러급수를 이용하여 구할 수 있다. 실제로

$$\tan^{-1}x=\int_0^x\frac{1}{1+t^2}dt=\int_0^x\sum_{n=0}^{\infty}(-1)^n t^{2n}dt$$

$$=\sum_{n=0}^{\infty}(-1)^n\int_0^x t^{2n}dt=\sum_{n=0}^{\infty}(-1)^n\left[\frac{1}{2n+1}t^{2n+1}\right]_0^x$$

$$= \sum_{n=0}^{\infty} \frac{(-1)^n}{2n+1} x^{2n+1}$$

이므로, 다음 등식이 성립한다.

$$\tan^{-1} x = \sum_{n=0}^{\infty} \frac{(-1)^n}{2n+1} x^{2n+1}, \ -1 \le x \le 1 \tag{2}$$

식 (2)에 $x = 1$을 대입하면 식 (1)을 얻는다. 수렴속도가 빠른 급수를 유도하기 위해 삼각함수의 공식

$$\frac{\pi}{4} = \tan^{-1}\frac{1}{2} + \tan^{-1}\frac{1}{3} \tag{3}$$

을 식 (2)와 결합하면 다음과 같은 급수를 얻는다.

$$\begin{aligned}\frac{\pi}{4} &= \sum_{n=0}^{\infty} \frac{(-1)^n}{(2n+1)2^{2n+1}} + \sum_{n=0}^{\infty} \frac{(-1)^n}{(2n+1)3^{2n+1}} \\ &= \sum_{n=0}^{\infty} \frac{(-1)^n}{(2n+1)} \left[\frac{1}{2^{2n+1}} + \frac{1}{3^{2n+1}} \right]\end{aligned}$$

급수의 일반항이 빠른 속도로 0으로 수렴하기 때문에 좀더 빠르게 π의 근사값이 얻어질 것이라 예상된다. 실제로

$$4 \sum_{n=0}^{10} \frac{(-1)^n}{(2n+1)} \left[\frac{1}{2^{2n+1}} + \frac{1}{3^{2n+1}} \right] = 3.141592670$$

으로 11개의 항을 더해 소수점 아래 7자리까지 정확한 값을 얻을 수 있다.
식 (3)과 같이 더 강력한 삼각함수의 공식을 만들 수 있으면 더욱 더 수렴속도가 빠른 π의 근사식을 얻을 수 있을 것이다.

$$\pi = 48\tan^{-1}\frac{1}{49} + 128\tan^{-1}\frac{1}{57} - 20\tan^{-1}\frac{1}{239} + 48\tan^{-1}\frac{1}{110443}$$

는 1982년 작곡가 겸 고등학교 선생인 타카노(Takano, 일본인)에 의해 발견된 공식이다.

예제 1.4 사인파형 전압 $E\sin\omega t$는 파형의 음의 부분을 제거하는 반파정류기(Half-wave rectifier)를 통과한다(그림 1.5). 단, t는 시간을 나타낸다. 그 결과로 생성되는 주기함수의 푸리에급수를 구하라. 그 급수가 수렴하는 곳을 결정하라.

$$f(t)=\begin{cases}0, & -T<t<0\\ E\ \sin\omega t, & 0<t<T\end{cases},\ 2T=\frac{2\pi}{\omega},\ T=\frac{\pi}{\omega}$$

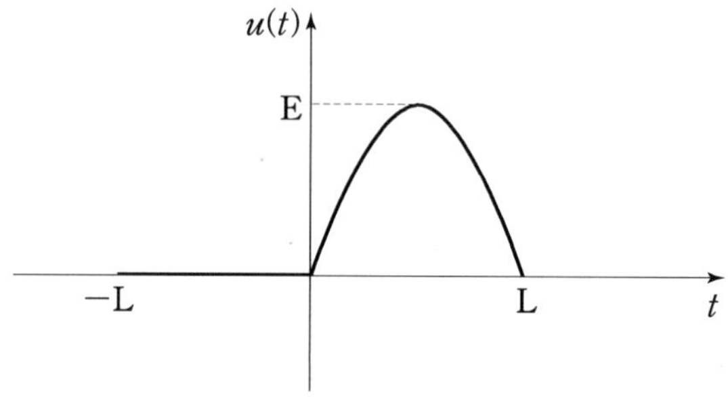

그림 1.5 반파정류기를 통과한 신호

• 풀이 • $-T<t<0$에서 $f(t)=0$이므로 $0<t<T$에서의 적분만 계산하면 된다. a_0와 a_n에 $T=\pi/\omega$을 대입하면

$$a_0=\frac{\omega}{\pi}\int_0^{\pi/w}E\sin\,\omega t\,dt=\frac{2E}{\pi}$$

$$\begin{aligned}a_n&=\frac{\omega}{\pi}\int_0^{\pi/\omega}E\ \sin\,wt\cos wnt\,dt\\&=\frac{\omega E}{2\pi}\int_0^{\pi/w}[\sin\,(1+n)\omega t+\sin\,(1-n)\omega t]\,dt\end{aligned}$$

$n=1$인 경우, $a_1=0$이다.

$n=2,\ 3,\ \cdots$인 경우

$$\begin{aligned}a_n&=\frac{\omega E}{2\pi}\left[-\frac{\cos\,[(1+n)\omega t]}{(1+n)\omega}-\frac{\cos\,[(1-n)\omega t]}{(1-n)\omega}\right]_0^{\pi/\omega}\\&=\frac{E}{2\pi}\left(\frac{1-\cos\,[(1+n)\pi]}{1+n}+\frac{1-\cos\,[(1-n)\pi]}{1-n}\right)\\&=\begin{cases}0, & n\text{은 홀수}\\ \dfrac{E}{2\pi}\left(\dfrac{2}{1+n}+\dfrac{2}{1-n}\right)=-\dfrac{2E}{(n-1)(n+1)\pi}, & n\text{은 짝수}\end{cases}\end{aligned}$$

같은 방법으로 $b_1=E/2$ 및 $b_n=0(n=2,\ 3,\ \cdots)$을 얻을 수 있다.

따라서 $f(t)$의 푸리에급수는

$$f(t)=\frac{E}{\pi}+\frac{E}{2}\sin\omega t-\frac{2E}{\pi}\left(\frac{1}{1\cdot 3}\cos 2\omega t+\frac{1}{3\cdot 5}\cos 4\omega t+\cdots\right)$$

예제 1.5 구간 $(-\pi,\ \pi)$에서 $f(t)=|x|$인 함수의 푸리에급수를 전개하고, 그 급수가 $[-\pi,\ \pi]$에서 수렴하는 곳을 결정하라.

● 풀이 ● 푸리에급수의 계수를 먼저 구하자. 모든 $n=1,\ 2,\ 3,\ \cdots$에 대하여

$$a_0=\frac{1}{\pi}\int_{-\pi}^{\pi}|x|dx=\pi$$

$$a_n=\frac{1}{\pi}\int_{-\pi}^{\pi}|x|\cos nx\,dx=\frac{2}{\pi}\int_{0}^{\pi}x\cos nx\,dx$$

$$=\frac{2}{\pi}\frac{(-1)^n-1}{n^2}=\begin{cases}-\dfrac{4}{\pi n^2}, & n\text{은 홀수}\\ 0, & n\text{은 짝수}\end{cases}$$

$f(t)=|x|$는 기함수이므로

$$b_n=\frac{1}{\pi}\int_{-\pi}^{\pi}|x|\sin nx\,dx=0$$

따라서 푸리에급수는

$$\frac{\pi}{2}-\frac{4}{\pi}\sum_{n=0}^{\infty}\frac{1}{(2n+1)^2}\cos(2n+1)x$$

한편, $f(x)=|x|$는 $(-\pi,\pi)$에서 연속이므로 정리 1.2로부터

$$|x|=\frac{\pi}{2}-\frac{4}{\pi}\sum_{n=0}^{\infty}\frac{1}{(2n+1)^2}\cos(2n+1)x,\quad x\in(-\pi,\ \pi)$$

또한 구간의 끝점 $x=\pm\pi$에서 함수가 정의되지 않지만 $x=\pm\pi$에서 정리 1.2의 가정을 모두 만족한다. 따라서 $f(\pm\pi+0)=\pi$이고 $f(\pm\pi-0)=\pi$이므로

① $$|x|=\frac{\pi}{2}-\frac{4}{\pi}\sum_{n=0}^{\infty}\frac{1}{(2n+1)^2}\cos(2n+1)x,\quad x\in[-\pi,\pi]$$

주기 2π인 함수 $f(x)=|x|,\ -\pi\le x\le\pi$를 실수 전 구간으로 확장한 함수를 $FS(x)$라고 표기하면 다음 등식을 얻는다.

$$FS(x)=\frac{\pi}{2}-\frac{4}{\pi}\sum_{n=0}^{\infty}\frac{1}{(2n+1)^2}\cos(2n+1)x,\ x\in(-\infty,\infty)$$

그림 1.6은 $f(x)$와 $FS(x)$의 그래프를 보여준다.

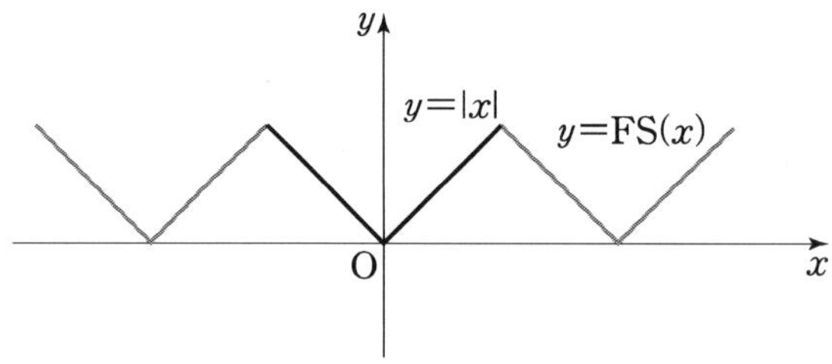

그림 1.6 $f(x)=|x|$와 $FS(x)$의 그래프

예제 1.6 수렴급수

$$\sum_{n=0}^{\infty}\frac{1}{(2n+1)^2}=1+\frac{1}{3^2}+\frac{1}{5^2}+\frac{1}{7^2}+\cdots$$

의 값을 구하여라.

• **풀이** • 예제 1.5의 식 ①의 양변에 $x=0$을 대입하면

$$0=\frac{\pi}{2}-\frac{4}{\pi}\left(1+\frac{1}{3^2}+\frac{1}{5^2}+\frac{1}{7^2}+\cdots\right)$$

정리하면

$$\frac{\pi^2}{8}=1+\frac{1}{3^2}+\frac{1}{5^2}+\frac{1}{7^2}+\cdots$$

을 얻는다.

6.2 푸리에코사인급수 및 푸리에사인급수

때때로 피적분함수의 대칭성으로 계수 a_n 또는 b_n은 0이 되기도 한다. 실제로, $f(x)$가 우함수이면 계수 b_n의 피적분함수는 기함수가 되고 $b_n = 0$가 된다. 따라서 주기 $2L$를 갖는 주기함수 $f(x)$는

$$f(x) = \frac{a_0}{2} + \sum_{n=1}^{\infty} a_n \cos \frac{n\pi x}{L} \tag{1}$$

$$a_n = \frac{2}{L}\int_0^L f(x)\cos\frac{n\pi x}{L}\,dx,\ \ n = 0,\ 1,\ 2,\ 3,\ \cdots$$

으로 표현된다. 식 (1)을 $f(x)$에 대한 푸리에코사인급수(Fourier cosine series)라 한다.

반대로, $f(x)$가 기함수이면 계수 a_n의 피적분함수가 기함수이므로 $a_n = 0$이다. 따라서 주기 $2L$를 갖는 주기함수 $f(x)$는

$$f(x) = \sum_{n=1}^{\infty} b_n \sin \frac{n\pi x}{L} \tag{2}$$

$$b_n = \frac{2}{L}\int_0^L f(x)\sin\frac{n\pi x}{L}\,dx,\ \ n = 1,\ 2,\ 3,\ \cdots$$

으로 표현된다. 식 (2)를 $f(x)$에 대한 푸리에사인급수(Fourier sine series)라 한다.

예제 2.1 다음 함수의 푸리에급수를 구하라.

$$f(x) = x^4,\ -\pi < t < \pi$$

• 풀이 • 구간 $(-\pi, \pi)$에서 $f(x)$는 우함수이므로 푸리에코사인급수를 구하면 된다. a_0와 a_n을 구하면 다음과 같다.

$$a_0 = \frac{2}{\pi}\int_0^{\pi} x^4\,dx = \frac{2\pi^4}{5}$$

$$a_n = \frac{2}{\pi}\int_0^{\pi} x^4 \cos nx\,dx = \frac{8(-1)^n(\pi^2 n^2 - 6)}{n^4}$$

따라서 구하는 급수는

$$\begin{aligned}&\frac{\pi^4}{5}+\sum_{n=1}^{\infty}\frac{8(-1)^n(\pi^2n^2-6)}{n^4}\cos nx\\&=\frac{\pi^4}{5}-8(\pi^2-6)\cos x+\frac{1}{2}(4\pi^2-6)\cos 2x\\&-\frac{8}{81}(9\pi^2-6)\cos 3x+\cdots\end{aligned}$$

$f(x)=x^4$은 $(-\pi,\ \pi)$에서 연속이고 또한 미분가능하므로 정리 1.2에 의해 $f(x)$의 푸리에코사인급수는 $(-\pi,\ \pi)$에서 x^4에 수렴한다. 즉, 모든 $x\in(-\pi,\ \pi)$에 대하여

$$\begin{aligned}x^4&=\frac{\pi^4}{5}-8(\pi^2-6)\cos x+\frac{1}{2}(4\pi^2-6)\cos 2x\\&-\frac{8}{81}(9\pi^2-6)\cos 3x+\cdots\end{aligned}$$

근사 과정을 그래프를 통하여 살펴보면 그림 2.1과 같다.

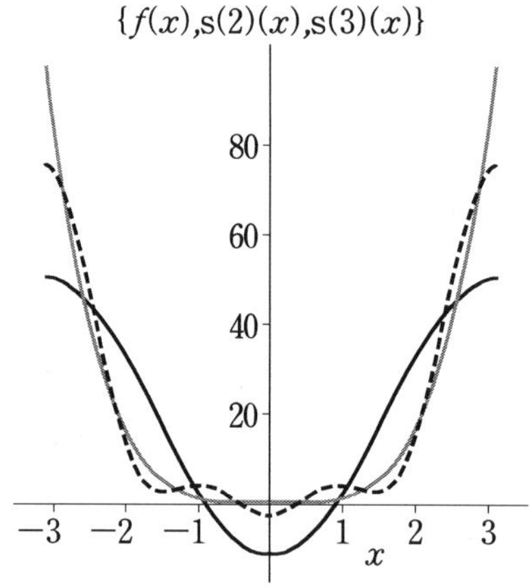

그림 2.1 함수 $f(x)=x^4$ 및 푸리에급수의 부분합의 그래프

예제 2.2 다음 함수의 푸리에급수를 구하라.

$$f(x)=x^3,\quad -1<x<1$$

• 풀이 • 구간 $(-1,1)$에서 $f(x)$는 기함수이므로 푸리에사인급수를 구하면 된다. 즉, b_n을 구하면 다음과 같다. 단, $L=1$이다.

$$b_n = 2\int_0^1 x^3 \sin(n\pi x)\, dx = \frac{2(-1)^{n+1}(\pi^2 n^2 - 6)}{n^3\pi^3}$$

따라서 구하는 급수는

$$\sum_{n=1}^{\infty} \frac{2(-1)^{n+1}(\pi^2 n^2 - 6)}{n^3\pi^3} \sin(n\pi x)$$

$f(x) = x^3$은 $(-1, 1)$에서 연속이므로 정리 1.2에 의해 $f(x)$의 푸리에사인급수는 $(-1, 1)$에서 x^3에 수렴한다. 즉

$$x^3 = \sum_{n=1}^{\infty} \frac{2(-1)^{n+1}(\pi^2 n^2 - 6)}{n^3\pi^3} \sin(n\pi x),\ \ x \in (-1,\ 1)$$

수렴 과정을 그래프를 통하여 살펴보면 그림 2.2와 같다.

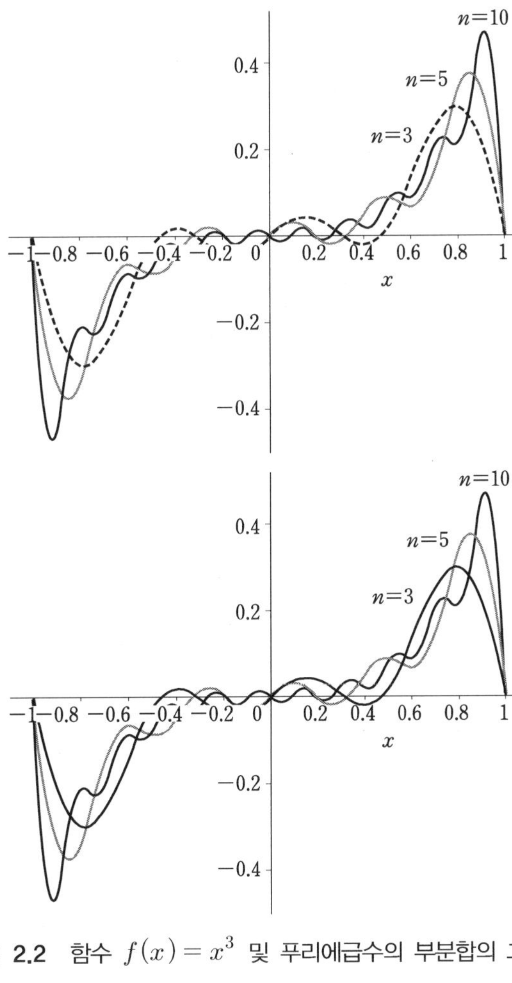

그림 2.2 함수 $f(x) = x^3$ 및 푸리에급수의 부분합의 그래프

반구간에서 정의된 함수를 대칭적으로 확장하여 푸리에코사인급수 또는 푸리에사인급수로 전개할 수 있다. 즉, 구간 $(0,\ L)$에서 정의된 함수 $f(x)$의 푸리에급수를 구하여 보자. 이러한 함수는 길이 L을 갖는 현의 변위, 길이 L을 갖는 빔의 온도 분포를 나타내는데 사용된다. 이 함수에 대한 푸리에급수는 주어진 함수를 $(-L,\ 0)$에서 대칭적으로 확장하여 푸리에코사인급수 또는 푸리에사인급수를 통하여 구할 수 있다. 그림 2.3에서 $f_1(x)$는 $f(x)$를 주기 $p=2L$을 갖는 우함수로 확장한 것이고, $f_2(x)$는 주기 $p=2L$을 갖는 기함수로 확장한 것이다.

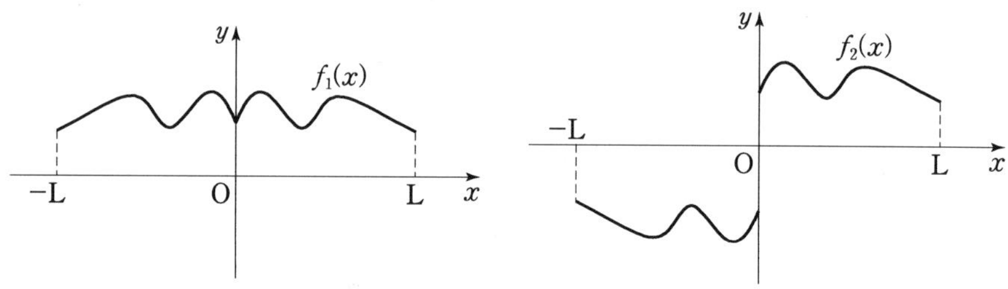

그림 2.3 $f(x), f_1(x)$ 및 $f_2(x)$의 그래프

예제 2.3 다음 함수에 대한 푸리에급수를 우함수 또는 기함수로 확장을 통하여 구하라.

$$f(x)=x+1,\ x\in(0,\ 1)$$

• 풀이 • (i) 우함수로 확장

그림 2.4에 주어진 그래프는 $f(x)$를 우함수로 확장한 것이다.

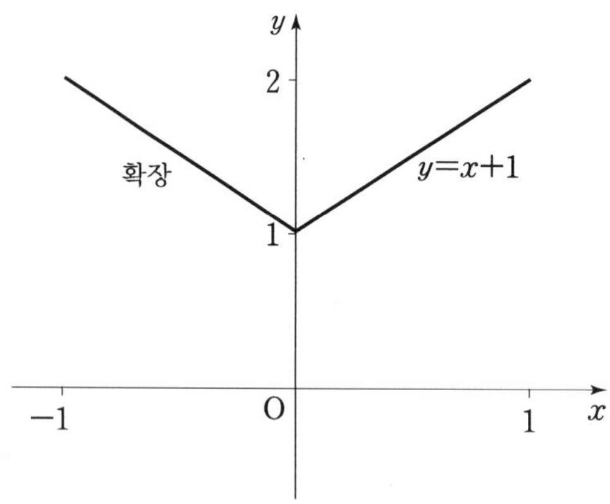

그림 2.4 우함수로 확장한 그래프

$$a_0=2\int_0^1(x+1)\,dx=3$$

$$a_n=2\int_0^1(x+1)\cos(n\pi x)\,dx=\frac{2[-1+(-1)^n]}{n^2\pi^2}$$

n 이 짝수이면 $a_n = 0$ 이고 n 이 홀수이면

$$a_n = -\frac{4}{n^2\pi^2},\ n = 1,\ 3,\ 5, \cdots$$

또는

$$a_{2n-1} = -\frac{4}{(2n-1)^2\pi^2},\ n = 1,\ 2,\ \cdots$$

따라서 구하는 급수는

$$\frac{3}{2} - \frac{4}{\pi^2}\sum_{n=1}^{\infty}\frac{1}{(2n-1)^2}\cos((2n-1)\pi x)$$

우함수로 확장한 함수는 구간 $(-1,1)$에서 연속이므로 정리 1.2에 의해 다음 등식을 얻는다.

$$x+1 = \frac{3}{2} - \frac{4}{\pi^2}\sum_{n=1}^{\infty}\frac{1}{(2n-1)^2}\cos((2n-1)\pi x),\ x \in (0,\ 1)$$

(ii) 기함수로 확장

그림 2.5에 주어진 그래프는 $f(x)$를 기함수로 확장한 것이다.

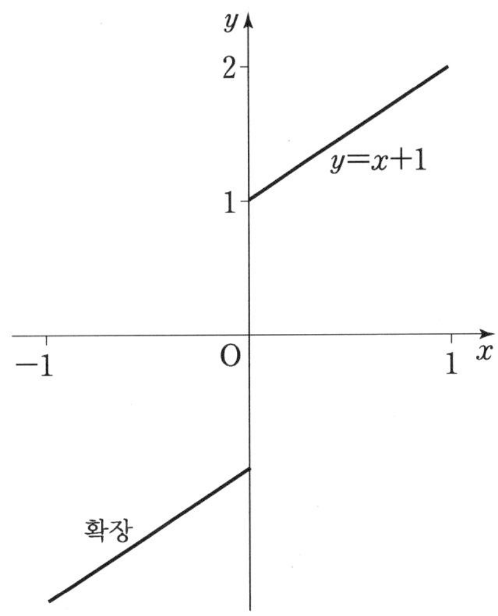

그림 2.5 기함수로 확장한 그래프

$$b_n = 2\int_0^1 (x+1)\ \sin(n\pi x)dx = -\frac{2[-1+2(-1)^n]}{n\pi}$$

n 을 홀수와 짝수로 나누면

$$b_{2n-1} = \frac{6}{(2n-1)\pi}, \quad n = 1, 2, \cdots$$

$$b_{2n} = -\frac{2}{n\pi}, \quad n = 1, 2, \cdots$$

따라서 구하는 급수는

$$\begin{aligned}\sum_{n=1}^{\infty} b_n \sin\frac{n\pi}{L}x &= \sum_{n=1}^{\infty} b_{2n-1}\sin((2n-1)\pi x) \\ &\quad + \sum_{n=1}^{n} b_{2n}\sin(2n\pi x) \\ &= \frac{6}{\pi}\sum_{n=1}^{\infty}\frac{1}{2n-1}\sin((2n-1)\pi x) \\ &\quad -\frac{1}{\pi}\sum_{n=1}^{\infty}\frac{1}{n}\sin(2n\pi x)\end{aligned}$$

기함수로 확장한 함수는 구간 $(-1,0)\cup(0,1)$에서 연속이므로 정리 1.2에 의해 다음 등식을 얻는다.

$$\begin{aligned}x+1 &= \frac{6}{\pi}\sum_{n=1}^{\infty}\frac{1}{2n-1}\sin((2n-1)\pi x) \\ &\quad -\frac{2}{\pi}\sum_{n=1}^{\infty}\frac{1}{n}\sin(2n\pi x), \quad x\in(0, 1)\end{aligned}$$

(iii) 부분합의 그래프

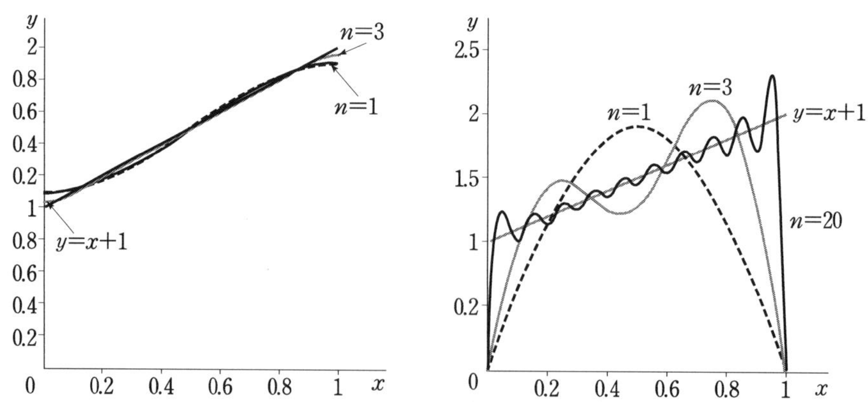

그림 2.6 (a) 우함수 확장 그래프 (b) 기함수 확장한 그래프

(iv) 급수는 주기함수

우함수로 확장한 푸리에급수는 톱니파와 같은 주기함수를 나타내어야 한다. 실제로 그림 2.7은 $n = 10$일 때 부분합을 그래프로 나타낸 결과이다.

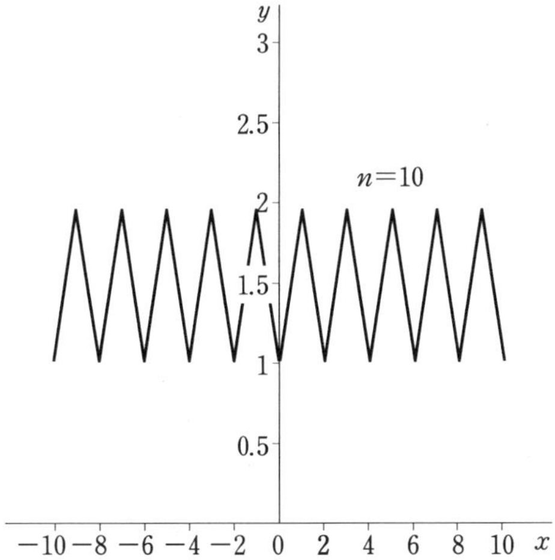

그림 2.7 푸리에급수는 주기함수임을 나타내는 그래프

예제 2.3에서 보았듯이 목적에 알맞게 함수의 확장을 할 필요가 있다. 즉, 기브스의 효과를 피하는 지혜가 필요할 때가 있다.

6.3 복소 푸리에급수

복소 지수함수를 이용하면 푸리에급수를 더 간단하게 표현할 수 있다. 먼저, $f(x)$는 주기 2π를 갖는 주기함수라고 하자.

$$f(x) = \frac{a_0}{2} + \sum_{n=1}^{\infty}(a_n \cos nx + b_n \sin nx) \tag{1}$$

오일러 공식

$$e^{inx} = \cos nx + i \sin nx$$
$$e^{-inx} = \cos nx - i \sin nx$$

로부터

$$\cos nx = \frac{e^{inx} + e^{-inx}}{2}, \quad \sin nx = \frac{e^{inx} - e^{-inx}}{2i}$$

이 표현을 식 (1)에 대입하면

$$\begin{aligned} a_n \cos nx + b_n \sin nx &= \frac{1}{2}a_n(e^{inx} + e^{-inx}) + \frac{1}{2i}b_n(e^{inx} - e^{-inx}) \\ &= \frac{1}{2}(a_n - ib_n)e^{inx} + \frac{1}{2}(a_n + ib_n)e^{-inx} \end{aligned}$$

$a_0/2 = c_0$, $(a_n - ib_n)/2 = c_n$ 그리고 $(a_n + ib_n)/2 = \overline{c_n}$라 놓으면, 식 (1)은

$$f(x) = c_0 + \sum_{n=1}^{\infty}(c_n e^{inx} + \overline{c_n}\, e^{-inx})$$

단, 계수 c_n과 $\overline{c_n}$은 다음과 같다.

$$c_n = \frac{1}{2\pi}\int_{-\pi}^{\pi} f(x)(\cos nx - i \sin nx)dx = \frac{1}{2\pi}\int_{-\pi}^{\pi} f(x)e^{-inx}dx$$
$$\overline{c_n} = \frac{1}{2\pi}\int_{-\pi}^{\pi} f(x)(\cos nx + i \sin nx)dx = \frac{1}{2\pi}\int_{-\pi}^{\pi} f(x)e^{inx}dx$$

$e^{inx} = e^{-i(-n)x}$이므로 $\overline{c_n} = c_{-n}$으로 쓰기로 약속하면 다음의 결과를 얻는다.

$$f(x) = \sum_{n=-\infty}^{\infty} c_n e^{inx}$$

$$c_n = \frac{1}{2\pi}\int_{-\pi}^{\pi} f(x)\, e^{-inx}\, dx, \quad n = 0, \pm 1, \pm 2, \pm 3, \cdots$$

특히, 주기 $p = 2L$을 갖는 경우에는 다음 식을 얻는다.

$$f(x) = \sum_{n=-\infty}^{\infty} c_n e^{in\pi x/L} \tag{2}$$

$$c_n = \frac{1}{2L}\int_{-L}^{L} f(x)\, e^{-in\pi x/L}\, dx, \quad n = 0, \pm 1, \pm 2, \pm 3, \cdots$$

식 (2)를 $f(x)$에 대한 복소 푸리에급수라고 하고, c_n을 복소 푸리에급수에 대한 계수라고 한다. 특히, $|c_n|$을 $f(x)$에 대한 스펙트럼이라 한다. 6.1절 정리 1.2의 조건하에서 식 (2)의 급수는

$$\frac{f(x+0) + f(x-0)}{2}$$

에 수렴한다. 특히, $f(x)$가 연속인 점에서는 $f(x)$에 수렴한다.

예제 3.1 다음 함수 $f(x)$의 복소 푸리에급수를 구하라.

$$f(x) = e^x, \quad -\pi < x < \pi, \quad f(x + 2\pi) = f(x)$$

• 풀이 • 모든 정수 n에 대하여 $\sin n\pi = 0$이고

$$e^{\pm in\pi} = \cos n\pi \pm i \sin n\pi = \cos n\pi = (-1)^n$$

이므로

$$\begin{aligned} c_n &= \frac{1}{2\pi}\int_{-\pi}^{\pi} e^x e^{-inx} dx = \frac{1}{2\pi}\frac{1}{1-in} e^{x(1-in)}\Big|_{-\pi}^{\pi} \\ &= \frac{1}{2\pi}\frac{1}{1-in}(e^{\pi} - e^{-\pi})(-1)^n \end{aligned}$$

위의 식에

$$\frac{1}{1-in}=\frac{1+in}{1+n^2} \text{ 및 } e^{\pi}-e^{-\pi}=2\sinh\pi$$

을 대입하면

$$c_n=(-1)^n\frac{1+in}{1+n^2}\frac{\sinh\pi}{\pi}$$

따라서 구하는 복소 푸리에급수는 다음과 같다.

① $$e^x=\frac{\sinh\pi}{\pi}\sum_{-\infty}^{\infty}(-1)^n\frac{1+in}{1+n^2}e^{inx},\quad -\pi<x<\pi$$

식 ①로부터 푸리에급수를 유도하여 보자.

$$\begin{aligned}(1+in)e^{inx}&=(1+in)(\cos nx+i\sin nx)\\&=(\cos nx-n\sin nx)+i(n\cos nx+\sin nx)\\(1-in)e^{-inx}&=(1-in)(\cos nx-i\sin nx)\\&=(\cos nx-n\sin nx)-i(n\cos nx+\sin nx)\end{aligned}$$

위의 두 식을 더하면

$$(1+in)e^{inx}+(1-in)e^{-inx}=2(\cos nx-n\sin nx)$$

따라서

$$\begin{aligned}\sum_{n=-\infty}^{\infty}(-1)^n\frac{1+in}{1+n^2}e^{inx}&=1+\sum_{n=1}^{\infty}\frac{(-1)^n}{1+n^2}(1+in)e^{inx}+(1-in)e^{-inx}\\&=1+2\sum_{n=1}^{\infty}\frac{(-1)^n}{1+n^2}(\cos nx-n\sin nx)\end{aligned}$$

모든 $-\pi<x<\pi$에 대하여

② $$e^x=\frac{2\sinh\pi}{\pi}\left[\frac{1}{2}-\frac{1}{1+1^2}(\cos x-\sin x)+\frac{1}{1+2^2}(\cos x-2\sin 2x)-\cdots\right]$$

그림 3.1은 $n=20$인 경우 식 ②의 부분합의 그래프를 그린 것이다. 또한 그림 3.2는 $f(x)$의 스펙트럼

$$|c_n|=\frac{1}{\sqrt{1+n^2}}\frac{\sinh\pi}{\pi}$$

의 그래프를 나타낸 것이다.

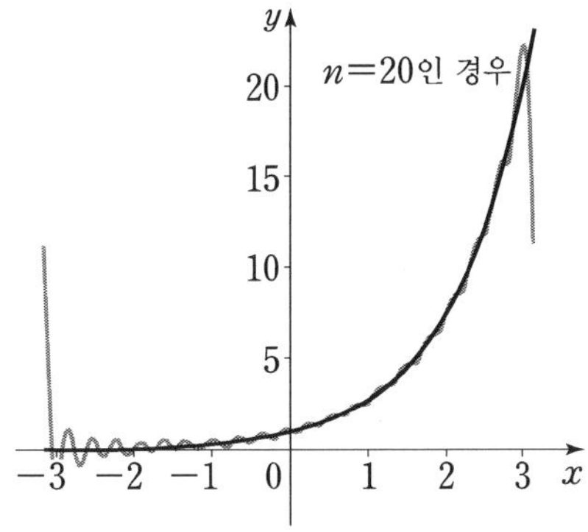

그림 3.1 $f(x)=e^x$의 복소 푸리에급수

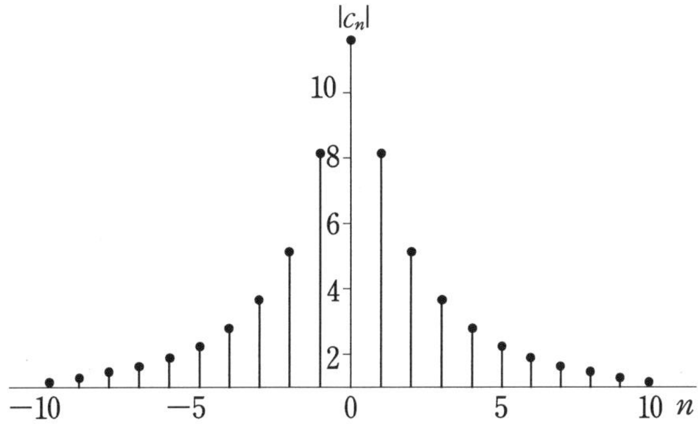

그림 3.2 $f(x)=e^x$의 복소 푸리에급수에 대한 스펙트럼

예제 3.2 $f(t)=A\sin(\pi t),\ 0<t<1,\ f(t+1)=f(t)$와 같이 정의된 정류된 사인파형 주기함수의 복소 푸리에급수를 구하여라.

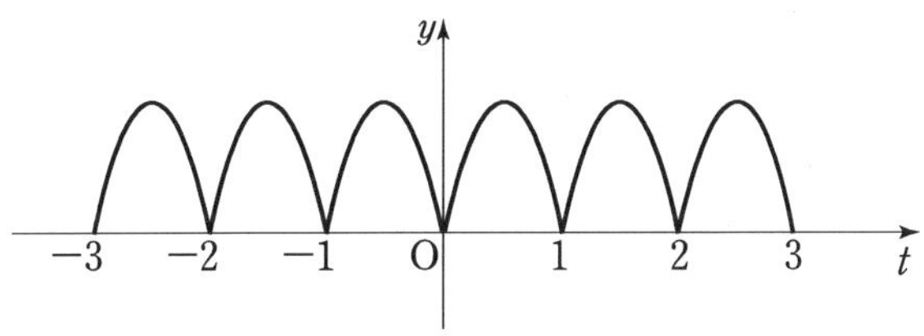

그림 3.3 정류된 사인파형 주기함수

풀이 전차의 모터는 직류전동기를 사용한다. 가속 성능이 높은 출력을 얻을 수 있기 때문이다. 전원은 교류이므로 전차에는 사이리스터(thyristor : 전력제어용 반도체 스위칭 소자)라는 정류기가 설치되어 있고 교류를 직류로 변환한다. 이를 위해 그림 3.3과 같은 사인파형 주기함수가 필요하다. 그림 1.7.3(a)는 교류의 음수부분을 양수

부분으로 변환한 전파정류의 그래프이다. 이 전파정류를 복소 푸리에급수로 전개하여 보자. $2L = 2$이므로

$$c_n = \frac{1}{2}\int_{-1}^{1} A\,|\sin(\pi t)|\,e^{-in\pi t}\,dt$$

$$= -\frac{1}{2}\int_{-1}^{0} A\ \sin(\pi t)\,e^{-in\pi t}\,dt + \frac{1}{2}\int_{0}^{1} A\ \sin(\pi t)\,e^{-in\pi t}\,dt$$

$$= -\frac{A}{2}\int_{-1}^{0}\frac{1}{2i}(e^{i\pi t} - e^{-i\pi t})e^{-in\pi t}\,dt - \frac{A}{2}\int_{0}^{1}\frac{1}{2i}(e^{i\pi t} - e^{-i\pi t})e^{-in\pi t}\,dt$$

$$= -\frac{A}{4i}\int_{-1}^{0}(e^{i\pi(1-n)t} - e^{-i\pi(1+n)t})\,dt - \frac{A}{4i}\int_{0}^{1}(e^{i\pi(1-n)t} - e^{-i\pi(1+n)t})\,dt$$

$$= -\frac{1+(-1)^n}{\pi(n^2-1)}A$$

$n = 2m+1$이면 $c_n = c_{2m+1} = 0$이고 $n = 2m$이면

$$c_{2m} = \frac{-2A}{\pi(4m^2-1)}$$

따라서 구하는 복소 푸리에급수는 다음과 같다.

$$f(t) = -\frac{2A}{\pi}\sum_{n=-\infty}^{\infty}\frac{1}{4n^2-1}e^{i2n\pi t}$$

예제 3.3 그림 3.4와 같은 선형 RLC전기회로에서 (a)와 같이 정파정류된 전원 $E(t)$가 인가된 RLC전기회로의 출력을 구하라.

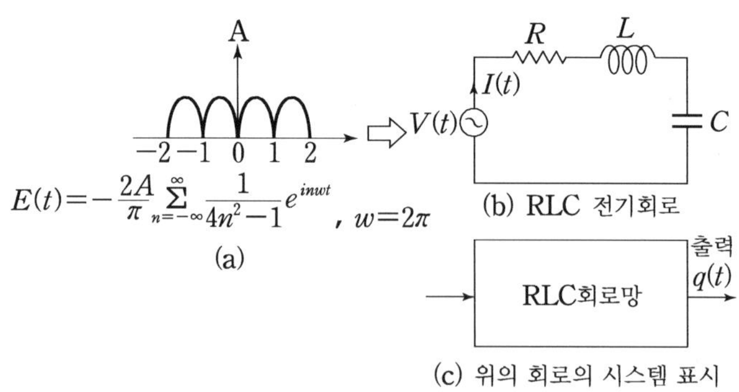

그림 3.4 RLC 회로

● **풀이** ● 콘덴서에 축적된 전하를 $q(t)$, 전압을 $E(t)$라 하면 키르히호프의 법칙에 의해 2계 미분방정식으로 구성된 선형시스템을 얻는다.

$$L\frac{d^2q}{dt^2}+R\frac{dq}{dt}+\frac{1}{C}q=E(t)$$

그림 1.7.3(a)에서 주어진 $E(t)$에 대한 복소 푸리에급수는

$$E(t)=-\frac{2A}{\pi}\sum_{n=-\infty}^{\infty}\frac{1}{4n^2-1}e^{in\omega t}=\sum_{n=-\infty}^{\infty}E_n e^{in\omega t}$$

먼저 $E(t)$를 급수의 n 번째 성분 $E_n e^{in\omega t}$ 를 외력으로 갖는 2계선형미분방정식

$$L\frac{d^2q_n}{dt^2}+R\frac{dq_n}{dt}+\frac{1}{C}q_n=E_n e^{in\omega t}$$

미분방정식의 해를 구하기 위해 시험함수의 해를 구하자.

$$q_n(t)=A_n e^{in\omega t}$$

을 선형시스템에 대입하여 정리하면

$$\left(-n^2\omega^2L+in\omega R+\frac{1}{C}\right)A_n=E_n$$

또는

$$\begin{aligned}A_n&=\frac{CE_n}{1-n^2\omega^2LC+in\omega RC}\\&=-\frac{2A}{\pi}\frac{C}{(4n^2-1)(1-n^2\omega^2LC+in\omega RC)}\end{aligned}$$

중첩의 원리에 의해 선형시스템의 해는

$$q(t)=-\frac{2AC}{\pi}\sum_{n=-\infty}^{\infty}\frac{1}{(4n^2-1)(1-n^2\omega^2LC+in\omega RC)}e^{in\omega t}$$

파스발등식

마지막으로 복소 푸리에급수를 이용하여 함수 $f(x)$와 그의 푸리에 계수 a_0, a_n 및 b_n과의 관계를 나타내는 등식을 유도하여 보자.

$$\frac{1}{2L}\int_{-L}^{L}[f(x)]^2\,dx=\frac{1}{2L}\int_{-L}^{L}f(x)f(x)\,dx \tag{3}$$

와 같다. $(-L,\ L)$ 위에서 $f(x)$에 대한 복소 푸리에급수는

$$f(x) = \sum_{n=-\infty}^{\infty} c_n e^{in\omega x}, \ \omega = \pi/L$$

을 식 (3)에 대입하면

$$\begin{aligned}\frac{1}{2L}\int_{-L}^{L}[f(x)]^2\,dx &= \frac{1}{2L}\int_{-L}^{L}\sum_{m=-\infty}^{\infty} c_m e^{im\omega x}\sum_{n=-\infty}^{\infty} c_n e^{in\omega x}\,dx \\ &= \frac{1}{2L}\int_{-L}^{L}\sum_{m=-\infty}^{\infty} c_m \sum_{n=-\infty}^{\infty} c_n e^{i(m+n)\omega x}\,dx\end{aligned}$$

여기서 $m+n \neq 0$이면

$$\begin{aligned}\int_{-L}^{L} e^{i(m+n)\omega x}\,dx &= \left[\frac{e^{i(m+n)\omega x}}{i(m+n)}\right]_{-L}^{L} \\ &= \frac{1}{i(m+n)}[e^{i(m+n)\pi} - e^{-i(m+n)\pi}] \\ &= \frac{1}{i(m+n)}[(-1)^{m+n} - (-1)^{m+n}] = 0\end{aligned}$$

이고 $m+n=0$이면

$$\int_{-L}^{L} e^{i(m+n)\omega x}\,dx = \int_{-L}^{L} 1\,dx = 2L$$

이다. 앞의 급수의 인덱스 m에 대하여 그 다음 급수의 인덱스는 $m=-n$일 때만 남고 모든 항은 0이 된다. 이러한 사실을 활용하면

$$\frac{1}{2L}\int_{-L}^{L}[f(x)]^2\,dx = \frac{1}{2L}\times 2L\sum_{m=-\infty}^{\infty} c_m c_{-m} = \sum_{n=-\infty}^{\infty} c_n \overline{c_n} = \sum_{n=-\infty}^{\infty} |c_n|^2$$

따라서 다음과 같은 등식을 얻는다.

$$\frac{1}{2L}\int_{-L}^{L}[f(x)]^2\,dx = \sum_{n=-\infty}^{\infty}|c_n|^2 \tag{4}$$

계수 a_n과 b_n을 이용하여 식 (4)를 표현해 보자.

$$c_0 = \frac{a_0}{2}, \ c_n = \frac{a_n - ib_n}{2}, \ c_{-n} = \frac{a_n + ib_n}{2}$$

이므로

$$|c_0|^2 = \frac{a_0^2}{4}, \ |c_n|^2 = \frac{a_n^2 + b_n^2}{4}, \ |c_{-n}|^2 = \frac{a_n^2 + b_n^2}{4}$$

이 결과를 식 (4)에 대입하면

$$\begin{aligned}\sum_{n=-\infty}^{\infty} |c_n|^2 &= |c_0|^2 + \sum_{n=0}^{\infty} |c_n|^2 + \sum_{n=0}^{\infty} |c_{-n}|^2 \\ &= \frac{a_0^2}{4} + \frac{1}{4}\sum_{n=1}^{\infty}(a_n^2 + b_n^2) + \frac{1}{4}\sum_{n=1}^{\infty}(a_n^2 + b_n^2) \\ &= \frac{a_0^2}{4} + \frac{1}{2}\sum_{n=1}^{\infty}(a_n^2 + b_n^2)\end{aligned}$$

따라서 다음 등식을 얻는다.

$$\frac{1}{2L}\int_{-L}^{L} [f(x)]^2 \, dt = \frac{a_0^2}{4} + \frac{1}{2}\sum_{n=1}^{\infty}(a_n^2 + b_n^2) \tag{5}$$

등식 (4) 또는 (5)를 파스발등식(Parseval's equality)이라 한다.

식 (4) 또는 (5)의 정적분을 신호 $f(x)$에 대한 에너지로 정의하면 파스발의 등식은 에너지를 스펙트럼을 통하여 구할 수 있다는 것을 주장한다. 특히, 신호가 복잡한 경우 정적분을 통하여 에너지를 구하기 어려운 경우에 파스발등식은 매우 효과적이다.

예제 3.4 그림과 같은 구형파를 이용하여 파스발등식 (5)가 성립함을 보여라.

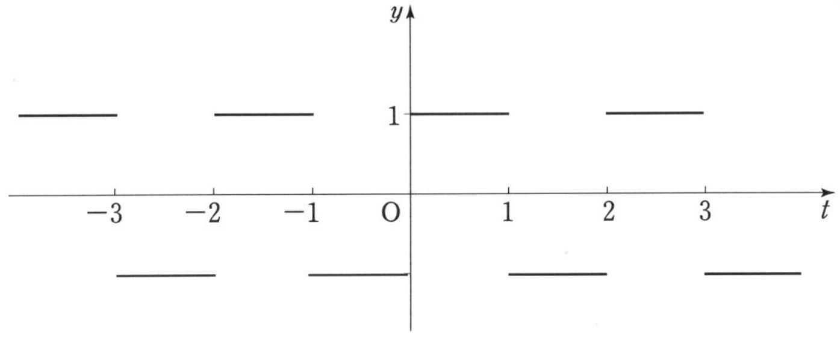

그림 3.5 구형파

• **풀이** • $L = 1$이므로

$$\frac{1}{2L}\int_{-L}^{L} [f(x)]^2 \, dt = \frac{1}{2}\int_{-1}^{1} [f(x)]^2 \, dt$$

$$= \frac{2}{2}\int_0^1 [f(x)]^2\, dt = \int_0^1 1\, dt = 1$$

$f(x)$는 기함수이므로

$$a_n = 0,\ n = 0,\ 1,\ 2,\ \cdots$$

이고

$$b_n = \frac{1}{L}\int_{-L}^{L} f(x)\sin\frac{n\pi x}{L}dx = 2\int_0^1 \sin n\pi x\, dx$$

$$= 2\left[\frac{-\cos n\pi x}{n\pi}\right]_0^1 = -2(\cos n\pi - 1)$$

$$= -\frac{2}{n\pi}[(-1)^n - 1] = \begin{cases} \dfrac{4}{n\pi}, & n: \text{홀수} \\ 0, & n: \text{짝수} \end{cases}$$

이 결과를 식 (5)의 우변에 대입하면

$$\frac{a_0^2}{4} + \frac{1}{2}\sum_{n=1}^{\infty}(a_n^2 + b_n^2) = \frac{1}{2}\sum_{n=1}^{\infty} b_n^2 = \frac{1}{2}\sum_{n=1}^{\infty} b_{2n-1}^2$$

$$= \frac{1}{2}\sum_{n=1}^{\infty}\left[\frac{4}{(2n-1)\pi}\right]^2 = \frac{8}{\pi^2}\sum_{n=1}^{\infty}\frac{1}{(2n-1)^2}$$

한편 6.1절의 예제 1.6으로부터

$$\sum_{n=1}^{\infty}\frac{1}{(2n-1)^2} = \frac{\pi^2}{8}$$

이므로

$$\frac{a_0^2}{4} + \frac{1}{2}\sum_{n=1}^{\infty}(a_n^2 + b_n^2) = \frac{8}{\pi^2}\sum_{n=1}^{\infty}\frac{1}{(2n-1)^2} = \frac{8}{\pi^2}\,\frac{\pi^2}{8} = 1$$

따라서 주어진 구형파함수에 대한 파스발등식이 성립한다.

연 습 문 제

1 다음 각 함수의 푸리에급수를 구하라.

(1) $f(x)=x^2\ (-\pi<x<\pi)$

(2) $f(x)=x^3\ (-\pi<x<\pi)$

(3) $f(x)=|x|\ (-\pi<x<\pi)$

(4) $f(x)=\begin{cases} x, & -\pi<x<0 \\ 0, & 0<x<\pi \end{cases}$

2 주기 2π를 갖는 주기함수 $f(x)$의 푸리에급수를 구하여라.

(1)

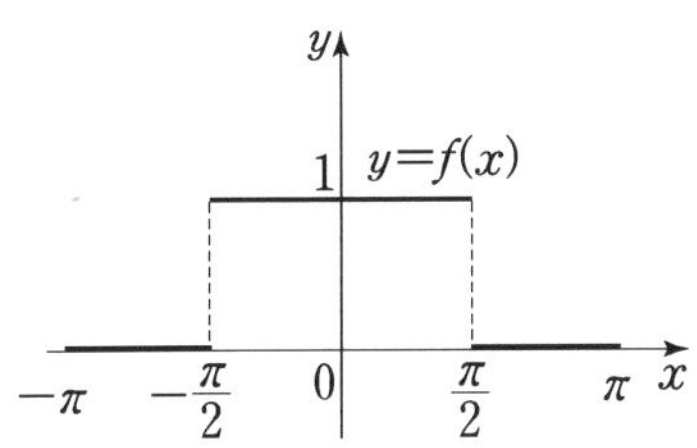

(2)

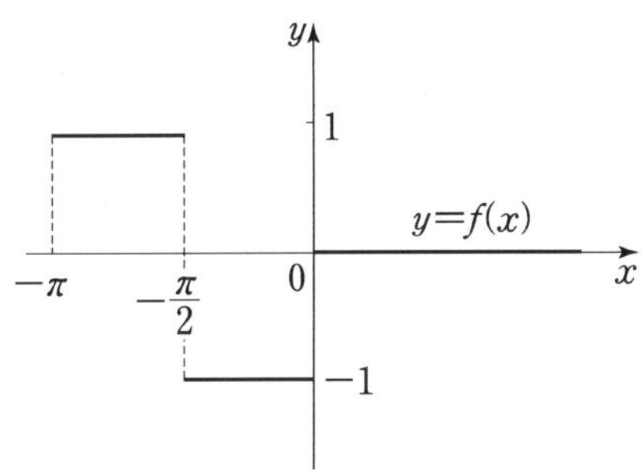

3 [CAS] 연습문제 1-(4)에서 구한 푸리에급수의 부분합 $S_n(x)$, $n=2, 4, 5$의 그래프를 사용하여 근사과정을 묘사하라.

4 함수 $f(x)=x^2+x^3$, $-\pi<x<\pi$의 스펙트럼을 좌표평면에 그려라.

5 다음 각 함수의 푸리에급수를 구하고, 그리고 각 급수가 어디에 수렴하지를 결정하여라.

(1) $f(x)=x^2\ (-\pi<x<\pi)$

(2) $f(x)=x^3\ (-\pi<x<\pi)$

(3) $f(x)=|x|\ (-\pi<x<\pi)$

(4) $f(x)=\begin{cases} 1, & -\pi<x<0 \\ -1, & 0<x<\pi \end{cases}$

(5) $f(x)=|x|\ (-4<x<4)$, $L=4$

(6) $f(x)=\begin{cases} -x-1, & -1<x<0 \\ x, & 0<x<1 \end{cases}$, $L=1$

6 연습문제 5-(4)의 그래프를 $-3\pi < x < 3\pi$에서 주기적으로 확장하여 그리고, 이 함수에 대한 푸리에급수의 수렴성을 고려하여 푸리에급수의 그래프를 손으로 대강 그려라.

7 $\dfrac{\pi^2}{8} = 1 + \dfrac{1}{3^2} + \dfrac{1}{5^2} + \dfrac{1}{7^2} + \cdots$을 이용하여 다음 등식을 증명하여라.

$$\frac{\pi^2}{6} = 1^2 + \frac{1}{2^2} + \frac{1}{3^2} + \frac{1}{4^2} + \cdots + \frac{1}{n^2} + \cdots$$

힌트 구하는 급수를 홀수 항과 짝수 항으로 나누어 생각하라.

8 예제 2.1에서 얻어진 등식

$$x^4 = \frac{\pi^4}{5} - 8(\pi^2 - 6)\cos x + \frac{1}{2}(4\pi^2 - 6)\cos 2x - \frac{8}{81}(9\pi^2 - 6)\cos 3x + \cdots$$

은 모든 $x \in [-\pi, \pi]$에 대하여 성립하는가? 성립하지 않으면 그 이유를 설명하여라.

9 예제 2.2에서 얻어진 등식

$$x^3 = \sum_{n=1}^{\infty} \frac{2(-1)^{n+1}(\pi^2 n^2 - 6)}{n^3 \pi^3} \sin(n\pi x)$$

은 모든 $x \in [-1, 1]$에 대하여 성립하는가? 성립하지 않으면 그 이유를 설명하여라.

10 우함수 확장과 기함수 확장을 방법을 사용하여 함수 $f(x) = x^2 + 1,\ x \in (0, 1)$에 대한 푸리에급수 전개하라.

11 다음 각 물음에 답하여라.

(1) 기함수 확장 방법으로 $f(x) = 1,\ x \in (0, 1)$에 대한 푸리에급수를 구하여라.

(2) (1)에서 구한 급수에 $x = 0$을 대입하면 $f(0) = 1$과 같아지는가? 만약 같지 않다면 그 이유는?

12 그림과 같은 주기함수를 푸리에급수를 이용하여 표현하여라.

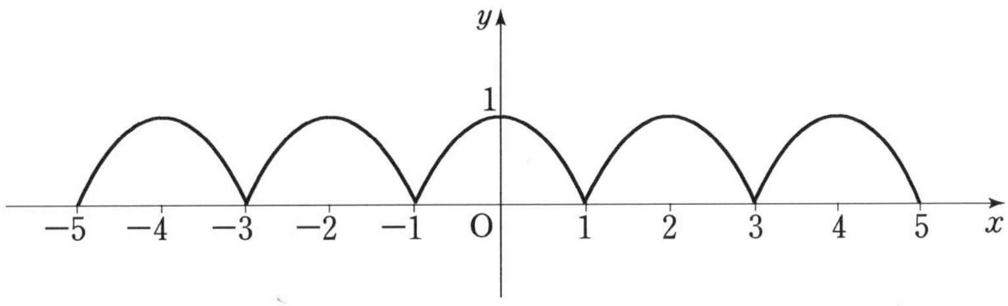

13 그림과 같은 신호 $s(t)$를 푸리에급수를 연습문제 8과 같은 형태로 표현하여라.

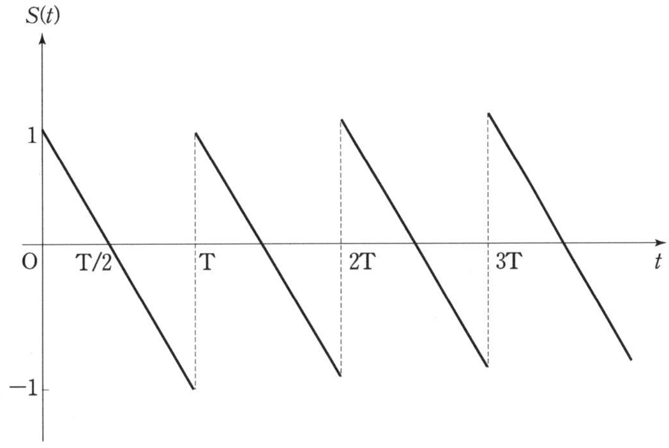

참고 | 시간영역에서의 파형이 톱니와 닮았다 하여 톱니파란 이름이 붙은 이 파는 전자회로에 있어서의 트리거(trigger), 개폐(on–off), 스위프(sweep) 등에 이용되며, 펄스통신, 레이더, 텔레비, 자동제어 및 컴퓨터 등에도 이용되고 있다.

14 다음 함수 $f(x)$의 복소푸리에 급수를 구하라.

(1) $f(x) = x,\ -\pi < x < \pi,\quad f(x+2\pi) = f(x)$

(2) $f(x) = x^2,\ -\pi < x < \pi,\quad f(x+2\pi) = f(x)$

15 그림과 같이 정류된 사인파형 주기함수의 복소푸리에급수를 구하여라.

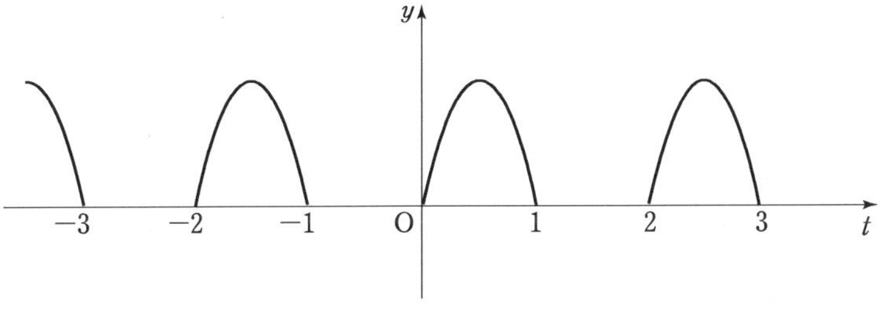

16 다음 구형파의 복소푸리에급수를 구하여라.

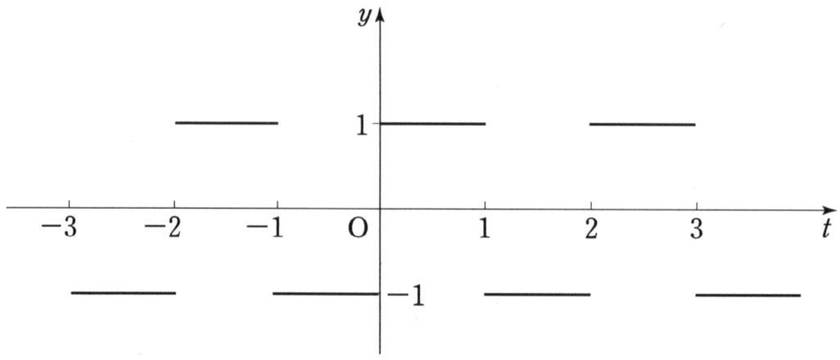

17 연습문제 16에서 주어진 함수의 스펙트럼을 구하고, 그 그래프를 그려라.

18 $f(x) = x^2$, $-\pi < x < \pi$의 복소푸리에 급수 및 파스발의 등식을 이용하여 다음 등식을 증명하여라.

$$\sum_{n=1}^{\infty} \frac{1}{n^4} = \frac{\pi^4}{90}$$

제 7 장

편미분방정식

7.1 편미분방정식의 개념

1개의 독립변수에 대한 도함수를 포함하는 방정식을 상미분방정식이라 한다. 반면 독립변수가 2개 이상이고 이 독립변수에 대한 편도함수를 포함하는 방정식을 편미분방정식(partial differential equations)이라 한다. 상미분방정식은 시간의 변화에 대한 현상을 수학적으로 모델링하는데 반해, 편미분방정식은 시간의 변화가 공간(위치)에 의존하는 현상을 수학적으로 모델링할 때 나타난다. 예를 들어, 차 안의 온도 변화는 뉴턴의 냉각법칙을 이용하여 예측하기도 하지만, 차 안의 온도가 위치에 따라 모두 같은 것은 아니다. 차 안의 공간이 협소하여 온도의 분포가 같다고 하면 별문제가 없지만, 공간이 넓은 경우는 그 온도의 분포가 위치에 따라 확연히 다르다. 추운 겨울에 모닥불 가까운 곳과 먼 곳은 확실히 온도가 다르다(그림 1.1). 편미분방정식은 공간에서의 변화율을 관심의 대상으로 취급하는 것이 상미분방정식과 다른 점이다.

그림 1.1 공간에서 열의 이동

편미분방정식은 다양한 물리적 또는 기하학적인 문제에서 나타나며 그 형태도 매우 다양하다. 따라서 상미분방정식처럼 정형화하는 것은 큰 의미가 없으며, 또 정형화하는 것 자체도 그렇게 간단하지 않다. 따라서 이 절에서는 편미분방정식에서 가장 기본적이면서 중요한 의미를 갖는 특수한 형태를 예로 들어 그 해법을 다룬다. 물론, 수학적인 모델링을 통한 편미분방정식의 유도과정을 일차원 현상을 중심으로 설명한다. 상미분방정식과 마찬가지로 편미분방정식도 '계수', '선형' 또는 '비선형'에 따라 미분방정식을 분류한다. 가장 높은 편도함수의 계수를 편미분방정식의 계수(order)라 하고, 종속변수와 편도함수가 1차식으로 표현되어 있을 때 선형(linear)이라 하고, 그렇지 않을 때 비선형(nonlinear)이라 한다. 또한 외력에 해당하는 항이 0일 때 동차(homogeneous)라고 하고, 0이 아닐 때 비동차(nonhomogeneous)라고 한다. 다음은 매우 중요한 2계 선형 편미분방정식의 예들이다.

$$\frac{\partial u(x,\ t)}{\partial t}=\kappa\frac{\partial^2 u(x,\ t)}{\partial x^2} \qquad \text{일차원열전도방정식}$$

$$\frac{\partial^2 u(x,\ t)}{\partial t^2}=\kappa^2\frac{\partial^2 u(x,\ t)}{\partial x^2} \qquad \text{일차원파동방정식}$$

$$\frac{\partial^2 u(x,\ y)}{\partial x^2}+\frac{\partial^2 u(x,\ y)}{\partial y^2}=0 \qquad \text{이차원라플라스방정식}$$

$$\frac{\partial^2 u(x,\ y)}{\partial x^2}+\frac{\partial^2 u(x,\ y)}{\partial y^2}=f(x,y) \qquad \text{이차원포아송방정식}$$

$$\frac{\partial u(x,\ t)}{\partial t}=\kappa\left[\frac{\partial^2 u(x,\ y,\ t)}{\partial x^2}+\frac{\partial^2 u(x,\ y,\ t)}{\partial y^2}\right] \qquad \text{이차원열전도방정식}$$

$$\frac{\partial u^2(x,\ t)}{\partial t^2}=\kappa^2\left[\frac{\partial^2 u(x,\ y,\ t)}{\partial x^2}+\frac{\partial^2 u(x,\ y,\ t)}{\partial y^2}\right] \qquad \text{이차원파동방정식}$$

$$\frac{\partial^2 u(x,\ y,\ z)}{\partial x^2}+\frac{\partial^2 u(x,\ y,\ z)}{\partial y^2}+\frac{\partial^2 u(x,\ y,\ z)}{\partial z^2}=0 \qquad \text{삼차원라플라스방정식}$$

그림 1.1에 대한 수평평면의 온도변화현상은 다음 편미분방정식을 통하여 분석할 수 있다.

$$\frac{\partial u(x,\ t)}{\partial t}=\kappa\left[\frac{\partial^2 u(x,\ y,\ t)}{\partial x^2}+\frac{\partial^2 u(x,\ y,\ t)}{\partial y^2}\right]+f(x,\ y,\ t)$$

여기서 $f(x,\ y,\ t)$는 모닥불에 의한 열원을 의미한다.

상미분방정식과 달리 편미분방정식의 해는 매우 다양하다. 예를 들어, 다음 함수들은

$$u=x^2-y^2,\ u=e^x\sin y,\ u=\ln(x^2+y^2)$$

일차원 라플라스방정식의 해가 되며, 그 해의 형태는 서로 너무 다르다. 따라서 모델링을 의미있게 하는 부가적인 조건을 더 첨가하여 목적에 알맞은 해를 찾는 작업이 필요하다. 일반적으로 부가적인 조건으로 초기조건과 경계조건을 도입한다. 이러한 두 개의 조건 아래서 편미분방정식의 해가 오직 한 개만 존재한다는 결론을 이끌어낼 수 있다. 편미분방정식에 초기조건과 경계조건이 부과된 문제의 해를 구하는 것을 초기·경계값 문제(initial-boundary value problems)라고 한다. 편미분방정식에 의해 기술되는 초기·경계값 문제의 해의 존재성과 유일성은 이 책의 수준을 넘기 때문에 여기서는 다루지 않는다. 그러나 상미분방정식에 대한 초기값문제와 마찬가지로 초기·경계값 문제의 해의 존재성과 유일성을 증명할 수 있다. 실제로 이 장에서 다루는 초기·경계값 문제의 해는 오직 한 개만 존재한다. 따라서 우리는 어떤 형태이든지 초기·경계값 문제를 만족하는 해를 구하기만 하면 된다. 초기·경계값 문제의 해는 하나만 존재하지만 그 해를 구하는 방법은 여러 가지가 있다. 이 절에서는 푸리에급수 또는 르장드르급수를 이용하여 그 해를 구하는 방법을 설명한다.

7.2 열전도방정식

일차원 열전도방정식

가늘고 긴 빔을 고려하여 그 물체의 온도 분포가 위치와 시간에 따라 변화되어가는 과정을 기술하는 방정식을 유도하여 보자. 길이가 L인 빔의 왼쪽 끝을 $x=0$에 놓고 오른쪽 끝을 $x=L$에 놓자. x축에 수직인 빔의 단면의 넓이는 1이고, 열은 x축을 따라서만 이동한다고 가정하자(표면은 절연되었다). 시간을 t로 표기하고, 위치 $x \in [0, L]$와 시간 $t \geq 0$에 대한 빔의 온도를 $u(x, t)$라 하자.

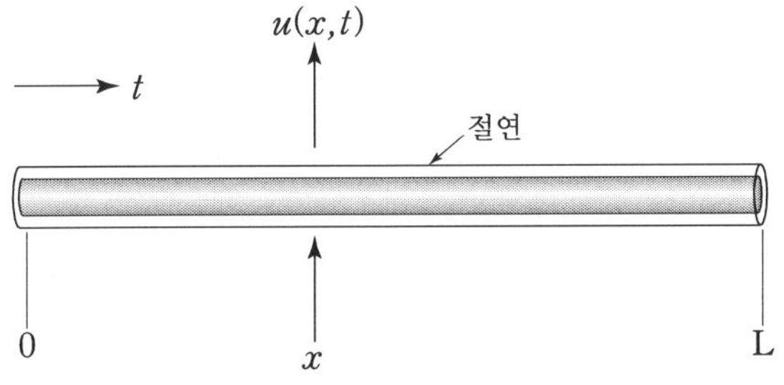

그림 2.1 절연된 빔

0과 L 사이에 있는 임의의 점 x을 잡아 고정하고 dx는 충분히 작은 양수라 하자. 시간 t에서 구간 $[x,\ x+dx]$에 축적되어 있는 열량 $J(t)$는 근사적으로 다음과 같다.

$$J(t) \approx c\rho u(x,\ t)dx$$

단, c는 물질의 비열이고 ρ는 물질의 밀도이다. $c\rho$는 단위체적당 물질의 온도를 단위온도만큼 상승시키는데 필요한 열량을 나타낸다.
dt를 충분히 작은 양수라고 하면, t와 $t+dt$ 사이에서 $J(t)$의 증가는

$$J(t+dt)-J(t) \approx c\rho\{u(x,\ t+dt)-u(x,\ t)\}dx$$

만약 $u(x,\ t)$가 충분히 매끄럽다고 하면

$$J(t+dt)-J(t) \approx c\rho\frac{\partial u(x,\ t)}{\partial t}dxdt$$

한편 물체 내부에서는 열원이 존재하지 않는다고 하면

"구간 $[x,\ x+dx]$ 에서 시간 t 에서 $t+dt$ 까지의 열량 증가는 미소영역의 양끝 x 와 $x+dx$ 로부터 유입되는 열량의 총합과 같다"

는 열량보존법칙과

"단위 시간 내에 단위 체적을 통하여 면에 수직으로 통과하는 열량은 그곳의 온도의 변화에 비례한다"

는 열전도법칙에 의해 시간 t에서 $t+dt$ 까지 x를 통하여 x 의 양의 방향으로 통과하는 열량은

$$-k\frac{\partial u(x,\ t)}{\partial x}dt$$

$x+dx$ 를 통하여 x 의 양의 방향으로 통과하는 열량은

$$k\frac{\partial u(x+dx,\ t)}{\partial x}dt$$

단, k는 비례상수로 열전도율이라 한다. 음의 부호가 붙어 있는 것은, 열은 온도가 높은 곳으로부터 낮은 곳으로 흐른다는 사실을 고려한 것이다. 위로부터 열전도에 의해 양끝으로부터 유입되는 열량은 그의 방향에 주의하여 계산하면 다음과 같다.

$$-k\frac{\partial u(x,\ t)}{\partial x}+k\frac{\partial u(x+dx,\ t)}{\partial x}\approx k\frac{\partial^2 u(x,\ t)}{\partial x^2}dx\,dt$$

근사를 등호로 바꾸고 양변을 $dx\,dt$로 나누면

$$\frac{\partial u(x,\ t)}{\partial t}=\kappa\frac{\partial^2 u(x,\ t)}{\partial x^2},\ \ \kappa=\sqrt{\frac{k}{c\rho}} \tag{1}$$

식 (1)은 임의의 시간 $t>0$과 구간 $(0,\ L)$의 임의의 점 x 에서도 성립한다. 식 (1)을 일차원 빔에 대한 열전도방정식(heat equation)이라 부른다. 빔의 온도분포는 열방정식 (1), 초기의 온도분포를 나타내는 초기조건

$$u(x,\ 0)=g(x) \tag{2}$$

과 빔의 양끝에 주어진 경계조건을 알면 풀 수 있다. 빔의 양끝에 주어지는 대표적인 경계조건들은 다음과 같다.

$$u(0,\ t) = u(L,\ t) = 0 \tag{3}$$

$$u(0,\ t) = p(t),\ u(L,\ t) = q(t) \tag{4}$$

$$\frac{\partial u}{\partial x}(0,\ t) = p(t),\ \ \frac{\partial u}{\partial x}(L,\ t) = q(t) \tag{5}$$

식 (3)과 같은 조건을 동차 디리클레(homogeneous Dirichlet) 경계조건, 식 (4)와 같은 조건을 비동차 디리클레(non-homogeneous Dirichlet) 경계조건 그리고 식 (5)와 같은 조건을 비동차 노이만(non-homogeneous Neumann) 경계조건이라 한다. 특히 $p(t) = q(t) = 0$인 경우, 동차 노이만(homogeneous Neumann) 경계조건이라 한다. 예를 들어, (1)~(3)을 동차 디리클레 경계조건을 만족하는 열방정식에 의해 기술되는 초기·경계값 문제는 다음 각 방정식을 동시에 만족하는 해를 구하는 문제이다.

$$\frac{\partial u(x,\ t)}{\partial t} = \kappa \frac{\partial^2 u(x,\ t)}{\partial x^2},\ 0 < x < L,\ t > 0$$

$$u(x,\ 0) = g(x),\ 0 < x < L$$

$$u(0,\ t) = u(L,\ t) = 0,\ t > 0$$

이차원 열전도방정정식

Ω는 R^2의 열린 영역이며 Γ는 Ω의 경계라고 하자. 동차 디리클레 경계조건을 만족하는 이차원 열방정식에 의해 기술되는 초기값·경계값 문제란 다음 방정식을 말한다.

$$\frac{\partial u(x,\ y,\ t)}{\partial t} = \kappa \left[\frac{\partial^2 u(x,\ y,\ t)}{\partial x^2} + \frac{\partial^2 u(x,\ y,\ t)}{\partial y^2} \right],\ (x,\ y) \in \Omega,\ t > 0$$

$$u(x,\ y,\ 0) = g(x,\ y),\ (x,\ y) \in \Omega$$

$$u(x,\ y,\ t) = 0,\ (x,\ y) \in \Gamma,\ t > 0$$

n차원 열전도방정정식

Ω는 R^n상의 열린 영역이며, Γ는 Ω의 경계라고 하자. 디리클레 경계조건을 만족하는 n차원 열방정식에 의해 기술되는 초기값·경계값 문제란 다음 방정식을 말한다.

$$\frac{\partial u}{\partial t} = \nabla \cdot [k(\mathrm{x}) \nabla u] + f(\mathrm{x},\ t),\ \mathrm{x} \in \Omega,\ t > 0$$

$$u(\mathrm{x},\ 0) = g(\mathrm{x}),\ \mathrm{x} \in \Omega$$

$$u(\mathrm{x},\ t) = p(\mathrm{x}),\ \mathrm{x} \in \Gamma,\ t > 0$$

단, $k(\mathrm{x})$는 위치 x에서 열전도 계수이고, $g(\mathrm{x})$는 초기값이며, $f(\mathrm{x},\ t)$는 $(\mathrm{x},\ t)$에서 열원이다. 또한 $p(\mathrm{x})$는 Γ에서 열원을 의미한다.

예제 2.1 다음 일차원 열방정식에 의해 기술되는 초기값·경계값 문제의 해를 구하여라.

① $\dfrac{\partial u(x,\ t)}{\partial t} = \kappa \dfrac{\partial^2 u(x,\ t)}{\partial x^2},\ 0 < x < L,\ t > 0$

② $u(x,\ 0) = g(x),\ 0 < x < L$

③ $u(0,\ t) = u(L,\ t) = 0,\ t > 0$

정보 | 무한급수를 이용한 해를 구하는 순서는 일반적으로 다음과 같다.

(i) 변수분리법을 도입하여 상미분방정식으로 유도한다.

(ii) 고유값 및 고유함수 문제의 해를 구한다.

(iii) 무한 중첩의 원리를 이용하여 급수해를 정의한다.

(iv) 푸리에급수 또는 르장드르급수를 이용하여 계수의 값들을 결정한다.

• 풀이 • 우선 ①의 해를 구하기 위해 시험함수로 다음과 같은 변수분리식을 생각하자.

$$u(x,\ t) = X(x)\,T(t)$$

함수 u를 식 ①에 대입하여 정리하면

④ $$X(x)\,T'(t) = \kappa X''(x)\,T(t)$$

만약 $T(t) = 0$ 또는 $X(x) = 0$이면 $u(x,t) = 0$가 되어 의미가 없으므로 $X(x)T(t) \neq 0$라 가정한다. 식 ④의 양변을 $kX(x)T(t)$로 나누면

⑤ $$\frac{T'(t)}{\kappa T(t)} = \frac{X''(x)}{X(x)}$$

식 ⑤의 왼쪽 항은 변수 t에 관한 함수이고, 오른 쪽 항은 변수 x에 관한 함수이므로, 서로 다른 변수의 함수가 같아지지 위해서는 식 ⑤의 값은 상수가 되어야 한다. 즉

$$\frac{T'(t)}{kT(t)} = \frac{X''(x)}{X(x)} = -\lambda\ (\text{상수})$$

이 식으로부터 다음과 같은 두 개의 상미분방정식을 얻는다.

⑥ $$T' + \kappa\lambda T = 0,\ T = T(t)$$

⑦ $$X'' + \lambda X = 0,\ X = X(x)$$

또한 경계조건식 ③을 $u(x,t) = X(x)\,T(t)$에 대입하면

$$u(0,\ t) = X(0)\,T(t) = 0 \text{ 및 } u(L,\ t) = X(L)\,T(t) = 0$$

이로부터 다음 경계조건을 얻는다.

⑧ $$X(0) = 0 \text{ 및 } X(L) = 0$$

이제 경계값 문제 ⑦과 ⑧의 해를 구하자.

$$X'' + \lambda X = 0,\ X = X(x)$$
$$X(0) = 0 \text{ 및 } X(L) = 0$$

⑦ 및 ⑧의 해를 구하는 문제를 '고유값 및 고유함수 문제' 또는 '스트럼·리우빌 (Strum-Liouville) 문제'라고 하고, λ를 고유값이라 하며, 0이 아닌 함수 X를 λ에 대응하는 고유함수라 한다. 이제 고유값과 고유함수를 구하자. 식 ⑦은 상수계수를 갖는 동차 2계선형미분방정식이므로 λ를 세 영역으로 나누어 일반해를 구할 수 있다.

(i) $\lambda < 0$인 경우

$\lambda = -\alpha^2$이라 하자. 그러면

$$X'' - \alpha^2 X = 0$$

의 일반해는

$$X = A\,e^{\alpha x} + B\,e^{-\alpha x}$$

일반해에 경계조건 ⑧을 대입하면

$$X(0) = A + B = 0,\ X(L) = A\,e^{\alpha L} + Be^{-\alpha L} = 0$$

A, B에 대한 연립방정식을 풀면 $A = B = 0$이다. $X(x) = 0$이므로 $\lambda < 0$에 대응하는 고유함수는 존재하지 않는다. 물론 음의 고유값도 존재하지 않는다.

(ii) $\lambda = 0$인 경우

$X'' = 0$의 일반해는 $X = Ax + B$이다. 여기에 경계조건 ⑧을 대입하면

$$X(0) = B = 0,\ X(L) = A\,L + B = 0$$

이를 풀면 $A = B = 0$가 된다. $X(x) = 0$이므로 $\lambda = 0$에 대응하는 고유함수는 존재하지 않는다.

(iii) $\lambda > 0$인 경우

$\lambda = \alpha^2$이라 하자. 그러면

$$X'' + \alpha^2 X = 0$$

의 일반해는

$$X = A\cos\alpha x + B\sin\alpha x$$

이 일반해에 경계조건 ⑧을 대입하면

$$X(0) = A = 0,\ X(L) = B\sin\alpha L = 0$$

$A = 0$이므로 $B = 0$가 되며 $\lambda > 0$에 대응하는 고유함수를 얻을 수 없다. 다행히 $B \neq 0$일 때

$$\sin\alpha L = 0$$

을 만족하는 α가 존재하므로 $\lambda > 0$에 대응하는 고유함수를 구할 수 있다. 그것도 무수히 많이 얻을 수 있다(매우 중요). 실제로 $\sin\alpha L = 0$의 해는

$$\alpha L = n\pi,\ n = 1,\ 2,\ 3, \cdots$$

이므로, 무한히 많은 고유값

$$\lambda_n = \left(\frac{n\pi}{L}\right)^2,\ n = 1,\ 2,\ 3, \cdots$$

과 고유값 λ_n에 대응하는 고유함수

$$X_n(x) = \sin\lambda_n^2 x = \sin\frac{n\pi x}{L},\ n = 1,\ 2,\ 3, \cdots$$

을 얻는다. 각 λ_n에 대응하는 식 ⑥의 일반해는

$$T_n(t) = C_n e^{-\kappa\lambda_n t}$$

단, C_n는 임의의 상수이다. X_n과 T_n을 이용하여

$$u_n(x,t) = B_n e^{-\kappa\lambda_n t}\sin\frac{n\pi x}{L},\ n = 1, 2, 3, \cdots$$

과 같은 식 ①의 해를 무수히 많이 만들 수 있다(계수는 B_n으로 통일함). $u_n(x,t)$는 식 ①과 ③을 만족하지만, 식 ②를 일반적으로 만족하지 않는다. 식 ②를 만족하기 위해서는 $g(x)$가 $\sin\lambda_n^2 x$의 상수배로만 주어져야 한다. 그러나 최초에 빔의 온도분포는 매우 다양하므로 $g(x)$는 이러한 조건을 일반적으로 만족할 수 없다. 초기조건을 만족할 수 있는 해를 구하기 위해 다음과 같은 무한중첩을 고려한다.

$$u(x,\ t) = \sum_{n=1}^{\infty} B_n e^{-\kappa\lambda_n t}\sin\frac{n\pi x}{L}$$

항별 미분가능성을 적용하여 $u(x,\ t)$는 식 ①과 ③의 해가 됨을 보일 수 있다. 마지막으로 식 ②를 만족하는 B_n을 결정하면 된다. 이것은 푸리에사인급수를 이용하여 결정할 수 있다. 초기조건 ②를 $u(x,\ t)$에 대입하면

$$\sum_{n=1}^{\infty} B_n \sin\frac{n\pi x}{L} = g(x)$$

푸리에사인급수이므로 계수는 다음과 같다.

$$B_n = \frac{2}{L}\int_0^L g(x)\sin\frac{n\pi x}{L}dx,\ n=1,\ 2,\ 3,\ \cdots$$

따라서 초기·경계값 문제 ①~③의 해는

$$u(x,t) = \sum_{n=1}^{\infty} B_n e^{-\kappa\lambda_n t}\sin\frac{n\pi x}{L}$$

$$B_n = \frac{2}{L}\int_0^L g(x)\sin\frac{n\pi x}{L}dx,\ n=1,\ 2,\ 3,\ \cdots$$

예제 2.2 다음 열전도방정식으로 기술되는 초기·경계값 문제의 해 $u(x,t)$를 구하여라.

$$\frac{\partial u(x,\ t)}{\partial t} = \frac{\partial^2 u(x,\ t)}{\partial x^2},\ 0 < x < \pi,\ t > 0$$

$$u(x,\ 0) = g(x) = 4\sin x + 2\sin 2x + 7\sin 3x,\ 0 < x < \pi$$

$$u(0,\ t) = u(\pi,\ t) = 0,\ t > 0$$

● 풀이 ● 예제 2.1로부터 $g(x)$의 푸리에사인급수에서 0이 아닌 계수는

$$B_1 = 4,\ B_2 = 2,\ B_2 = 7$$

뿐이다. $\lambda_n = n^2$이므로 구하는 해는

$$u(x,t) = 4e^{-t}\sin x + 2e^{-4t}\sin 2x + 7e^{-9t}\sin 3x$$

예제 2.3 예제 2.1에서

$$L=1,\ \kappa=0.1,\ g(x) = \begin{cases} x, & 0 < x \le \frac{1}{2} \\ 1-x, & \frac{1}{2} < x < 1 \end{cases}$$

일 때, 초기·경계값 문제의 해를 구하여라.

● 풀이 ● 예제 2.1로부터

$$B_n = 2\int_0^1 g(x)\sin n\pi x\, dx$$

$$= 2\int_0^{1/2} x\sin n\pi x\, dx + 2\int_{1/2}^{1} (1-x)\sin n\pi x\, dx$$

$$= \frac{4}{n^2\pi^2}\sin\frac{n\pi}{2}$$

$$= \begin{cases} 0, & n = 2,\ 4,\ 6,\ \cdots \\ \dfrac{4(-1)^{n+1}}{(2n-1)^2\pi^2}, & n = 1,\ 3,\ 5,\ \cdots \end{cases}$$

따라서 구하는 해는

$$u(x,\ t) = \frac{4}{\pi^2}\sum_{n=1}^{\infty}\frac{(-1)^{n+1}}{(2n-1)^2}e^{-0.1n^2\pi^2 t}\sin n\pi x$$

그림 2.2는 해 $u(x,\ t)$의 부분합에 대한 그래프를 나타낸 것이다. 빔의 가운데 부분의 초기온도가 가장 높고, 시간이 지나면서 열이 좌우로 이동하여 최종적으로 빔의 온도분포는 0에 수렴해감을 관찰할 수 있다.

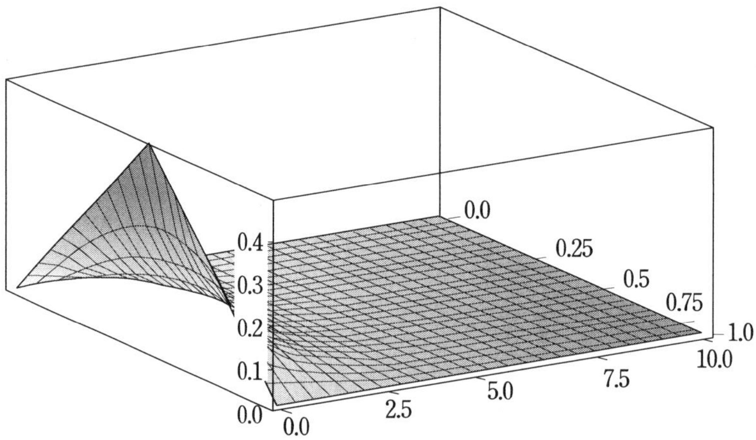

그림 2.2 초기·경계값 문제의 부분해

예제 2.4 다음 이차원 열전도방정식에 의해 기술되는 초기·경계값 문제

① $\dfrac{\partial u}{\partial t} = \kappa\left(\dfrac{\partial^2 u}{\partial x^2} + \dfrac{\partial^2 u}{\partial x^2}\right),\ 0 < x < L,\ t > 0$

② $u(x,\ y,\ 0) = g(x,\ y),\ 0 < x < L,\ 0 < y < H$

③ $u(0,\ y,\ t) = u(L,\ y,\ t) = 0,\ 0 < y < H,\ t > 0$

$u(x,\ 0,\ t) = u(x,\ H,\ t) = 0,\ 0 < x < L,\ t > 0$

를 만족하는 문제의 해 $u = u(x,\ y,\ t)$를 구하여라.

● **풀이** ● 우선 ①의 해를 구하기 위해 시험함수로 다음과 같은 변수분리식을 생각하자.

$$u(x,\ y,\ t) = X(x)\,Y(y)\,T(t)$$

함수 u를 식 ①에 대입하여 정리하면

④ $$XYT' = \kappa(X''YT + XY''T)$$

$XYT = 0$이면 $u(x,\ y,\ t) = 0$가 되어 의미가 없으므로 $XYT \neq 0$이라 가정한다. 식 ④의 양변을 $kXYT$로 나누면

⑤ $$\frac{X''}{X} = -\frac{Y''}{Y} + \frac{T'}{\kappa T}$$

식 ⑤의 왼쪽 항은 변수 x에 관한 함수이고, 오른쪽 항은 변수 y 및 t에 관한 함수이므로, 서로 다른 변수의 함수가 같아지지 위해서는 식 ⑤의 값은 상수가 되어야 한다. 즉

$$\frac{X''}{X} = -\frac{Y''}{Y} + \frac{T'}{\kappa T} = -\lambda^2 \ \text{(상수)}$$

이 식으로부터

⑥ $$X'' + \lambda^2 X = 0$$

⑦ $$-\frac{Y''}{Y} + \frac{T'}{\kappa T} = -\lambda^2 \ \text{또는}\ \frac{Y''}{Y} = \frac{T'}{\kappa T} + \lambda^2$$

위와 같은 이유로 식 ⑦로부터 다음과 같은 식을 얻는다.

⑧ $$\frac{Y''}{Y} = -\mu^2$$

⑨ $$\frac{T'}{\kappa T} + \lambda^2 = -\mu^2$$

또한 경계조건식 ③을 $u(x,\ y,\ t) = X(x)\,Y(y)\,T(t)$에 대입하면

$$u(0,\ y,\ t) = X(0)\,Y(y)\,T(t) = 0, \quad u(L,\ y,\ t) = X(L)\,Y(y)\,T(t) = 0$$
$$u(x,\ 0,\ t) = X(x)\,Y(0)\,T(t) = 0, \quad u(x,\ 0,\ t) = X(x)\,Y(H)\,T(t) = 0$$

이로부터

⑩ $$X(0) = X(L) = 0$$

⑪ $$Y(0) = Y(H) = 0$$

이제 차례로 고유값 및 고유함수문제 ⑥과 ⑩ 및 ⑦과 ⑪을 풀자. 먼저 식 ⑥과 ⑩를 풀면 다음과 같은 고유값 및 고유함수를 얻는다(구체적인 풀이는 예제 2.1을 참조하라).

$$\lambda_m = \frac{m\pi}{L} \text{ 및 } X_m = A_m \sin\frac{m\pi x}{L}, \quad m = 1,\ 2,\ 3,\ \cdots$$

식 ⑦과 ⑪에 대해서는 다음과 같은 고유값과 고유함수를 얻는다.

$$\mu_n = \frac{n\pi}{H} \text{ 및 } Y_n = B_n \sin\frac{n\pi y}{H},\ n = 1,\ 2,\ 3,\ \cdots$$

각 λ_m 및 μ_n에 대응하는 식 ⑨의 일반해는

$$T_{mn} = C_{mn} e^{-\kappa[\lambda_m^2 + \mu_n^2]t}$$

X_m, Y_n과 T_n을 이용하여

$$u_{mn}(x,t) = B_{mn} e^{-\kappa[\lambda_m^2 + \mu_n^2]t} \sin\frac{m\pi x}{L} \sin\frac{n\pi y}{H},\ m, n = 1,\ 2,\ 3,\ \cdots$$

과 같은 식 ①의 해를 무수히 많이 만들 수 있다(계수는 B_{mn}으로 통일함). u_{mn}는 식 ①과 ③을 만족하지만, 식 ②를 일반적으로 만족하지 않는다. 초기조건 ②를 만족하는 해를 구하기 위해 다음과 같은 무한중첩을 고려한다.

$$u(x,\ y,\ t) = \sum_{m=1}^{\infty}\sum_{n=1}^{\infty} B_{mn} e^{-\kappa[(m\pi/L)^2 + (n\pi/H)^2]t} \sin\frac{m\pi x}{L} \sin\frac{n\pi y}{H}$$

항별 미분가능성을 적용하여 $u(x,t)$는 식 ①과 ③의 해가 됨을 보일 수 있다. 마지막으로 식 ②를 만족하는 B_{mn}을 결정하면 된다. 초기조건 ②를 $u(x,\ y,\ t)$에 대입하면

$$\sum_{m=1}^{\infty}\sum_{n=1}^{\infty} B_{mn} \sin\frac{m\pi x}{L} \sin\frac{n\pi y}{H} = g(x,\ y)$$

푸리에사인급수를 연속적으로 반복 적용하면

$$B_{mn} = \frac{4}{LH}\int_0^H \int_0^L g(x,\ y) \sin\frac{m\pi x}{L} \sin\frac{n\pi y}{H}\, dx\, dy$$
$$(m,\ n = 1,\ 2,\ 3,\ \cdots)$$

따라서 초기·경계값 문제 ①~③의 해는

$$u(x,\ y,\ t) = \sum_{m=1}^{\infty}\sum_{n=1}^{\infty} B_{mn} e^{-\kappa[(m\pi/L)^2 + (n\pi/H)^2]t} \sin\frac{m\pi x}{L} \sin\frac{n\pi y}{H}$$
$$B_{mn} = \frac{4}{LH}\int_0^H \int_0^L g(x,\ y) \sin\frac{m\pi x}{L} \sin\frac{n\pi y}{H}\, dx\, dy$$
$$(m,\ n = 1,\ 2,\ 3,\ \cdots)$$

7.3 파동방정식

현악기의 현 또는 고무줄 같이 탄성력을 갖는 현의 작은 횡단 진동에 대한 모델을 기술하는 방정식을 유도하여 보자. 길이가 L인 현을 x축에 나란히 놓고, 왼쪽 끝을 $x=0$으로 그리고 오른쪽 끝을 $x=L$이라 놓자. 현이 운동을 시작한 후 시각 t에서 위치 0과 L사이의 위치 x에서 x축과의 변위를 $u=u(x,\ t)$라 놓고 u에 대한 운동방정식을 유도하자. 이 문제를 풀기 위해 물리적인 의미를 가지면서 문제가 너무 복잡해지지 않도록 다음과 같은 적절한 가정을 준다.

(i) 단위길이당 현의 질량은 상수이다. 현은 완전히 탄성적이며 휘어짐을 야기하는 어떠한 저항력도 없다.

(ii) 양끝을 고정하기 전 현의 뻗침에 의해 작용되는 장력은, 중력에 의해 현에 작용하는 힘을 무시할 정도로 크다.

(iii) 현은 수직 평면에서 작은 횡단운동을 한다.

운동방정식을 유도하기 위해 현의 미소부분 $(\widehat{PQ})$에 작용하는 모든 힘을 생각하자.

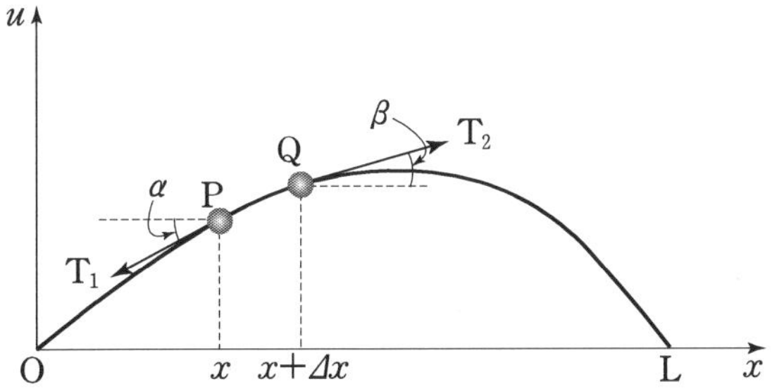

그림 3.1 고정된 시각 t에서 현의 변위

현이 휘어짐에 대한 저항력을 제공하지 않으므로 각 점에서 장력은 현이 이루는 곡선에 접하는 접선에 따라 작용하는 힘과 같다. 미소부분의 두 끝점 P와 Q에서의 장력을 각각 T_1과 T_2라 하자. 현의 점들은 x축에 수직으로 움직이기 때문에 수평방향의 운동은 없다. 따라서 장력의 수평성분은 상수가 되어야 한다. 그림 3.1에서 주어진 기호를 사용하면 다음 식을 얻는다.

$$T_1 \cos\alpha = T_2 \cos\beta = T = \text{상수} \tag{1}$$

수직방향으로 T_1과 T_2에 의해 작용하는 두 개의 힘

$$-T_2 \sin\alpha \text{ 및 } T_2 \sin\beta$$

를 갖는다. 여기서 음의 기호는 P에서 힘의 성분이 아래쪽으로 향하고 있음을 나타낸 것이다. 단위길이당 휘어지지 않은 현의 밀도를 ρ라 하면 미소부분의 질량은 $\rho \Delta x$이다. 뉴턴의 제2운동법칙($F = ma$)에 의해

$$T_2 \sin\beta - T_1 \sin\alpha = \rho \Delta x \frac{\partial^2 u}{\partial t^2} \tag{2}$$

식 (1)의 역수를 식 (2)의 양변에 곱하면

$$\frac{T_2 \sin\beta}{T_2 \cos\beta} - \frac{T_1 \sin\beta}{T_1 \cos\beta} = \tan\beta - \tan\alpha = \frac{\rho \Delta x}{T} \frac{\partial^2 u}{\partial t^2} \tag{3}$$

$\tan\alpha$와 $\tan\beta$는 현의 끝점 x와 $x + \Delta x$에서 기울기이므로

$$\tan\alpha = \left.\frac{\partial u}{\partial x}\right|_{x = x} \text{ 및 } \tan\beta = \left.\frac{\partial u}{\partial x}\right|_{x = x + \Delta x} \tag{4}$$

식 (4)를 식 (3)에 대입하고 Δx로 양변을 나누면

$$\frac{1}{\Delta x}\left[\left.\frac{\partial u}{\partial x}\right|_{x = x + \Delta x} - \left.\frac{\partial u}{\partial x}\right|_{x = x}\right] = \frac{\rho}{T} \frac{\partial^2 u}{\partial t^2}$$

마지막으로 $\Delta x \to 0^+$라 놓으면, 다음과 같이 기술되는 편미분방정식을 얻는다.

$$\frac{\partial^2 u(x, t)}{\partial t^2} = \kappa^2 \frac{\partial^2 u(x, t)}{\partial x^2}, \ 0 < x < L, \ t > 0 \tag{5}$$

단, $\kappa^2 = T/\rho$이다. 이 방정식을 일차원 파동방정식(wave equation)이라 하고, 현의 진동을 분석할 때 사용할 수 있다. 특히, 밀도가 일정하지 않는 경우는 일차원 파동방정식은

$$\frac{\partial^2 u}{\partial t^2} = \frac{\partial}{\partial x}\left(\kappa(x) \frac{\partial u}{\partial x}\right), \ 0 < x < L, \ t > 0 \tag{6}$$

으로 수정된다.

일차원 파동방정식에 기술되는 초기·경계값 문제란

$$\frac{\partial^2 u}{\partial t^2} = \frac{\partial}{\partial x}\left(\kappa(x)\frac{\partial u}{\partial x}\right),\ 0 < x < L,\ t > 0 \qquad \text{일차원 파동방정식}$$

$$u(x,\ 0) = g(x),\ \frac{\partial u}{\partial t}(x,\ 0) = h(x),\ 0 < x < L \qquad \text{초기조건}$$

$$u(0,\ t) = u(L,\ t) = 0,\ t > 0 \qquad \text{경계조건}$$

을 만족하는 해를 구하는 것이다. 이러한 종류의 경계조건을 동차 디리클레 경계조건이라 한다. 다른 경계조건을 부과할 수도 있다.

공간의 차원이 증가하면 진동의 개념도 달라지는데, 즉 이차원 파동방정식은 막의 진동현상을 분석하는데 사용한다. 일반적으로, 비동차 선형 n차원 파동방정정식은

$$\frac{\partial^2 u}{\partial t^2} = \nabla \cdot [\kappa(\mathrm{x})\nabla u] + f(\mathrm{x},t),\ \mathrm{x} \in \Omega,\ t > 0$$

단, Ω는 R^n상의 열린 영역이며 Γ는 Ω의 경계이다.

다음과 같은 초기조건과 경계조건을 생각할 수 있다.

$$u(\mathrm{x},\ 0) = g(\mathrm{x}),\ \frac{\partial u}{\partial t}(\mathrm{x},\ 0) = h(\mathrm{x}),\ \mathrm{x} \in \Omega \qquad \text{초기조건}$$

$$u(\mathrm{x},\ t) = p(\mathrm{x}),\ \mathrm{x} \in \Gamma,\ t > 0 \qquad \text{경계조건}$$

$u : \mathrm{R}^n \to \mathrm{R}$ 대신 $\mathrm{u} : \mathrm{R}^n \to \mathrm{R}^n$이 되는 예들이 있다. $n = 3$인 경우 medium을 지나는 또는 진공에서 전자기파(eletromagnetic waves)의 전파(propagation)를 기술할 수 있다. 예를 들어, $f = 0$인 전기장 E 또는 자기장 B는 다음 파동방정식에 의해 기술된다.

$$\left(\frac{\partial^2}{\partial t^2} - \kappa^2 \nabla^2\right)\mathrm{E} = 0$$

$$\left(\frac{\partial^2}{\partial t^2} - \kappa^2 \nabla^2\right)\mathrm{B} = 0$$

여기서 κ는 medium 속에서 빛의 속도이다. 진공에서는 $\kappa = \kappa_0 = 299{,}792{,}458\,\mathrm{m/sec}$이다. 맥스웰의 방정식으로부터 이 식을 유도할 수 있다.

예제 3.1 다음 일차원 파동방정식에 의해 기술되는 초기·경계값 문제의 해를 구하여라.

① $$\frac{\partial^2 u(x,\ t)}{\partial t^2} = \kappa^2 \frac{\partial^2 u(x,\ t)}{\partial x^2},\ 0 < x < L,\ t > 0$$

② $$u(x,\ 0)=g(x),\ \frac{\partial u}{\partial t}(x,\ 0)=h(x),\ 0<x<L$$

③ $$u(0,\ t)=u(L,\ t)=0,\ t>0$$

을 만족하는 해를 구하여라.

● 풀이 ● 우선 ①의 해를 구하기 위해 시험함수로 다음과 같은 변수분리식을 생각하자.

$$u(x,\ t)=X(x)\,T(t)$$

함수 u를 식 ①에 대입하여 정리하면

④ $$X(x)\,T''(t)=\kappa^2X''(x)\,T(t)$$

만약 $T(t)=0$이면 $u(x,\ t)=0$가 되어 의미가 없으므로 $T(t)\neq 0$라 가정한다. 식 ④의 양변을 $k\,T(t)$로 나누면

⑤ $$\frac{T''(t)}{\kappa^2T(t)}=\frac{X''(x)}{X(x)}$$

식 ⑤의 왼쪽 항은 변수 t에 관한 함수이고, 오른쪽 항은 변수 x에 관한 함수이므로, 서로 다른 변수의 함수가 같아지지 위해서는 식 ⑤의 값이 상수가 되어야 한다. 즉

$$\frac{T''(t)}{\kappa^2T(t)}=\frac{X''(x)}{X(x)}=-\lambda\ (\text{상수})$$

이 식으로부터 다음과 같은 두 개의 상미분방정식을 얻는다.

⑥ $$T''+\kappa^2\lambda T=0,\ T=T(t)$$

⑦ $$X''+\lambda X=0,\ X=X(x)$$

또한 경계조건식 ③을 $u(x,\ t)=X(x)\,T(t)$에 대입하면

$$u(0,\ t)=X(0)\,T(t)=0\ \text{및}\ u(L,\ 0)=X(L)\,T(t)=0$$

이로부터 다음 경계조건을 얻는다.

⑧ $$X(0)=0\ \text{및}\ X(L)=0$$

이제 고유값 및 고유함수문제 ⑦과 ⑧의 해를 구하자. 이 문제는 1.2절의 예제 2.1의 풀이와 같으므로 고유값

$$\lambda_n=\left(\frac{n\pi}{L}\right)^2,\ n=1,\ 2,\ 3,\ \cdots$$

에 대응하는 고유함수

$$X_n(x) = \sin \lambda_n^2 x = \sin \frac{n\pi x}{L}, \quad n = 1, 2, 3, \cdots$$

각 λ_n에 대응하는 식 ⑥의 일반해는

$$T_n(t) = C_n \cos \frac{n\pi\kappa t}{L} + D_n \sin \frac{n\pi\kappa t}{L}$$

단, C_n과 D_n은 임의의 상수이다. X_n과 T_n을 이용하여

$$u_n(x, t) = \left(A_n \cos \frac{n\pi\kappa t}{L} + B_n \sin \frac{n\pi\kappa t}{L}\right) \sin \frac{n\pi x}{L}, \quad n = 1, 2, 3, \cdots$$

과 같은 식 ①의 해를 무수히 많이 만들 수 있다. $u_n(x, t)$는 식 ①과 ③을 만족하지만, 식 ②를 일반적으로 만족하지 않는다. 이제 초기조건을 만족할 수 있는 해를 구하기 위해 무한중첩의 원리를 사용한다.

$$u(x, t) = \sum_{n=1}^{\infty} \left(A_n \cos \frac{n\pi\kappa t}{L} + B_n \sin \frac{n\pi\kappa t}{L}\right) \sin \frac{n\pi x}{L}$$

항별 미분가능성을 적용하여 $u(x, t)$는 식 ①과 ③의 해가 됨을 보일 수 있다. 마지막으로 식 ②를 만족하는 A_n과 B_n을 결정하면 된다. 초기조건 ②의 첫 번째 식을 $u(x, t)$에 대입하면

$$\sum_{n=1}^{\infty} A_n \sin \frac{n\pi x}{L} = g(x)$$

푸리에사인급수이므로

$$A_n = \frac{2}{L} \int_0^L g(x) \sin \frac{n\pi x}{L} dx, \quad n = 1, 2, 3, \cdots$$

초기조건 ②의 두 번째 식을 $u(x, t)$에 대입하면

$$\sum_{n=1}^{\infty} B_n \frac{n\pi\kappa}{L} \sin \frac{n\pi x}{L} = h(x)$$

푸리에사인급수이므로

$$B_n = \frac{2}{n\pi\kappa} \int_0^L h(x) \sin \frac{n\pi x}{L} dx, \quad n = 1, 2, 3, \cdots$$

따라서 초기·경계값 문제 ①~③의 해는

$$u(x, t) = \sum_{n=1}^{\infty} \left(A_n \cos \frac{n\pi\kappa t}{L} + B_n \sin \frac{n\pi\kappa t}{L}\right) \sin \frac{n\pi x}{L}$$

$$A_n = \frac{2}{L}\int_0^L g(x)\sin\frac{n\pi x}{L}dx,\ n=1,\ 2,\ 3,\ \cdots$$

$$B_n = \frac{2}{n\pi\kappa}\int_0^L h(x)\sin\frac{n\pi x}{L}dx,\ n=1,\ 2,\ 3,\ \cdots$$

예제 3.2 예제 3.1에서

$$L=1,\ \kappa=0.1,\ g(x)=\begin{cases} x, & 0<x\le\frac{1}{2} \\ 1-x, & \frac{1}{2}<x<1 \end{cases},\ h(x)=0$$

일 때, 초기·경계값 문제의 해를 구하여라.

● 풀이 ● 예제 3.1로부터

$$\begin{aligned} A_n &= 2\int_0^1 g(x)\sin n\pi x\,dx \\ &= 2\int_0^{1/2} x\sin n\pi x\,dx + 2\int_{1/2}^1 (1-x)\sin n\pi x\,dx \\ &= \frac{4}{n^2\pi^2}\sin\frac{n\pi}{2} \\ &= \begin{cases} 0, & n=2,\ 4,\ 6,\ \cdots \\ \frac{4(-1)^{n+1}}{(2n-1)^2\pi^2}, & n=1,\ 3,\ 5,\ \cdots \end{cases} \end{aligned}$$

$$B_n = \frac{20}{n\pi}\int_0^1 h(x)\sin n\pi x\,dx = 0$$

따라서 구하는 해는

$$u(x,t) = \frac{4}{\pi^2}\sum_{n=1}^{\infty}\frac{(-1)^{n+1}}{(2n-1)^2}\cos\frac{1}{10}n\pi t\sin n\pi x$$

그림 3.2는 해 $u(x,t)$의 부분합에 대한 그래프를 나타낸 것이다. 그래프를 통하여 현은 상하로 반복해서 진동하고 있다는 것을 알 수 있다. 이러한 형태의 진동을 종파(standing wave)라고 한다. 이와는 달리 파형이 축을 따라 이동해 가는 파형도 있다(예제 3.4 참고).

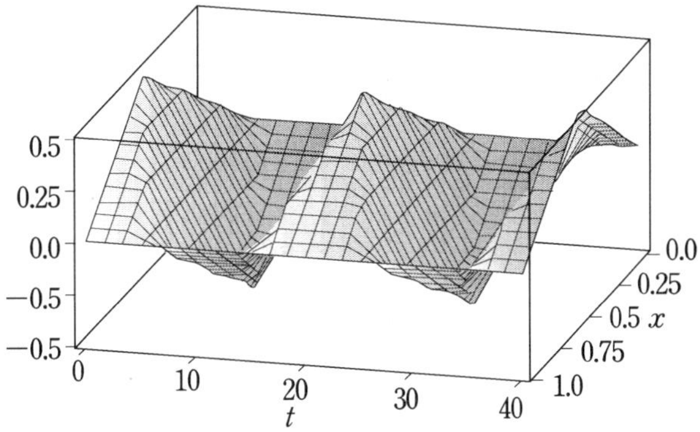

그림 3.2 초기값·경계값 문제의 해

영역의 경계가 무한한 경우 달랑베르(Jean Le Rond d'Alembert, 1717. 11～1718. 10)의 공식을 사용하여 해를 구할 수 있다.

예제 3.3 무한히 긴 현의 파동방정식으로 기술된 초기값문제의 해를 구하여라.

① $$\frac{\partial^2 u(x,\ t)}{\partial t^2} = \kappa^2 \frac{\partial^2 u(x,\ t)}{\partial x^2},\ -\infty < x < \infty,\ t > 0$$

② $$u(x,\ 0) = g(x),\ \frac{\partial u}{\partial t}(x,\ 0) = h(x),\ -\infty < x < \infty$$

의 해를 구하여라.

● **풀이** ● $\eta = x + \kappa t$와 $\xi = x - \kappa t$로 치환하자.

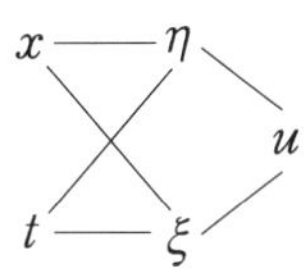

치환된 변수에 대하여 연쇄법칙을 적용하여 미분하면

③ $$\frac{\partial u}{\partial x} = \frac{\partial \eta}{\partial x}\frac{\partial u}{\partial \eta} + \frac{\partial \xi}{\partial x}\frac{\partial u}{\partial \xi} = \frac{\partial u}{\partial \eta} + \frac{\partial u}{\partial \xi}$$

$$\frac{\partial^2 u}{\partial x^2} = \frac{\partial \eta}{\partial x}\frac{\partial}{\partial \eta}\left(\frac{\partial u}{\partial \eta} + \frac{\partial u}{\partial \xi}\right) + \frac{\partial \xi}{\partial x}\frac{\partial}{\partial \xi}\left(\frac{\partial u}{\partial \eta} + \frac{\partial u}{\partial \xi}\right)$$

$$= \frac{\partial^2 u}{\partial \eta^2} + 2\frac{\partial^2 u}{\partial \eta \partial \xi} + \frac{\partial^2 u}{\partial \xi^2}$$

④ $$\frac{\partial u}{\partial t} = \frac{\partial \eta}{\partial t}\frac{\partial u}{\partial \eta} + \frac{\partial \xi}{\partial t}\frac{\partial u}{\partial \xi} = \kappa\frac{\partial u}{\partial \eta} - \kappa\frac{\partial u}{\partial \xi}$$

$$\frac{\partial^2 u}{\partial t^2} = \frac{\partial \eta}{\partial t}\frac{\partial}{\partial \eta}\left(\kappa\frac{\partial u}{\partial \eta} - \kappa\frac{\partial u}{\partial \xi}\right) + \frac{\partial \xi}{\partial t}\frac{\partial}{\partial \xi}\left(\kappa\frac{\partial u}{\partial \eta} - \kappa\frac{\partial u}{\partial \xi}\right)$$

$$= \kappa^2\frac{\partial^2 u}{\partial \eta^2} - 2\kappa^2\frac{\partial^2 u}{\partial \eta \partial \xi} + \kappa^2\frac{\partial^2 u}{\partial \xi^2}$$

식 ③과 ④을 식 ①에 대입하여 정리하면

$$\frac{\partial^2 u}{\partial \eta \partial \xi} = 0$$

이 방정식의 해는

$$u(x,\ t) = F(\eta) + G(\xi) = F(x + \kappa t) + G(x - \kappa t)$$

단, F와 G는 임의의 매끄러운 함수들이다. 초기조건 ②에 의해 F와 G를 결정하여야 한다. 초기조건 ②를 $u(x,\ t)$에 대입하면

⑤ $$u(x,\ 0) = F(x) + G(x) = g(x)$$

⑥ $$\frac{\partial u}{\partial t}(x,\ 0) = \kappa F'(x) - \kappa G'(x) = h(x)$$

식 ⑥을 $[a, x]$에서 적분하면

⑦ $$F(x) - G(x) = \frac{1}{\kappa}\int_a^x h(\zeta)d\zeta + C$$

식 ⑤와 ⑦을 연립하면

$$F(x) = \frac{1}{2}g(x) + \frac{1}{2\kappa}\int_a^x h(\zeta)d\zeta + C$$

$$G(x) = \frac{1}{2}g(x) - \frac{1}{2\kappa}\int_a^x h(\zeta)d\zeta - C$$

$F(x)$와 $G(x)$를 $u(x,t)$에 대입하면

$$u(x,t) = \frac{1}{2}g(x + \kappa t) + \frac{1}{2\kappa}\int_a^{x+\kappa t} h(\zeta)d\zeta + C$$

$$+ \frac{1}{2}g(x - \kappa t) - \frac{1}{2\kappa}\int_a^{x-\kappa t} h(\zeta)d\zeta - C$$

$$= \frac{1}{2}[g(x + \kappa t) - g(x - \kappa t)] + \frac{1}{2\kappa}\int_{x-\kappa t}^{x+\kappa t} h(\zeta)d\zeta$$

따라서 ①과 ②의 해는

⑧ $$u(x,\ t) = \frac{1}{2}[g(x + \kappa t) - g(x - \kappa t)] + \frac{1}{2\kappa}\int_{x-\kappa t}^{x+\kappa t} h(\zeta)d\zeta$$

식 ⑧을 달랑베르 공식이라 한다. ◐

예제 3.4 무한히 긴 현의 파동방정식으로 기술된 초기값문제의 해를 구하여라.

① $$\frac{\partial^2 u(x,\ t)}{\partial t^2} = \frac{\partial^2 u(x,\ t)}{\partial x^2},\ -\infty < x < \infty,\ t > 0$$

② $$u(x,\ 0) = \begin{cases} -|x|+1, & -1 \le x \le 1 \\ 0 & \text{그 외} \end{cases}$$

$$\frac{\partial u}{\partial x}(x,\ 0) = 0,\ -\infty < x < \infty$$

• 풀이 • 달랑베르 공식에 의해

$$u(x,\ t) = \frac{1}{2}[g(x+\kappa t) - g(x-\kappa t)]$$

그림 3.3은 해를 3차원으로 그린 것으로 시간이 경과함에 따라 파형이 x 축을 따라 이동해 나가는 것을 관찰할 수 있다. 이러한 파형을 횡단파(transverse wave)라 한다.

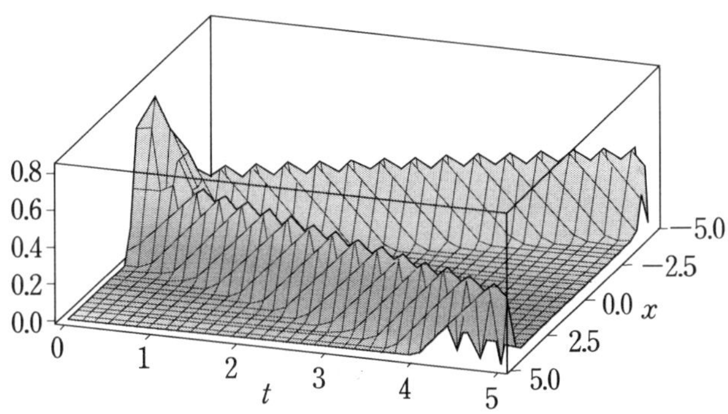

그림 3.3 횡단파(3차원 그래프)

그림 3.4는 $t = 0, 1, 3, 7$에서 $u(x,\ t)$의 그래프를 2차원에 나타낸 것이다.

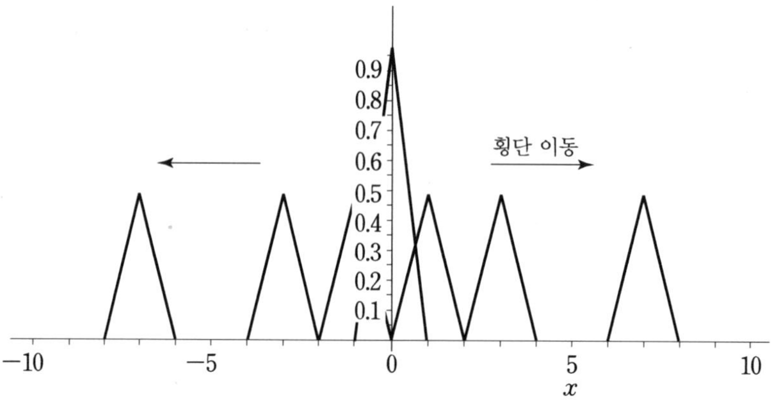

그림 3.4 횡단파(2차원 그래프)

7.4 라플라스방정식

이차원 열전도방정식에서 시간이 충분히 지나면 시간의 경과에 따른 온도의 변화는 매우 미미하게 된다. 이 경우 t에 대한 편도함수는 0이 되므로 공간에 대한 편미분방정식만 남게 된다. 즉, 물질의 밀도가 일정한 경우 다음과 같은 형의 편미분방정식을 얻는다.

$$\Delta u = \frac{\partial^2 u}{\partial x^2} + \frac{\partial^2 u}{\partial y^2} = 0, \ u = u(x, \ y)$$

이를 라플라스방정식(Laplace equation)이라 하고, 이 방정식의 해는 시간 t에 의존하지 않으므로 안정상태해라고 한다. 1.1절에서 경험했듯이 라플라스방정식은 많은 해를 가지지만, 경계조건을 만족하는 해를 찾아야 하므로 $u = x^2 - y^2$과 같은 특수해는 의미가 없다.

예제 4.1 직사각형 영역에서 비동차 디리클레경계조건을 갖는 라플라스방정식의 해를 구하여라.

$$\begin{aligned} &\Delta u = 0, \ 0 < x < L, \ 0 < y < H \\ &u(x, \ 0) = f(x), \ 0 < x < L \\ &u(x, \ H) = g(x), \ 0 < x < L \\ &u(0, \ y) = p(y), \ 0 < y < H \\ &u(L, \ y) = q(y), \ 0 < y < H \end{aligned}$$

• 풀이 • 경계조건을 그림 4.1과 같이 두 개로 나누자. 그리고 중첩의 원리를 이용하여 각각의 해를 합하여 주어진 문제의 해를 구한다.

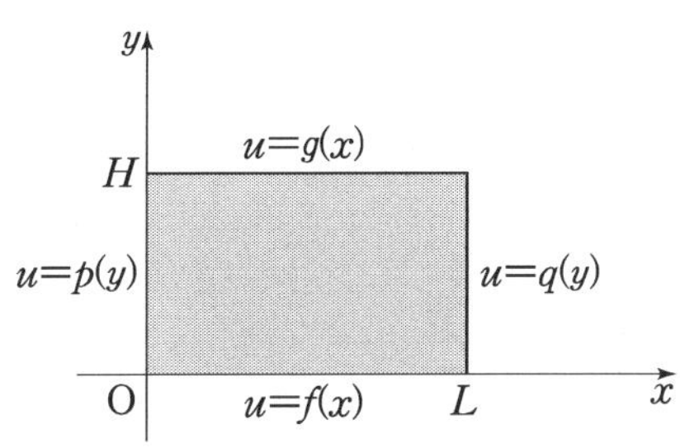

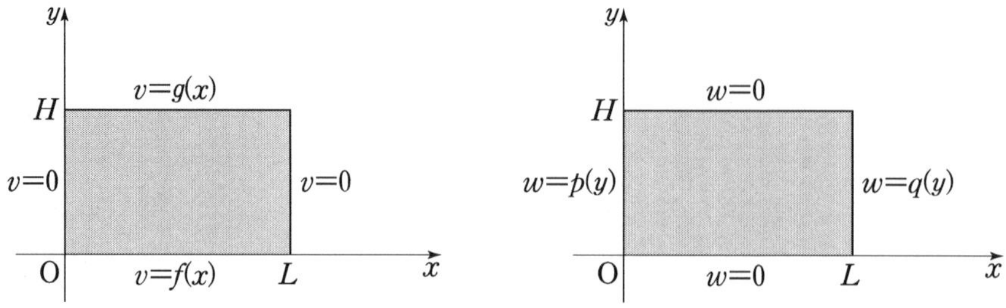

그림 4.1 직사각형 영역에서 비동차 디리클레 경계조건

즉, 다음과 같은 경계조건을 갖는 문제로 분리한다.

$\Delta v = 0,\ 0 < x < L,\ 0 < y < H$	$\Delta w = 0,\ 0 < x < L,\ 0 < y < H$
$v(x,\ 0) = f(x),\ \ 0 < x < L$	$w(x,\ 0) = 0,\ \ 0 < x < L$
$v(x,\ H) = g(x),\ \ 0 < x < L$	$w(x,\ H) = 0,\ \ 0 < x < L$
$v(0,\ y) = 0,\ \ 0 < y < H$	$w(0,\ y) = p(y),\ \ 0 < y < H$
$v(L,\ y) = 0,\ \ 0 < y < H$	$w(L,\ y) = q(y),\ \ 0 < y < H$

중첩의 원리에 의해 $u = v + w$이다. 변수분리법을 이용하여 v를 먼저 구하자. 경계조건과 방정식을 만족하는 영이 아닌 모든 해 v를 구한다. $v(x,\ y) = X(x)Y(y)$라 놓고 라플라스방정식에 대입하면

$$X''(x)Y(y) + X\ (x)Y''(y) = 0$$

양변을 XY로 나누면

$$\frac{X''}{X} + \frac{Y''}{Y} = 0$$

또는

$$\frac{X''}{X} = -\frac{Y''}{Y} = -\lambda$$

경계조건을 이용하여 다음과 같은 스트럼-리우빌문제를 얻는다.

$$X'' + \lambda X = 0,\ \ 0 < x < L$$
$$X(0) = X(L) = 0$$

이 문제의 고유값과 고유함수는

$$\lambda_n = \left(\frac{n\pi}{L}\right)^2 \quad \text{및} \quad X_n(x) = \sin\frac{n\pi x}{L},\ \ n = 1,\ 2,\ 3,\ \cdots$$

이제

$$Y'' - \lambda Y = 0,\ 0 < y < H$$

를 풀자. $\lambda = \lambda_n$에 대하여

$$Y_n'' - \left(\frac{n\pi}{L}\right)^2 Y_n = 0,\ n = 1,\ 2,\ 3,\ \cdots$$

의 일반해는

$$Y_n(y) = A_n e^{\frac{n\pi y}{L}} + B_n e^{-\frac{n\pi y}{L}},\ n = 1,\ 2,\ 3,\ \cdots$$

지수함수의 형태의 일반해는 적합하지 않다(WHY?). 경계조건을 고려하여 일차독립인 두 쌍곡선함수를 이용하여 일반해를 다시 쓰면

$$Y_n(y) = A_n \sinh\frac{n\pi y}{L} + B_n \sinh\frac{n\pi(H-y)}{L},\ n = 1,\ 2,\ 3,\ \cdots$$

무한중첩을 이용하여 v를 다음과 같이 정의하자.

$$v(x,\ y) = \sum_{n=1}^{\infty}\left(A_n \sinh\frac{n\pi y}{L} + B_n \sinh\frac{n\pi(H-y)}{L}\right)\sin\frac{n\pi x}{L}$$

이제 경계조건을 만족하는 A_n과 B_n을 결정하자. $y = 0$일 때 경계조건으로부터

$$f(x) = \sum_{n=1}^{\infty} B_n \sinh\frac{n\pi H}{L}\sin\frac{n\pi x}{L}$$

$(0,\ L)$에서 $f(x)$에 대한 푸리에사인급수에 해당하므로

$$B_n \sinh\frac{n\pi H}{L} = \frac{2}{L}\int_0^L f(x)\sin\frac{n\pi x}{L}\,dx,\ n = 1,\ 2,\ 3,\ \cdots$$

또는

$$B_n = \frac{2}{L\sinh\frac{n\pi H}{L}}\int_0^L f(x)\sin\frac{n\pi x}{L}\,dx,\ n = 1,\ 2,\ 3,\ \cdots$$

$y = H$일 때 경계조건으로부터

$$g(x) = \sum_{n=1}^{\infty} A_n \sinh\frac{n\pi H}{L}\sin\frac{n\pi x}{L}$$

$(0,\ L)$에서 $g(x)$의 푸리에사인급수에 해당하므로

$$A_n \sinh\frac{n\pi H}{L} = \frac{2}{L}\int_0^L g(x)\sin\frac{n\pi x}{L}\,dx,\ n = 1,\ 2,\ 3,\ \cdots$$

또는

$$A_n = \frac{2}{L\sinh\frac{n\pi H}{L}}\int_0^L g(x)\sin\frac{n\pi x}{L}\,dx,\ n=1,\ 2,\ 3,\ \cdots$$

따라서 첫 번째 경계값문제의 해 $v=v(x,\ y)$는 다음과 같이 주어진다.

$$v(x,\ y) = \sum_{n=1}^{\infty}\left(A_n\sinh\frac{n\pi y}{L} + B_n\sinh\frac{n\pi(H-y)}{L}\right)\sin\frac{n\pi x}{L}$$

$$A_n = \frac{2}{L\sinh\frac{n\pi H}{L}}\int_0^L g(x)\sin\frac{n\pi x}{L}\,dx,\ n=1,\ 2,\ 3,\ \cdots$$

$$B_n = \frac{2}{L\sinh\frac{n\pi H}{L}}\int_0^L f(x)\sin\frac{n\pi x}{L}\,dx,\ n=1,\ 2,\ 3,\ \cdots$$

w에 대해서도 똑같은 방법으로 구할 수 있다. 두 번째 경계값문제의 해 $w=w(x,\ y)$는 다음과 같이 주어진다.

$$w(x,\ y) = \sum_{n=1}^{\infty}\left(A_n\sinh\frac{n\pi x}{H} + B_n\sinh\frac{n\pi(L-x)}{H}\right)\sin\frac{n\pi y}{H}$$

$$A_n = \frac{2}{H\sinh\frac{n\pi L}{H}}\int_0^H q(y)\sin\frac{n\pi y}{H}\,dy,\ n=1,\ 2,\ 3,\ \cdots$$

$$B_n = \frac{2}{H\sinh\frac{n\pi L}{H}}\int_0^H p(y)\sin\frac{n\pi y}{H}\,dy,\ n=1,\ 2,\ 3,\ \cdots$$

따라서 구하는 해는 $u=v+w$이다.

예제 4.2 직사각형 영역에서 비동차 디리클레 경계조건을 갖는 라플라스방정식의 해를 구하여라.

$$\Delta u = 0,\ 0<x<1,\ 0<y<1$$

$$u(x,\ 0) = \begin{cases} x, & 0<x\le\frac{1}{2} \\ 1-x, & \frac{1}{2}<x<1 \end{cases}$$

$$u(x,\ 1) = 0,\ 0<x<1$$

$$u(0,\ y) = 0,\ 0<y<1$$

$$u(1,\ y) = 0,\ 0<y<1$$

● **풀이** ● 예제 4.1로부터

$$u(x,\ y) = \sum_{n=1}^{\infty} \left[A_n \sinh n\pi y + B_n \sinh n\pi(1-y)\right] \sin n\pi x$$

$$A_n = 0,\ n = 1,\ 2,\ 3,\ \cdots$$

$$B_n = \frac{2}{\sinh n\pi}\int_0^1 f(x)\sin n\pi x\, dx = \frac{4\sin\frac{n\pi}{2}}{n^2\pi^2\sinh n\pi},$$

$$n = 1,\ 2,\ 3,\ \cdots$$

따라서 해는

$$u(x,\ y) = \frac{4}{\pi^2}\sum_{n=1}^{\infty}\frac{(-1)^{n-1}\sinh^{-1}(2n-1)\pi}{(2n-1)^2}$$
$$\sinh[(2n-1)\pi(1-y)]\sin[(2n-1)\pi x]$$

그림 4.2는 해의 그래프이다.

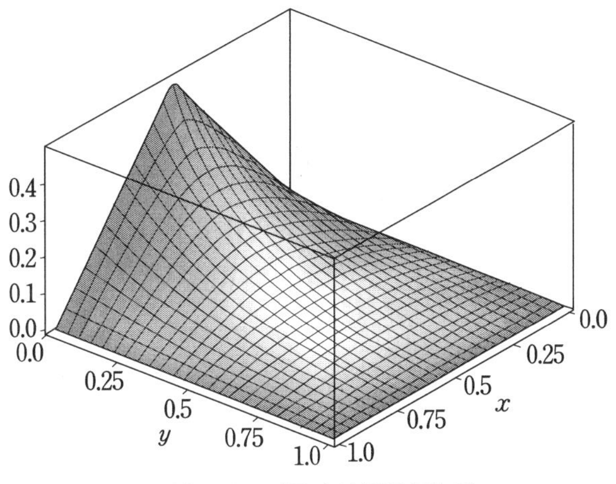

그림 4.2 라플라스방정식의 해

이차원 파동방정식의 예인 막의 진동문제(Membrane vibration problem)를 풀어보자. 차원이 높아지는 경우와 경계조건을 반영해야 할 때 어려운 점들이 많이 발생한다. 따라서 영역의 모양에 따라 좌표를 새롭게 도입하는 것은 매우 유용한 방법이다. 예를 들어, 영역이 원형일 때, 극좌표를 이용하면 훨씬 편리하다. 영역에 따른 좌표를 도입할 경우, 편미분방정식도 바꾼 좌표에 알맞게 고쳐야 한다. 예를 들어, 직교좌표계에서 표현된 이차원 파동방정식

$$\frac{\partial^2 u}{\partial t^2} = \kappa^2 \Delta u$$

을 변환 $x = r\cos\theta$과 $y = r\sin\theta$를 이용하여 극좌표에서 동치인 다음과 같은 이차원 파동 방정식으로 바꿀 수 있다(미분적분학 참조).

$$\frac{\partial^2 u}{\partial t^2} = \kappa^2 \left(\frac{\partial^2 u}{\partial r^2} + \frac{1}{r^2}\frac{\partial^2 u}{\partial \theta^2} + \frac{1}{r}\frac{\partial u}{\partial r} \right) \tag{1}$$

예제 4.3 $\Omega = \{(r,\ \theta) \mid 0 < r < c,\ 0 \le \theta < 2\pi\}$가 단위원일 때, 다음 초기·경계값 문제의 해 $u = u(r,\ \theta,\ t)$를 구하여라.

$$\frac{\partial^2 u}{\partial t^2} = \kappa^2 \Delta u,\ (r,\ \theta) \in \Omega,\ t > 0$$

$$u(1,\ \theta,\ t) = 0,\ 0 \le \theta < 2\pi,\ t > 0$$

$$u(r,\ \theta,\ t)\text{는 } 0 < r < c,\ 0 \le \theta < 2\pi,\ t > 0\text{에서 유계}$$

$$u(r,\ 0) = f(r),\ \frac{\partial u}{\partial t}(r,\ 0) = g(r),\ 0 < r < c$$

• 풀이 • 각 θ의 변화를 고려하지 않는 간단한 문제를 생각하자. 즉 $u = u(r,\ t)$인 경우를 생각하자. 식 (1)로부터

① $$\frac{\partial^2 u}{\partial t^2} = \kappa^2 \left(\frac{\partial^2 u}{\partial r^2} + \frac{1}{r}\frac{\partial u}{\partial r} \right)$$

변수분리함수 $u(r,\ t) = R(r)\,T(t)$를 식 ①에 대입하면

$$RT'' = \kappa^2 (R'T + R''T)$$

양변을 $\kappa^2 RT$로 나누어 정리하면

② $$\frac{T''}{\kappa^2 T} = \frac{R'' + \frac{1}{r}R'}{R} = -\lambda$$

식 ②로부터 두 개의 상미분방정식을 얻는다.

③ $$R'' + \frac{1}{r}R' + \lambda R = 0$$

④ $$T'' + \lambda\kappa^2 T = 0$$

경계조건을 이용하여 다음과 같은 스트럼-리우빌문제를 얻는다.

$$R'' + \frac{1}{r}R' + \lambda R = 0,\ 0 < r < c$$

$$R(1) = 0$$

$$R(r)\text{은 } 0 < r < c\text{에서 유계}$$

식 ③의 양변에 r^2을 곱하면 베셀방정식(제5장)

$$r^2 R'' + r R' + \lambda r^2 R = 0$$

을 얻는다.

(i) $\lambda < 0$

레일리(Rayleigh)상을 이용하여 λ는 고유값이 아님을 보일 수 있다.

(ii) $\lambda = 0$

2계 오일러-코시방정식이 된다.

$$r^2 R'' + r R' = 0$$

일반해는

$$R(r) = A + B r$$

$R(r)$은 $(0,\ 1)$에서 유계이므로 $B = 0$이고, 또한 $R(1) = 0$이므로 $A = 0$이다. 최종적으로 $R(r) = 0$가 되어 0은 고유값이 아니다.

(iii) $\lambda > 0,\ \lambda = \alpha^2,\ \alpha > 0$

0차 베셀방정식을 얻는다.

$$r^2 R'' + r R' + \alpha^2 r^2 R = 0$$

일반해는

$$R(r) = A\, J_0(\alpha r) + B Y_0(\alpha r)$$

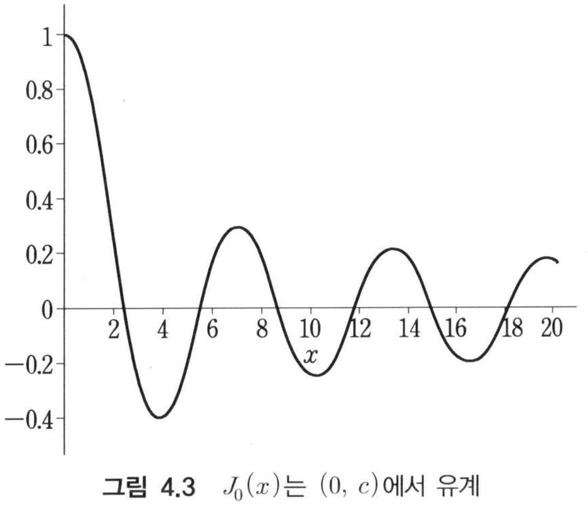

그림 4.3 $J_0(x)$는 $(0,\ c)$에서 유계

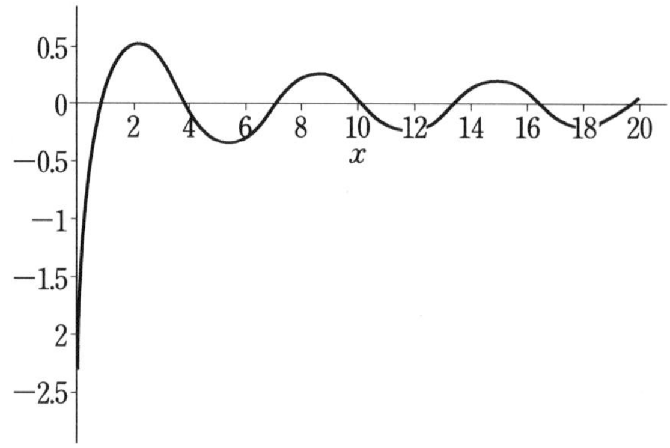

그림 4.4 $Y_0(x)$는 $(0,\ c)$에서 유계가 아님

$Y_0(x)$는 $(0,\ c)$에서 유계가 아니므로 $B=0$이다. 따라서 $R(r)=J_0(\alpha r)$이다. $R(c)=J_0(\alpha c)=0$을 만족하는 α가 무한히 존재하여야 한다. 실제로 무한히 많은 해가 존재하며 그 해를 $x_{0n},\ n=1,\ 2,\ 3,\ \cdots$라 하자. 그러면 고유값과 고유함수는

$$\lambda_n=\alpha_n^2=\left(\frac{x_{0n}}{c}r\right)^2 \text{ 및 } R_n(r)=J_0(\alpha_n r),\ n=1,\ 2,\ 3,\ \cdots$$

이제 $\lambda=\lambda_n=\alpha_n^2$에 대하여 식 ④의 일반해를 구하자.

$$T_n''+\kappa^2\alpha_n^2 T_n=0,\ t>0$$

는 상수계수를 갖는 동차 2계 선형미분방정식이므로 일반해는

$$T_n(t)=A_n\cos\alpha_n t+B_n\sin\alpha_n t$$

무한중첩을 이용하여 $u(r,\ t)$를 다음과 같이 정의하자.

⑤ $$u(r,\ t)=\sum_{n=1}^{\infty}J_0(\alpha_n r)\left[A_n\cos\alpha_n t+B_n\sin\alpha_n t\right]$$

초기조건을 이용하여 계수 A_n과 B_n를 결정하자. 첫 번째 초기조건을 식 ⑤에 대입하면

⑥ $$f(r)=\sum_{n=1}^{\infty}J_0(\alpha_n r)A_n$$

보조정리 4.1로부터

$$\int_0^r f(r)J_0(\alpha_k r)r\,dr=\sum_{n=1}^{\infty}A_n\int_0^c J_0(\alpha_n r)J_0(\alpha_k r)r\,dr$$

$$= A_k \int_0^c J_0(\alpha_k r)^2 r\,dr$$

또는

$$A_k = \frac{\displaystyle\int_0^c f(r) J_0(\alpha_k r)\, r\, dr}{\displaystyle\int_0^c J_0(\alpha_k r)^2 r\, dr}, \quad k = 1,\ 2,\ 3,\ \cdots$$

두 번째 초기조건을 식 ⑤에 대입하면

$$g(r) = \sum_{n=1}^{\infty} J_0(\alpha_n r) \alpha_n B_n$$

같은 방법으로

$$B_n = \frac{\displaystyle\int_0^c g(r) J_0(\alpha_n r)\, r\, dr}{\displaystyle\alpha_n \int_0^c J_0(\alpha_n r)^2 r\, dr}, \quad n = 1,\ 2,\ 3,\ \cdots$$

따라서 구하는 해는

$$u(r,t) = \sum_{n=1}^{\infty} J_0(\alpha_n r)\left[A_n \cos \alpha_n t + B_n \sin \alpha_n t\right]$$

$$A_n = \frac{\displaystyle\int_0^c f(r) J_0(\alpha_n r)\, r\, dr}{\displaystyle\int_0^c J_0(\alpha_n r)^2 r\, dr}, \quad n = 1,\ 2,\ 3,\ \cdots$$

$$B_n = \frac{\displaystyle\int_0^c g(r) J_0(\alpha_n r)\, r\, dr}{\displaystyle\alpha_n \int_0^c J_0(\alpha_n r)^2 r\, dr}, \quad n = 1,\ 2,\ 3,\ \cdots$$

보조정리 4.1 $J_0(\alpha x)$는

$$x^2 y'' + x y' + \alpha^2 x^2 y = 0 \tag{2}$$

의 해이며, 다음 베셀함수의 직교성질을 만족한다.

$$\int_0^c J_0(\alpha_i r)\, J_0(\alpha_j r) r\, dr = 0, \quad i \neq j$$

단, α_j는 예제 4.3에서 주어진 값이다.

증명•• 베셀함수 $J_0(x)$는

$$x^2 y'' + x y' + x^2 y = 0$$

의 해이다(제5장 1.4절 참조). 식 (2)에서 $\xi = \alpha x$로 치환하여 연쇄법칙을 적용하면

$$\frac{dy}{dx} = \frac{d\xi}{dx}\frac{dy}{d\xi} = \alpha \frac{dy}{d\xi}$$

$$\frac{d^2y}{dx^2} = \frac{d\xi}{dx}\frac{d}{d\xi}\left(\frac{dy}{dx}\right) = \alpha^2 \frac{d^2y}{d\xi^2}$$

이를 식 (2)에 대입하여 정리하면

$$\left(\frac{\xi}{\alpha}\right)^2 \alpha^2 \frac{d^2y}{d\xi^2} + \frac{\xi}{\alpha}\alpha\frac{dy}{d\xi} + \left(\frac{\xi}{\alpha}\right)^2 y = 0$$

$$\xi^2 \frac{d^2y}{d\xi^2} + \xi\frac{dy}{d\xi} + \xi^2 y = 0 \tag{3}$$

따라서 $J_0(\xi) = J_0(\alpha x)$는 식 (3)의 해이고 동시에 식 (2)의 해가 된다.

이제 직교성질을 증명하자. 먼저 $j = 1, 2, \cdots$에 대하여 $J_0(\alpha_j c) = 0$임을 알자. 예제 4.3에서 주어진 함수 R_j는 다음 식을 만족한다.

$$r^2 R_j'' + r R_j' + \alpha_j^2 r^2 R_j = 0, \ \alpha_j = \frac{x_{i0}}{c} \tag{4}$$

식 (4)의 양변을 r로 나누면

$$rR_j'' + R_j' + \alpha_j^2 r R_j = 0$$

또는

$$(rR_j')' + \alpha_j^2 r R_j = 0 \tag{5}$$

식 (5)의 양변에 R_i을 곱하여 $[0, c]$에서 적분하면

$$\int_0^c [(rR_j')' R_i + \alpha_j^2 r R_j R_i]\, dr = 0$$

부분적분을 사용하면

$$\alpha_i^2 \int_0^c r R_j R_i\, dr = \int_0^c r R_j' R_i'\, dr \tag{6}$$

식 (5)에서 j를 i로 바꾸고 그 양변에 R_j를 곱하여 $[0, c]$에서 적분하여 정리하면

$$\alpha_j^2 \int_0^c r R_i R_j \, dr = \int_0^c r R_i' R_j' \, dr \tag{7}$$

식 (6)에서 식 (7)을 뺀 후 정리하면

$$(\alpha_i^2 - \alpha_j^2) \int_0^c r R_j R_i \, dr = 0$$

$\alpha_i \neq \alpha_j$이므로

$$\int_0^c r R_j R_i \, dr = 0$$

따라서 보조정리는 증명되었다.

연 습 문 제

1 다음 열방정식에 의해 기술되는 초기치·경계치문제의 해 $u(x,\ t)$을 구하여라.

$$\frac{\partial u(x,\ t)}{\partial t} = k\frac{\partial^2 u(x,\ t)}{\partial x^2},\ 0 < x < L,\ t > 0$$

$$u(x,\ 0) = g(x),\ 0 < x < L$$

$$u(0,\ t) = u(L,\ t) = 0,\ t > 0$$

(1) $g(x) = 3\sin x + 5\sin 3x + 8\sin 5x,\ L = \pi,\ k = 1$

(2) $g(x) = \begin{cases} 1 & 1 < x < 2 \\ 0, & 0 < x < 1,\ 2 < x < 3 \end{cases},\ L = 3,\ k = 0.3$

(3) $g(x) = x(\pi - x),\ L = \pi,\ k = 1$

2 다음 열방정식에 의해 기술되는 초기치·경계치문제의 해 $u(x,\ t)$을 구하여라.

$$\frac{\partial u(x,\ t)}{\partial t} = \frac{\partial^2 u(x,\ t)}{\partial x^2},\ 0 < x < \pi,\ t > 0$$

$$u(x,\ 0) = g(x),\ 0 < x < \pi$$

$$\frac{\partial u}{\partial x}(0,\ t) = \frac{\partial u}{\partial x}(\pi,\ t) = 0,\ t > 0$$

(1) $g(x) = 3\cos x + 7\cos 2x$

(2) $g(x) = e^{-(x-\pi/2)^2}$

3 다음 열방정식에 의해 기술되는 초기치·경계치문제의 해 $u(x,\ t)$을 구하여라.

$$\frac{\partial u(x,\ t)}{\partial t} = \frac{\partial^2 u(x,\ t)}{\partial x^2},\ 0 < x < \pi,\ t > 0$$

$$u(x,\ 0) = \frac{40}{\pi}x + 10,\ 0 < x < \pi$$

$$u(0,\ t) = 10,\ u(\pi,\ t) = 50,\ t > 0$$

힌트 먼저 다음 경계치문제를 만족하는 해 $w(x)$를 구하라.

$$\frac{d^2 w}{dx^2} = 0,\ w(0) = 10,\ w(\pi) = 50$$

그 다음 $z = u - w$를 주어진 초기치·경계치문제에 대입하여 동차 디리클레경계조건을 갖는 z에 대한 초기치·경계치문제를 유도하라.

4 다음 파동방정식에 의해 기술되는 초기치·경계치문제의 해 $u(x, t)$을 구하여라.

$$\frac{\partial^2 u(x, t)}{\partial t^2} = \frac{\partial^2 u(x, t)}{\partial x^2}, \quad 0 < x < \pi, \ t > 0$$

$$u(x, 0) = \sin x + 3\sin 2x - 5\sin 3x, \quad \frac{\partial u}{\partial t}(x, 0) = 0 \quad 0 < x < \pi$$

$$u(0, t) = u(\pi, t) = 0, \ t > 0$$

5 다음 파동방정식에 의해 기술되는 초기치·경계치문제의 해 $u(x, t)$을 구하여라.

$$\frac{\partial^2 u(x, t)}{\partial t^2} = \frac{\partial^2 u(x, t)}{\partial x^2}, \quad 0 < x < \pi, \ t > 0$$

$$u(x, 0) = x(\pi - x), \quad \frac{\partial u}{\partial t}(x, 0) = 0, \ 0 < x < \pi$$

$$u(0, t) = u(\pi, t) = 0, \ t > 0$$

6 다음 파동방정식에 의해 기술되는 초기치·경계치문제의 해 $u(x, t)$을 구하여라.

$$\frac{\partial^2 u(x, t)}{\partial t^2} = \frac{\partial^2 u(x, t)}{\partial x^2}, \quad 0 < x < \pi, \ t > 0$$

$$u(x, 0) = x(\pi - x), \quad \frac{\partial u}{\partial t}(x, 0) = 0, \ 0 < x < \pi$$

$$\frac{\partial u}{\partial x}(0, t) = \frac{\partial u}{\partial x}(\pi, t) = 0, \ t > 0$$

부 록

부록 A : 초기값 문제의 해의 존재성 및 유일성

초·기·값·문·제

$$\begin{cases} \dfrac{dy}{dx} = f(x,\ y) \\ y(x_0) = y_0 \end{cases} \tag{1}$$

는 적분방정식

$$y = y_0 + \int_{x_0}^{x} f(s, y(s))\,ds \tag{2}$$

와 동치이다. 만약 연산자 T를

$$T[y](x) = y_0 + \int_{x_0}^{x} f(s,\ y(s))\,ds \tag{3}$$

와 같이 정의하면 적분방정식 (2)의 해는 다음 연산자방정식

$$T[y] = y \tag{4}$$

을 만족하는 함수 y이다. 식 (4)을 만족하는 y를 연산자 T에 대한 부동점(fixed point of T)라 한다.

정리 A.1 g와 g'가 구간 $[a,\ b]$에서 연속이고, 모든 $x \in [a,\ b]$에 대하여 $|g'(x)| \le \lambda < 1$을 만족하는 λ가 존재한다고 가정하자. 임의의 점 $x_0 \in [a,\ b]$에 대하여

$$x_{n+1} = g(x_n),\ n = 0,\ 1,\ 2,\ \cdots \tag{5}$$

을 만족한다고 하면

$$x = \lim_{n \to \infty} x_n \text{이고 } g(x) = x$$

가 성립한다. 또한 이 부동점은 오직 한 개뿐이다.

증명•• $u, v \in [a,\ b]$라 하자. 평균값정리(Mean Value Theorem)에 의해

$$g(u) - g(v) = g'(z)(u - v)$$

을 만족하는 c가 구간 $[a,\ b]$에 존재한다. 또한 모든 $z \in [a,\ b]$에 대하여 $|g'(z)| \le \lambda$이므로, 모든 $u,\ v \in [a,\ b]$에 대하여

$$|g(u)-g(v)|=|g'(z)||u-v| \le \lambda|u-v| \tag{6}$$

식 (6)을 식 (5)에 적용하면

$$|x_n-x_{n-1}|=|g(x_{n-1})-g(x_{n-2})| \le \lambda|x_{n-1}-x_{n-2}| \tag{7}$$

식 (7)을 반복적으로 적용하면, 임의의 n에 대하여

$$|x_n-x_{n-1}| \le \lambda|x_{n-1}-x_{n-2}| \le \lambda^2|x_{n-2}-x_{n-3}| \le \lambda^3|x_{n-3}-x_{n-4}|$$
$$\cdots \le \lambda^n|x_1-x_0|$$

즉

$$|x_n-x_{n-1}| \le \lambda^n|x_1-x_0|,\ n=1,\ 2,\ \cdots \tag{8}$$

$\lambda \le 1$이므로 기하급수

$$\sum_{n=0}^{\infty}\lambda^n|x_1-x_0|=|x_1-x_0|\sum_{n=0}^{\infty}\lambda^n \tag{9}$$

는 수렴한다. 따라서 비교판정법에 의해 급수

$$\sum_{n=0}^{\infty}|x_{n+1}-x_n| \tag{10}$$

는 수렴한다. 한편

$$x_n=(x_n-x_{n-1})+(x_{n-1}-x_{n-2})+(x_{n-2}-x_{n-3}) \tag{11}$$
$$+\cdots+(x_2-x_1)+(x_1-x_0)+x_0=x_0+\sum_{k=0}^{n}(x_k-x_{k-1})$$

이므로, x_n은 무한급수

$$x_0+\sum_{k=0}^{\infty}(x_k-x_{k-1}) \tag{12}$$

의 부분합(partial sum)이다. 식 (10)에 의해 무한급수 (12)는 절대수렴(absolutely convergence)한다. 따라서 수열 $\{x_n\}$은 수렴한다. $\lim_{n\to\infty}x_n=x$라 하자. 구간 $[a,\ b]$는 폐구간이므로 x는 $[a,\ b]$에 있다. 마지막으로, g의 연속성을 이용하여 식 (5)의 양변에 극한을 취하면 다음 결과를 얻는다.

$$x=\lim_{n\to\infty}x_{n+1}=\lim_{n\to\infty}g(x_n)=g\left(\lim_{n\to\infty}x_n\right)=g(x)$$

따라서 x는 g의 부동점이다.

y가 g의 부동점이라면 식 (6)에 의해

$$|x-y| = |g(x)-g(y)| \le \lambda |x-y|$$

또는

$$(1-\lambda)|x-y| \le 0$$

$\lambda < 1$이므로 $x=y$가 성립해야 한다. 따라서 부동점은 오직 한 개뿐이다.

참고 | x_n은 $x=g(x)$의 해 x에 대한 n번째 근사값(approximation)이라 할 수 있다. 그리고 $|x_n - x|$는 근사값과 참값 사이의 오차이다.

예제 1 만약 $x_0 \in [a, b]$, $a > -\pi/2$이고 $b < \pi/2$이면, $x_n = \cos(x_{n-1})$을 만족하는 수열 $\{x_n\}$은 $x = \cos x$의 해에 항상 수렴한다.

정리 A.1에서 식 (6)을 몇 번 사용하였다. 식 (6)을 만족하는 함수를 수축함수(contraction function)라 한다. 수축의 의미는 다음 단계의 함수값의 차는 직전 단계의 함수값의 차보다 더 작아짐을 의미한다. 이를 계속적으로 반복하면 어떤 부동점으로 몰리게 된다. 이러한 의미에서 정리 A.1을 수축함수원리하고 한다.

$y_0(t) = y_0$라 하자. y_n을 이용하여 y_{n+1}을

$$y_{n+1} = y_0 + \int_{x_0}^{x} f(s, y_n(s))\,ds,\ n=0,\ 1,\ 2,\ \cdots \tag{13}$$

과 같이 정의하면 수열 $\{y_n\}$을 얻는다. 연산자 T를 다음과 같이 정의하자.

$$T[y_n](x) = y_0 + \int_{x_0}^{x} f(s,\ y_n(s))\,ds,\ n=0,\ 1,\ 2,\ \cdots \tag{14}$$

식 (13)으로부터

$$x_{n+1} = T[x_n] \tag{15}$$

정리 A.1과 마찬가지로 식 (15) (또는 (14))를 통하여 $T[y] = y$에 대한 근사들 y_n을 구할 수 있다. 식 (15)와 같은 방법을 통하여 근사들을 구하는 방법을 피카드반복법(Picard iteration method)이라 한다.

예제 2 피카드반복법을 사용하여

$$\frac{dy}{dx} = 2xy$$

$$y(0)=1$$

에 대한 근사값 y_n을 구하여라.

● **풀이** ● $x_0=0,\ y_0=1$이고 $f(x,\ y)=2xy$이므로

$$y_1=y_0+\int_0^x f(s,y_0(s))\,ds=y_0+\int_0^x 2\,s\,y_0\,ds$$

$$=1+\int_0^x 2s\,ds=1+x^2$$

$$y_2=1+\int_0^x 2\,s\,y_1\,ds=1+\int_0^x 2s(1+s^2)\,ds=1+x^2+\frac{1}{2}x^4$$

$$y_3=1+\int_0^x 2\,s\,y_2\,ds=1+\int_0^x 2s\left(1+s^2+\frac{s^4}{2}\right)ds$$

$$=1+x^2+\frac{1}{2}x^4+\frac{1}{3!}x^6$$

$$y_3=1+\int_0^x 2s\left(1+s^2+\frac{s^4}{2}+\frac{s^6}{3!}\right)ds$$

$$=1+x^2+\frac{1}{2}x^4+\frac{1}{3!}x^6+\frac{1}{4!}x^8$$

$$\cdots$$

$$y_n=1+x^2+\frac{1}{2}x^4+\frac{1}{3!}x^6+\frac{1}{4!}x^8+\cdots+\frac{1}{n!}x^{2n}$$

테일러급수로부터 다음 사실을 쉽게 알 수 있다.

$$\lim_{n\to\infty} y_n=e^{x^2}$$

또한 변수분리법을 이용하여 초기값문제의 해는 $y=e^{x^2}$임을 검증할 수 있다. ◘

피카드 반복법의 증명은 정리 A.1과 매우 유사하다. 그러나 정리 A.1에서는 g가 함수이지만, 식 (15)에서 정의된 T는 연산자이다. 따라서 연산자에 대한 부동점정리를 만들어야 한다. 연산자는 함수를 다루는 함수의 개념으로 본질적으로 함수의 집합 상에서 정의된다. 피카드 반복법에 적절한 함수의 집합(공간이라 함)을 도입하자. $C[a,\ b]$를 구간 $[a,\ b]$에서 정의된 연속함수들의 집합이라 하자. $y\in C[a,\ b]$에 대하여 y의 크기(norm)을 다음과 같이 정의하자.

$$\|\,y\,\|=\max_{x\in[a,b]}|y(x)|$$

이 노름을 통하여 $C[a, b]$에 속하는 함수들 간의 거리(distance)를 정의할 수 있다. 즉 $\| y - z \|$ 는 함수 $y(x)$와 $z(x)$ 사이의 거리를 의미한다. 거리가 0이면 두 함수는 같게 된다. 이러한 개념을 상기하면 다음과 같은 성질을 쉽게 이해할 수 있다.

(i) $\| y - z \| = 0$일 필요충분조건은 모든 $x \in [a, b]$에 대하여 $y(x) = z(x)$이다.

(ii) 임의의 상수 c에 대하여 $\| c(y - z) \| = |c| \| y - z \|$ 이다.

(iii) $\| y + z \| \le \| y \| + \| z \|$ (삼각부등식)

여기서 y와 z는 $C[a, b]$에 속하는 원소들이다.

이러한 거리의 개념을 이용하여

$$\lim_{n \to \infty} \| y_n - y \| = 0$$

을 만족할 때 $\{y_n\}$은 y에 수렴한다고 하고, $y_n \to y$로 표기한다. 이 수렴은 모든 x에 대하여 성립하는데, 이를 평등수렴(uniform convergence)라고 한다. 평등수렴은 점별수렴(pointwise convergence)

$$\lim_{n \to \infty} |y_n(x) - y(x)| = 0$$

과는 다른 개념으로, 굉장히 강한 조건에 해당한다. 이런 강한 조건은 적분을 이용한 거리의 개념을 도입하면 매우 약화시킬 수 있다.

정리 A.2 연산자에 대한 바나흐(Banach) 부동점정리

$I = [a, b]$에 대하여 $B_\alpha(y_0) = \{y \in C[I] : \| y - y_0 \| < \alpha\}$인 볼(Ball)이라 하자. G는 $B_\alpha(y_0)$에서 $B_\alpha(y_0)$로 사영하는 수축연산자라 하자. 즉

$$\| G[w] - G[z] \| \le \lambda \| w - z \|, \quad \forall w, z \in B_\alpha(y_0)$$

그러면 방정식 $y = G(y)$는 오직 한 개의 해를 갖는다. 더 나아가

$$y_{n+1} = G(y_n), \; n = 0, 1, 2, 3, \cdots$$

과 같이 반복적으로 정의된 일련의 근사들의 수열 $\{y_n\}$은 y에 평등수렴한다. 이 수렴은 출발점 y_0의 선택과 관계없다.

증명•• 정리 A.2의 증명은 정리 A.1과 본질적으로 차이가 없다. 다만, 비교판정법의 확장 개념에 해당하는 바이어슈트라스 M 판정법을 이용하여 수열 $\{y_n\}$의 평등수렴성

을 이끌어 낸다는 점이 다르다.

정리 A.3 초기값문제의 해의 존재성과 유일성 정리
$R=\{(x,\ y): a<x<b,\ c<y<d\}$라 하고 $(x_0,\ y_0)\in R$라 하자. f와 $\partial f/\partial y$가 R에서 연속이면 초기값문제 (1)의 해는 구간 $[x_0-h,\ x_0+h]$에서 오직 한 개 존재한다. 단 h는 f와 $\partial f/\partial y$에 결정되는 양의 상수이다.

증명•• 정리 A.2를 적용하기 위해 $I=[x_0-h,\ x_0+h]$와 T가 $B_\alpha(y_0)$에서 $B_\alpha(y_0)$로 사영하는 수축작용소가 되는 α의 값이 존재함을 보여야 한다. 여기서

$$B_\alpha(y_0)=\{g\in C[I]:\ \|g-y_0\|\ \le\alpha\}$$

차례로 다음 사실을 증명한다.

(i) $B_\alpha(y_0)$을 만들 수 있는 h가 존재한다.

(ii) $T:\ B_\alpha(y_0)\to B_\alpha(y_0)$

(iii) T는 수축작용소이다.

(i)의 증명

$$R_1:=\{(x,\ y): |x-x_0|\le h_1, |y-y_0|\le\alpha_1\}\subset R$$

을 만족하는 양수 h_1과 α_1을 선택하자. R_1은 폐직사각형이고 f와 $\partial f/\partial y$가 R_1에서 연속이므로 모든 $(x,\ y)\in R_1$에 대하여

$$|f(x,\ y)|\le M \text{ 및 } \left|\frac{\partial f}{\partial y}\right|\le L$$

을 만족하는 M과 L이 존재한다.

$I_1=[x_0-h_1, x_0+h_1]$라 하자. g는 모든 $x\in I_1$에 대하여

$$|g(x)-y_0|\le\alpha_1 \tag{15}$$

을 만족하는 연속함수라 하자. 이러한 g에 대하여

$$T[g](x)=y_0+\int_{x_0}^{x}f(s,\ g(s))\,ds$$

따라서 $|x-x_0|\le\ h_1$에 대하여

$$|T[g](x)-y_0|=\left|\int_{x_0}^{x} f(s,\ g(s))\,ds\right| \le \left|\int_{x_0}^{x} |f(s,\ g(s))|\,ds\right| \tag{16}$$

$$\le M\left|\int_{x_0}^{x} ds\right| = M|x-x_0|$$

기하학적으로, 함수 g가 식 (15)를 만족하면, 식 (16)으로부터 $T[g]$의 그래프는 두 직선 $y=y_0 \pm M(x-x_0)$의 사이에 놓여야 한다. $T[g]$를 R_1안에 놓기 위해서는 $h < h_2 = \min\{h_1,\ \alpha_1/M\}$을 만족하는 h를 택하여야 한다. 또한 T가 축소작용소가 되기 위해서 h는 $1/L$보다 작아야 함을 알게 된다. 따라서

$$0 < h < \min\{h_1,\ \alpha_1/M,\ 1/L\}$$

을 만족하는 h를 잡으면 된다. 그리고 이후 $\alpha=\alpha_1$ 및 $h=h_1$이라 두자.

(ii)의 증명

$T[g](x)$는 연속함수의 적분이므로 구간 I에서 연속이다. 그러므로 $g \in B_\alpha(y_0)$에 대하여 식 (16)을 만족하므로

$$|T[g](x)-y_0| \le M|x-x_0| \le Mh < M\left(\frac{\alpha}{M}\right) = \alpha$$

따라서 $g \in B_\alpha(y_0)$이면 $T[g] \in B_\alpha(y_0)$이다. 즉 $T\colon B_\alpha(y_0) \to B_\alpha(y_0)$이다.

(iii)의 증명

$u, v \in B_\alpha(y_0)$라 하자. R_1에서 $|\partial f/\partial y| \le L$이다. 그러면 평균값정리에 의해

$$|T[u](x)-T[v](x)| = \left|\int_{x_0}^{x} [f(s,\ u(s))-f(s,\ v(s))]\,ds\right|$$

$$= \left|\int_{x_0}^{x} \frac{\partial f}{\partial y}(s,\ z(s))\,[u(s)-v(s)]\,ds\right|$$

$$\le L\left|\int_{x_0}^{x} |u(s)-v(s)|\,ds\right|$$

$$\le \|u-v\|\,|x-x_0| \le Lh\,\|u-v\|$$

여기서 $z(s)$는 $u(s)$와 $v(s)$ 사이에 놓이는 함수이다. 또한 노름은 구간 I에서 취하여진 것이다. $\lambda = Lh$라 놓으면

$$\|T[u]-T[v]\| \le \lambda\,\|u-v\|$$

이고 또한 $h < 1/L$이므로 $\lambda < 1$이다. 따라서 T는 수축작용소이다.

정리 A.2에 의해 T는 유일한 부동점을 가지고, 이 부동점은 초기값 문제 (1)의 유일한 해가 된다. 더 나아가 이 해는 근사값들 (13)의 (평등)극한이다.

정리 A.3을 벡터미분방정식의 경우로 확장할 수 있다. 즉, 다음 n차 1계선형미분방정식으로 구성된 초기값문제

$$\begin{cases} \dfrac{d\mathrm{x}}{dt} = f(t,\ \mathrm{x}) \\ \mathrm{x}(t_0) = \mathrm{x}_0 \end{cases} \tag{17}$$

의 해의 존재성 및 유일성에 대한 결론을 이끌어 낼 수 있다. 이를 위해서 필요한 것은 연속인 벡터함수에 대한 노름의 정의만 해주면 된다.

$$C_n[a,\ b] = \{\mathrm{x} = (x_1,\ x_2,\ \cdots,\ x_n) : x_j = x_j(t) : [a,b] \to R\text{는 연속}\}$$

라 하자. $C_n[a,\ b]$에 속하는 x에 대한 노름은 다음과 같이 정의한다.

$$\| \mathrm{x} \| = \max_{x \in [a,\ b]} |\mathrm{x}(t)|$$

단,

$$|\mathrm{x}(t)| = \left[|x_1(t)|^2 + |x_2(t)|^2 + \cdots + |x_n(t)|^2\right]^{1/2}$$

정리 A.2와 똑 같은 방법으로 다음 정리를 증명할 수 있다.

정리 A.3 초기값문제의 해의 존재성과 유일성 정리

f와 $\partial \mathrm{f}/\partial x_i$, $i = 1,\ 2,\ \cdots,\ n$가 $(t_0,\ \mathrm{x}_0)$를 포함하는 직사각영역 R :

$$R = \{(t,\ x_1,\ x_2,\ \cdots,\ x_n) : a < t < b,\ c_i < x_i < d_i,\ i = 1,\ 2,\ \cdots,\ n\}$$

에서 연속이라 하자. 그러면 초기값문제 (17)은 어떤 구간 $I = [t_0 - h,\ t_0 + h]$에서 오직 한 개의 해만을 갖는다. 단, h는 양의 상수이다.

부록 B : 4차 룽게-쿠타법(4th order Runge-Kutta Method)

오일러방법은 간단하지만 오차가 $O(h)$이므로 수렴속도가 느리다. 수정 오일러방법의 오차 역시 $O(h^2)$밖에 되지 않는다. 더 빠른 수렴속도를 갖는 수치해법으로 테일러방법과 룽게-쿠타법이 있다. 테일러방법은 오일러방법의 자연스런 확장이고, 룽게-쿠타법은 수렴속도가 빠르고 코딩이 쉬워 초기값문제에 가장 많이 사용한다. 다음 초기값문제를 생각하자.

$$\frac{dy}{dx} = f(x, y), \ y(x_0) = y_0 \tag{1}$$

여기서 $x \in \mathrm{R}^n$, $f : \mathrm{R}^{n+1} \to \mathrm{R}^n$이다. f와 f_y는 수직 띠

$$S = \{(x, y) | a < x < b, -\infty < y < \infty\}$$

위에서 정의된 연속함수이고 f는 원하는 만큼 연속적으로 미분가능하다고 가정하자. 먼저 테일러방법을 설명한다. ϕ_n을 다음 초기값문제의 해라고 하자.

$$\phi_n{}' = f(x, \phi_n), \ \phi_n(x_n) = y_n \tag{2}$$

$h = x - x_n$이라고 놓자. $x = x_n$에서 테일러급수는

$$\phi_n(x) = \phi_n(x_n) + h\phi_n{}'(x_n) + \frac{h^2}{2!}\phi_n{}''(x_n) + \cdots$$

ϕ_n은 식 (2)를 만족하므로 이 급수는 최종적으로 다음과 같이 쓸 수 있다.

$$\phi_n(x) = \phi_n(x_n) + hf(x, \phi_n(x_n)) + \frac{h^2}{2!}\phi_n{}''(x_n) + \cdots \tag{3}$$

오일러방법에서 사용한 y_{n+1}에 대한 반복공식은 (3)에서 h에 대한 1차 항 뒷부분의 모든 항을 잘라내면 얻어진다. 더 좋은 근사해를 얻기 위해 테일러급수에서 몇 항을 더 사용하는데, 이를 위해서 f는 원하는 만큼 연속적으로 미분가능하다고 가정한 것이다. 실제로 연쇄법칙을 적용하여 y''을 구하면 다음과 같다.

$$\begin{aligned} y'' &= \frac{\partial f}{\partial x}(x, y) + \frac{\partial f}{\partial y}(x, y)y' \\ &= \frac{\partial f}{\partial x}(x, y) + \frac{\partial f}{\partial y}(x, y)f(x, y) \\ &=: f_2(x, y) \end{aligned} \tag{4}$$

같은 방법으로 y''', $y^{(4)}$, $\cdots$에 대응하는 f_3, f_4, $\cdots$을 정의할 수 있다. (3)에서 h^p항 이후 모든 항을 잘라내고 $x = x_n + h$에서 $\phi_n(x_n + h)$의 근사값을 y_{n+1}이라 하면 다음과 같은

반복식을 얻을 수 있다.

$$x_{n+1} = x_n + h \tag{5}$$

$$y_{n+1} = y_n + hf(x_n,\ y_n) + \frac{h^2}{2!}f_2(x_n,\ y_n) + \cdots + \frac{h^p}{p!}f_p(x_n,\ y_n),\ n = 0,1,2,\cdots \tag{6}$$

이 반복식 (5)와 (6)을 p차 테일러방법(Taylor method of order p)이라고 한다. p차 테일러방법은 $O(h^p)$의 수렴속도를 갖는다.

예제 1 2차 테일러방법을 사용하여 초기값문제

$$y' = \sin(xy),\ y(0) = \pi$$

에 대한 근사해의 반복공식을 구하라.

• 풀이 • $f(x,\ y) = \sin(xy)$이므로

$$f_x = y\cos(xy),\ f_y = x\sin(xy)$$

이를 (6)에 대입하면

$$\begin{aligned} f_2(x,\ y) &= f_x(x,\ y) + f_y(x,\ y)f(x,\ y) \\ &= y\cos(xy) + x\cos(xy)\sin(xy) \\ &= y\cos(xy) + \frac{x}{2}\sin(2xy) \end{aligned}$$

따라서 $n = 0,\ 1,\ 2,\ 3,\ \cdots$에 대하여

$$\begin{aligned} x_{n+1} &= x_n + h, \\ y_{n+1} &= y_n + h\sin(x_n y_n) + \frac{h^2}{2}\left[y_n\cos(x_n y_n) + \frac{x_n}{2}\sin(2x_n y_n)\right] \end{aligned}$$

단, $x_0 = 0$이고 $y_0 = \pi$이다.

고차 테일러방법을 도입에 따른 어려움은 f_p를 결정하기 위해 필요한 편도함수를 지루하게 계산해야 한다는 점이다. 이러한 지루함을 피하기 위한 새로운 방법(룽게-쿠타법)을 설명한다. 일반적인 테일러방법은

$$y_{n+1} = y_n + hF(x_n,\ y_n\ ;\ h) \tag{7}$$

와 같은 형을 갖는다. 여기서 F는 p에 의존한다. 예를 들면

$$p=1,\ F \Leftarrow T_1(x,\ y;h)=f(x,\ y)$$

$$p=2,\ F \Leftarrow T_2(x,\ y;h)=f(x,\ y)+\frac{h}{2}\left[\frac{\partial f}{\partial x}(x,\ y)+\frac{\partial f}{\partial y}(x,\ y)f(x,\ y)\right] \tag{8}$$

2차 룽게-쿠타법의 아이디어는, 식 (8)에서 정의된 F를

$$F \Leftarrow K_2(x,\ y;h)=f(x+\alpha h,\ y+\beta h f(x,\ y)) \tag{9}$$

의 형태로 선택하는 것이다. 여기서 α와 β는 식 (8)에 의해 결정된 근사해가 $O(h^2)$의 수렴속도를 갖도록 선택된다. 이 방법의 장점은 f의 편도함수를 계산할 필요가 없고, 또한 함수 f를 두 번 사용하여 K_2를 구할 수 있다는 것이다. $O(h^2)$의 수렴속도를 얻기 위해 이 새로운 방법과 2차 테일러방법을 비교하여

$$h \to 0\text{일 때 } T_2(x,\ y;h)-K_2(x,\ y;h)=O(h^2)$$

을 만족하도록 α와 β를 선택한다. 즉, K_2의 테일러급수전개에서 h항의 계수와 T_2의 h항의 계수가 서로 같도록 α와 β를 정한다. (x, y)을 고정시키고 (9)에서 주어진 $K_2=K_2(h)$를 $h=0$에서 전개하면

$$\begin{aligned} K_2(h) &= K_2(0)+\frac{dK_2}{dh}(0)h+O(h^2) \\ &= f(x,\ y)+\alpha\frac{\partial f}{\partial x}(x,\ y)h+\beta\frac{\partial f}{\partial y}(x,\ y)f(x,\ y)h \end{aligned} \tag{10}$$

(8)과 (10)에서 주어진 T_2와 K_2에서 h항의 계수가 같아지는 α와 β는 모두 $1/2$이다. 따라서

$$K_2(x,\ y;h)=f\left(x+\frac{h}{2},\ y+\frac{h}{2}f(x,\ y)\right) \tag{11}$$

식 (11)을 식 (7)에 대입하면 $n=0,\ 1,\ 2,\ 3,\ \cdots$에 대하여

$$\begin{aligned} x_{n+1} &= x_n+h, \\ y_{n+1} &= y_n+h\left(x_n+\frac{h}{2},\ y_n+\frac{h}{2}f(x_n,\ y_n)\right) \end{aligned}$$

과 같은 반복공식을 얻고, 이 반복공식을 2차 룽게-쿠타법이라 한다. 2차 룽게-쿠타법의 수렴속도는 $O(h^2)$이며, 이것은 수정 오일러방법과 같다.

유사한 방식으로 4차 테일러방법을 다룰 수 있고 약간의 복잡한 계산을 통하여 4차 룽게-

쿠타법(4th order Runge-Kutta method)을 얻을 수 있다.

$$n = 0,\ 1,\ 2,\ 3,\ \cdots \text{에 대하여}$$

$$\begin{aligned} x_{n+1} &= x_n + h \\ y_{n+1} &= y_n + (k_1 + 2k_2 + 2k_3 + k_4)/6 \end{aligned}$$

단,

$$\begin{aligned} k_1 &= hf(x_n,\ y_n) \\ k_2 &= hf(x_n + h/2, y_n + k_1/2) \\ k_3 &= hf(x_n + h/2, y_n + k_2/2) \\ k_4 &= hf(x_n + h,\ y_n + k_3) \end{aligned}$$

4차 룽게-쿠타법은 수렴속도가 $O(h^4)$이고 또한 코딩이 쉬워 일반적으로 많이 사용하는 방법 중의 하나이다. 대체적으로 이것은 반복수가 적은 경우라도 상당히 좋은 근사해를 생성한다.

4차 룽게쿠타법 실행 Maple프로그램

```
> RK_approx := proc(df, a::numeric, b::numeric, c::numeric, N::integer)
     local i,x,h,y1,y2,k1,k2,k3,k4;
     x := a; y2 := b; h := (c-a)/N;
     for i from 1 to N do
          y1 := y2; k1 := df(x,y1);
          k2 := df( x + h/2, y1 + h*k1/2);
          k3 := df( x + h/2, y1 + h*k2/2);
          k4 := df( x + h, y1 + h*k3);
          x := x + h;
          y2 := y1+h*(k1 + 2*k2 + 2*k3 + k4)/6;
     end do;
     printf("    x=%g y=%g \n",evalf(x),evalf(y2));
   return(evalf(y2));
end proc:
```

정해진 오차한계에서 근사해를 구하는 4차 룽게쿠타법 실행 Maple프로그램

```
> RK_error := proc(f,a::numeric,b::numeric,c::numeric,er::numeric,M::integer)
  local z,y,m,N;
      y := b;
      z := y;
      for m from 0 to M do
              N := 2^m;
              y:=RK_approx(f,a,b,c,N);
              if (abs(y-z)<er) then break fi;
              z:=y;
      end do;
      print(N);
      print(y-z);
      evalf(y);
end proc:
```

예제 2 4차 룽게쿠타법을 사용하여 초기값문제

$$\frac{dy}{dx}=y,\ \ y(0)=1$$

의 해 $y(1)=e$에 대한 근사값을 구하여라. 그리고 구한 근사값은 소수점 아래 몇 자리까지 정확한가. 단, $h=1/4$이다.

● 풀이 ● Maple 워크시트에 RK_approx을 입력하여 실행한다. 워크시트에 다음과 같이 입력하여 실행한다.

```
> f := (x,y) -> y:
> RK_approx(0,1,1,1,4)
```

$$x=1\ \ y=2.71821$$

$y_4=2.71821$이므로 구하는 근사값은 2.71821이다. 또한

$$E(4)=e-y_4\approx 2.71821-2.71828=0.00007$$

이므로 소수점 이하 4자리까지 정확하다.

예제 3 예제 2의 초기값문제를 통하여 e의 근사값을 구할 때, 오차한계를 0.000001로 한정하려면, h 의 크기 즉, N 값의 값은 얼마로 정해야 하는가?

● **풀이** ● Maple 워크시트에 RK_approx과 RK_error을 입력하여 실행한다. 워크시트에 다음과 같이 입력하여 실행한다.

```
> f := (x, y) -> y:
> RK_error(f, 0, 1, 1, 0.000001, 4);
```

```
x=1 y=2.70833
x=1 y=2.71735
x=1 y=2.71821
x=1 y=2.71828
x=1 y=2.71828
```

$$16$$

$$0.$$

$$2.718281500$$

따라서 구하는 N의 값은 16이다.

부록 C : 푸리에급수의 수렴성

보조정리 C.1 $f(x)$가 (a, b)에서 조각적 연속함수이면 다음 극한이 성립한다.

$$\lim_{\nu \to +\infty} \int_a^b f(x) \sin \nu x \, dx = 0 \tag{1}$$

증명•• (a, b)에 포함되는 $f(x)$의 불연속점을 $\xi_1, \xi_2, \cdots, \xi_k$라 하면

$$\int_a^b f(x) \sin \nu x \, dx = \int_a^{\xi_1} f(x) \sin \nu x \, dx + \int_{\xi_1}^{\xi_2} f(x) \sin \nu x \, dx$$
$$+ \cdots + \int_{\xi_k}^b f(x) \sin \nu x \, dx$$

여기서 우변의 각 적분은 항상 존재한다. 실제로, 첫 번째 적분에 대해서 살펴보기 위해 $x = a, \xi_1$에서 $f(x)$의 함수값을 $f(a) = f(a+0)$, $f(\xi_1) = f(\xi_1 - 0)$으로 정의하자. 그러면 $f(x)$는 $[a, \xi_1]$에서 연속이므로 첫 번째 적분은 존재한다. 나머지에 대해서도 같은 방법으로 설명할 수 있다. 따라서 처음부터 $f(x)$는 $[a, b]$에서 연속이라 가정하고 식 (1)를 증명해도 된다.

$f(x)$가 $[a, b]$에서 연속이므로 모든 $x \in [a, b]$에 대하여

$$|f(x)| \le M$$

을 만족하는 양수 M이 존재한다. $[a, b]$을 n등분하자. 즉

$$a = x_0 < x_1 < x_2 < \cdots < x_{n-1} < x_n = b$$

정적분의 합의 성질을 각 등분점에 적용하면

$$\int_b^a f(x) \sin \nu x \, dx = \sum_{j=0}^{n-1} \int_{x_j}^{x_{j+1}} f(x) \sin \nu x \, dx$$

$$= \sum_{j=0}^{n-1} \left[f(x_j) \int_{x_j}^{x_{j+1}} \sin \nu x \, dx + \int_{x_j}^{x_{j+1}} f(x) - f(x_j) \sin \nu x \, dx \right]$$

여기서 $\max_{1 \le j \le n} \max_{x_j \le x \le x_{j+1}} |f(x) - f(x_j)| = \eta_n$라 놓으면 $\lim\limits_{n \to \infty} \eta_n = 0$이고

$$\left| \int_a^b f(x) \sin \nu x \, dx \right|$$

$$\le \sum_{j=0}^{n-1}\left\{|f(x_j)|\cdot\frac{\cos\nu x_j-\cos\nu x_{j+1}}{\nu}+\int_{x_j}^{x_{j+1}}|f(x)-f(x_j)|\,dx\right\}$$

$$\le \sum_{j=0}^{n-1}\left\{\frac{2M}{\nu}+\eta_n(x_{j+1}-x_j)\right\}$$

$$=\frac{2Mn}{\nu}+\eta_n(b-a)$$

마지막으로 $n/\nu\to 0$이 되도록 $\nu\to\infty$ 및 $n\to\infty$을 잡으면 결론을 얻는다.

보조정리 C.2 $f(x)$가 (a, b)에서 조각적 연속함수이고, 점 x_0 $(a<x_0<b)$에서 우미분계수와 좌미분계수가 존재하면

$$\lim_{\nu\to+\infty}\int_a^b f(x)\frac{\sin\nu(x-x_0)}{x-x_0}\,dx=\frac{\pi}{2}[f(x_0+0)+f(x_0-0)] \tag{2}$$

증명•• 식 (2)를 증명하기 전에 다음 결과를 먼저 증명하자.

$g(x)$는 $(0, \beta)$에서 조각적 연속이고 또한 $g_+'(0)$이 존재한다고 하자. 그러면

$$\lim_{\nu\to\infty}\int_0^\beta g(x)\cdot\frac{\sin\nu x}{x}\,dx=\frac{\pi}{2}g(+0) \tag{3}$$

실제로

$$\int_0^\beta g(x)\cdot\frac{\sin\nu x}{x}\,dx$$

$$=\int_0^\beta g(0+)\cdot\frac{\sin\nu x}{x}\,dx+\int_0^\beta\frac{g(x)-g(+0)}{x}\cdot\sin\nu x\,dx$$

에서 우변의 첫 번째 적분은

$$\lim_{\nu\to\infty}\int_0^\beta g(+0)\cdot\frac{\sin\nu x}{x}\,dx=g(+0)\lim_{\nu\to\infty}\int_0^{\nu\beta}\frac{\sin x}{x}\,dx$$

$$=g(+0)\int_0^\infty\frac{\sin x}{x}\,dx=\frac{\pi}{2}g(+0)$$

여기서 다음 결과를 이용하였다.

$$\int_0^\infty\frac{\sin x}{x}\,dx=\frac{\pi}{2}$$

한편, 가정에 의해 $[g(x)-g(0+)]/x$는 $(0, \beta)$에서 조각적 연속이므로 보조정리

A.1에 의해

$$\lim_{\nu\to\infty}\int_0^{\beta}\frac{g(x)-g(+0)}{x}\cdot\sin\nu x\,dx=0$$

따라서 (3)이 증명되었다. 같은 방법으로, $g(x)$는 $(\alpha, 0)$에서 조각적 연속이고 또한 $g'_{-}(0)$이 존재한다고 하면

$$\lim_{\nu\to\infty}\int_{\alpha}^{0}g(x)\cdot\frac{\sin\nu x}{x}\,dx=\frac{\pi}{2}g(-0) \tag{4}$$

을 증명할 수 있다.

이제 보조정리 1.4.2를 증명하자. 보조정리의 가정과 (3) 및 (4)에 의해 다음을 얻는다. 즉, $\nu\to\infty$일 때

$$\int_{x_0}^{b}f(x)\frac{\sin\nu(x-x_0)}{x-x_0}\,dx=\int_0^{b-x_0}f(x_0+x)\frac{\sin\nu x}{x}\,dx\to\frac{\pi}{2}f(x_0+0) \tag{5}$$

$$\int_{a}^{x_0}f(x)\frac{\sin\nu(x-x_0)}{x-x_0}\,dx=\int_{a-x_0}^{0}f(x_0+x)\frac{\sin\nu x}{x}\,dx\to\frac{\pi}{2}f(x_0-0) \tag{6}$$

마지막으로 (5)와 (6)을 더하면 보조정리의 결과를 얻는다. ⊂

보조정리 C.3 여기서 x는 2π의 정수배가 아닐 때 다음 등식이 성립한다.

(i) $2\sin\frac{1}{2}x\cos kx=\sin\left(k+\frac{1}{2}\right)x-\sin\left(k-\frac{1}{2}\right)x$

(ii) $\displaystyle\sum_{k=1}^{n}\cos kx=\frac{\sin\left((n+\frac{1}{2})x\right)-\sin\frac{1}{2}x}{2\sin\frac{1}{2}x}$

정리 C $f(x)$는 $-\infty<x<+\infty$에서 정의된 주기 2π를 갖는 함수이고, $(-\pi, \pi)$에서 조각적 연속이라 하자. 점 x_0에서 $f'_{+}(x_0)$와 $f'_{-}(x_0)$가 존재한다고 가정하자. 그러면 점 $x=x_0$에서 $f(x)$의 푸리에급수는

$$\frac{f(x_0+0)+f(x_0-0)}{2}$$

에 수렴한다. 즉

$$\frac{a_0}{2}+\sum_{n=1}^{\infty}(a_n\cos\ nx_0+b_n\sin nx_0)=\frac{1}{2}[f(x_0+0)+f(x_0-0)]$$

증명·· 임의의 자연수 n에 대하여

$$S_n(x_0)=\frac{a_0}{2}+\sum_{k=1}^{n}(a_k\cos kx_0+b_k\sin kx_0)$$

라 놓자. $f(x)$의 푸리에 계수a_0, a_n 및 b_n을 $S_n(x_0)$에 대입하여 보조정리 C.3을 이용하면

$$\begin{aligned}S_n&=\frac{1}{\pi}\int_{-\pi}^{\pi}f(x)\left\{\frac{1}{2}+\sum_{k=1}^{n}\cos k(x-x_0)\right\}dx\\&=\frac{1}{\pi}\int_{-\pi}^{\pi}f(x)\frac{\sin(n+\frac{1}{2})(x-x_0)}{2\sin\frac{1}{2}(x-x_0)}dx\end{aligned}$$

$a-\pi<x_0<a+\pi$을 만족하는 적당한 a를 선택하면 피적분함수의 주기성에 의해

$$S_n(x)=\frac{1}{\pi}\int_{a-\pi}^{a+\pi}\frac{f(x)(x-x_0)}{2\sin\frac{1}{2}(x-x_0)}\cdot\frac{\sin(n+\frac{1}{2})(x-x_0)}{x-x_0}dx$$

가 성립한다. 여기서

$$F(x)=\frac{f(x)(x-x_0)}{2\sin\frac{1}{2}(x-x_0)}$$

라 놓으면, $f(x)$에 대한 가정에 의해 $F(x)$는 $(a-\pi,\ a+\pi)$에서 조각적 연속이고, 또한

$$\lim_{x\to x_0+0}F(x)=f(x_0+0),\qquad \lim_{x\to x_0-0}F(x)=f(x_0-0)$$

을 만족한다. 보조정리 A.2로부터 다음 결과를 얻는다.

$$\begin{aligned}\lim_{n\to\infty}S_n(x)&=a_0+\sum_{k=1}^{\infty}(a_k\cos kx_0+b_k\sin kx_0)\\&=\frac{1}{2}[f(x_0+0)+f(x_0-0)]\end{aligned}$$

이것으로 정리 C가 증명되었다.

부록 D : 변분법과 오일러-라그랑주방정식

구간 $I=[t_0,\ t_1]$에서 정의된 벡터함수 $\mathrm{x}(t)=(x_1(t),\ x_2(t),\ \cdots,\ x_n(t))^T$는 다음 조건을 만족한다고 하자.

(i) $\mathrm{x}(t)$는 I에서 연속이고, $\dot{\mathrm{x}}(t)$는 조각적 연속이며, 연속인 부분 구간에서는 미분가능하다.

(ii) R을 $2n+1$차원 열린집합이고, 모든 $t\in I$에 대해 $(t,\ \mathrm{x}(t),\ \dot{\mathrm{x}}(t))\in R$이다.

(iii) $\mathrm{x},\ \dot{\mathrm{x}}$에 제약조건이 있는 경우 그 조건을 만족한다.

이상을 만족하는 곡선 $\mathrm{x}(t),\ t\in I$를 허용곡선(admissible curve)라 한다. 또는 시간 t에 대한 함수로써 생각하는 경우에는 허용함수라고 한다.

변분문제(variational problem)이란

$$J(\mathrm{x})=\int_{t_0}^{t_1} f(t,\ \mathrm{x}(t),\ \dot{\mathrm{x}}(t))dt$$
$$=\int_{t_0}^{t_1} f(t,\ x_1(t),\ \cdots,\ x_n(t),\ \dot{x}_1(t),\ \cdots,\ \dot{x}_n(t))dt$$

와 같이 정의된 범함수(functional)를 최소가 되도록 하는 허용곡선을 구하는 문제를 말한다. 여기서 $f(t,\mathrm{x},\dot{\mathrm{x}})$는 R에서 정의된 미분할 수 있는 함수이다.

$$J(\mathrm{x}^*)=\min J(\mathrm{x})=\min\int_{t_0}^{t_1} f(t,\ \mathrm{x}(t),\ \dot{\mathrm{x}}(t))dt$$

를 만족하는 x^*를 최적곡선(optimal curve)이라 한다. 이하 편의상 $\mathrm{x}^*=\mathrm{x}$라 둔다.

양수 ϵ에 대하여

$$F(\epsilon)=J(\mathrm{x}+\epsilon\mathrm{y})=\int_{t_0}^{t_1} f(t,\ \mathrm{x}(t)+\epsilon\,\mathrm{h}(t),\ \dot{\mathrm{x}}(t)+\epsilon\dot{\mathrm{x}}(t))dt$$

라 정의하자. 여기서 ϵ은 충분히 작게 잡을 수 있으므로 $(t,\ \mathrm{x}(t)+\epsilon\,\mathrm{h},\ \dot{\mathrm{x}}(\mathrm{t})+\epsilon\dot{\mathrm{h}}(t))\in R$이다. 따라서 $F(\epsilon)$에 대하여 미분할 수 있는 함수이다. $F(0)=J(\mathrm{x})=J(\mathrm{x}^*)$이므로 $F'(0)=0$가 반드시 성립한다. $F'(0)$는 다음과 같이 구할 수 있다.

$$F'(0)=J'(\mathrm{x};\mathrm{h})=\int_{t_0}^{t_1}[f_{\mathrm{x}}(t,\ \mathrm{x}(t),\ \dot{\mathrm{x}}(t))\mathrm{h}(t)+f_{\dot{\mathrm{x}}}(t,\ \mathrm{x}(t),\ \dot{\mathrm{x}}(t))\dot{\mathrm{h}}(t)]\,dt$$

여기서 $J'(\mathrm{x};\mathrm{h})$는 h방향으로의 방향도함수를 나타낸다. 위의 피적분함수에 부분적분의 적용하면

$$F'(0) = \int_{t_0}^{t_1} [f_{\mathrm{x}}(t,\ \mathrm{x}(t),\ \dot{\mathrm{x}}(t))\mathrm{h}(t) - \frac{d}{dt} f_{\dot{\mathrm{x}}}(t,\ \mathrm{x}(t),\ \dot{\mathrm{x}}(t))\mathrm{h}(t)]\, dt$$

$$+ \Big[f_{\dot{\mathrm{x}}}(t, \mathrm{x}(t), \dot{\mathrm{x}}(t))\mathrm{h}(t) \Big]_{t_0}^{t_1}$$

이 성립한다. $\mathrm{h}(t_0) = \mathrm{h}(t_1) = 0$을 만족하는 h를 선택하면 마지막 항의 값은 0이다.

$$F'(0) = \int_{t_0}^{t_1} \Big[f_{\mathrm{x}}(t, \mathrm{x}(t), \dot{\mathrm{x}}(t)) - \frac{d}{dt} f_{\dot{\mathrm{x}}}(t, \mathrm{x}(t), \dot{\mathrm{x}}(t)) \Big] \mathrm{h}(t)\, dt$$

마지막으로 h는 임의의 함수를 택할 수 있으므로 [...]는 0이 되어야 한다. 즉

$$f_{\mathrm{x}}(t, \mathrm{x}(t), \dot{\mathrm{x}}(t)) - \frac{d}{dt} f_{\dot{\mathrm{x}}}(t, \mathrm{x}(t), \dot{\mathrm{x}}(t)) = 0$$

이 식을 오일러-라그랑주방정식이라 한다.

예제 평면에 있는 두 점 $P_0(x,\ y)$와 $P_1(x_1,\ y_1)$을 연결하는 곡선가운데 질점이 중력의 작용만으로 그 곡선 위를 따라 움직여 내려갈 때, 시간이 가장 적게 걸리는 곡선을 구하여라. 단, 마찰력은 무시한다.

● **풀이** ● 그림과 같이 좌표축을 잡자.

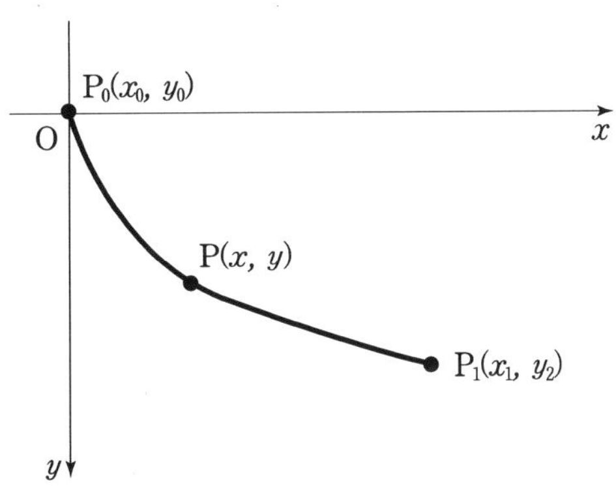

P_0에서 초기속도는 0라고 하자. 점 $P(x,\ y)$에서 질점의 속도 v는 $v = \sqrt{2gx}$이다. 또한 호의 미소길이

$$ds = \sqrt{1 + \left(\frac{dy}{dx}\right)^2}\, dx$$

를 $s = vt$에 대입하면

$$v\,dt = \sqrt{1+\left(\frac{dy}{dx}\right)^2}\,dx$$

이므로 P_0에서 P_1까지 미끄러져 가는데 걸리는 시간은

$$t_1 = \frac{1}{\sqrt{2g}}\int_0^{x_1}\sqrt{1+\frac{\dot{y}^2}{x}}\,dx$$

에 의해 주어진다.

$$f(x,\ y,\ \dot{y}) = \sqrt{\frac{1+\dot{y}^2}{x}}$$

라 놓으면 오일러-라그랑주방정식은 다음과 같다.

$$\frac{\partial}{\partial \dot{y}}\sqrt{\frac{1+\dot{y}^2}{x}} = \frac{\dot{y}}{\sqrt{x(1+\dot{y})}} = \text{상수}$$

양변을 제곱하여 상수를 $1/2a\ \ (a>0)$이라 하면

$$\dot{y} = \sqrt{\frac{x}{2a-x}}$$

이 식을 적분하면

$$y = -\sqrt{2ax-x^2} + a\cos^{-1}\frac{a-x}{a} + C$$

를 얻는다.

$$\frac{a-x}{a} = \cos\theta$$

로 놓자. 곡선이 원점을 지난다는 사실을 염두에 놓으면

$$x = a(1-\cos\theta),\ \ y = a(\theta - \sin\theta)$$

와 같은 사이클로이드(cycloid)를 얻는다. 이 때문에 사이클로이드를 최단강하곡선이라고 부르게 되었다.

부록 E : Maple을 이용한 미분방정식의 개념 습득

※ 파일은 경문사 홈페이지(www.kyungmoon.com) 자료실에서 다운로드할 수 있으면, 프로그램을 실행하기 위해서는 Maple 12 이상의 버전이 필요하다.

▶ 제 1 장 1계분방정식 미분방정식

(1) 미분방정식의 해를 구하는 과정을 익힌다.

(2) 미분방정식에 포함되어 있는 매개변수 역할을 이해한다.

▶ 제 2 장 2계 선형미분방정식

(1) 과감쇠, 임계감쇠와 부족감쇠 현상을 이해한다.

(2) 이상적인 공진현상 및 실용적인 공진현상을 이해한다.

▶ 제 3 장 선형연립미분방정식

(1) 연립미분방정식의 해를 구하는 방법을 익힌다.

(2) 행렬의 고유치 및 고유벡터 구하는 방법을 익힌다.

(3) 수치해를 구하는 방법을 익힌다.

▶ 제 4 장 라플라스변환

(1) 라플라스변환을 구하는 방법을 익힌다.

(2) 라플라스변환을 통하여 미분방정식의 해를 구하는 방법을 익힌다.

(3) 다양한 충격이 가해진 미분방정식의 해를 구하는 방법을 익힌다.

▶ 제 5 장 멱급수해법

(1) 멱급수의 의미를 이해한다.

(2) 르장드르급수의 의미를 이해한다.

▶ 제 6 장 푸리에급수

(1) 주어진 함수와 푸리에급수와의 관계를 부분합을 통하여 이해한다.

(2) 수치적분의 필요성을 이해한다.

▶ 제 7 장 편미분방정식

(1) 일차원 열전도방정식의 동태를 이해한다.

(2) 일차원 파동방정식의 동태를 이해한다.

(3) 횡단파동의 개념을 이해한다.

▼제1장 1계 미분방정식

(1) 미분방정식의 해를 구하는 과정을 익힌다.
(2) 미분방정식에 포함되어 있는 파라미터의 역할을 이해한다.

▼개체군의 성장 모델(로지스틱방정식)

단계	Maple 실행결과(식에 마우스를 크릭하고 enter를 누르면 실행됨)
로지스틱방정식을 입력하고 그것을 eq로 할당한다.	$eq := diff(P(t), t) = a \cdot P(t) - b \cdot P(t)^2$
dsolve로 일반해를 구한다.	$dsolve(eq, P(t))$
초기값을 입력하고 ini로 할당한다.	$ini := P(0) = P0$
dsolve를 이용하여 초기치문제를 푼다.	$dsolve(\{eq, ini\}, P(t))$
P0의 값을 할당한다.	$P0 := 21502386$
P(t)를 정의한다. Tip: dsolve에서 직접 정의할 수 있다.	$P := t \to -\frac{a\ P0}{-b\ P0 - e^{-a\ t}\ a + e^{-a\ t}\ b\ P0}$
주어진 조건을 대입하여 미지수 a,b의 값을 구하고 그 결과를 absol로 둔다. 이 단계에서는 a, b에 값이 할당되지 않는다.	$absol := solve(\{P(20) = 34678972,\ P(40) = 44553710\}, \{a, b\})$
absol에 있는 미지수를 subs를 이용하여 a, b에 할당한다.	$a := subs(absol, a) : b := subs(absol, b) :$
위plot를 이용하여 P(t)의 그래프를 그린다.	$plot(P(t), t = 0..200)$
limit를 이용하여 극한인구를 계산한다.	$limit(P(t), t = \infty)$
evalf를 이용하여 극한인구를 부동소수점으로 나타낸다. %는 직전의 연산결과를 갖는 연산자이다.	$evalf(\%)$
변수에 할당된 값을 워크시트에서 모두 해제한다.	$restart :$

▼온도모델(냉각법칙,주위의 온도가 변하는 경우)

단계	Maple 실행결과
미분방정식을 입력하고 그 결과를 eq로 할당한다.	$eq := diff(T(t), t) = k \cdot (M(t) - T(t))$
주위의 온도 M(t)를 함수로 정의한다.	$M := t \to M0 \cdot \sin\left(\frac{\pi \cdot t}{12}\right)$
초기조건을 입력하고 ini로 할당한다.	$ini := T(0) = T0$
초기치문제를 푼다.	$sol := dsolve(\{eq, ini\}, T(t))$
위의 결과를 복사하여 T(t)를 정의한다.	$T := t \to e^{-k\ t}\left(T0 + \frac{12\ k\ M0\ \pi}{144\ k^2 + \pi^2}\right) - \frac{12\ k\ M0\left(\cos\left(\frac{1}{12}\ \pi\ t\right)\pi - 12\ k \sin\left(\frac{1}{12}\ \pi\ t\right)\right)}{144\ k^2 + \pi^2}$
초기값을 할당한다.	$M0 := 10 : T0 := 0 :$
fsolve를 이용하여 조건을 만족하는 k의 값을 구한다.	$k := fsolve(T(6) = 9, k)$
T(t)를 최종적으로 확인한다(값의 대입유무).	$T(t)$
T(t)의 그래프를 그린다.	$plot(T(t), t = 0..12)$
T(t)가 최대인 t의 값을 diff와 fsolve로 구한다.	$fsolve(diff(T(t), t) = 0, t)$
시트를 초기화한다.	$restart :$

▼발사체의 궤도(포탄과 같은 경우)

x(t)에 대한 미분방정식을 삽입하고 eq1으로 둔다.	$eq1 := diff(x(t), t\$2) = -\frac{c}{m} \cdot diff(x(t), t)$
y(t)에 대한 미분방정식을 삽입하고 eq2로 둔다.	$eq2 := diff(z(t), t\$2) = -g - \frac{c}{m} \cdot diff(z(t), t)$
x(t)를 구하고 그 결과를 x로 둔다.	$x := dsolve(\{eq1, x(0) = 0, D(x)(0) = v0 \cdot \cos(\theta)\}, x(t))$
y(t)를 구하고 그 결과를 y로 둔다.	$y := dsolve(\{eq2, z(0) = 0, D(z)(0) = v0 \cdot \sin(\theta)\}, z(t))$
파라미터를 입력하고 para로 둔다.	$para := m = 1,\ c = 1,\ g = 9.8,\ v0 = 10,\ \theta = \frac{\pi}{4}$
fsolve를 이용하여 포탄이 지면에 도달하는 시간을 구하고 tf로 둔다.	$tf := fsolve(subs(para, y) = 0, t = 1)$
포탄이 날아가는 궤도를 그린다.	$plot([subs(para, x), subs(para, y), t = 0..tf])$
tf를 x에 대입하여 날아간 거리를 구한다.	$subs(t = tf, x)$
워크시트를 초기화한다.	$restart :$

제2장 2계 선형미분방정식

(1) 과감쇠, 임계감쇠, 부족감쇠 현상을 이해한다.
(2) 이상적인 공진현상, 실용적인 공진현상을 이해한다.

단일 스프링-질량 모델

감쇠현상

단계	Maple 실행결과
스프링-질량 운동방정식을 입력하고 eq로 둔다.	`eq := m·diff(x(t), t$2) + c·diff(x(t), t) + k·x(t) = 0`
초치치를 입력하고 ini로 둔다.	`ini := x(0) = A, D(x)(0) = B`
초기치문제의 해를 구하고 그 결과를 sol로 둔다.	`sol := dsolve({eq, ini}, x(t))`
과감쇠에 해당하는 변수의 값을 sol에 대입한다.	`overdamp := subs(m = 1, c = 3, k = 1, A = 0.1, B = 0, rhs(sol))`
과감쇠의 그래프를 그린다.	`plot(overdamp, t = 0 ..10)`
임계감쇠에 해당하는 변수의 값을 sol에 대입한다. Tip: 특성방정식의 근이 초기치문제의 해에 포함되어 있으므로 에러가 발생한다.	$criticaldamp := subs\left(m=1,\ c=1,\ k=\frac{1}{4},\ A=0,\ B=0.1,\ rhs(sol)\right)$ Error, numeric exception: division by zero
파라미터를 미분방정식에 직접 대입하여 미분방정식에서 해를 구한다.	$dsolve\left(\left\{subs\left(m=1,\ c=1,\ k=\frac{1}{4},\ eq\right),\ x(0)=0,\ D(x)(0)=0.1\right\},\ x(t)\right)$
임계감쇠의 그래프를 그린다.	`plot(rhs(%), t = 0 ..10)`
부족감쇠에 해당하는 변수의 값을 sol에 대입한다.	`underdamp := subs(m = 1, c = 0.1, k = 1, A = 0.1, B = 0, rhs(sol))`
부족감쇠의 그래를 그린다.	`plot(underdamp, t = 0 ..20)`
워크시트를 초기화한다.	`restart :`

이상적 공진 및 실용적 공진

이상적 공진

단계	Maple 실행결과
미분방정식을 입력한다.	`eq := m·diff(x(t), t$2) + k·x(t) = F cos(w·t)`
초기치를 입력한다.	`ini := x(0) = A, D(x)(0) = B`
초기치문제의 해를 구한다.	`sol := dsolve({eq, ini}, x(t))`
해를 구하여 파라미터의 값을 대입하면 분모가 0이 되어 에러 발생한다.	`resoance := subs(m = 1, k = 1, w = 1, F = 5, A = 0.1, B = 0, rhs(sol))` Error, numeric exception: division by zero
파라미터를 직접 대입하여 해를 구한다.	`dsolve({subs(m = 1, k = 1, w = 1, F = 5, eq), x(0) = 0.1, D(x)(0) = 0}, x(t))`
공진현상에 대한 해곡선의 그래프를 그린다.	`plot(rhs(%), t = 0 ..50)`
워크시트를 초기화한다.	`restart :`

실용적 공진

단계	Maple 실행결과
미분방정식을 입력한다.	`eq := m·diff(x(t), t$2) + c·diff(x(t), t) + k·x(t) = F·cos(w·t)`
초기치를 입력한다.	`ini := x(0) = 0.1, D(x)(0) = 0`
초기치문제의 해를 구한다.	`sol := dsolve({eq, ini}, x(t))`
	`subs(m = 1, c = 0.1, k = 1, w = 1, F = 1, rhs(sol))`
실용적 공진현상에 대한 해곡선의 그래프를 그린다.	`plot(rhs(%), t = 0 ..50)`
실용공진주파수 응답곡선을 입력하고 Cp라 둔다.	$Cp := w \rightarrow \frac{F}{\sqrt{\left(k - m\cdot w^2\right)^2 + (c\cdot w)^2}}$
Cp(w)의 그래프를 그린다.	`plot(Cp(w), w=-10 ..10)`
solve를 이용하여 실용공진주파수를 갖는 w의 값을 구한다.	`solve(diff(Cp(w), w) = 0, w)`
워크시트를 초기화한다.	`restart :`

맥놀이

단계	Maple 실행결과
미분방정식을 입력한다.	`eq := m·diff(x(t), t$2) + k·x(t) = F·cos(w·t)`
초기치를 입력한다.	`ini := x(0) = 0, D(x)(0) = 0`
초기치문제의 해를 구한다.	`sol := dsolve({eq, ini}, x(t))`
	`subs(m = 1, k = 0.9, w = 1, F = 1, rhs(sol))`
맥놀이 현상의 그래프를 그린다.	`plot(rhs(sol), t = 0 ..300)`
워크시트를 초기화한다.	`restart :`

제3장 선형연립미분방정식

(1) 연립미분방정식의 해를 구하는 방법을 익힌다.
(2) 행렬의 고유치 및 고유벡터 구하는 방법을 익힌다.
(3) 수치해를 구하는 방법을 익히다.

연립미분방정식의 해

단계	Maple 실행결과
연립미분방정식을 입력한다.	eq1 := diff(x(t), t) = a·x(t) + b·y(t) eq2 := diff(y(t), t) = c·x(t) + d·y(t)
초기조건을 입력한다.	ini := x(0) = 1, y(0) = 0
파마미터 1을 선택하여 입력한다.	para1 := a = 2, b = 1, c = 1, d = 2 :
연립미분미분정식을 푼다.	sol1 := dsolve({subs(para1, eq1), subs(para1, eq2), ini}, {x(t), y(t)})
sol1에서 x, y를 선택하여 각각 x1, x2로 둔다.	x1 := subs(sol1, x(t))
	y2 := subs(sol1, y(t))
x(t)의 그래프를 그린다.	plot(x1(t), t = 0 ..1)
위상도 (x,y)의 그래프를 그린다.	plot([x1(t), y1(t), t = 0 ..1])
파라미터 2를 입력한다.	para2 := a = -0.1, b = 2, c = -1, d = -0.3
파라미터 2에 대응하는 미분방정식을 푼다.	sol2 := dsolve({subs(para2, eq1), subs(para2, eq2), ini}, {x(t), y(t)})
sol2로부터 x, y를 뽑아낸다.	x2 := subs(sol2, x(t))
	y2 := subs(sol2, y(t))
x(t)의 그래프를 그린다.	plot(x2(t), t = 0 ..5)
위상도 (x,y)의 그래프를 그린다.	plot([x2(t), y2(t), t = 0 ..10])
워크시트를 초기화한다.	restart :

고유치 및 고유벡터

단계	Maple 실행결과
행렬을 연산할 수 있는 패키지를 불러온다.	with(LinearAlgebra) :
행렬 A를 입력한다.	A := ⟨⟨1, 2, 0⟩|⟨0, 3, 2⟩|⟨0, 1, 4⟩⟩
단위행렬을 입력한다.	I3 := ⟨⟨1, 0, 0⟩|⟨0, 1, 0⟩|⟨0, 0, 1⟩⟩
특성방정식을 정의한다.	DetA := det(A − λ·I3)
고유치를 계산한다.	lam := solve(DetA, λ)
첫 번째 고유치를 lam1이라 둔다.	lam1 := lam[1]
lam1에 대응하는 고유벡터를 구한다.	B := A − lam1·I3
	b := [0, 0, 0]
	eig1 := LinearSolve(B, b)
eignvalues와 eigenvectors를 이용하여 직접 구할 수 있다.	eigenvalues(A)
	eigenvectors(A)
워크시트를 초기화한다.	restart :

행렬해법

단계	Maple 실행결과
LinearAlgebra 패키지를 로드한다.	with(LinearAlgebra) :
행렬 A를 입력한다.	A := ⟨⟨1, 2, 1⟩|⟨0, 3, 2⟩|⟨0, 1, 4⟩⟩
행렬지수함수 exp(At)를 계산한다.	At := exponential(A, t)
초기치를 입력한다.	x0 := ⟨1, 1, 1⟩
외력을 입력한다.	g := ⟨exp(−2·s)·sin(s), exp(−s), exp(−5·s)⟩
보조방정식의 해 xc를 계산한다.	xc := multiply(At, x0)
	xp1 := map(int, multiply(As, g), s = 0 ..t)
특수해 xp를 계산한다.	xp := multiply(At, xp1)
일반해를 계산한다.	x := evalm(xc + xp)
성분별 해곡선을 그린다.	plot([x[1], x[2], x[3]], t = 0 ..5, y = 0 ..100, colour = [red, blue, green])
워크시트를 초기화한다.	restart :

▼RLC네트워크

단계	Maple 실행결과
RLC 네트워크 방정식을 차례로 입력하고 각각 eq1, eq2, eq3로 할당한다.	$eq1 := R1 \cdot diff(q1(t), t) + L1 \cdot diff(I3(t), t) + \frac{1}{C1} \cdot q1(t) = V(t)$
	$eq2 := -L1 \cdot diff(I3(t), t) + R2 \cdot diff(q1(t), t) + \frac{1}{C2}\, q2(t) = 0$
	$eq3 := diff(q1(t), t) - diff(q2(t), t) - I3(t) = 0$
초기값을 입력한다.	$ini := q1(0) = 0,\ q2(0) = 0,\ I3(0) = 0$
외력을 입력한다.	$V := t \rightarrow \cos(t)$
파라미터의 값을 설정하여 입력한다.	$para1 := R1 = 1,\ R2 = 1,\ L1 = 1,\ C1 = 0.1,\ C2 = 0.2:$
파라미터를 eq1,eq2,eq3에 대입하고 그 결과를 total이라 둔다.	$total := subs(para1, eq1), subs(para1, eq2), subs(para1, eq3)$
dsolve를 이용하여 풀면 엄청 시간이 걸린다. 즉, 정확한 해를 구하는 것이 단순하지 않음을 의미한다.	#dsolve({total, ini}, {q1(t), q2(t), I3(t)})
수치해법을 이용하여 해를 구한다. 수치계산은 dsolve에서 option으로 numeric을 입력하면 된다.	sol1 := dsolve({total, ini}, type=numeric)
t=2에서 구한 수치해를 살펴보자.	sol1(2)
그래픽 패키기 plots를 로드한다.	with(plots) :
q1(t)의 그래프를 그린다.	odeplot(sol1, [t, q1(t)], 0..10)
q2(t)의 그래프를 그린다.	odeplot(sol1, [t, q2(t)], 0..10)
I3(t)의 그래프를 그린다.	odeplot(sol1, [t, I3(t)], 0..10)
워크시트를 초기화한다.	restart :

▼제4장 라플라스변환

(1) 라플라스변환을 구하는 방법을 익힌다.
(2) 라플라스변환을 통하여 미분방정식의 해를 구하는 방법을 익힌다.
(3) 다양한 충격이 가해진 미분방정식의 해를 구하는 방법을 익힌다.

▼함수에 대한 라플라스변환 구하기

단계	Maple 실행결과
라플라스변환을 구하기 위한 패키지를 include한다.	with(inttrans) :
다양한 함수에 대한 라플라스 변환 계산해 본다.	$laplace(t^2 + \sin(t) - 2 \cdot \exp(3 \cdot t), t, s)$
	$laplace(t \cdot \sin(t) - \sin(t) \exp(2 \cdot t), t, s)$
단위계단함수를 이용하여 윈도우함수를 정의한다.	$f := t \rightarrow Heaviside(t-1) - Heaviside(t-2)$
f(t)에 대한 그래프를 그린다.	plot(f(t), t=0..10)
f(t)에 대한 라플라스변환을 구한다.	laplace(f(t), t, s)
특정 구간의 신호를 정의하여 보자.	$g := t \rightarrow t^3 \cdot f(t)$
g(t)의 그래프를 그린다.	plot(g(t), t=0..10)
g(t)에 대한 라플라스변환을 구한다.	laplace(g(t), t, s)
라플라스역변환을 구한다.	invlaplace(%, s, t)
워크시트를 초기화한다.	restart :

▼라플라스 변환을 이용하여 미분방정식의 해 구하기

단계	Maple 실행결과
라플라스변환을 구하기 위한 패키지를 include한다.	with(inttrans) :
미분방정식을 입력하여 라플라스변환을 구한 결과를 eq1이라 둔다.	$eq1 := laplace\left(\frac{d^2}{dt^2} y(t) + y(t) = \cos(t), t, s\right)$
eq1에 초기값을 대입한 결과를 eq2로 둔다.	$eq2 := subs(D(y)(0) = 0, y(0) = 0, eq1)$
eq2를 Y(s)에 대하여 풀어 그 결과를 eq3로 둔다.	$eq3 := solve(eq2, laplace(y(t), t, s))$
Y(s)에 대한 역변환을 구하여 sol1으로 할당한다.	sol1 := invlaplace(eq3, s, t)
해곡선을 그린다.	plot(sol1, t=0..10)
RLC회로에서 불연속 외력을 갖는 경우, 전류를 구하여 보자. 과정은 위와 같다.	$eq4 := L \cdot diff(q(t), t\$2) + R \cdot diff(q(t), t) + \frac{1}{C}\, q(t) = f(t)$
불연속 외력을 입력한다.	$f := t \rightarrow Heaviside(t-1) - Heaviside(t-2)$
파라미터의 값을 입력한다.	$L := 1 : R := 1 : C := \frac{1}{10} :$

초기값을 입력한다.	ini := q(0) = 0, D(q)(0) = 0 :
laplace를 이용하여 라플라스변환한다.	eq5 := subs(ini, laplace(eq4, t, s))
solve를 이용하여 q(t)의 라플라스변환을 구한다.	eq6 := solve(eq5, laplace(q(t), t, s))
invlaplace를 이용하여 q(t)를 구한다.	sol2 := invlaplace(eq6, s, t)
q(t)의 그래프를 그린다.	plot(sol2, t = 0 ..10)
워크시트를 초기화한다.	restart :

▼ 충격외력을 갖는 스프링-질량 모델의 해의 동태

단계	Maple 실행결과
라플라스변환을 구하기 위한 패키지를 include한다.	with(inttrans) :
미분방정식을 입력한다.	eq1 := m·diff(x(t), t$2) + c·diff(x(t), t) + k·x(t) = Dirac(t − 1)
초기치를 입력한다.	ini1 := x(0) = 0, D(x)(0) = 0 :
파라미터를 입력한다.	para1 := m = 1, c = 0.1, k = 2 :
dsolve로 해를 구한다. 일반적인 방법으로 해를 구할 수 없음.	dsolve({eq1, ini1}, {x(t)}) Error, (in dsolve) not an ODE system with respect to the unknowns [x(t)]
이상적 미분방정식을 라플라스변환한다.	laplace(eq1, t, s)
초기값을 대입한다.	subs(para1, ini1, %)
x(t)에 대한 라플라스변환을 구한다.	solve(%, laplace(x(t), t, s))
라플라스역변환을 구한다.	sol1 := invlaplace(%, s, t)
해곡선을 그린다.	plot(sol1, t = 0 ..10)
두 시점에서 충격이 작용하는 미분방정식의 해를 구하여 보자.	eq2 := m·diff(x(t), t$2) + c·diff(x(t), t) + k·x(t) = 7 Dirac(t − 1) + 4 Dirac(t − 10)
초기값을 입력한다.	ini2 := x(0) = 0, D(x)(0) = 0 :
변수값을 입력한다.	para2 := m = 1, c = 1, k = 2 :
라플라스변환한다.	laplace(eq2, t, s)
초기값을 대입한다.	subs(para2, ini2, %)
라플라스역변환을 구한다.	solve(%, laplace(x(t), t, s))
해를 sol1이라 둔다.	sol1 := invlaplace(%, s, t)
해곡선을 그린다.	plot(sol1, t = 0 ..30)
워크시트를 초기화한다.	restart :

▼ 제5장 멱급수 해법

(1) 멱급수의 의미를 이해한다.
(2) 르장드르급수의 의미를 이해한다.

▼ 테일러급수의 수렴

단계	Maple 실행결과
f(x)=sin(x)를 입력한다.	f := x→sin(x)
n계 도함수를 계산한다.	dnf := n→diff(f(x), x$n)
부분합을 정의한다.	$Tayf := n \to sum\left(subs\left(x=0, \frac{dnf(k)}{k!}\right)\cdot x^k, k=0..n\right)$
부분합에 대한 그래프를 그려 수렴성을 확인한다.	plot({Tayf(5), f(x)}, x=-2·π..2·π)
	plot({Tayf(10), f(x)}, x=-2·π..2·π)

▼ 르장드르급수

단계	Maple 실행결과
르장드르다항식을 정의한다.	$P := n \to \frac{diff\left((x^2-1)^n, x\$n\right)}{2^n \cdot n!}$
르장드르다항식의 그래프를 그려보자.	plot([P(1), P(2), P(3)], x=-1..1, colour = [blue, red, green])
르장드르급수의 부분합을 정의한다.	$Legg := n \to \frac{1}{2}\cdot int(g(x), x=-1..1) + sum\left(\frac{2\cdot k+1}{2}\ int(g(x)\cdot P(k), x=-1..1)\ P(k), k=1..n\right)$
g(x)=|x|를 입력한다.	g := x→abs(x)
부분합의 수렴성을 확인한다.	plot([g(x), sumf(10)], x=-1..1)
	restart :

▼ 테일러급수와 르장드르급수 비교

단계	Maple 실행결과
proc를 사용하여 위에서 정의한 급수를 함수 f와 항수를 변수로 갖는 함수를 정의하자.	$sericomp := \mathbf{proc}(f, n)$ $\mathbf{local}\ dnf, Tayf, P, Legf, k;$ $dnf := n \rightarrow diff(f(x), x\$n);$ $Tayf := n \rightarrow sum\left(subs\left(x=0, \frac{dnf(k)}{k!}\right) \cdot x^k, k=0..n\right);$ $P := n \rightarrow \frac{diff\left(\left(x^2-1\right)^n, x\$n\right)}{2^n \cdot n!};$ $Legf := n \rightarrow \frac{1}{2} \cdot int(f(x), x=-1..1) + sum\left(\frac{2 \cdot k+1}{2} \cdot int(f(x) \cdot P(k), x=-1..1) \cdot P(k), k=1..n\right);$ $plot([Tayf(n), Legf(n), f(x)], x=-1..1, colour=[red, blue, green]);$ $\mathbf{return}(\%);$ $\mathbf{end\ proc}:$
	$f := x \rightarrow \cos(2 \cdot x) + 2 \cdot \sin(x)$
Warning: 항수를 많이 택하지 않도록 하라.	$sericomp(f, 3)$
	$restart:$

▼ 제6장 프리에급수

(1) 주어진 함수와 프리에급수와의 관계를 부분합을 통하여 이해한다.
(2) 수치적분의 필요성을 이해한다.

▼ 프리에 급수의 전개

단계	Maple 실행결과
a0를 정의한다.	$a0 := evalf(int(f(x), x=-\pi..\pi)) / evalf(\pi)$
a(n)를 정의한다.	$a := n \rightarrow evalf(int(f(x) * \cos(n*x), x=-\pi..\pi)) / evalf(\pi)$
b(n)을 정의한다.	$b := n \rightarrow evalf(int(f(x) * \sin(n*x), x=-\pi..\pi)) / evalf(\pi)$
프리에급수의 부분합을 정의한다.	$Sumf := n \rightarrow a0/2 + sum(a(k) * \cos(k*x) + b(k) * \sin(k*x), k=1..n)$
f(x)를 입력한다.	$f := x \rightarrow \sin(x^2) + \sin(x^3) - x * \cos(x^2)$
f(x)에 대한 그래프를 그린다.	$plot(f(x), x=-\pi..\pi)$
프리에급수의 수렴성을 확인한다.	$plot([f(x), Sumf(10)], x=-\pi..\pi, colour=[blue, red])$
	$plot([f(x), Sumf(30)], x=-\pi..\pi, colour=[blue, red])$
	$restart:$

▼ 제7장 편미분방정식

(1) 일차원 열전도방정식의 동태를 이해한다.
(2) 일차원 파동방정식의 동태를 이해한다.
(3) 횡단파동의 개념을 이해한다.

▼ 일차원 열전도방정식(동차 디리끄레 경계조건을 갖는 경우)

프리에계수 B(n)을 입력한다.	$B := j \rightarrow \frac{2}{L} \cdot evalf\left(int\left(g(x) \cdot \sin\left(\frac{j \cdot \pi \cdot x}{L}\right), x=0..L\right)\right)$
부분합을 입력한다.	$SumU := n \rightarrow sum\left(B(j) \cdot \exp\left(-k \cdot \frac{j^2 \cdot \pi^2}{L^2} \cdot t\right) \cdot \sin\left(\frac{j \cdot \pi \cdot x}{L}\right), j=1..n\right)$
파라미터의 값을 할당한다.	$L := 1 : k := 0.1 :$
초기함수를 입력한다.	$g := x \rightarrow piecewise\left(0 < x \text{ and } x < \frac{1}{2}, x, \frac{1}{2} < x \text{ and } x < 1, 1-x\right)$
부분합의 그래프, 즉 시간-공간에서 열의 이동을 부분합의 그래프를 이용하여 확인한다.	$plot3d(SumU(10), x=0..1, t=0..5)$
에니메이션을 위해 plots를 include한다.	$with(plots):$
에니메이션을 실행한다.	$animate(plot, [SumU(10), x=0..1], t=0..5)$
	$restart:$

▼ 일차원 파동방정식(동차 디리끄레 경계조건을 갖는 경우)

프리에계수 A(n)을 입력한다.	$A := j \to \frac{2}{L} \cdot evalf\left(int\left(g(x) \cdot \sin\left(\frac{j \cdot \pi \cdot x}{L}\right), x = 0..L\right)\right)$
프리에계수 B(n)을 입력한다.	$B := j \to \frac{2}{j \cdot \pi \cdot k} \cdot evalf\left(int\left(h(x) \cdot \sin\left(\frac{j \cdot \pi \cdot x}{L}\right), x = 0..L\right)\right)$
부부합을 입력한다.	$SumU := n \to sum\left(\left(A(j) \cdot \cos\left(\frac{j \cdot \pi \cdot k \cdot t}{L}\right) + B(j) \cdot \sin\left(\frac{j \cdot \pi \cdot k \cdot t}{L}\right)\right) \cdot \sin\left(\frac{j \cdot \pi \cdot x}{L}\right), j = 1..n\right)$
파라미터의 값을 할당한다.	$L := 1 : k := 0.1 :$
초기함수를 입력한다.	$g := x \to piecewise\left(0 < x \textbf{ and } x < \frac{1}{2}, x, \frac{1}{2} < x \textbf{ and } x < 1, 1 - x\right)$
부분합의 그래프, 즉 시간-공간에서 열의 이동을 부분합의 그래프를 이용하여 확인한다.	plot3d(SumU(10), x=0..1, t=0..30)
에니메이션을 위해 plots를 include한다.	with(plots) :
에니메이션을 실행한다.	animate(plot, [SumU(10), x=0..1], t=0..30)
	restart :

▼ 일차원 파동방정식(횡단파동, 경계조건 없음)

d'Alembert의 해공식을 입력한다.	$u := (x, t) \to \frac{g(x+t)}{2} + \frac{g(x-t)}{2} + \frac{1}{2\,k} \cdot int(h(s), s = x - k \cdot t..x + k \cdot t)$
초기조건을 입력한다.	$g := x \to piecewise(x > -1 \textbf{ and } x < 0, x + 1, x > 0 \textbf{ and } x < 1, -x + 1$
	$h := x \to 0 :$
해곡면을 그린다.	plot3d(u(x, t), x=-5..5, t=0..5, numpoints=1000)
에니메이션을 위해 plots를 include한다.	with(plots) :
에니메이션을 실행한다.	animate(plot, [u(x, t), x=-30..30], t=0..30)
	restart :

참 고 문 헌

D. Jackson, *Fourier Series and Orthogonal Polynomials*, Dover (2004)

E. Kreyszig, *Advanced Engineering Mathematics*, John Wiley & Sons, Inc (1999)

F. Kreith and M. S. Bohn, *Principles of Heat Transfer*, Brooks/Cole (2001)

B.P. Lathi, *Linear Systems and Signals*, Oxford Univ. Press (2002)

B. H. Lee, *Real-Time Digitial Signal Processing*, John Wiley & Sons, Inc (2001)

M. Masaaki, *A Useful Introduction to Fourier Transform*, 講談社 (2004)

M. B. Monagan, *Maple 12 Introductory Programming Guide*, Maplesoft (2008)

R. K. Nagle and E. B. Saff, *Fundamentals of Differential Equations and Boundary Value Problems*, Addison-Wesley (1996)

W. J. Stronge, *Impact Mechanics*, Cambridge Univ. Press (2000)

김광철 외 1인, 《일반물리학 실험》, 탐구당 (2009)

김흥수 외 4인, 《회로이론》(Basic Engineering Circuit Analysis 번역판), 교보문고 (2008)

백수현 외 2인, 《전력전자공학》(Power Electronics 번역판), 교보문고 (2005)

심재동 외 2인, 《미분방정식과 응용》, 경문사 (2003)

조영기 외 4인, 《응용전자기학》(Electromagnetics for Engineers 번역판), 진샘 (2007)

찾아보기

ㅈ

ㅊ

선형미분방정식과 그 응용

지은이 심재동 · 하준홍
펴낸이 조경희
펴낸곳 경문사
펴낸날 2011년 3월 5일 1판 1쇄
2018년 9월 1일 1판 6쇄
등 록 1979년 11월 9일 제 313-1979-23호
주 소 04057, 서울특별시 마포구 와우산로 174
전 화 (02)332-2004 팩스 (02)336-5193
이메일 kyungmoon@kyungmoon.com
facebook facebook.com/kyungmoonsa

값 28,000원

ISBN 978-89-6105-464-5